中国国家标准汇编

558

GB 29058～29094

（2012年制定）

中国标准出版社　编

中国标准出版社
北　京

图书在版编目(CIP)数据

中国国家标准汇编:2012年制定.558:
GB 29058~29094/中国标准出版社编.—北京:
中国标准出版社,2013.9
ISBN 978-7-5066-7288-7

Ⅰ.①中… Ⅱ.①中… Ⅲ.①国家标准-
汇编-中国-2012 Ⅳ.①T-652.1

中国版本图书馆CIP数据核字(2013)第183726号

中国标准出版社出版发行
北京市朝阳区和平里西街甲2号(100013)
北京市西城区三里河北街16号(100045)

网址 www.spc.net.cn
总编室:(010)64275323 发行中心:(010)51780235
读者服务部:(010)68523946
中国标准出版社秦皇岛印刷厂印刷
各地新华书店经销

*

开本 880×1230 1/16 印张 31.25 插页 4 字数 951 千字
2013年9月第一版 2013年9月第一次印刷

*

定价 220.00 元

出 版 说 明

1.《中国国家标准汇编》是一部大型综合性国家标准全集。自1983年起，按国家标准顺序号以精装本、平装本两种装帧形式陆续分册汇编出版。它在一定程度上反映了我国建国以来标准化事业发展的基本情况和主要成就，是各级标准化管理机构，工矿企事业单位，农林牧副渔系统，科研、设计、教学等部门必不可少的工具书。

2.《中国国家标准汇编》收入我国每年正式发布的全部国家标准，分为"制定"卷和"修订"卷两种编辑版本。

"制定"卷收入上一年度我国发布的、新制定的国家标准，顺延前年度标准编号分成若干分册，封面和书脊上注明"20××年制定"字样及分册号，分册号一直连续。各分册中的标准是按照标准编号顺序连续排列的，如有标准顺序号缺号的，除特殊情况注明外，暂为空号。

"修订"卷收入上一年度我国发布的、被修订的国家标准，视篇幅分设若干分册，但与"制定"卷分册号无关联，仅在封面和书脊上注明"20××年修订-1，-2，-3，……"字样。"修订"卷各分册中的标准，仍按标准编号顺序排列（但不连续）；如有遗漏的，均在当年最后一分册中补齐。需提请读者注意的是，个别非顺延前年度标准编号的新制定的国家标准没有收入在"制定"卷中，而是收入在"修订"卷中。

读者配套购买《中国国家标准汇编》"制定"卷和"修订"卷则可收齐由我社出版的上一年度我国制定和修订的全部国家标准。

3.由于读者需求的变化，自1996年起，《中国国家标准汇编》仅出版精装本。

4.2012年我国制修订国家标准共2 101项。本分册为"2012年制定"卷第558分册，收入国家标准GB 29058～29094的最新版本。

中国标准出版社
2013年8月

目　　录

GB/T 29058—2012　墙材工业机械安全技术要求　总则 …… 1
GB/T 29059—2012　超薄石材复合板 …… 11
GB/T 29060—2012　复合保温砖和复合保温砌块 …… 31
GB/T 29061—2012　建筑玻璃用功能膜 …… 49
GB/T 29062—2012　蒸压泡沫混凝土砖和砌块 …… 69
GB/T 29063—2012　道路车辆　制动衬片摩擦材料　气制动商用车性能试验方法 …… 87
GB/T 29064—2012　道路车辆　制动衬片摩擦材料　汽车制动系统摩擦性能评价方法 …… 105
GB/T 29065—2012　道路车辆　制动衬片摩擦材料　涂漆背板和制动蹄耐腐蚀性能评价方法 …… 134
GB/T 29066—2012　道路车辆　制动衬片摩擦材料　气制动商用车磨损试验方法 …… 143
GB/T 29067—2012　无损检测　工业计算机层析成像(CT)图像测量方法 …… 161
GB/T 29068—2012　无损检测　工业计算机层析成像(CT)系统选型指南 …… 170
GB/T 29069—2012　无损检测　工业计算机层析成像(CT)系统性能测试方法 …… 189
GB/T 29070—2012　无损检测　工业计算机层析成像(CT)检测　通用要求 …… 207
GB/T 29071—2012　无损检测　火工装置工业计算机层析成像(CT)检测方法 …… 217
GB/T 29072—2012　航天器研制技术流程编写规则 …… 225
GB/T 29073—2012　航天器研制计划流程编写规则 …… 236
GB/T 29074—2012　宇航元器件鉴定要求 …… 245
GB/T 29075—2012　航天器概率风险评估程序 …… 259
GB/T 29076—2012　航天产品质量问题归零实施要求 …… 289
GB/T 29077—2012　星箭界面飞行环境遥测数据处理要求 …… 301
GB/T 29078—2012　航天器发射窗口设计指南 …… 311
GB/T 29079—2012　航天器轨道分类及常用参数符号 …… 319
GB/T 29080—2012　地球同步轨道通信卫星飞行结果评定 …… 330
GB/T 29081—2012　航天器模态计算方法 …… 338
GB/T 29082—2012　卫星贮存要求 …… 352
GB/T 29083—2012　航天器易燃、易爆、有毒物品及放射源的安全性要求 …… 360
GB/T 29084—2012　航天器接地要求 …… 369
GB/T 29085—2012　卫星防污染技术要求 …… 377
GB/T 29086—2012　钢丝绳　安全　使用和维护 …… 391
GB/T 29087—2012　非调质冷镦钢热轧盘条 …… 411
GB/T 29088—2012　金属和合金的腐蚀　双环电化学动电位再活化测量方法 …… 419
GB/T 29089—2012　球形焊锡粉 …… 433
GB/T 29090—2012　电池废料的取样方法 …… 445
GB/T 29091—2012　铜及铜合金牌号和代号表示方法 …… 453
GB/T 29092—2012　镁及镁合金压铸缺陷术语 …… 461
GB/T 29093—2012　地下杆式抽油泵用无缝铜合金管 …… 473
GB/T 29094—2012　铜及铜合金状态表示方法 …… 481

ICS 91.100.01
Q 09

中华人民共和国国家标准

GB/T 29058—2012

墙材工业机械安全技术要求　总则

Building industrial machine safety technical requirements—General principles

2012-12-31 发布　　2013-09-01 实施

中华人民共和国国家质量监督检验检疫总局
中国国家标准化管理委员会　发布

前　言

本标准按照 GB/T 1.1—2009 给出的规则起草。

本标准由中国建筑材料联合会提出。

本标准由全国建材装备标准化技术委员会(SAC/TC 465)归口。

本标准负责起草单位:中国建材机械工业协会、双鸭山东方墙材集团有限公司。

本标准参加起草单位:福建海源自动化机械股份有限公司、马鞍山科达机电有限公司、陕西皇城玉全机械制造(集团)有限公司、陕西宝深机械(集团)有限公司、洛阳中冶重工机械有限公司。

本标准主要起草人:汪佳、王玉敏、康北灵、贾相福、李良光、唐娟、程玉全、林永淳、张亚楠。

引　　言

为了加强墙材工业机械的设计、制造、安装、使用以及维护人员正确执行和掌握安全技术的各项要求，制定本标准。鉴于目前的技术水平，本标准尚不能对一些特殊安全技术进行要求，这些要求通常是由制造商在使用说明书中加以说明或规定。

本标准涉及的是墙材工业机械安全基本要求。

本标准涉及的安全与 GB/T 15706 一致。

关于通用机械、电气、液压和其他设备的安全，不包括在本标准中。

墙材工业机械安全技术要求　总则

1　范围

本标准规定了墙材工业机械在设计、制造、安装、使用、维护等方面安全技术要求的总则。

本标准适用于墙材工业机械(以下简称机械)。

2　规范性引用文件

下列文件对于本文件的应用是必不可少的。凡是注日期的引用文件,仅注日期的版本适用于本文件。凡是不注日期的引用文件,其最新版本(包括所有的修改单)适用于本文件。

GB/T 191—2008　包装储运图示标志

GB 2894—2008　安全标志及其使用导则

GB/T 3766—2001　液压系统通用技术条件

GB 4053.1—2009　固定式钢梯及平台安全要求　第1部分:钢直梯

GB 4053.2—2009　固定式钢梯及平台安全要求　第2部分:钢斜梯

GB 4053.3—2009　固定式钢梯及平台安全要求　第3部分:工业防护栏杆及钢平台

GB 5226.1—2008　机械电气安全　机械电器设备　第1部分:通用技术条件

GB/T 5817—2009　粉尘作业场所危害程度分级

GB/T 7932—2003　气动系统通用技术条件

GB 9078—1996　工业炉窑大气污染物排放标准

GB/T 9969—2008　工业产品使用说明书　总则

GB 12265.3—1997　机械安全　避免人体各部位挤压的最小间距

GB/T 13306　标牌

GB/T 13325—1991　机械和设备辐射的噪声　操作者位置噪声测量的基本准则(工程级)

GB/T 15706.1—2007　机械安全　基本概念与设计通则　第1部分:基本术语和方法

GB/T 15706.2—2007　机械安全　基本概念与设计通则　第2部分:技术原则

GB 16754—2008　机械安全　急停　设计原则

GB/T 16855.1—2008　机械安全　控制系统有关安全部件　第1部分:设计通则

GB/T 17248.3—1999　声学　机器和设备发射的噪声　工作位置和其他指定位置发射声压级的测量　现场简易法

GB 19517—2009　国家电气设备安全技术规范

GB 23821—2009　机械安全　防止上下肢触及危险区的安全距离

3　术语和定义

GB/T 15706.1—2007中界定的术语和定义适用于本文件。

4 安全要求

4.1 一般安全要求

4.1.1 机械在正常工作条件下应具有足够的强度、刚度、稳定性和可靠性；在机械寿命期内，应避免运输、安装、调试、使用、维护过程中可能产生的各种危险（见表1）；技术设计中实现安全的技术原则应符合GB/T 15706.2—2007的规定。

表1 机械寿命期内可能产生的各种危险

序号	危险	序号	危险
1	挤压、缠绕	13	误启动设备，对设备内检修人员的危害
2	剪切、拉断、切割或切断	14	人员从高空平台或梯子上跌落
3	碎裂、崩断、飞溅	15	人员跌落、误落设备地坑或料坑或滑倒、绊倒
4	运动部件无防护装置	16	手动操纵杆、手球断裂、破碎对操作人员的危害
5	元件、物料抛出，或高空落料	17	火灾或爆炸、烧伤或烫伤
6	急停或安全装置失灵	18	设备倾倒、安装松动
7	漏电现象	19	噪声对人体的危害
8	机械、电气失灵或误动作	20	震动对人体的危害
9	自动控制元器件或仪表失灵	21	有害气体、烟雾、粉尘对人体的危害
10	液压或压力突然上升或下降	22	安装错误
11	电气设备忽略防护	23	照明不足
12	高压流体喷射	24	温度对健康的危害

4.1.2 电气设备的设计规范应符合GB 19517—2009的规定。

4.1.3 设计机械时需考虑的危险和减少风险的策略应符合GB/T 15706.1—2007的要求。

4.1.4 机械应按人机工程学原理设计，从而减轻劳动强度，降低操作者疲劳。

4.1.5 锐边、尖角和凸出部位的设计应符合GB/T 15706.2—2007的要求。

4.1.6 危险部位和有冷热表面接触危险的部位，应设置永久的安全警告标志和安全防护装置。

4.1.7 液压系统、气动系统的输送管、管接头应有足够的耐压强度，高压系统软管应标明许用压力。在操作位置附近的液压系统、气动系统应设置安全防护装置。

4.1.8 机械的周围应留有符合规定的操作和维修空间与进入操作和维修位置的安全通道。

4.1.9 操作者工作时，根据工作需要应佩戴安全防护用具及其他人身安全防护装置。

4.1.10 在高温、高寒、高噪音、高粉尘的特殊工作环境下，对操作人员应有相应的防护措施。

4.1.11 在原料库、原料堆、原料坑边缘和原料输送机械上应设置防止人员误落、误入的防护装置和警示标志。

4.1.12 机械的包装、储运图示标志应符合GB/T 191—2008的规定。

4.2 操作位置的安全要求

4.2.1 操作位置周围环境应对人员没有危险和伤害。

4.2.2 对进出料、输送、翻转等过程应采取必要的防护措施，预防物料对操作位置及设备产生危险。

4.2.3 操作位置应有良好的通道及可视性，确保对操作人员不构成危险。

4.2.4 操作者或其他人员临时进入设备内部时,在启动或关闭设备处应设有警示标志或采取其他防止误启动、误关闭措施。

4.2.5 设备的工作平台应安装安全防护栏,以防人员跌落、滑倒。

4.2.6 机械和设备辐射的噪声,主操作室噪音不得超过 85 dB(A),操作人员耳旁噪音不得超 82 dB(A),否则应采取隔音措施。操作者位置噪声测量的基本准则应符合 GB/T 13325—1991 的规定;工作位置和其他指定位置噪声的测量应符合 GB/T 17248.3—1999 的规定。

4.2.7 主操作室的粉尘浓度应小于 2 mg/m^3。

4.2.8 生产性粉尘的危害程度不得超过 GB/T 5817—2009 的规定。

4.2.9 窑炉排放的大气污染物不得超过 GB 9078—1996 的规定。

4.2.10 操作室的照度不应低于 100 lx。

4.2.11 操作位置附近不应有易燃、易爆物品。

4.3 控制系统安全要求

4.3.1 机械的控制系统安全设计应符合 GB/T 16855.1—2008 的要求。

4.3.2 机械的操作应安全、快捷、可靠,其设置配置和标志应符合 GB/T 15706.2—2007 的要求。

4.3.3 每台设备都应设总停止开关,每个操作位置都应设置符合 GB 16754—2008 要求的紧急停止装置,防止突发事件引发的危险。急停装置及标志应符合 GB 16754—2008 中 4.4.4、4.4.5 的规定。

4.3.4 动力中断、重启或液压、气动系统压力下降时,应有保护装置和保护措施,以免发生危险。

4.3.5 系统发生紧急情况时,应有报警系统,报警信号应能方便发出和接收。

4.3.6 所有控制系统的急停与安全装置应定期按其功能进行检查。

4.3.7 光电传感器应在使用说明书注明的条件和环境下使用,并经常进行清洁,保证控制程序准确无误、灵敏可靠。其安装部位应有安全“警告”标志和“注意”标志。

4.3.8 使用多台设备联合完成工序过程时,应设置中央控制台进行集中控制。中央控制台应设置声、光信号显示单机启动和停机情况以及事故开关动作情况的安全装置。

4.4 运动部件防护安全要求

4.4.1 机械运动部件设计时应避免表 1 中所描述的危险,使人员少在危险区域内进行人工作业。

4.4.2 对于人员可触及范围内的旋转、挤压和传动部件,应配置防护装置。防护装置应符合 GB/T 15706.2—2007的规定。

4.4.3 防护装置外缘距离危险区的安全距离:

a) 防止上下肢触及危险区的安全距离应符合 GB 23821—2009 的规定;

b) 避免人体各部位挤压的最小间距应符合 GB 12265.3—1997 的规定。

4.4.4 应按规定时间定期检查更换易损零部件,以免引起任何危险。

4.4.5 有飞出物料或旋转元件意外飞出的设备,进料口应采取防护装置。操作者应经常注意和检查设备惯性运转零部件的磨损情况和紧固件的松动情况。

4.4.6 可能发生断裂或突然崩断、破碎的零件处,应设置“警告”标志以警示操作人员注意安全操作。

4.5 电气设备安全要求

4.5.1 电气设备应符合 GB 5226.1—2008 的有关要求。设备上所用的电气设备应有接地故障保护装置。

4.5.2 用于易燃易爆环境下的电气设备,应有防爆功能。

4.5.3 高压电缆、变压器和控制柜处,应在四周设置防护栏或布置在隔离间,并设置相应的安全标志,安全标志应符合 GB 2894—2008 的要求。

4.6 液压和气动系统安全要求

4.6.1 液压和气动系统应符合 GB/T 3766—2001 和 GB/T 7932—2003 的规定，系统压力不得超过输送管路的最大许用压力，压力上升或液体泄漏不得导致危险。系统应配置温度或压力监控装置，在温度或压力超过许用范围时应有安全防护装置。应有效地防止高温、高压流体喷射造成的危险。

4.6.2 输送管路应与电线隔离，并避开热表面和锐边。移动的管路应配置导向装置。

4.6.3 液压油箱和气泵应配有压力表，液压油箱应有液压油位指示装置。

4.6.4 液压和气动装置应安装在一个适当的安全位置，应防火、通风，并与主机隔离开。

4.7 安装、维修与保养

4.7.1 机械应具有安全的起吊装置。

4.7.2 机械吊装应按设计要求进行吊装。

4.7.3 安装应按产品标准、设备使用说明书、设计要求及工艺要求进行。

4.7.4 机械基础表面应平整，易于安装，并能承受预定的载荷。

4.7.5 对设备进行任何维修保养时，均应切断电源，并设置警示装置。

4.7.6 润滑点应能清晰识别，操作容易简单，对人员不易造成危险。

4.7.7 进入机内或窑内维修时，应有支架或其他安全预防措施，以防意外关闭，造成危险。

4.7.8 维修或保养旋转部位时，应有防止意外转动或旋转的措施。

4.7.9 有离心力的运动部件应牢固可靠，并要定期检查，及时更换。

4.7.10 机械的调整、维修、保养、润滑应在停机状态下进行。不能停机进行时，应遵循 5.2.2 b)的安全要求进行。

4.8 工作平台、过道的安全要求

4.8.1 过道的钢直梯、钢斜梯应符合 GB 4053.1—2009、GB 4053.2—2009 的规定；工业防护栏杆及钢平台应符合 GB 4053.3—2009 的规定。

4.8.2 工作平台、过道应避免落有油和水，应有防滑措施。

4.8.3 工作平台、过道应满足预期的承载和空间要求。

4.9 警告装置和警示标志

4.9.1 警告装置应能准确、清晰地发出警告信号，操作者应定期检查所有警告装置。

4.9.2 有紧急危险时，应有警告装置对作业范围内的人员发出报警信号。

4.9.3 机械所有外露旋转部位、挤压部位、切割部位、带电部位、高温部位、容易跌落部位和有潜在危险存在的部位，应贴有相适应的警示标志，并应符合 GB 2894—2008 的要求。

4.9.4 所设置的警示标志应醒目、清晰、耐久、易于理解，并使用规范汉字，文字简洁无歧义。

4.10 照明与防火

4.10.1 机械工作现场应有足够的照明装置。

4.10.2 操作室的照明度应符合 4.2.10 的规定。

4.10.3 在有爆炸性气体、粉尘或危险性混合物的工作环境时，应选用安全型灯具照明。

4.10.4 机械的电控、操作间材料应采用防火材料。

4.10.5 对有可能产生火灾或爆炸的危险设备，制造商应在使用说明书中提出警告。

4.10.6 在工作厂区应定点放置灭火装置和灭火设施。

5 使用信息

5.1 标牌、警示标志

5.1.1 每台机械都应有产品标准规定的产品标牌，标牌上的内容均应符合 GB/T 13306 的规定。

5.1.2 每台机械应在危险部位和涉及安全的部位贴有明显的警示标志，并保证有效的警示作用。

5.2 使用说明书

5.2.1 使用说明书的编制应符合 GB/T 9969—2008 的规定。

5.2.2 使用说明书中还应以醒目的方式给出下列预防危险的警告信息。

a) 安全操作运行中的安全警告应清楚提示：
——危险和应采取的措施；
——机械正常启动和启动顺序；
——机械正常停机和停机顺序；
——机械急停装置与防护装置的操作使用与功能说明；
——操作者上岗前应经过安全防护意识和防护措施的培训。

b) 维修、保养作业中的安全警告：
操作人员在危险范围内维修、保养作业时，应在满足下列条件下才能进行：
——确保作业环境对维修保养人员身体不产生危害；
——应有两名对安全条例完全熟悉的操作者同时工作，一人进行作业或维修，另一人进行安全监控；
——监控人员从各方面都能快捷触及急停装置；
——监控与维护工人之间要使用一种可靠的方式进行对话；
——只有机械完全处于停机状态，启动开关无人能够触及，并悬挂明显的警示标志时，才允许一个人单独对机械进行维修或保养。

ICS 91.100.15
Q 21

中华人民共和国国家标准

GB/T 29059—2012

超薄石材复合板

Compound slab of extremely thin stone

2012-12-31 发布

2013-09-01 实施

中华人民共和国国家质量监督检验检疫总局
中国国家标准化管理委员会
发布

前　言

本标准按照 GB/T 1.1—2009 给出的规则起草。

本标准由中国建筑材料联合会提出。

本标准由全国石材标准化技术委员会(SAC/TC 460)归口。

本标准负责起草单位:中材人工晶体研究院(国家石材质量监督检验中心)、北京中材人工晶体研究院有限公司、福建省标准化研究院。

本标准参加起草单位:福建省南安市新东源石业有限公司、福建泉州新万龙石材有限公司、福建南安市联峰美石材有限公司、施朗格(漳州)建材科技有限公司、厦门金达威石业有限公司、厦门市协顺发大理石有限公司、福建省南安市豪立石业有限公司、环球石材(东莞)有限公司、福建省南安市万灵石艺有限公司、厦门萨格石业有限公司、福建溪石股份有限公司、湖南柯威化工科技有限公司、泉州德莱品石材化工有限公司、邦定伟业(北京)国际石材有限公司。

本标准主要起草人:魏艳、周俊兴、赵红、杨加强、刘钢、朱新胜、吴世璜、李成郎、汤金发、刘天成、蔡煌玺、廖建伟、李泽生、梁新梓、王伯瑶、柳雄策、蔡英伟、陆洪、刘旭臻、白利江。

超薄石材复合板

1 范围

本标准规定了超薄石材复合板(以下简称复合板)的定义、产品分类、技术要求、试验方法、检验规则、标志、包装、运输与贮存等。

本标准适用于建筑装饰用超薄石材复合板。

2 规范性引用文件

下列文件对于本文件的应用是必不可少的。凡是注日期的引用文件,仅注日期的版本适用于本文件。凡是不注日期的引用文件,其最新版本(包括所有的修改单)适用于本文件。

GB/T 9966.6—2001 天然饰面石材试验方法 第6部分:耐酸性试验方法

GB/T 13890 天然石材术语

GB/T 13891 建筑饰面材料镜向光泽度测定方法

GB/T 18254 高碳铬轴承钢

GB/T 18601 天然花岗石建筑板材

GB/T 19766—2005 天然大理石建筑板材

GB/T 23452 天然砂岩建筑板材

GB/T 23453 天然石灰石建筑板材

GB 24264 饰面石材用胶粘剂

3 术语和定义

GB/T 13890 界定的以及下列术语和定义适合于本文件。

3.1

超薄石材复合板 compound slab of extremely thin stone

面材厚度小于 8 mm 的石材复合板。

3.2

面材 facing material

复合板装饰面材料,指各种天然石材。

3.3

基材 base material

复合板底面材料,一般分为硬质基材和柔质基材。

3.4

硬质基材 hard base material

硬质复合板底面材料。常见的有瓷砖、石材、玻璃等。

3.5

柔质基材 soft base material

柔质复合板底面材料。常见的有铝蜂窝、铝塑板、保温材料等。

3.6

面密度 surface mass density

单位面积材料的质量。

4 分类、规格、命名与标记

4.1 产品分类和常用规格

4.1.1 按基材类型分类

石材-硬质基材复合板分为以下三类：

a) 石材-瓷砖复合板(代号为 S-CZ)；

b) 石材-石材复合板(代号为 S-SC)；

c) 石材-玻璃复合板(代号为 S-BL)。

石材-柔质基材复合板分为以下三类：

a) 石材-铝蜂窝复合板(代号为 S-LF)；

b) 石材-铝塑板复合板(代号为 S-LS)；

c) 石材-保温材料复合板(代号为 S-BW)。

4.1.2 按形状分类

a) 普型板(代号为 PX)；

b) 圆弧板(代号为 HM)；

c) 异型板(代号为 YX)。

4.1.3 按面材表面加工程度分类

a) 镜面板(代号为 JM)：面材为镜面板的复合板；

b) 细面板(代号为 XM)：面材为细面板的复合板；

c) 粗面板(代号为 CM)：面材为粗面板的复合板。

4.1.4 常用规格

规格板的尺寸系列见表 1，圆弧板、异型板和特殊要求的普型板规格尺寸由供需双方协商确定。

表 1 规格板尺寸系列

单位为毫米

边长系列	300[a]、400、600[a]、800、900、1 200、1 600
[a] 常用规格	

4.2 命名与标记

4.2.1 命名顺序

面材名称、基材名称、复合板类别。

4.2.2 标记顺序

命名、复合板代号、规格尺寸-面材厚度、标准号。

4.2.3 标记示例

示例 1：

用西班牙米黄大理石和瓷砖复合而成长度 800 mm、宽度 800 mm、厚度 15 mm、面材厚度 4 mm、普型、镜面复合板示例如下：

命名：西班牙米黄大理石-瓷砖复合板；

标记：西班牙米黄大理石-瓷砖复合板 S-CZ PX JM 800×800×15-4 GB/T 29059。

示例 2：

用浅啡网大理石与铝蜂窝复合而成长度 2 400 mm、宽度 1 200 mm、厚度 25 mm、面材厚度 5 mm、普型、粗面复合板示例如下：

命名：浅啡网大理石-铝蜂窝复合板；

标记：浅啡网大理石-铝蜂窝复合板 S-LF PX CM 2400×1200×25-5 GB/T 29059。

5 一般要求

5.1 复合板面材应按照用途进行表面化学处理并在出厂时予以注明。

5.2 复合板基材应符合相应产品标准的规定。

5.3 复合板胶黏剂应符合 GB 24264 的规定。

6 要求

6.1 加工质量

6.1.1 规格尺寸要求

6.1.1.1 普型板规格尺寸允许偏差应符合表 2 规定。

表 2 普型板规格尺寸允许偏差

单位为毫米

项　　目	镜面和细面板材	粗面板材
长、宽度	0 −1.0	0 −1.0
总厚度	+1.0 −1.0	+1.5 −1.0

6.1.1.2 圆弧板壁厚最小值应不小于 20 mm，规格尺寸允许偏差应符合表 3 规定。

表 3 圆弧板规格尺寸允许偏差

单位为毫米

<table>
<tr><th>项目</th><th>镜面和细面板材</th><th>粗面板材</th></tr>
<tr><td>弦长</td><td rowspan="2">0
−1.0</td><td rowspan="2">0
−1.5</td></tr>
<tr><td>高度</td></tr>
</table>

6.1.1.3 异型板规格尺寸允许偏差由供需双方协商确定。

6.1.1.4 墙面用复合板面材厚度应不小于 1.5 mm 且不大于 5.0 mm，允许偏差为 +0.5 mm～−0.5 mm；地面用复合板面材厚度应不小于 3.0 mm，允许偏差为 +1.0 mm～0 mm。特殊用途复合板面材最小厚度允许偏差由供需双方协商确定。

6.1.2 平面度允许公差

6.1.2.1 普型板平面度允许公差应符合表4规定。

表4 普型板平面度允许公差

单位为毫米

板材长度	镜面和细面板材	粗面板材
≤400	0.50	0.60
>400～≤800	0.80	0.90
>800	1.00	1.10

6.1.2.2 圆弧板直线度与线轮廓度允许公差应符合表5规定。

表5 圆弧板直线度与线轮廓度允许公差

单位为毫米

板材长度		镜面和细面板材	粗面板材
直线度（按板材高度）	≤600	1.10	1.20
	>600	1.30	1.40
线轮廓度		1.20	1.40

6.1.2.3 异型板平面度允许公差由供需双方协商确定。

6.1.3 角度允许公差

6.1.3.1 普型板角度允许公差应符合表6规定。

表6 普型板角度允许公差

单位为毫米

板材长度	镜面和细面板材	粗面板材
≤400	0.80	0.90
>400	1.00	1.00

6.1.3.2 圆弧板端面角度允许公差应符合表7的规定。

表7 圆弧板端面角度允许公差

单位为毫米

镜面和细面板	粗面板
0.80	1.00

6.1.3.3 普型板拼缝板材正面与侧面的夹角不得大于90°。

6.1.3.4 圆弧板侧面角应不小于90°。

6.1.3.5 异型板各角度允许公差由供需双方协商确定。

6.2 外观质量

6.2.1 面材外观质量应按照石材的种类分别符合GB/T 18601、GB/T 19766—2005、GB/T 23452、GB/T 23453中外观质量的规定。

6.2.2 基材外观应保持干净整洁，无明显的缺棱、掉角等缺陷。

6.3 镜面板镜向光泽度

6.3.1 面材为天然花岗石的复合板镜向光泽度应不低于80光泽单位。
6.3.2 面材为天然大理石的复合板镜向光泽度应不低于70光泽单位。
6.3.3 面材为其他种类的石材或面材有特殊要求的复合板，镜向光泽度由供需双方协商确定。

6.4 面密度

需要时企业应明示产品的面密度值。

6.5 稳定性

柔质基材复合板稳定性技术指标应符合表8的规定。

6.6 物理性能

6.6.1 硬质基材复合板物理性能技术指标应符合表9的规定。
6.6.2 柔质基材复合板物理性能技术指标应符合表10的规定。

表8 柔质基材复合板稳定性技术指标

单位为毫米

板材长度	普型板		圆弧板	
	镜面和细面板材	粗面板材	镜面和细面板材	粗面板材
≤600	0.80	1.00	1.20	1.40
>600	1.20	1.40	1.40	1.60

表9 硬质基材复合板物理性能技术指标

序号	项目		技术指标
1	抗折强度/MPa ≥	干燥	7.0
		水饱和	7.0
2	弹性模量/GPa ≥	干燥	10.0
3	剪切强度/MPa ≥	标准状态	4.0
		热处理80 ℃(168 h)	4.0
		浸水后(168 h)	3.2
		冻融循环[a](50次)	2.8
		耐酸性[a](28 d)	2.8
4	落球冲击强度(300 mm)		表面不得出现裂纹、凹陷、掉角
5	耐磨性/(1/cm³) ≥		8(面材为天然砂岩) 10(面材为天然大理石、天然石灰石) 25(面材为天然花岗石)

[a] 外墙用检验项目。

表 10 柔质基材复合板物理性能技术指标

序号	项目		技术指标
1	抗折强度/MPa ≥	干燥	7.0(面材向下)
			18.0(面材向上)
2	弹性模量/GPa ≥	干燥	1.5(面材向下)
			3.0(面材向上)
3	粘结强度/MPa ≥	标准状态	1.0
		热处理 80 ℃(168 h)	1.0
		浸水后(168 h)	0.8
		冻融循环[a](50 次)	0.7
		耐酸性[a](28 d)	0.7
4	落球冲击强度(300 mm)		表面不得出现裂纹、凹陷、掉角
5	耐磨性/(1/cm^3) ≥		8(面材为天然砂岩) 10(面材为天然大理石、天然石灰石) 25(面材为天然花岗石)

[a] 外墙用检验项目。

7 试验方法

7.1 加工质量

7.1.1 规格尺寸

7.1.1.1 普型板的长度、宽度、总厚度测试方法按 GB/T 18601 的规定进行。

7.1.1.2 圆弧板的弦长、高度、壁厚测试方法按 GB/T 18601 的规定进行。

7.1.1.3 面材厚度测量按如下方法进行：

取长、宽尺寸不小于 300 mm×300 mm 的试样三块，如图 1 所示将每块试样沿对角线方向切开，用游标卡尺或满足精度要求的量具测量每条对角线上面材的最小厚度，用全部测量结果中的最小值表示面材厚度，测量结果精确到 0.1 mm。

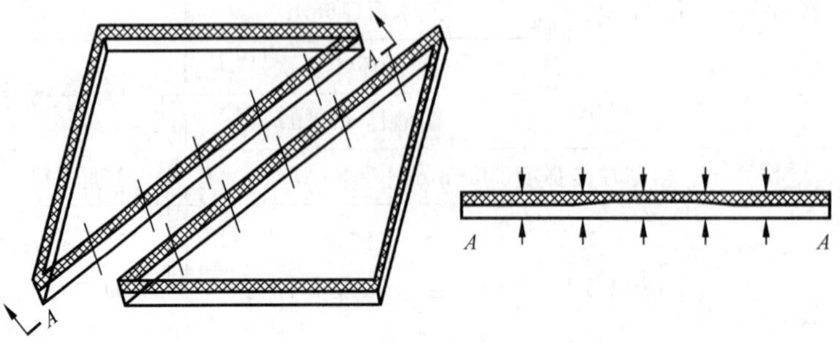

图 1 面材厚度测量示意图

7.1.2 平面度

7.1.2.1 将干燥的试样面材向上置于水平试验台上，放置半小时后用平面度公差为 0.1 mm 的 1 000 mm 钢平尺置于距板边 10 mm 处的四条边及两条对角线上，用塞尺测量尺面与板面的间隙。当被检面边长或对角线长度大于 1 000 mm 时，用钢平尺沿边长和对角线分段检测，重叠位置不小于平尺长度的三分之一。用全部测量结果中的最大间隙值表示试样的平面度公差，测量结果精确到 0.05 mm。

7.1.2.2 直线度与线轮廓度公差测试方法按 GB/T 18601 的规定进行。

7.1.3 角度

复合板的角度测试方法按照 GB/T 18601 的规定进行。

7.2 外观质量

7.2.1 面材的外观质量测试方法按照 GB/T 18601 或 GB/T 19766—2005 的规定进行。

7.2.2 基材的外观质量采用近距离的观察法。

7.3 镜向光泽度

采用 60°入射角、光孔直径不小于 18 mm 的光泽度仪，按 GB/T 13891 的规定试验。

7.4 面密度

试样规格：100 mm×100 mm×厚度，尺寸偏差±0.5 mm，五块试样为一组。

试验步骤：将试样置于 60 ℃±2 ℃的干燥箱内干燥 48 h 至恒重，放入干燥器中冷却至室温，称其质量(M)，精确至 0.01 g。然后用游标卡尺或满足精度要求的量具测量每块试样中线上的长度(a)、宽度(b)，精确至 0.02 mm。

结果计算：面密度按式(1)进行计算，结果保留 3 位有效数字。

$$\rho_m = \frac{1\,000M}{a \times b} \qquad \cdots\cdots(1)$$

式中：

ρ_m ——面密度，单位为千克每平方米(kg/m^2)；

M ——试样质量，单位为克(g)；

a ——试样长度，单位为毫米(mm)；

b ——试样宽度，单位为毫米(mm)。

以 5 块试样的平均值报告结果。

7.5 稳定性

取 3 块任意规格产品在−20 ℃±2 ℃恒温下 3 h，再立即放入 80 ℃±2 ℃恒温下 3 h 为一个循环，50 次循环后取出按 7.1.2 进行试验，用全部测量结果的最大间隙表示产品的稳定性。

7.6 物理性能

7.6.1 抗折强度和弹性模量

按附录 A 进行。

7.6.2 剪切强度

按附录 B 进行。

7.6.3 落球冲击强度

将 300 mm×300 mm 试样面材向上平稳置于试验装置中(如图 2),使用材料符合 GB/T 18254 要求直径为 50 mm±1 mm,质量为 1 kg±0.1 kg 的钢球,钢球球体光滑、无缺口、凹坑或其他表面缺陷。

钢球距试样 300 mm 处自由落体在试样中心点 ϕ50 mm 范围内,记录试样破坏情况。观察试样,如未破坏则以每次 100 mm 间隔递增继续进行自由落体运动,直至试样破坏,记录破坏前一次落球高度。

三块试样为一组,取一组中平均值报告结果。

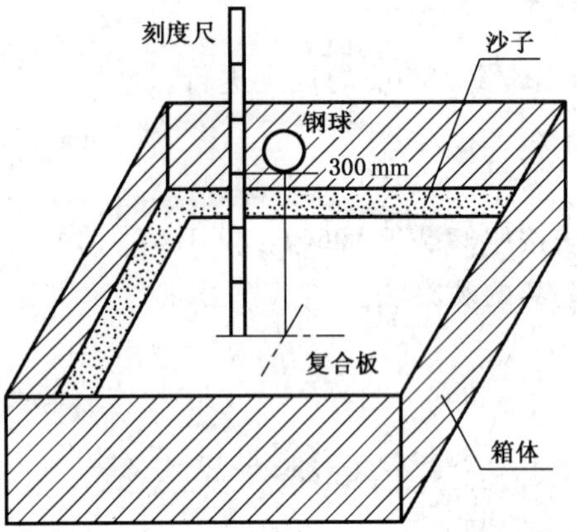

图 2 落球冲击强度检测示意图

7.6.4 耐磨性

按 GB/T 19766—2005 附录 A 的规定进行,其中测试试样密度时应取下基材,单独测试石材面材的体积密度。

7.6.5 粘结强度

按附录 C 进行。

8 检验规则

8.1 出厂检验

8.1.1 检验项目

普型板为加工质量(长度、宽度、总厚度、平面度、角度,不含面材厚度)、外观质量、镜向光泽度。

圆弧板为加工质量(弦长、高度、壁厚、直线度与线轮廓度、角度,不含面材厚度)、外观质量、镜向光泽度。

8.1.2 组批

同一品种、类别的复合板为一批。

8.1.3 抽样

按表 11 随机抽取样本。

8.1.4 判定

单块复合板的所有检验结果均符合技术要求中相应指标时，则判定该块复合板符合标准要求，否则判为不合格。

根据样本检验结果，若样本中发现的不合格数小于或等于合格判定数(Ac)，则判定该批以上项目符合标准要求；若样本中发现的不合格品数大于或等于不合格判定数(Re)，则判定该批产品不合格。

表 11 抽样判定表

批量范围	样本数	合格判定数(Ac)	不合格判定数(Re)
≤25	5	0	1
26～50	8	1	2
51～90	13	2	3
91～150	20	3	4
151～280	32	5	6
281～500	50	7	8
501～1 200	80	10	11
1 201～3 200	125	14	15
≥3 201	200	21	22

8.2 型式检验

8.2.1 检验项目

第 6 章要求中的全部项目(面密度除外)。

8.2.2 检验条件

有下列情况之一时，进行型式检验：

a) 新建厂投产；
b) 生产工艺有重大改变；
c) 所用胶黏剂更换时；
d) 正常生产时，每一年进行一次；
e) 国家质量监督机构提出进行型式检验要求。

8.2.3 组批

同出厂检验。批量及提出和识别批的方式由检验方和生产方协商确定。

8.2.4 抽样

加工质量(不含面材厚度)、外观质量、镜向光泽度的抽样同出厂检验。

面材厚度、稳定性、抗折强度、弹性模量、剪切强度或粘结强度、落球冲击强度、耐磨性用试样从同批中抽取制备双倍样品。

8.2.5 判定

加工质量(不含面材厚度)、外观质量、镜向光泽度的判定同出厂检验。

面材厚度、稳定性、抗折强度、弹性模量、剪切强度或粘结强度、耐磨性的试验结果中，均符合第6章相应要求时，则判定该批复合板该项目合格；有两项及以上不符合第6章相应要求时，则判定该批复合板为不合格；有一项不符合第6章相应要求时，利用备样对该项目进行复检，复检结果合格时，则判定该批复合板以上项目合格；否则判定该批复合板为不合格。

9 标志、包装、运输与贮存

9.1 标志

9.1.1 复合板外包装应注明：企业名称、商标、标记；须有"向上"和"小心轻放"的标志。

9.1.2 对安装顺序有要求的复合板，应在每块石材上标明安装序号。

9.2 包装

9.2.1 按复合板品种、分类等分别包装，并附产品合格证（包括产品名称、规格、类别、批号、检验员、出厂日期）；复合板间应加垫。

9.2.2 包装应满足在正常条件下安全装卸、运输的要求。

9.3 运输

复合板运输过程中应防碰撞、滚摔。

9.4 贮存

9.4.1 复合板室外贮存应加遮盖。

9.4.2 按复合板品种、分类、规格或工程安装部位分别码放。

附 录 A
（规范性附录）
复合板抗折强度及弹性模量试验方法

A.1 范围

本附录规定了复合板抗折强度及弹性模量的试验方法。

A.2 设备及量具

A.2.1 万能材料试验机：测量误差不大于1%，能精确绘制力与位移曲线图，试样破坏载荷应在设备示值的20%～90%范围内。
A.2.2 加荷辊轴压头曲率半径为10 mm，下支架支点曲率半径为15 mm。
A.2.3 游标卡尺：精度0.02 mm。
A.2.4 鼓风干燥箱：温度可控制在60 ℃±2 ℃。

A.3 试样

A.3.1 试样尺寸：长度200 mm±1 mm，宽度100 mm±0.5 mm，厚度为实际厚度，每组5块。
A.3.2 试样两受力面应平整且平行，不得有裂纹、缺棱和缺角。

A.4 试验步骤

A.4.1 干燥抗折强度和弹性模量

A.4.1.1 将试样置于干燥箱中，在60 ℃±2 ℃下干燥48 h，放入干燥器中冷却至室温。
A.4.1.2 标出两支点与受力点的标记（见图A.1），跨距150 mm，负荷点在中心线上，测量试样断裂处的宽度和厚度的尺寸，精确到0.1 mm。
A.4.1.3 试验时加荷辊轴线必须与试件长轴中心线垂直。将试样的装饰面向下放在下支架支点的曲率半径上，以0.5 mm/min速率进行加压至试样破坏，记录试样破坏载荷值（F），精确到10 N。装置如图A.1所示：

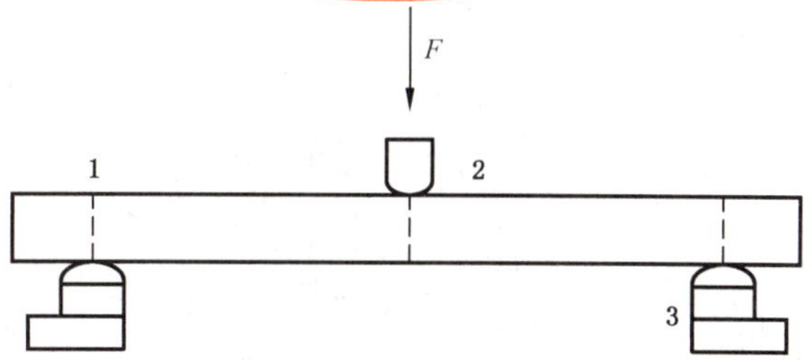

1——试样；
2——加载压头；
3——支架。

图A.1 抗折强度和弹性模量检测示意图

A.4.2 水饱和抗折强度

A.4.2.1 将试样放在 20 ℃±2 ℃的清水中浸泡 48 h 后取出，用拧干的湿毛巾擦去试样表面水分。

A.4.2.2 按 A.4.1.2、A.4.1.3 进行试验。

A.5 结果计算

A.5.1 抗折强度

抗折强度按式(A.1)计算：

$$W=\frac{3FL}{2bh^2} \qquad \text{(A.1)}$$

式中：

W ——抗折强度，单位为兆帕(MPa)；

F ——破坏载荷，单位为牛(N)；

L ——支点间距离，单位为毫米(mm)；

b ——试样宽度，单位为毫米(mm)；

h ——试样厚度，单位为毫米(mm)。

以每组试样抗折强度的算术平均值作为该组试样的抗折强度，数值修约到 0.1 MPa。

A.5.2 弹性模量

A.5.2.1 在力与位移曲线图的直线段上截取相应的力与位移的增量。

A.5.2.2 按式(A.2)计算弹性模量：

$$E=\frac{L^3}{4bh^3}\times\frac{\Delta f}{\Delta s} \qquad \text{(A.2)}$$

式中：

E ——弹性模量，单位为吉帕(GPa)；

L ——支点间距离，单位为毫米(mm)；

b ——试样宽度，单位为毫米(mm)；

h ——试样厚度，单位为毫米(mm)；

Δf ——在曲线图中线性段内载荷的增加量，单位为牛(N)；

Δs ——在曲线图中与载荷增加量 Δf 对应的试件变形量，单位为毫米(mm)。

以每组试样弹性模量的算术平均值作为该组试样的弹性模量，数值修约到 0.1 GPa。

附 录 B
（规范性附录）
复合板复合面剪切强度试验方法

B.1 范围

本附录规定了复合板复合面剪切强度的试验方法。

B.2 设备、量具及材料

B.2.1 万能材料试验机：测量误差不大于1%，试样破坏载荷应在设备示值的20%～90%内。
B.2.2 游标卡尺：精度0.02 mm。
B.2.3 鼓风干燥箱：温度可控制在80 ℃±2 ℃。
B.2.4 低温箱：温度可控制在－20 ℃±2 ℃。
B.2.5 胶黏剂：符合GB 24264的规定。
B.2.6 耐酸性反应装置：容积为0.02 m^3，深度250 mm的具有磨口盖的玻璃方缸；距上口和底20 mm～30 mm处各有一气口，内装试样架。

B.3 试样

B.3.1 试样尺寸：长度50 mm±0.5 mm，宽度50 mm±0.1 mm；厚度为实际厚度。
B.3.2 试样不得有裂纹、缺棱和缺角。
B.3.3 每种试验条件下的试件取相同尺寸样品两块为一对，面材相对用胶黏剂粘接，制成试件，固化时间达到标称值，每组5件。
B.3.4 每个试件的两个受力面应平行、光滑且平面度公差不大于0.05 mm。

B.4 试验步骤

B.4.1 标准状态剪切强度

B.4.1.1 将试件在温度60 ℃±2 ℃条件下烘24 h取出在干燥器中冷却至室温后进行试验。
B.4.1.2 用游标卡尺分别测量试件的中心线的高度(l)、宽度(k)，测量值精确到0.1 mm。
B.4.1.3 将试件置于剪切模具中，保证模具、试件与试验机同心，调整试件中心线与加荷辊轴线的力线一致(如图B.1)。以5.0 mm/min速率对试件施加载荷至试件破坏，记录试件破坏载荷值(F)，精确到10 N。

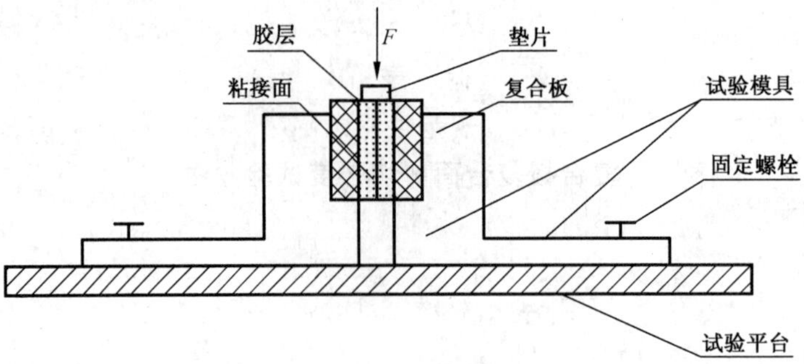

图 B.1 剪切强度试验示意图

B.4.2 浸水后剪切强度

B.4.2.1 将试件置于 20 ℃±2 ℃的清水中浸泡 168 h 后取出，用拧干的湿毛巾擦去试件表面水分。

B.4.2.2 按 B.4.1.2、B.4.1.3 进行试验。

B.4.3 热处理后剪切强度

B.4.3.1 将试件放在 80 ℃±2 ℃的鼓风干燥箱中干燥 168 h 后取出，放入干燥器中冷却至室温。

B.4.3.2 按 B.4.1.2、B.4.1.3 进行试验。

B.4.4 冻融循环后剪切强度

B.4.4.1 用清水洗净试件，将其置于 20 ℃±2 ℃的清水中浸泡 48 h，取出后立即放入密闭的试验箱内，−20 ℃±2 ℃冷冻 4 h，然后在 20 ℃±2 ℃融化 2 h，确保冻融过程中试件中的水份不流失。反复冻融 50 次后用拧干的湿毛巾将试样表面水分擦去。

B.4.4.2 按 B.4.1.2、B.4.1.3 进行试验。

B.4.5 耐酸性后剪切强度

B.4.5.1 将试件在温度 60 ℃±2 ℃条件下烘 24 h 取出，在干燥器中冷却至室温后按 GB/T 9966.6—2001 规定的试验方法进行耐酸性试验。

B.4.5.2 按 B.4.1.2、B.4.1.3 进行试验。

B.5 试验结果

B.5.1 结果计算

剪切强度按式(B.1)计算：

$$J=\frac{F}{2lk} \qquad \cdots\cdots(B.1)$$

式中：

J ——剪切强度，单位为兆帕(MPa)；

F ——试件破坏载荷，单位为牛(N)；

l ——试件高度，单位为毫米(mm)；

k ——试件宽度，单位为毫米(mm)。

以每组试件剪切强度的算术平均值表示，数值修约到 0.1 MPa。

面材为石灰石类的复合板如剪切强度试验结果为面材破坏时，可直接报告检测值。

B.5.2 数据处理

对异常数据的处理按照粗大误差剔除准则，即 Dixon 准则取舍；若$(X_2-X_1)/(X_5-X_1)\geqslant 0.642$，则舍去 X_1；若$(X_5-X_4)/(X_5-X_1)\geqslant 0.642$，则舍去 X_5。其中 X_1、X_2、X_3、X_4、X_5 为测试值(MPa)，且 $X_1<X_2<X_3<X_4<X_5$。

附 录 C
（规范性附录）
柔质基材复合板粘结强度试验方法

C.1 范围

本附录规定了柔质基材复合板粘结强度的试验方法。

C.2 设备、量具及材料

C.2.1 万能材料试验机：测量误差不大于1%，试样破坏载荷应在设备示值的20%～90%内。
C.2.2 模具：材质为45号钢或铬钢材，规格尺寸为102 mm×102 mm×20 mm，允许偏差±0.1 mm。
C.2.3 胶黏剂：符合GB 24264的规定。
C.2.4 鼓风干燥箱：温度可控制在80 ℃±2 ℃。
C.2.5 低温箱：温度可控制在−20 ℃±2 ℃。
C.2.6 游标卡尺：精度0.02 mm。
C.2.7 耐酸性反应装置：容积为0.02 m^3，深度250 mm的具有磨口盖的玻璃方缸；距上口和底20mm～30mm处各有一气口，内装试样架。

C.3 试样

C.3.1 试样尺寸：长度100 mm±1 mm，宽度100 mm±1 mm，厚度为实际厚度，每组试样5块。
C.3.2 每个试样的两个受力面应平行。
C.3.3 将模具粘结面与试样上下两面打毛，并清除污渍保持表面干净和干燥，用胶黏剂将模具与试样粘结。
C.3.4 胶黏剂应搅拌均匀，随粘随配，涂覆均匀，胶黏剂不应沾污非粘接面。
C.3.5 将粘结好的试件在室温状态下固化24 h以上。

C.4 试验步骤

C.4.1 标准状态粘结强度

C.4.1.1 试样在温度为60 ℃±2 ℃条件下烘24 h取出，放入干燥器中冷却至室温。冷却后用游标卡尺测量试样中心线的长、宽尺寸，精确到0.1 mm，计算出受力面积S(mm^2)。
C.4.1.2 按C.3.3、C.3.4、C.3.5进行试件制备。
C.4.1.3 将试件置于试验平台上，夹紧卡具，同时使拉力杆通过卡具中心点（如图C.1所示）。以0.5 mm/min的速率对试件施加载荷，直至复合层胶黏剂破坏，记录破坏载荷(F)和破环状态，结果精确到10 N。如果为面材或者基材破坏，应记录破坏结果和破坏部位。

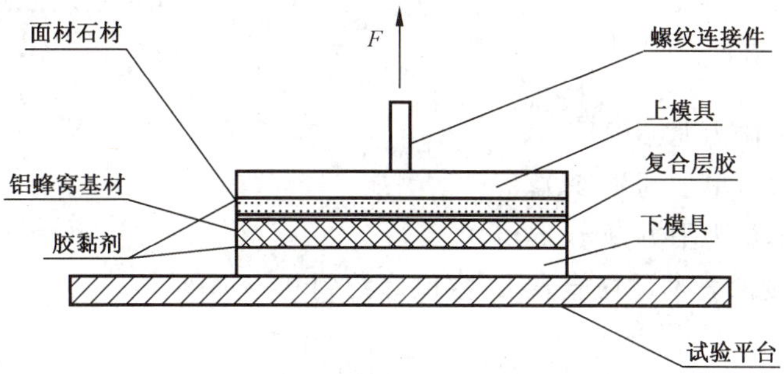

图 C.1 粘结强度试验示意图

C.4.2 水饱和状态的粘结强度

C.4.2.1 将试样置于 20 ℃±2 ℃的清水中浸泡 168 h 后取出，用拧干的湿毛巾擦去试样表面水分。待表面水分干燥后，用游标卡尺测量试样中心线的长、宽尺寸，精确到 0.1 mm，计算出受力面积 $S(mm^2)$。

C.4.2.2 按 C.3.3、C.3.4、C.3.5 进行试件制备。

C.4.2.3 按 C.4.1.3 进行试验。

C.4.3 热处理状态粘结强度

C.4.3.1 将试样放在 80 ℃±2 ℃的干燥箱中干燥 168 h 后取出，放入干燥器中冷却至室温。冷却后用游标卡尺测量试样中心线的长、宽尺寸，精确到 0.1 mm，计算出受力面积 $S(mm^2)$。

C.4.3.2 按 C.3.3、C.3.4、C.3.5 进行试件制备。

C.4.3.3 按 C.4.1.3 进行试验。

C.4.4 冻融循环后粘结强度

C.4.4.1 用清水洗净试件，将其置于 20 ℃±2 ℃的清水中浸泡 48 h，取出后立即放入密闭的试验箱内，−20 ℃±2 ℃冷冻 4 h，然后 20 ℃±2 ℃融化 2 h，确保冻融过程中试件中的水分不流失。反复冻融 50 次后用拧干的湿毛巾将试样表面水分擦去。待表面水分干燥后，用游标卡尺测量试样中心线的长、宽尺寸，精确到 0.1 mm，计算出受力面积 $S(mm^2)$。

C.4.4.2 按 C.3.3、C.3.4、C.3.5 进行试件制备。

C.4.4.3 按 C.4.1.3 进行试验。

C.4.5 耐酸性后粘结强度

C.4.5.1 将试件在温度 60 ℃±2 ℃条件下烘 24 h 取出，在干燥器中冷却至室温后按 GB/T 9966.6 规定的试验方法进行耐酸性试验。

C.4.5.2 按 C.3.3、C.3.4、C.3.5 进行试件制备。

C.4.5.3 按 C.4.1.3 进行试验。

C.5 试验结果

C.5.1 结果计算

粘结强度按式(C.1)计算：

$$N=\frac{F}{S} \qquad \cdots\cdots (C.1)$$

式中：

N ——粘结强度，单位为兆帕(MPa)；

F ——试样破坏载荷，单位为牛(N)；

S ——受力面积，单位为平方毫米(mm^2)。

以每组试样粘结强度的算术平均值表示，数值修约到 0.1 MPa。

C.5.2 数据处理

对异常数据的处理按照粗大误差剔除准则，即 Dixon 准则取舍；若$(X_2-X_1)/(X_5-X_1)\geqslant 0.642$，则舍去 X_1；若$(X_5-X_4)/(X_5-X_1)\geqslant 0.642$，则舍去 X_5。其中 X_1、X_2、X_3、X_4、X_5 为测试值(MPa)，且 $X_1<X_2<X_3<X_4<X_5$。

ICS 91.100.10
Q 15

中华人民共和国国家标准

GB/T 29060—2012

复合保温砖和复合保温砌块

The bricks & blocks composited insulation materials

2012-12-31 发布 2013-09-01 实施

中华人民共和国国家质量监督检验检疫总局
中国国家标准化管理委员会 发布

前　言

本标准按照 GB/T 1.1—2009 给出的规则起草。

本标准由中国建筑材料联合会提出。

本标准由全国墙体屋面及道路用建筑材料标准化技术委员会(SAC/TC 285)归口。

本标准负责起草单位:中国建材检验认证集团西安有限公司、中国建筑砌块协会。

本标准参加起草单位:上海奥伯应用技术工程有限公司、群峰智能机械股份公司、泉州丰泽鸿益建材机械有限公司、贵州六盘水恒远新型建材有限公司、北京金阳新建材有限公司、甘肃省建材科研设计院、达源兴盛(北京)新型建材科技有限公司、保定市华锐方正机械制造有限公司、临沂天元砖业有限公司、南京鑫翔新型建筑材料有限责任公司、许昌五星实业有限责任公司、陕西沃特建材科技发展有限公司、贵州省建材产品质量监督检验院、常德市广益建材有限公司、山西瑞思特石膏有限公司、开封高强石膏有限公司、湖南大学、长沙华坤建材科技有限公司、蓬莱市龙马欣盛墙业有限公司、虎牌机械(天津)有限公司、贵州省住房和城乡建设厅、天津市新实丰液压机械有限公司、安徽华普节能材料股份有限公司。

本标准主要起草人:周炫、杜建东、黄辛猗、邓兴贵、陈小刚、李仰水、金立虎、黄靓、刘双吉、葛运亭、季成云、徐清辉、任增茂、尚江山、李孝武、陈开博、陈怀祖、杨振峰、王耀昀、林波、王辉、许家强、仲黎明、夏莉娜、蒋德勇、刘庆、张加龙、李劲遐、汤俊怀、周斌、张国胜。

本标准为首次发布。

复合保温砖和复合保温砌块

1 范围

本标准规定了复合保温砖和复合保温砌块的术语和定义、产品分类和标识、一般规定、技术要求、试验方法、检验规则、运输和贮存。

本标准适用于主要由绝热材料与砖或砌块在工厂预制复合而成的，用于结构保温一体化系统中砌筑建筑物自保温墙体的复合保温砖或复合保温砌块。

2 规范性引用文件

下列文件对于本文件的应用是必不可少的。凡是注日期的引用文件，仅注日期的版本适用于本文件。凡是不注日期的引用文件，其最新版本(包括所有的修改单)适用于本文件。

GB/T 4111　混凝土小型空心砌块试验方法

GB/T 4132　绝热材料及相关术语

GB/T 4240　不锈钢丝

GB 8624　建筑材料及制品燃烧性能分级

GB/T 10303　膨胀珍珠岩绝热制品

GB/T 10699　硅酸钙绝热制品

GB/T 10801.1　绝热用模塑聚苯乙烯泡沫塑料

GB/T 10801.2　绝热用挤塑聚苯乙烯泡沫塑料(XPS)

GB/T 11835　绝热用岩棉、矿棉及其制品

GB 11968　蒸压加气混凝土砌块

GB/T 13475　绝热　稳态传热性质的测定　标定和防护热箱法

GB/T 18968　墙体材料术语

GB/T 20974　绝热用硬质酚醛泡沫制品(PF)

GB/T 21558　建筑绝热用硬质聚氨酯泡沫塑料

GB/T 24492　非承重混凝土空心砖

GB/T 26000　膨胀玻化微珠保温隔热砂浆

JC/T 441　膨胀蛭石

JC/T 442　膨胀蛭石制品

JC/T 466　砌墙砖检验规则

JC/T 641—2008　装饰混凝土砌块

JC/T 647—2005　泡沫玻璃绝热制品

JC/T 698　石膏砌块

JC/T 1062　泡沫混凝土砌块

3 术语和定义

GB/T 4132、GB/T 18968、JC/T 698 界定的以及下列术语和定义适用于本文件。

3.1

复合保温砌块　composited insulation block

由烧结或非烧结的砌块类墙体材料为受力块体，与绝热材料复合，形成具有明显保温隔热功能的新型块材产品。

3.2

复合保温砖　composited insulation brick

由烧结或非烧结的多孔(空心)砖为受力块体，与绝热材料复合，形成具有明显保温隔热功能的新型块材产品。

3.3

受力块体　stress mass

产品使用中主要承受墙体轴向应力的块体部分。

3.4

夹芯复合保温砌块(或砖)　sandwich composited insulation block & brick

复合保温砌块(或砖)主块型沿砌筑使用时的墙厚方向的任意剖面，均由内叶块、绝热材料和外叶块三层结构组合为一体的复合保温砌块(或砖)。

3.5

内叶块　interior wythe unit

夹芯复合保温砌块(或砖)中的受力块体，通常是块体较厚的、使用过程中承压面积大于护壁材料的块体。

3.6

外叶块　exterior wythe unit

夹芯复合保温砌块(或砖)中的护壁材料，通常是块体较薄的、使用过程中承压面积小于受力块体。

3.7

绝热材料有效厚度　effective thickness of insulation materials

绝热材料有效厚度为整块夹芯复合保温砌块(或砖)在墙厚方向剖面的绝热材料层厚度的最小值。

3.8

填充型复合保温砌块(或砖)　filled composited insulation block & brick

在受力块体(砖或砌块)所带孔洞中填充块状绝热材料、或浇注绝热材料方法制成的复合保温砌块(或砖)。

3.9

贴面型复合保温砌块(或砖)　facing composited insulation block & brick

沿墙厚方向的任意剖面，由受力块体或护壁材料与绝热材料的双层复合结构，组合为一体的复合保温砌块(或砖)。

3.10

连接榫槽　joint tongue and groove

夹芯或贴面型复合保温砌块(或砖)中，设置于两种不同材料之间互为咬合的连接结构。

3.11

绝热材料体积比　volume ratio of insulation materials

指填充型复合保温砌块(或砖)块体中填充绝热材料的体积所占产品整个块体体积的百分数。

3.12

承载面　bearing surface

建筑设计时，计算复合保温砌块(或砖)承受墙体轴向压应力的面。

4 产品分类

4.1 产品类别及代码

4.1.1 以受力块体的材性和块型进行分类和标记，产品分类名称及其代码规定见表1。

表1 产品分类名称及其代码

复合保温砖		复合保温砌块	
分类	代码	分类	代码
烧结复合保温砖	SBR	烧结复合保温砌块	SBL
混凝土复合保温砖	CBR	混凝土复合保温砌块	CBL
蒸压硅酸盐复合保温砖	TBR	蒸压硅酸盐复合保温砌块	TBL
轻集料混凝土复合保温砖	QBR	轻集料混凝土复合保温砌块	QBL
		石膏复合保温砌块	GBL

4.1.2 以产品复合结构形式为分类标记，复合保温砌块(或砖)的分类及其代码：填充复合型(Ⅰ)、夹芯复合型(Ⅱ)和贴面复合型(Ⅲ)。

4.2 产品规格尺寸

4.2.1 产品外形为直角六面体的填充型复合保温砌块(或砖)(Ⅰ)的尺寸标注包括：长度、宽度、高度和绝热材料体积比。

4.2.2 产品外形为直角六面体的夹芯复合保温砌块(或砖)(Ⅱ)的尺寸标注包括：长度、宽度、高度，以及内叶块宽度、绝热材料和外叶块宽度。带连接榫槽的夹芯型复合保温砌块(或砖)的保温体厚度，还需按其有效厚度加以标注；连接榫槽的三维结构尺寸应在产品说明书中用图示方法加以标明。

4.2.3 产品外形为直角六面体的贴面型复合保温砌块(或砖)(Ⅲ)的尺寸标注包括：长度、宽度、高度，以及受力块体厚度和绝热材料厚度。

4.3 等级

4.3.1 按产品的抗压强度进行分级

4.3.1.1 复合保温砖(SBR、CBR、TBR、QBR)分为MU20、MU15、MU10.0、MU7.5和MU5.0五个强度等级。

4.3.1.2 复合保温砌块(SBL、CBL、TBL、QBL)分为MU20、MU15、MU10.0、MU7.5、MU5.0和MU3.5六个强度等级。

4.3.1.3 石膏复合保温砌块(GBL)依据JC/T 698规定的最小断裂荷载控制，不分强度等级。

4.3.1.4 贴面型复合保温砌块(砖)(Ⅲ)的受力块体厚度小于50 mm时，用抗折强度R_f2.0标识。

4.3.2 按产品砌筑成墙体试件的传热系数K值[W/(m^2·K)]分级

分为1.20、1.10、1.00、0.90、0.80、0.75、0.70、0.65、0.60、0.57、0.54、0.51、0.48、0.45、0.42、0.40、0.38、0.36、0.34、0.32、0.30、0.28、0.26、0.24、0.22和0.20二十六个热工性能等级。

4.3.3 按产品的表观密度分级

分为1500、1400、1300、1200、1100、1000、900、800和700九个密度等级。

4.4 产品标记

4.4.1 按受力块体和块型、传热系数、复合结构形式、外形规格尺寸、强度等级、密度等级和标准编号的顺序，进行复合保温砌块(或砖)的标记。

示例 1：

规格尺寸 240 mm×240 mm×115 mm、在孔洞内浇注或填充绝热材料(绝热材料体积比 45%)、块体在 240 mm 厚度方向实测传热系数 K=0.62 W/(m^2·K)、密度等级 800、强度等级 MU5.0 的烧结复合保温砖，标记为：

SBR0.65(240) Ⅰ 45 240×240×115 MU5.0 800 GB/T 29060—2012。

示例 2：

规格尺寸 390 mm×310 mm(190+80+35)×190 mm、夹芯复合绝热材料、其 310 mm 厚度方向实测传热系数 K=0.57 W/(m^2·K)、密度等级 1 000、强度等级 MU15.0 的混凝土夹芯型复合保温砌块，其标记为：

CBL0.57 Ⅱ 390×310(190+80+35)×190 MU15.0 1000 GB/T 29060—2012。

示例 3：

规格尺寸 663 mm×150 mm(100+50)×500 mm、贴面复合无机绝热材料、块体在 150 mm 厚度方向实测传热系数 K=0.86 W/(m^2·K)、密度等级 900 的石膏贴面复合保温砌块，其标记为：

GBL0.90 Ⅲ50 666×150(100+50)×500 900 GB/T 29060—2012。

4.4.2 产品标记中，可以增加用于标识块型特色、所用绝热材料和块体面层装饰效果等的信息。

5 一般规定

5.1 绝热材料

5.1.1 复合保温砌块(或砖)中使用的绝热材料应符合 GB/T 4132 的定义，其燃烧性能等级应不低于 GB 8624 规定的 B2 级。

5.1.2 有机绝热材料：

5.1.2.1 模塑聚苯乙烯泡沫塑料(EPS)的各项技术要求应符合 GB/T 10801.1 的规定。夹芯和贴面型复合保温砌块(或砖)采用的模塑聚苯乙烯泡沫塑料(EPS)，其表观密度不应小于 18 kg/m^3。

5.1.2.2 挤塑聚苯乙烯泡沫塑料(XPS)的技术要求应符合 GB/T 10801.2 的规定。

5.1.2.3 硬质酚醛泡沫制品(PF)应满足 GB/T 20974 的规定。

5.1.2.4 硬质聚氨酯泡沫塑料(PU)应满足 GB/T 21558 的规定。

5.1.3 无机绝热材料：

5.1.3.1 泡沫混凝土干表观密度不大于 500 kg/m^3，其他指标应满足 JC/T 1062 的要求。

5.1.3.2 膨胀珍珠岩板应符合 GB/T 10303 对憎水型产品的要求。

5.1.3.3 膨胀蛭石制品的物理性能指标应满足 JC/T 442 对合格品的要求；填充膨胀蛭石散料的密度和含水率指标，应满足 JC/T 441 对合格品的要求。

5.1.3.4 泡沫玻璃绝热制品的抗压强度、密度指标，应满足 JC/T 647—2005 中表 5 对 180 号品种的要求。

5.1.3.5 岩棉板、矿棉板制品应满足 GB/T 11835 的要求，其质量吸湿率应不大于 5%，憎水率应不小于 98%。

5.1.3.6 蒸压硅酸钙制品应符合 GB/T 10699 对Ⅰ型制品的要求，其憎水率应不小于 98%。

5.1.3.7 填充于块体孔洞内膨胀玻化微珠保温隔热浆料应符合 GB/T 26000 的要求。

5.1.3.8 在切割获取蒸压加气混凝土板材前，蒸压加气混凝土块体应符合 GB 11968 的要求，其干密度应不大于 500 kg/m^3。

5.1.4 胶粉聚苯颗粒浆料：

填充于块体孔洞内的胶粉聚苯颗粒浆料应符合 JG 158 对胶粉聚苯颗粒保温浆料的要求。

5.1.5 其他类型绝热保温材料：

采用其他类型绝热保温材料，应满足绝干表观密度不大于 500 kg/m³、最大质量含水率不大于 8% 的要求。

5.2 受力块体和护壁材料

5.2.1 受力块体和护壁材料的公称尺寸应符合 GB/T 18968 砌块或砖公称尺寸规定。

5.2.2 受力块体和护壁材料的燃烧性能等级应为不燃烧级，即 GB 8624 规定的 A 级。

5.2.3 用于承重墙体的复合保温砌块(或砖)，其受力块体上的孔洞开孔方向应垂直于承载面。

5.2.4 填充复合保温砌块(或砖)(Ⅰ)的受力块体，与承载面垂直的任意位置的剖面中的连接壁肋不得少于 2 条；任何剖面中受力块体的连接壁和肋的面积之和，不得小于产品对应剖面面积的 1/20。

5.3 拉接件

拉接件必须是具备防腐、防锈、抗老化性能的材料。采用不锈钢材质拉接件时，应满足 GB/T 4240 的要求。

5.4 搬运和施工要求

产品搬运、施工过程中，绝热材料与受力块体之间的连接不应脱开，位置相对固定。

5.5 耐火极限

复合保温砌块(或砖)砌成的墙片试件，墙片外侧(使用时朝向室外)的耐火极限值不应小于 1 h；填充型(Ⅰ)和拉接型(Ⅱ) 复合保温砌块(或砖)墙片内侧(使用时朝向室内)的耐火极限值不应小于 2 h。

6 技术要求

6.1 受力块体

除本标准另有规定外，复合保温砖和复合保温砌块的受力块体的强度、外观质量、尺寸偏差、耐候性能，应分别满足受力块体所归属对应的国家(或行业)产品标准的要求。

6.2 外观质量

6.2.1 绝热材料裸露面的缺损，表面任意方向之最大值不得大于 20 mm，最大下凹缺陷深度不应大于 10 mm。裂纹延伸的投影尺寸不应大于裂纹延伸方向的产品公称尺寸的 1/3。

6.2.2 夹芯复合保温砌块(或砖)(Ⅱ)的实心片状外叶块(护壁材料)的缺损，其三个方向投影尺寸之最大值应不大于 10 mm，目测可见裂纹的延伸投影尺寸不应大于 20 mm。

6.3 尺寸允许偏差

6.3.1 产品外形实际尺寸与公称尺寸之间的差值，应符合表 2 的规定。

表 2 产品外型尺寸允许偏差

单位为毫米

分类标记	产品名称	长	宽(墙厚方向)	高
SBR	烧结复合保温砖	±3	±2	±3
CBR QBR TBR	混凝土复合保温砖 轻集料混凝土复合保温砖 蒸压硅酸盐复合保温砖	±2	±2	±2

表 2 (续)

单位为毫米

分类标记	产品名称	长	宽(墙厚方向)	高
SBL	烧结复合保温砌块	±3	±3	±3
CBL QBL TBR	混凝土复合保温砌块 轻集料混凝土复合保温砌块 蒸压硅酸盐复合保温砌块	±3	±3	±3
GBL	石膏复合保温砌块	±2	±2	±2
注 1：孔洞内的绝热材料凸出、超出产品的公称尺寸要求，只要满足本标准 6.3.5 要求，允许偏差可不受此限制。 **注 2**：产品若经过二次加工，块材宽的允许偏差可以超出本表的限值。				

6.3.2　夹芯复合保温砖(或砌块)(Ⅱ)的主块型，同一块体上的内叶块和外叶块之间的长度和高度偏差应不大于 2 mm。

6.3.3　夹芯复合保温砖(或砌块)(Ⅱ)的外叶块(护壁材料)最小厚度值应不小于 20 mm。

6.3.4　夹芯复合保温砌块(或砖)(Ⅱ)的绝热材料层有效厚度，允许偏差应不大于 2 mm。

6.3.5　绝热材料凸出受力块体时，绝热材料的长度和高度应不大于内、外叶块的公称长度和高度与砌筑灰缝公称厚度之和。

6.4　表观密度

复合保温砌块(或砖)的密度等级应符合表 3 的规定。

表 3　密度等级

单位为千克每立方米

密度等级	密度范围
1 500	≥1 410～≤1 500
1 400	≥1 310～≤1 400
1 300	≥1 210～≤1 300
1 200	≥1 110～≤1 200
1 100	≥1 010～≤1 100
1 000	≥910～≤1 000
900	≥810～≤900
800	≥710～≤800
700	≤700

6.5　强度

6.5.1　除石膏复合保温砌块(GBL)外，复合保温砌块(或砖)的强度等级用受力块体的强度值标记。受力块材的强度应满足表 4 的规定。

表 4 强度等级

单位为兆帕

强度等级	适用产品的分类	抗压强度	
		平均值，不小于	单块最小值，不小于
MU3.5	QBL，CBL，SBL	3.5	2.8
MU5.0	SBR，CBR，QBR，QBL，CBL，SBL	5.0	4.0
MU7.5	SBR，CBR，QBR，TBR QBL，CBL，SBL	7.5	6.0
MU10.0	SBR，CBR，QBR，TBR，QBL，CBL，SBL，TBR	10.0	8.0
MU15.0	SBR，CBR，QBR，TBR，QBL，CBL，SBL，TBR	15.0	12.0
MU20.0	SBR，CBR，TBR，CBL，SBL，TBR	20.0	16.0

6.5.2 石膏复合保温砌块(GBL)的受力块体的断裂荷载不应小于 2 000 N。

6.5.3 除石膏复合保温砌块(GBL)外，贴面复合保温砌块(或砖)(Ⅲ)的受力块体(护壁材料)厚度小于 50 mm 时，强度等级采用抗折强度值，平均值应不小于 2.0 MPa，单块最小值应不小于 1.6 MPa。

6.5.4 夹芯型复合保温砌块(或砖)(Ⅱ)的护壁材料厚度小于 50 mm 时，其抗折强度平均值应不小于 1.0 MPa，单块最小值应不小于 0.8 MPa。

6.5.5 夹芯和贴面型复合保温砌块(或砖)在块体厚度方向的连接强度，应不小于 10 kPa。

6.6 传热系数 *K* 值

产品标识的传热系数 *K* 值，应符合表 5 的规定。

表 5 传热系数 *K* 值标记

单位为瓦每平方米·开尔文

传热系数 *K* 值标记值	传热系数 *K* 值实测值	传热系数 *K* 值标记值	传热系数 *K* 值实测值
1.20	≤1.20	0.45	≤0.45
1.10	≤1.10	0.42	≤0.42
1.00	≤1.00	0.40	≤0.40
0.90	≤0.90	0.38	≤0.38
0.80	≤0.80	0.36	≤0.36
0.75	≤0.75	0.34	≤0.34
0.70	≤0.70	0.32	≤0.32
0.65	≤0.65	0.30	≤0.30
0.60	≤0.60	0.28	≤0.28
0.57	≤0.57	0.26	≤0.26
0.54	≤0.54	0.24	≤0.24
0.51	≤0.51	0.22	≤0.22
0.48	≤0.48	0.20	≤0.20

6.7 抗渗性

带装饰面的复合保温砌块(或砖)，装饰面层的抗渗性应符合 JC/T 641—2008 的规定。

6.8 抗冻性

除烧结材料和石膏材料外，贴面复合保温砌块(或砖)(Ⅲ)厚度小于50 mm的受力块体、夹芯复合保温砌块(或砖)(Ⅱ)厚度小于50 mm的护壁材料，其抗冻性应满足表6的规定。

表6 厚度小于50 mm的片状块材的抗冻性

使用条件	抗冻指标	质量损失率/%	抗折强度损失率/%
夏热冬暖地区	D15	平均≤10 单块最小值≤20	平均≤25 单块最小值≤40
夏热冬冷地区	D25		
寒冷地区	D35		
严寒地区	D35		

7 试验方法

7.1 一般要求

7.1.1 除本标准另有规定外，复合保温砌块(或砖)中受力块体的强度、外观质量、尺寸偏差、耐候性性能的检测试验方法，分别按所归属对应的国家(或行业)产品标准进行。

7.1.2 复合保温砌块(或砖)受力块体为烧结制品时，抗风化、饱和系数检测时，应采用非破损方法先将试件中绝热材料除去。

7.1.3 复合保温砌块(或砖)受力块体为非烧结制品时，抗冻性、线性干燥收缩率检测时，应采用非破损方法先将试件中绝热材料除去。

7.1.4 复合保温砌块(或砖)砌成的墙片试件的耐火极限按GB/T 9978.1—2008、GB/T 9978.8—2008的规定进行检测。

7.2 外观质量

7.2.1 量具

钢直尺、钢卷尺、深度游标尺、砖用卡尺，精度均为0.5 mm。

7.2.2 绝热材料的外观质量

7.2.2.1 用深度游标尺、钢直尺或砖用卡尺测量绝热材料缺损的尺寸；用钢直尺测量裂纹的长度。读数精确至0.5 mm。

7.2.2.2 以受力块体孔洞壁为基准，用钢直尺、深度游标卡尺或砖用卡尺测量填充型(Ⅰ)产品的绝热材料下凹深度，读数精确到0.5 mm。

7.2.3 实心片状护壁材料的外观质量

按照JC/T 641—2008的表2、表3进行检测。

7.3 尺寸允许偏差

7.3.1 复合保温砌块(或砖)的外形实际尺寸，按GB/T 4111进行，读数精确到0.5 mm。当有绝热材料或其他凸出部位影响钢直尺或砖用卡尺、卷尺测量精度时，应采用卡尺测量或削平绝热材料凸出部位后测量。

7.3.2 夹芯复合保温砖(或砌块)的内叶块和外叶块的尺寸测量,在产品外形实际尺寸测量后进行,测量点在长和高的中部,读数精确到1 mm。

7.3.3 夹芯复合保温砖(或砌块)的实心护壁材料最小厚度值测量,在产品外形实际尺寸测量后,用非损伤破型方法获取完整的实心护壁材料,再依据JC/T 641—2008进行,读数精确到1 mm。

7.3.4 夹芯和贴面型复合保温砌块(或砖)的绝热材料有效厚度的尺寸偏差,用钢直尺或砖用卡尺进行检测。测量点应平行于产品使用的墙厚方向,沿块体高度方向的上下两个面上至少各有两个测量点,同一面上两个测量点相距应大于100 mm,测量值读数精确到0.5 mm,取每一次测量与对应位置的标示尺寸之差值。

7.3.5 复合保温砌块(或砖)的绝热材料凸出受力块体部分的尺寸偏差,用钢直尺、深度游标卡尺或砖用卡尺进行测量。以受力块体与绝热材料相接的孔洞壁为基准,在绝热材料凸出部位水平架钢直尺,再用深度游标卡尺或砖用卡尺测量凸出高度,读数精确到0.5 mm。长度方向的同一个面应设置2个测量点,相距应大于100 mm;高度方向设置1个测量点,位于制品高度方向的中部。取每一次测量值与对应位置公称尺寸之差值。

7.3.6 贴面型复合保温砖(或砌块)两层不同材料之间的长度和高度偏差,在产品外形实际尺寸测量的基础上进行,分别在块体两侧测量长度和高度值,读数精确到0.5 mm,取对应位置的差值。每一侧面的长度或高度测量点均不少于两个。

7.4 表观密度

产品的表观密度检测按附录A进行。

7.5 强度等级

7.5.1 复合保温砌块(或砖)的强度等级检测

7.5.1.1 受力块材厚度不小于50 mm时:

a) 砖按GB/T 24492的规定、砌块按GB/T 4111的规定进行抗压强度试验。若承载面上有凸起的绝热材料影响抗压强度试件的找平或叠块粘接,应先削平绝热材料,使绝热材料不影响试件承载面的找平。

b) 抗压强度检测时,应保证承载面与试验机加荷载方向垂直。

c) 应从夹芯复合保温砌块(或砖)(Ⅱ)上,从内叶块体、外叶块体中选择承载面面积大的一块作为抗压强度等级检测试件。将与试件有连接的绝热材料和榫结构应先予以去除;影响强度试件检测的连接拉筋,应采用对块材性能和完整性没有影响的方法除去。

d) 应在检测报告上用图示方法明确标识受检块体试验时的抗压承载面。

注:可由委托方指定块体和抗压承载面。

e) 应采用直角靠尺,使抗压试件至少两个壁与承压面保持垂直关系;承压面抹浆后试件的四个角、两个边中点,共六点的高度差值应不大于1 mm。

7.5.1.2 受力块体厚度小于50 mm时:

按JC/T 641—2008附录A的规定检测抗折强度,以250 N/s±50 N/s的加荷速度加荷直至试件破坏。

7.5.2 石膏复合保温砌块(GBL)的受力块体的断裂荷载检测

应采取不会造成试件损伤的方法,先除去强度试件上连接的绝热材料、连接拉筋和榫结构,再按JC/T 698进行。

7.5.3 夹芯复合保温砌块(或砖)护壁材料的抗折强度检测

应先除去试件上连接的绝热材料、连接拉筋和榫结构,再按 JC/T 641—2008 附录 A 的规定进行,以 250 N/s±50 N/s 的加荷速度直至试件破坏。

7.5.4 夹芯(Ⅱ)和贴面复合(Ⅲ)保温砌块(或砖)在块体厚度方向的连接强度检测

按附录 B 进行。

7.5.5 抗压强度检测报告

报告应包含以下内容:带公称尺寸标注的复合保温砌块(或砖)三维立体图,带实际尺寸标注的抗压试件三维立体图和试验加荷方向示意。

7.6 传热系数 *K* 值

7.6.1 宜按 GB/T 13475 中的"标定热箱法"进行检测,试件数量为一个。

7.6.2 当采用 GB/T 13475 规定的"防护热箱法"进行检测时,由于复合保温砖和复合保温砌块产品结构特殊性,为满足 GB/T 13475 提出"试件不平衡热流量 Q_2 减到最小"的要求,试件检测时还应满足以下两点要求:

a) 检测时,防护箱和计量箱体内空气介质温度读数之间的差值,应一直满足不大于 2 ℃;

b) 受检试件与冷箱和防护箱接触处应用导热系数不大于 0.05 W/m·K、厚度不小于 30 mm 的绝热保温材料完全隔开,加以传热阻断。

7.6.3 复合保温砖(或砌块)的传热系数 *K* 值的检测记录和检测报告除符合 GB/T 13475 规定外,还应包括以下内容:试件砌筑排块图,试件厚度,所用块数和块型,带公称尺寸标识的块型三维示意图,试件制作所用砌筑砂浆的配合比和砂浆密度等级。

7.6.4 用于制作检测传热系数 *K* 值试件的复合保温砖(或砌块),每一块产品的外观质量、尺寸偏差、强度等级、所用绝热材料、密度等级,应符合本标准要求,并应在检测报告中逐项标注明确。

7.7 抗渗性

带装饰面的复合保温砌块(或砖)的抗渗性试验按 JC/T 641—2008 进行。

7.8 抗冻性

厚度不大于 50 mm 块体的抗冻性试验,应采取非破损伤的方法,先除去抗折强度试件上的绝热材料、连接拉筋和榫结构,五个试件先按 GB/T 4111 进行冻融循环,另五个对比样试件置于试验室内,室温宜控制在(20±5)℃。抗折强度试验方法按 JC/T 641—2008 附录 A 的规定进行,以 250 N/s±50 N/s 的加荷速度直至试件破坏,计算最小值、五块平均值。试件冻后干质量损失率计算按 GB/T 4111 进行。

8 检验规则

8.1 检验分类

8.1.1 出厂检验

产品出厂检验项目包括外观质量、尺寸允许偏差、强度等级。产品经出厂检验合格后方可出厂。

8.1.2 型式检验

8.1.2.1 产品的型式检验项目包括 6.1、6.2、6.3、6.4 和 6.5 的全部项目,若有必要还应包括 6.8 的项目。带装饰面的夹芯复合保温砌块(或砖)(Ⅱ),还应包括6.7的项目。

8.1.2.2 有下列情况之一者,应进行型式检验:

a) 正式生产后,原材料、工艺等发生较大的改变,可能影响产品性能时;

b) 正常生产时,每半年进行一次;

c) 出厂检验结果与上次型式检验结果有较大差异时。

8.1.2.3 有下列情况者,应进行传热系数 K 值的检验:

a) 某种块型的产品定型鉴定,或正式开始进入市场销售之前。

b) 生产所用原材料的品种、配合比、工艺或产品密度等级发生变化时。

c) 受力块体的块型、绝热材料品种和规格发生变化时。

8.2 抽样与组批规则

检验批的构成原则和批量大小按JC/T 466规定。3.5万块~5万块为一批,不足3.5万块按一批计。石膏复合砌块(GBL)的批量为3 000块为一批次,不足3 000块按一批计。

8.3 抽样

8.3.1 外观质量检验的试样采用随机抽样法,在每一检验批的产品堆垛中抽取。

8.3.2 其他检验项目的样品用随机抽样法从外观质量检验合格的样品中抽取。

8.3.3 除石膏复合保温砌块(GBL)外,抽样数量按表7进行。石膏复合保温砌块(GBL)的外观质量和尺寸偏差抽样数为20块,抗折强度检测数为5块,其余性能检测抽样数应符合表7的规定。

表7 抽样数量

序号	检验项目	抽样数量(块)
1	产品的外观质量和尺寸允许偏差	$50(n_1=n_2=50)$
2	产品的表观密度	3
3	产品的强度等级	
	——抗压强度检测	10
	——抗折强度检测	5
4	夹芯型(Ⅱ)产品的护壁材料抗折强度	5
5	夹芯型(Ⅱ)和贴面型(Ⅲ)产品的连接强度	3
6	传热系数 K 值	按GB/T 13475要求进行
7	厚度小于50 mm块体的抗冻性	10

8.4 判定规则

8.4.1 出厂检验的判定

8.4.1.1 除石膏复合保温砌块(GBL)外,若受检的50块产品中,外观质量和尺寸偏差不符合6.2、6.3规定的试件数量不超过7块时,则判该批次复合保温砖或复合保温砌块的尺寸偏差和外观质量合格,否则为不合格。

8.4.1.2 石膏复合保温砌块(GBL)受检的20块产品中,外观质量和尺寸偏差不符合6.2、6.3规定的试件数量不超过3块时,则判该批次产品的尺寸偏差和外观质量合格,否则为不合格。

8.4.1.3 当外观质量、尺寸偏差和强度等级的项目检测结果,均符合第6章的要求时,则判该批复合保温砖或复合保温砌块合格。

8.4.2 **型式检验的判定**

当所有项目的检验结果均符合 6.1、6.2、6.3、6.4、6.5 和 6.8(如有)各项技术要求,带装饰面的产品抗渗性符合 6.7 的要求,则判该批产品合格,否则为不合格。

8.4.3 **产品的传热系数 K 值的判定**

产品的传热系数 K 值检测值与产品标记的关系应满足表 5 的要求,否则为不合格。

9 产品合格证、包装、运输和贮存

9.1 产品在出厂时应提供产品质量合格证书,内容包括:

a) 厂名、商标和厂址;

b) 出厂检测合格证编号、生产和出厂日期、检验部门和检测人员签章;

c) 产品标记;

d) 最近一次的产品型式检验报告、传热系数 K 值检测报告的复印件,加盖企业公章;

e) 批量编号与产品数量(块)。

9.2 产品应按产品标记分批堆放,不得混杂。

9.3 产品垛宜采用塑料布包装,在堆放、运输和施工砌筑时应有防雨、水措施。

9.4 产品的受力块体有装饰面层时,堆放、运输过程中不得弄脏饰面。

9.5 运输装卸时应捆扎牢固,宜用托盘和吊装工具;散装时应轻码、轻放,不应用翻斗车倾卸。

附 录 A
（规范性附录）
复合保温砖和复合保温砌块的表观密度检测方法

A.1 设备

A.1.1 电子磅秤：感量 0.005 kg。
A.1.2 电热鼓风干燥箱。
A.1.3 钢直尺：分度值 1 mm。
A.1.4 一根刚度较大的圆棒、切割机等工具。

A.2 试件

试件数量为三个完整的复合保温砌块（或砖）。

A.3 复合的绝热材料含有机材料块材或颗粒的产品试验步骤

A.3.1 按 7.2.2 的方法，测量完整复合保温砌块试件的实际长度、宽度、高度，分别取各个方向的平均值，计算出每个试件的体积 V，精确至 1.0 mm^3。
A.3.2 称出完整复合保温砌块试件的质量 m_x，精确至 0.005 kg。
A.3.3 用圆棒等工具，采用不损伤受力块体的方法，将复合保温砌块试件中的有机材料完全除去，再次称取试件的质量 m_0，精确至 0.005 kg。夹芯复合保温砌块带有连接拉筋时，需一并计入试件的质量 m_0。
A.3.4 将已除去有机绝热材料的试件，按 GB/T 4111 的规定在电热鼓风干燥箱中干燥至绝干质量 m，精确至 0.005 kg。
A.3.5 每个复合保温砌块试件的块体密度按式（A.1）计算，精确至 10 kg/m^3。

$$r=\frac{m+(m_x-m_0)}{V}\times 10^9 \qquad \cdots\cdots(\text{A.1})$$

式中：
r ——完整复合保温块的干密度，单位为千克每立方米（kg/m^3），精确至 10 kg/m^3；
m ——除去有机绝热材料试件的干质量，单位为千克（kg），精确至 0.005 kg；
m_x——完整复合保温砌块试件的质量，单位为千克（kg），精确至 0.005 kg；
m_0——除去有机绝热材料试件的质量，单位为千克（kg），精确至 0.005 kg；
V ——试件的体积，单位为立方毫米（mm^3），精确至 1.0 mm^3。
A.3.6 试件的密度以三个试件块体密度的算术平均值表示，精确至 10 kg/m^3。

A.4 复合的绝热材料未含有机材料块材或颗粒的产品试验步骤

取完整的复合保温砌块（或砖）按 GB/T 4111 的规定进行。

附 录 B
（规范性附录）
夹芯型和贴面复合保温砌块(或砖)的连接强度试验方法

B.1 仪器设备

B.1.1 拉伸试验机或万能试验机:应有适宜的灵敏度和量程,精度为±1%。

B.1.2 专用钢板拉头两个(如图 B.1 所示)。钢板拉头与试验机通过适宜的连接方式以保证不产生任何弯曲应力。

B.1.3 环氧树脂胶。

B.2 试件

试件数量为三个完整的复合保温砌块(或砖)。

B.3 试验步骤

B.3.1 夹芯复合保温砌块(或砖)(Ⅱ)按图 B.1 所示,贴面型复合保温砌块(或砖)(Ⅱ)按图 B.2 所示,用不小于 M7.50 的砂浆在两侧抹面,以模拟砌筑灰缝砂浆。在复合保温砌块(或砖)的中心部位用环氧树脂粘结剂,厚度(2±1)mm,砖采用粘接面积 75 mm×150 mm 的专用钢板拉头,砌块采用粘接面积 100 mm×200 mm 的专用钢板拉头。夹芯型复合保温砌块(或砖)的粘接面不平时,可先用厚度不超过 5 mm 的水泥砂浆抹面,在试验室内静置 24 小时。

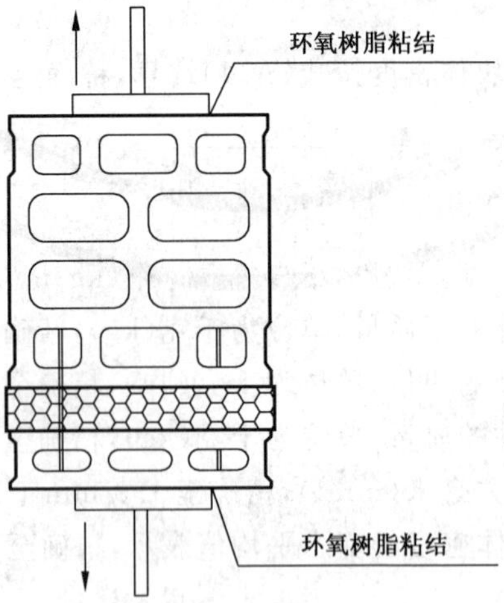

图 B.1 夹芯复合保温砌块(或砖)(Ⅱ)的连接强度试验

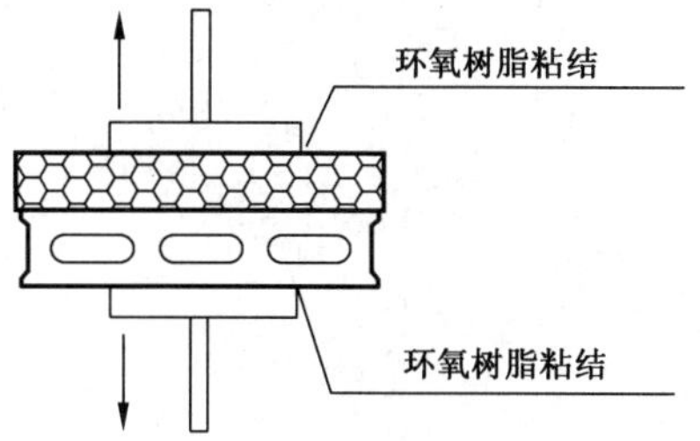

图 B.2 贴面型复合保温砌块(或砖)(Ⅲ)的连接强度试验

B.3.2 粘贴专用钢板拉头试块在试验室内静置 48 h 后，再将试件安装在拉力试验机上，砌块以 200 N/s±50 N/s、砖以 100 N/s±50 N/s 的速率均匀加荷，直至破坏，记录最大破坏荷载 P_b。读数精确至 1 N。

B.4 计算拉接强度

按式(B.1)计算拉接强度：

$$\delta_b = (P_b / A) \times 1\ 000 \qquad \cdots\cdots (B.1)$$

式中：

δ_b ——连接强度，单位为千帕(kPa)；

P_b——破坏荷载，单位为牛(N)；

A ——试件面积，为产品的长×高。单位为平方毫米(mm^2)，精确到 1 mm^2。

试验结果以 3 个试件的试验数据的算术平均数表示，精确至 0.1 kPa。

ICS 81.040
Q 10

中华人民共和国国家标准

GB/T 29061—2012

建筑玻璃用功能膜

Performance films for glass in building

2012-12-31 发布

2013-09-01 实施

中华人民共和国国家质量监督检验检疫总局
中国国家标准化管理委员会 发布

前　言

本标准按照GB/T 1.1—2009给出的规则起草。

本标准与日本标准JIS A5759:2008的一致性程度为非等效。

本标准由中国建筑材料联合会提出。

本标准由全国建筑用玻璃标准化技术委员会(SAC/TC 255)归口。

本标准负责起草单位:国家玻璃质量监督检验中心。

本标准参加起草单位:圣戈班舒热佳(青岛)有限公司、深圳市创益科技发展有限公司、3M中国有限公司、首诺国际贸易(上海)有限公司、成都普泰光电薄膜科技有限公司、中国建材装备有限公司、北京哈尼众业建筑科技有限公司、北京银晶玻璃有限公司、常州山由帝杉防护材料制造有限公司。

本标准主要起草人:李勇、嵇书伟、王立祥、冯素波、李晓杰、蔡建时、周国平、卢佳、张建军、周萍、刘维、张宁、杨舸。

建筑玻璃用功能膜

1 范围

本标准规定了建筑玻璃用功能膜的术语和定义、分类与标记、尺寸规格、要求、试验方法、检验规则及包装、标志、运输和贮存等。

本标准适用于建筑玻璃表面装贴的具有隔热、安全、装饰等功能的各类聚酯薄膜。

2 规范性引用文件

下列文件对于本文件的应用是必不可少的。凡是注日期的引用文件,仅注日期的版本适用于本文件。凡是不注日期的引用文件,其最新版本(包括所有的修改单)适用于本文件。

GB/T 2680 建筑玻璃 可见光透射比、太阳光直接透射比、太阳能总透射比、紫外线透射比及有关玻璃参数的测定

GB/T 2828.1 计数抽样检验程序 第1部分:按接收质量限(AQL)检索的逐批检验抽样计划

GB/T 8170 数值修约规则与极限数值的表示和判定

GB/T 10342 纸张的包装和标志

GB 15763.3—2009 建筑用安全玻璃 第3部分:夹层玻璃

GB/T 16422.2—1999 塑料实验室光源暴露试验方法 第2部分:氙弧灯

GB/T 18915.1—2002 镀膜玻璃 第1部分:阳光控制镀膜玻璃

3 术语和定义

下列术语和定义适用于本文件。

3.1

功能膜 performance films

一种由耐磨涂层、经工艺处理的聚酯膜和保护膜通过胶黏剂组合在一起的多层聚酯复合薄膜材料。

3.2

麻点 dusts

膜层中或膜层表面肉眼可见的点状固体缺陷。

3.3

斑点 spots

膜层中的色泽较深或较浅的点状缺陷。

3.4

斑纹 stripes

膜层色泽发生变化的云状、放射状或条纹状的缺陷。

3.5

皱褶 creases

膜表面不可恢复的折痕。

3.6

气泡　bubbles

膜与胶层保护膜未完全粘接的空隙。

4　分类与标记

4.1　建筑玻璃用功能膜按功能可分为四类

4.1.1　隔热膜，用符号 GR 表示。

4.1.2　安全膜，用符号 AQ 表示，安全膜又分为防飞溅级（表示为 AQ-Ⅰ）和防穿透级（表示为 AQ-Ⅱ）。

4.1.3　隔热安全膜，用符号 GA 表示，隔热安全膜又分为防飞溅级（表示为 GA-Ⅰ）和防穿透级（表示为 GA-Ⅱ）。

4.1.4　装饰膜，用符号 ZS 表示。

4.2　建筑用功能膜按使用场所可分为两类

4.2.1　室外膜，用符号 SW 表示。

4.2.2　室内膜，用符号 SN 表示。

4.3　标记

4.3.1　标记命名

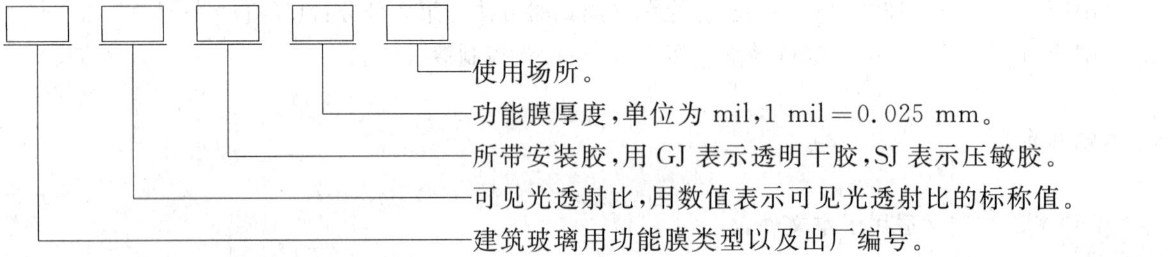

4.3.2　标记示例

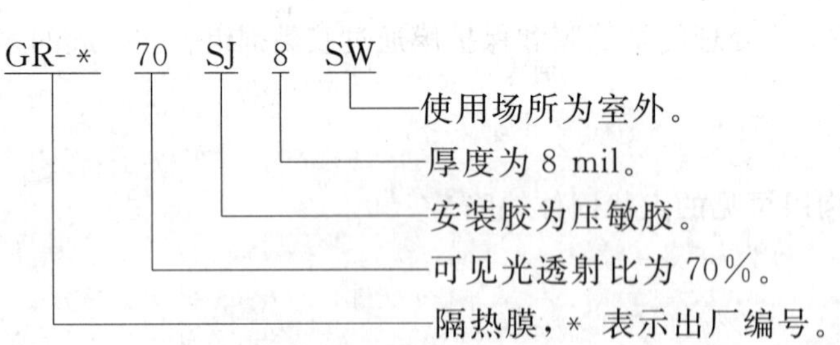

编号为＊、具有 70%可见光透射比、带有压敏安装胶、8 mil 室外用建筑玻璃隔热膜标记为：GR-＊70 SJ 8 SW。

5　尺寸规格

5.1　建筑玻璃用功能膜按厚度可分为：1.5 mil、2 mil、2.5 mil、4 mil、6 mil、7 mil、8 mil、10 mil、11 mil、14 mil、15 mil、19 mil、22 mil 等常用规格。

5.2 建筑玻璃用功能膜按宽度可分为:910 mm、1 220 mm、1 500 mm、1 520 mm、1 820 mm 等常用规格。

6 要求

6.1 建筑玻璃用功能膜应符合的要求

建筑玻璃用功能膜应符合表 1 相应条款的要求。

表 1 技术要求及试验方法条款

试验项目		建筑玻璃用功能膜						试验方法
		隔热膜	安全膜		隔热安全膜		装饰膜	
			防飞溅级	防穿透级	防飞溅级	防穿透级		
外观质量		6.2	6.2	6.2	6.2	6.2	6.2	7.2
尺寸偏差		6.3	6.3	6.3	6.3	6.3	6.3	7.3
光学性能		6.4	6.4	6.4	6.4	6.4	6.4	7.4
颜色均匀性		6.5	—	—	6.5	6.5	6.5	7.5
力学性能	断裂最大拉力	—	[illegible]	[illegible]	[illegible]	[illegible]	—	7.6
	断裂延伸率	—	6.6	6.6	6.6	6.6	—	7.6
	黏结力	6.6	[illegible]	[illegible]	[illegible]	[illegible]	6.6	7.6
落球冲击性能		—	6.7	6.7	6.7	6.7	—	7.7
防飞溅性能		—	6.8	6.8	6.8	6.8	—	7.8
防穿透性能		—	—	6.9	—	6.9	—	7.9
耐磨性能		6.10	6.10	6.10	6.10	6.10	6.10	7.10
耐酸性能		6.11	6.11	6.11	6.11	6.11	6.11	7.11
耐老化性能		6.12	6.12	6.12	6.12	6.12	6.12	7.12
挥发性有机化合物限量		6.13	6.13	6.13	6.13	6.13	6.13	7.13

6.2 外观质量

建筑玻璃用功能膜的外观质量应满足表 2 的规定。

表 2　建筑玻璃用功能膜的外观质量

<table>
<tr><th>缺陷名称</th><th>说　明</th><th colspan="2">要　求</th></tr>
<tr><td rowspan="5">麻点</td><td>直径＜0.8 mm</td><td colspan="2">不允许密集</td></tr>
<tr><td>0.8 mm≤直径＜1.2 mm</td><td>中部：≤3.0×S，个</td><td>边部：不允许密集</td></tr>
<tr><td>1.2 mm≤直径＜1.6 mm</td><td>中部：≤2.0×S，个</td><td>边部：≤8.0×S，个</td></tr>
<tr><td>1.6 mm≤直径≤2.5 mm</td><td>中部：不允许</td><td>边部：≤5.0×S，个</td></tr>
<tr><td>直径＞2.5 mm</td><td colspan="2">不允许</td></tr>
<tr><td rowspan="3">斑点</td><td>1.0 mm≤直径≤2.5 mm</td><td>中部：≤5.0×S，个</td><td>边部：≤6.0×S，个</td></tr>
<tr><td>2.5 mm＜直径≤5.0 mm</td><td>中部：不允许</td><td>边部：≤3.0×S，个</td></tr>
<tr><td>直径＞5.0 mm</td><td colspan="2">不允许</td></tr>
<tr><td>斑纹</td><td>目视可见</td><td colspan="2">不允许</td></tr>
<tr><td>皱褶</td><td>目视可见</td><td colspan="2">不允许</td></tr>
<tr><td rowspan="2">膜面划伤</td><td>0.1 mm＜宽度≤0.3 mm
长度≤60 mm</td><td colspan="2">≤5.0×S，条，划伤间距≥100 mm</td></tr>
<tr><td>宽度＞0.3 mm或长度＞60 mm</td><td colspan="2">不允许</td></tr>
<tr><td>缺胶</td><td>目视可见</td><td colspan="2">不允许</td></tr>
<tr><td>气泡</td><td>目视可见</td><td colspan="2">不允许</td></tr>
<tr><td colspan="4">允许个数及允许条数为各系数与S相乘所得的数值，按GB/T 8170修至整数。</td></tr>
<tr><td colspan="4">注1：麻点密集是指在Φ100 mm面积内超过20个。
注2：S是以平方米为单位的膜面积，保留小数点后两位。
注3：中部是指距离膜边缘75 mm以内的区域，其他部分为边部。</td></tr>
</table>

6.3　尺寸偏差

建筑玻璃用功能膜的尺寸偏差应满足表3的规定。

表 3　建筑玻璃用功能膜的尺寸允许偏差　　单位为毫米

<table>
<tr><th>项　目</th><th>说　明</th><th>允许偏差最大值</th></tr>
<tr><td rowspan="2">厚度</td><td>厚度＜0.2</td><td>−0，+0.013</td></tr>
<tr><td>厚度≥0.2</td><td>−0，+0.025</td></tr>
<tr><td>宽度</td><td></td><td>≥标称值</td></tr>
<tr><td>长度</td><td></td><td>≥标称值</td></tr>
</table>

6.4　光学性能

6.4.1　建筑玻璃用功能膜的光学性能允许偏差应满足表4的规定。

表 4 建筑玻璃用功能膜的光学性能允许偏差值

项目	说明	允许偏差最大值
可见光透射比	可见光透射比>30%	±3%
	可见光透射比≤30%	±2%
可见光反射比	可见光反射比>20%	±3%
	可见光反射比≤20%	±2%
太阳光直接透射比		±3%
太阳光直接反射比		±3%
太阳能总透射比		±3%
遮蔽系数		±0.05
注：对于明示标称值(系列值)的产品，以标称值作为偏差的基准，偏差的最大值应符合本表的规定；对于未明示标称值的产品，则取 3 块试样进行测试，3 块试样与平均值之间差值的最大值应符合本表的规定。		

6.4.2 建筑玻璃用功能膜的紫外线透射比应≤1%。

6.5 颜色均匀性

建筑玻璃用功能膜的颜色均匀性采用 CIELAB 均匀色空间的色差 $\Delta E_{ab}{}^{*}$ 来表示，单位 CIELAB。建筑玻璃用功能膜的颜色均匀性应≤3.0 CIELAB。

6.6 力学性能

建筑玻璃用功能膜的力学性能应符合表 5 的规定。

表 5 建筑玻璃用功能膜的力学性能

项目	隔热膜	安全膜 隔热安全膜		装饰膜
		防飞溅级	防穿透级	
断裂最大拉力/N	—	≥100	≥100	—
断裂延伸率/%	—	≥50	≥50	—
黏结力/N	≥2	≥4	≥8	≥2

6.7 落球冲击性能

试样破坏后，膜层不得断裂，不得因玻璃剥落而暴露。

6.8 防飞溅性能

试样不破坏；如试样破坏，飞溅下来的最大 10 块玻璃的总质量应小于 80 g，且飞溅下来的最大玻璃单块质量应小于 55 g。

6.9 防穿透性能

试样不破坏；如试样破坏，钢球不得穿透试样。

6.10 耐磨性能

试验前后可见光透射比差值的绝对值应≤4%。

6.11 耐酸性能

试验前后可见光透射比差值的绝对值应≤4%。

6.12 耐老化性能

建筑玻璃用功能膜的耐老化性能应符合表6的规定。

表6 建筑玻璃用功能膜的耐老化性能

项　目	要　求
外观	无明显变色、金属镀层腐蚀、气泡、分层，超出边部2 mm部分不得剥离
可见光透射比	试验前后差值应≤5%
黏结力	试验前后黏结力的减小≤20%

6.13 挥发性有机化合物限量

建筑玻璃用功能膜挥发性有机化合物(VOC)的质量浓度应≤0.05 mg/cm^2。

室外膜可不进行本项试验。

7 试验方法

7.1 试验条件

除特定要求外，试验应在下述条件下进行：温度20 ℃±5 ℃，相对湿度50%～70%，大气压8.6×10^4 Pa～1.06×10^5 Pa。

7.2 外观质量

7.2.1 试样

以切裁好的制品为试样；对于整卷制品，裁去最初的3 000 mm后在任意位置裁取长度为1 000 mm、宽度为包装宽度的试样。

7.2.2 麻点、斑点、膜面划伤的测定

在不受外界光线影响的环境内，使用装有数支间距300 mm的40 W平行日光灯管的黑色无光泽屏幕。试样垂直放置，与日光灯管平行且相距600 mm，观察者距试样600 mm，视线垂直试样进行观察，如图1所示。缺陷尺寸用精度0.1 mm的读数显微镜测定；划伤的长度用最小刻度为1 mm的钢卷尺测量。

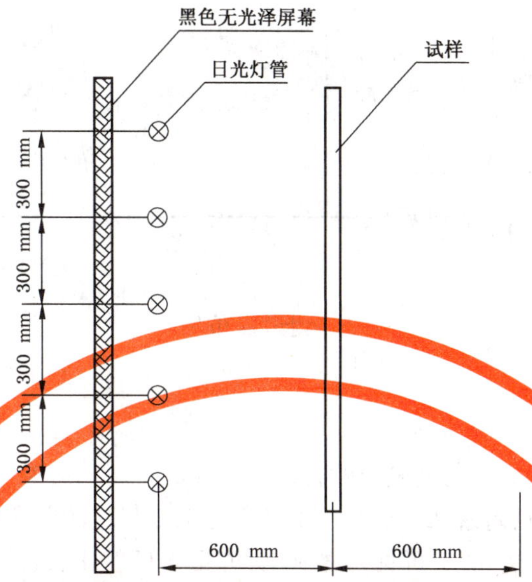

图 1　麻点、斑点、膜面划伤的测定示意图

7.2.3　斑纹、皱褶、缺胶、气泡的测定

如图 2 所示，在自然散射光均匀照射下，试样垂直放置，观察者距离玻璃 3 000 mm，视线与试样表面法线成 30°角进行观察。

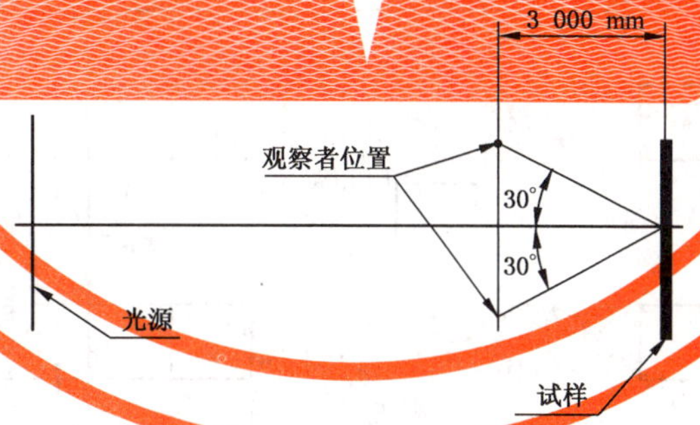

图 2　斑纹、皱褶、缺胶、气泡的测定示意图

7.3　尺寸偏差

以制品为试样。

试样的宽度和长度使用最小刻度为 1 mm 的钢直尺或钢卷尺测量。

试样的厚度使用精度 0.001 mm 以上的量具测量。测量前，去除保护膜及安装胶。对于整卷试样，在其宽度方向取 3 点进行测量，测试点如图 3 所示；对于切裁好的试样，在其四边中点距边缘 10 mm 处测量。取平均值，数值修约至小数点后三位。

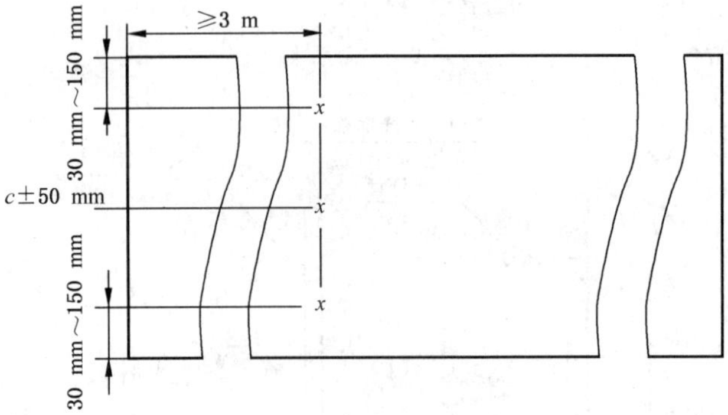

图 3 测试点位置

7.4 光学性能

分别将 3 块 50 mm×50 mm 的功能膜装贴在同样尺寸的可见光透射比为(88±1)%的 3 mm 平板玻璃上，制成试样，装贴方法参见附录 A。试验前试样应在 7.1 规定的条件下至少放置 24 h。

按 GB/T 2680 中规定的方法，测定可见光透射比、可见光反射比、紫外线透射比、太阳光直接透射比、太阳光直接反射比，计算太阳能总透射比、遮蔽系数。

7.5 颜色均匀性

7.5.1 取样

7.5.1.1 同一包装单位的取样：在一包装单位内任意位置裁取长度为 1 000 mm、宽度为包装宽度的试样，在试样的四角和正中间取 50 mm×50 mm 的试样 5 块，试样外边缘距该膜边缘 50 mm，如图 4 所示。

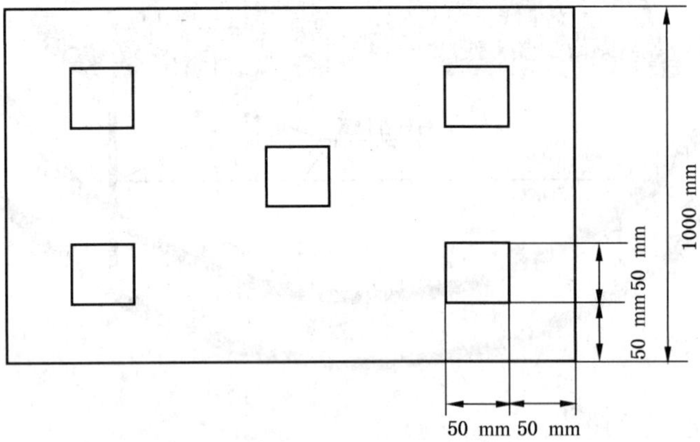

图 4 取样位置

7.5.1.2 同一批产品的取样：从一批产品中随机抽取 5 个包装单位，每一个包装单位按 7.5.1.1 规定取样。

7.5.2 测量

7.5.2.1 分别将 50 mm×50 mm 的功能膜装贴在同样尺寸的可见光透射比为(88±1)%的 3 mm 平板玻璃上，制成试样，装贴方法参见附录 A。试验前试样应在 7.1 规定的条件下至少放置 24 h。

7.5.2.2　一个包装单位功能膜的色差：按 GB/T 18915.1—2002 中 6.5.1 的测量方法，以中间试样作为标准片，其余 4 块均与该试样进行反射颜色的比较，分别测得 4 个 $\Delta E_{ab}{}^{*}$ 值，其中最大值即为该功能膜的色差。

7.5.2.3　一批功能膜产品的色差：按 GB/T 18915.1—2002 中 6.5.1 的测量方法，在相同位置，分别测量试样的 L^{*}、a^{*}、b^{*} 值，以其中 a^{*} 或 b^{*} 最大或最小的 1 块作为标准片，其余 4 块均与该试样进行反射颜色比较，分别测得 4 个 $\Delta E_{ab}{}^{*}$ 值，其中最大值即为该批功能膜产品的色差。

7.6　力学性能

7.6.1　断裂最大拉力及断裂延伸率

7.6.1.1　试样

取 150 mm×(25±0.5)mm 的功能膜 3 块，应确保试样边缘整齐光滑无缺口，试验前应在 7.1 规定的条件下至少放置 24 h。

7.6.1.2　试验

将去除保护膜的试样安装在万能材料试验机夹具上，夹具间隔约 100 mm，精确测量夹具间隔，以 (300±30)mm/min 的速度拉伸，测定试样断裂时的最大拉力及延伸量，根据式(1)计算断裂延伸率。数值修约至小数点后两位。

$$E=\frac{l-l_0}{l_0}\times 100\% \qquad \cdots\cdots\cdots\cdots (1)$$

式中：

E——断裂延伸率；

l_0——开始时夹具间隔；

l——断裂时夹具间隔。

7.6.2　黏结力

7.6.2.1　试样

分别将 3 块 250 mm×(25±0.5)mm 的功能膜装贴在 125 mm×50 mm 的 3 mm 平板玻璃上，制成试样，装贴方法参见附录 A。功能膜与平板玻璃一端中央对齐，余下的 125 mm 部分处于自由摆动状态，可在这部分的黏贴面上扑上滑石粉或者贴上纸片，试验前应在 7.1 规定的条件下至少放置 21 d。如图 5 所示。

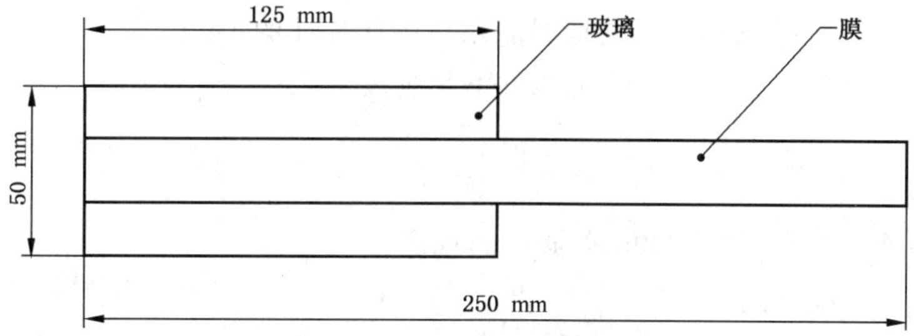

图 5　黏结力试样示意图

7.6.2.2 试验

将试样自由摆动部分的功能膜翻折180°，剥离约25 mm后，将功能膜与玻璃分别夹于万能材料试验机上下夹具，如图6所示，以(300±30)mm/min的速度拉揭下来。每剥离20 mm读取一次黏结力，每块试样读取4次，取平均值。数值修约至小数点后一位。

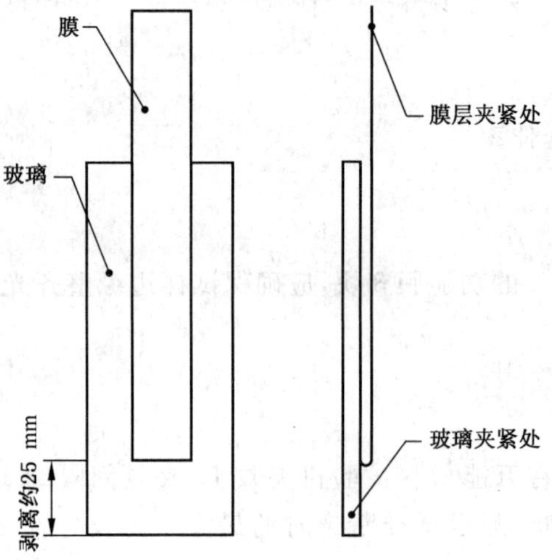

图6 试样剥离示意图

7.7 落球冲击性能

7.7.1 试样

分别将6块610 mm×610 mm的功能膜装贴在同样尺寸的4 mm平板玻璃上，制成试样，装贴方法参见附录A。试验前试样应在7.1规定的条件下至少放置21 d。

7.7.2 试验

按GB 15763.3—2009中7.11的规定进行试验。3块试样冲击面为膜面，3块试样冲击面为玻璃面。

7.8 防飞溅性能

7.8.1 试样

分别将4块1 930 mm×864 mm的功能膜装贴在同样尺寸的4 mm平板玻璃上，制成试样，装贴方法参见附录A。试验前试样应在7.1规定的条件下至少放置21 d。

7.8.2 试验装置

试验装置应符合GB 15763.3—2009附录C的规定。

7.8.3 试验

7.8.3.1 在每次冲击试验前，应将冲击体提升至相应的高度并保持冲击体静止。试验时，将初速度为零的冲击体释放，使冲击体以摆锤式自由下落垂直冲击试样中心点附近一次。

7.8.3.2 2块试样冲击面为膜面，2块试样冲击面为玻璃面。

7.8.3.3 首先使冲击体最大直径的中心位置保持在 300 mm 的下落高度,自由摆动落下,冲击试样中心点附近一次。如试样没有破坏,升高至 450 mm,在同一试样的中心点附件再冲击一次。

7.8.3.4 试样仍未破坏时,按下落高度 600 mm、750 mm、900 mm 和 1 200 mm 的顺序,依次提升高度,在同一试样的中心点附件再冲击一次。

7.8.3.5 下落高度为 300 mm、450 mm、600 mm、750 mm、900 mm 或 1 200 mm 试样破坏时,在破坏后 3 min 之内,从飞溅出来的玻璃碎片中称量最大的单块碎片质量和最大 10 块碎片的质量。

7.9 防穿透性能

7.9.1 试样

分别将 4 块 1 100 mm×900 mm 的功能膜装贴在同样尺寸的 4 mm 平板玻璃上,制成试样,装贴方法参见附录 A。试验前试样应在 7.1 规定的条件下至少放置 21 d。

7.9.2 试验装置

试验装置应符合以下规定:

a) 试验台的框架用 L 型角钢构成。

b) 试验台应能使试样保持水平。

c) 试样四周固定尺寸为(30±5)mm。

d) 在箱体底部铺设软质物体,避免钢球冲击到钢制受冲击箱体的底部时,钢球反弹及表面产生伤痕。

e) 紧固试验体框架的部分使用宽 30 mm、厚 4 mm、硬度 40 IRHD~60 IRHD 的橡胶。

单位为毫米

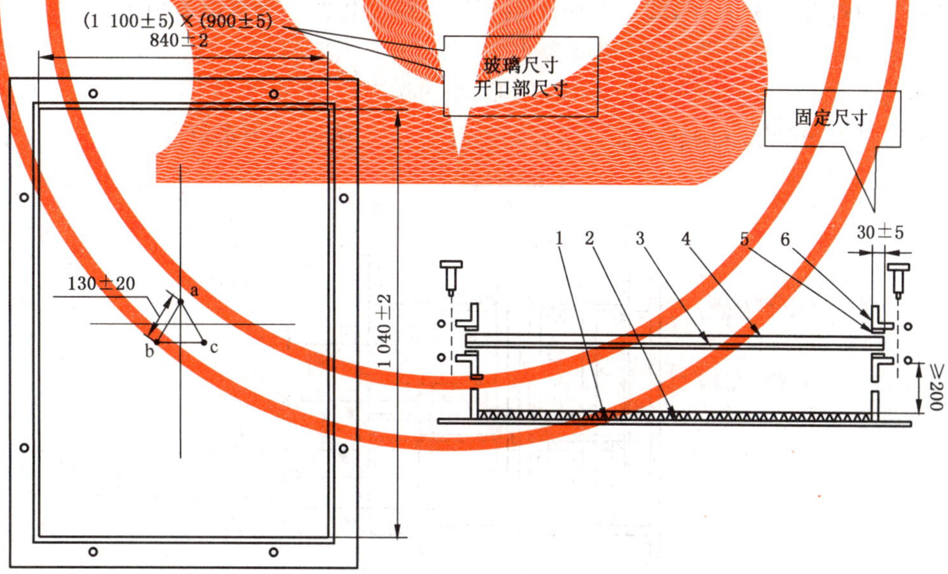

说明:

1——钢制受冲击箱体;2——软质物体;3——功能膜;

4——4 mm 平板玻璃;5——橡胶片;6——定位销。

图 7 钢球的落下位置及试验装置示意图

7.9.3 试验

使用直径为(100±0.2)mm、质量(4.11±0.06)kg 的抛光处理过的钢球置于距离试样表面3 000 mm 的高度,使其自由下落,观察冲击后试样状态。冲击面为玻璃面,冲击点为 a,b,c 3 点,如图 7 所示。

试验时，依次冲击点 a,b,c。冲击点 a 后 5 s，如钢球穿透试样，则试验结束；如未穿透，则继续试验。按上述方法冲击点 b,c，并观察冲击后状态。

7.10 耐磨性能

分别将 3 块 100 mm×100 mm 的功能膜装贴在同样尺寸的 4 mm 平板玻璃上，制成试样，装贴方法参见附录 A。试验前试样应在 7.1 规定的条件下至少放置 24 h。

按 GB/T 18915.1—2002 中 6.6 规定的方法进行试验。

7.11 耐酸性能

分别将 3 块 100 mm×100 mm 的功能膜装贴在同样尺寸的 4 mm 平板玻璃上，制成试样，装贴方法参见附录 A。试验前试样应在 7.1 规定的条件下至少放置 24 h。

按 GB/T 18915.1—2002 中 6.7 规定的方法进行试验。

7.12 耐老化性能

7.12.1 试样

按 7.6.2.1 的方法，分别将 3 块 250 mm×(25±0.5)mm 的功能膜装贴在 125 mm×50 mm 的可见光透射比为(88±1)%的 3 mm 平板玻璃上，制成试样。试验前试样应在 7.1 规定的条件下至少放置 7 d。

7.12.2 试验装置

试验氙弧灯应符合 GB/T 16422.2—1999 的规定。试验装置应符合以下规定：

a) 光源为氙弧灯，试样表面的辐照度为 255×(1±10%)W/m^2。

b) 黑板温度(63±3)℃，箱体温度(40±3)℃，相对湿度(50±5)%。

c) 试验时，旋转样架始终旋转，在 120 min 照射中进行 18 min 的水喷射。

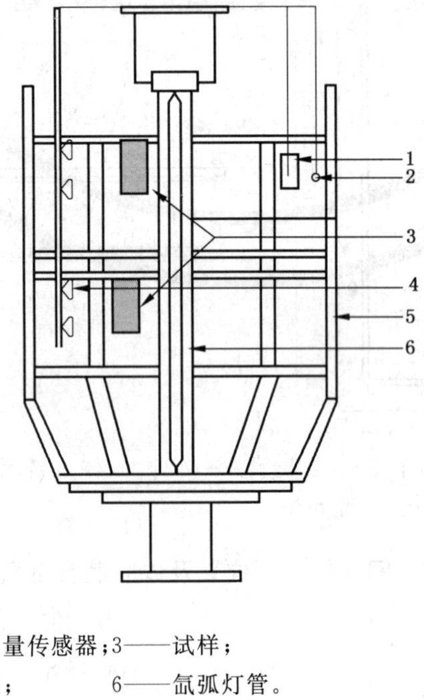

说明：

1——黑板温度计；2——光辐射测量传感器；3——试样；

4——喷水口； 5——旋转样架； 6——氙弧灯管。

图 8 耐老化试验装置示意图

7.12.3 试验

将试样置于耐老化试验装置中，贴有外用功能膜的试样膜面对向光源，贴有内用功能膜的试样玻璃面对向光源，照射 1 200 h。然后将试样取出，在 7.1 规定的条件下放置 24 h 后进行观察，并按 7.4 测量透射比，按 7.6.2 测量黏结力。

7.13 挥发性有机化合物限量

7.13.1 试样

试样为 50 mm×50 mm 功能膜 8 块，试验时去除保护膜。

7.13.2 试验设备

鼓风干燥箱、卡尔费休干燥炉、容量法微量水分测定仪、氮气（N_2＋Ar 纯度＞99.995%，$H_2O<5\times10^{-6}\ V/V$）和精度为 1×10^{-4} g 的电子天平。

7.13.3 试验

7.13.3.1 总挥发物含量测定

7.13.3.1.1 称量试样的质量，然后将其放在托盘内，放入（100±5）℃的鼓风干燥箱内，保温 1 h。然后将试样取出放入干燥器内冷却至室温，称量其质量。根据式(2)计算试样总挥发物含量。

$$m_t = m_1 - m_2 \qquad \cdots\cdots(2)$$

式中：

m_t——试样总挥发物含量；

m_1——烘前试样质量；

m_2——烘后试样质量。

7.13.3.1.2 总挥发物含量为 4 块试样的平均值，修约至小数点后四位。

7.13.3.2 水分含量测定

7.13.3.2.1 称量试样的质量，然后将其放入卡尔费休干燥炉中，炉温控制在（100±5）℃，保持氮气流速（200±20）ml/min，测定试样水分质量分数。根据式(3)计算试样水分含量。

$$m_w = m_3 r \qquad \cdots\cdots(3)$$

式中：

m_w——试样水分含量；

m_3——试样质量；

r——试样水分质量分数。

7.13.3.2.2 水分含量为 4 块试样的平均值，修约至小数点后四位。

7.13.3.3 挥发性有机物含量

根据式(4)计算试样挥发性有机物含量。

$$m = m_t - m_w \qquad \cdots\cdots(4)$$

式中：

m——试样挥发性有机物含量。

8 检验规则

8.1 检验分类

8.1.1 出厂检验

出厂检验项目为外观质量、尺寸偏差。

8.1.2 型式检验

型式检验项目为第6章规定的所有检验项目。

有下列情况之一时，应进行型式检验：

a) 正式生产后，结构、材料、工艺有较大改变，可能影响产品性能时；

b) 正常生产时，定期或积累一定产量后，周期性进行一次检验；

c) 产品长期停产后，恢复生产时；

d) 出厂检验结果与上次型式检验有较大差异时；

e) 国家质量监督机构提出型式检验的要求时。

8.2 组批与抽样

8.2.1 组批

同一工艺、同一颜色、同一厚度、同一可见光透射比每100个包装单位为一批。

8.2.2 抽样

8.2.2.1 出厂检验时，企业可根据生产状况制定合理的抽样方案抽取样品。

8.2.2.2 型式检验、产品质量仲裁、监督抽查时，尺寸偏差、外观质量可按GB/T 2828.1正常检查一次抽样方案，取 $AQL=6.5\%$，具体见表7。

表7 抽样方案表

单位为每包装单位

批量范围	抽检数	合格判定数	不合格判定数
2～8	2	0	1
9～15	3	0	1
16～25	5	1	2
26～50	8	1	2
51～90	13	2	3
91～150	20	3	4
151～280	32	5	6
281～500	50	7	8
501～1 000	80	10	11

8.2.2.3 对产品的光学性能、耐磨性能、耐酸性能进行测定时，每批随机抽取一个包装单位，裁取符合标准要求尺寸的功能膜试样。

8.2.2.4 对于产品所要求的其他性能，若用制品检验时，根据检验项目所要求的数量从该批产品中随机抽取。

8.3 判定规则

8.3.1 外观质量、尺寸偏差

若不合格品数等于或大于表7的不合格判定数，则认为该批产品的外观质量、尺寸偏差不合格。

8.3.2 光学性能

取3块试样试验，全部符合要求为合格。

8.3.3 颜色均匀性

一个包装单位产品的色差符合要求为合格。
一批产品的色差符合要求为合格。

8.3.4 力学性能

分别取3块试样进行试验，全部符合要求为合格。

8.3.5 落球冲击性能

取6块试样进行试验当5块或5块以上符合上述规定时合格。当3块或3块以下符合规定时为不合格。当4块符合时，则需追加6块新试样，6块均符合规定时为合格。

8.3.6 防飞溅性能

取4块试样进行试验，全部符合要求为合格。

8.3.7 防穿透性能

取4块试样进行试验，全部符合要求为合格。

8.3.8 耐磨性能

取3块试样进行试验，全部符合要求为合格。

8.3.9 耐酸性能

取3块试样进行试验，全部符合要求为合格。

8.3.10 耐老化性能

取3块试样进行试验，全部符合要求为合格。

8.3.11 挥发性有机化合物限量

挥发性有机物含量符合要求为合格。

8.3.12 综合判定

上述各项中，有一项不合格，则认为该批产品不合格。

9 包装、标志、运输和贮存

9.1 包装

产品采用密封防潮包装，包装物应符合 GB/T 10342 及其他国家标准规定。

9.2 标志

包装标志应符合国家有关标准的规定，应包括产品名称、标记、厂名、厂址、商标、规格、数量、批号、生产日期、执行标准。且应标明“朝上、轻搬正放、防雨、防潮”等字样。

9.3 运输

运输时应有防雨措施。

9.4 贮存

产品应放在通风良好、防雨、防潮、防火的场所。

附　录　A
（资料性附录）
建筑玻璃用功能膜装贴方法

A.1　装贴条件

除特定要求外，装贴应在清洁、无尘、密闭的室内进行：温度 20 ℃±5 ℃，相对湿度 50%～70%，大气压 8.6×10^{4} Pa～1.06×10^{5} Pa。

A.2　装贴工具

清洗安装液、喷壶、清洗刮铲刀、刮水擦、挤水铲、特氟隆挤水片、裁膜刀、裁膜导板和直尺、无屑吸水纸巾等。

A.3　装贴

A.3.1　玻璃的清洗

清洗玻璃，去除玻璃表面的污渍，必要时用清洗刮铲刀将污物刮铲掉。用无屑吸水纸巾擦拭玻璃，保证擦拭干净。

A.3.2　装贴

A.3.2.1　覆膜：将裁取好的功能膜去除保护膜，在安装胶面、玻璃表面均匀喷清洗安装液，覆膜。喷洒清洗安装液在功能膜表面，用刮水擦以水平方向在功能膜上来回刮擦 2～3 次，令功能膜黏在正确的位置上。

A.3.2.2　挤水：再次喷洒清洗安装液在功能膜表面，首先用挤水铲由功能膜中上方开始、上下左右地移动，以相同的压力及角度、重叠的动作挤压整块玻璃，尽量清除功能膜和玻璃之间残留的清洗安装液。在最后的挤压前使用裁膜刀裁切功能膜边部可能多余的部分。之后用无屑纸巾包住特氟隆挤水片，以平稳的力度，将残留的水分挤压出来，同时不停地转换纸巾位置以求将多余的水分挤尽。注意功能膜和玻璃之间不要残留气泡、水泡。

ICS 91.100.30
Q 14

中华人民共和国国家标准

GB/T 29062—2012

蒸压泡沫混凝土砖和砌块

Autoclaved foam concrete bricks and blocks

2012-12-31 发布 2013-09-01 实施

中华人民共和国国家质量监督检验检疫总局
中国国家标准化管理委员会 发布

前　言

本标准按照 GB/T 1.1—2009 的规定编写。

本标准由中国建筑材料联合会提出。

本标准由全国墙体屋面及道路用建筑材料标准化技术委员会(SAC/TC 285)归口。

本标准负责起草单位:江门天风墙体材料有限公司、广州市建筑材料工业研究所有限公司、广州大学、五邑大学、广东省建筑材料研究院、广州市建筑科学研究院、广东省建筑科学研究院、江门市建筑设计院、江门市质量技术监督局。

本标准主要起草人:钟赖安、林玩君、张传镁、林克辉、邓子胜、陈永祥、邹扬帆、尹冠英、尹金汉、黄慧莲、吴翠贤、杨展、罗云峰、刘运江、骆翔宇、王新祥、王元光、甘伟、徐城坤、陈艳玲、黎健松、李雅丽、温永汉、黄嘉樑、胡涛、李华。

蒸压泡沫混凝土砖和砌块

1 范围

本标准规定了蒸压泡沫混凝土砖和砌块的术语和定义、等级、代号、标记、原材料、技术要求、试验方法、检验规则、产品合格证、堆放和运输等。

本标准适用于工业与民用建筑、构筑物非承重部位的蒸压泡沫混凝土砖和砌块(以下简称砖和砌块)。

2 规范性引用文件

下列文件对于本文件的应用是必不可少的。凡是注日期的引用文件,仅注日期的版本适用于本文件。凡是不注日期的引用文件,其最新版本(包括所有的修改单)适用于本文件。

GB 175 通用硅酸盐水泥

GB/T 1596 用于水泥和混凝土中的粉煤灰

GB/T 2542—2003 砌墙砖试验方法

GB 6566 建筑材料放射性核素限量

GB 8076 混凝土外加剂

GB/T 9978.1—2008 建筑构件耐火试验方法 第1部分:通用要求

GB/T 10294—2008 绝热材料稳态热阻及有关特性的测定 防护热板法

GB/T 14684 建筑用砂

GB/T 17431.1 轻集料及其试验方法 第1部分:轻集料

GB/T 18046 用于水泥和混凝土中的粒化高炉矿渣粉

GB/T 18968 墙体材料术语

JC/T 621 硅酸盐建筑制品用生石灰

JG 3056 数显式粘结强度检测仪

JGJ 63 混凝土用水标准

3 术语和定义

GB/T 18968 界定的以及下列术语和定义适用于本文件。

3.1

蒸压泡沫混凝土砖和砌块 autoclaved foam concrete bricks and blocks

在水泥、集料、掺合料、外加剂与水拌和的混合料中引入泡沫,形成轻质料浆,经浇注成型再蒸压养护而制成的砖和砌块。

3.2

拉拔力 pullout force

砖和砌块抵抗其后置的膨胀螺栓被拉拔的能力。

3.3

黏结性 adhesiveness

砖和砌块的表面与砂浆或其他黏结材料的黏结性能,以单位面积的拉伸黏结力表示。

4 等级、代号和标记

4.1 等级

4.1.1 干密度等级:按干密度划分为 B11,B12 和 B13 三个等级。

4.1.2 强度等级:按立方体抗压强度划分为 MU3.5,MU5.0 和 MU7.5 三个等级。

4.2 代号和标记

示例:

强度等级为 MU5.0、干密度等级为 B12、规格尺寸为 300 mm×200 mm×150 mm 的砌块,其标记为:"蒸压泡沫混凝土砌块 300×200×150 MU5.0 B12 GB/T 29062—2012"。

5 原材料要求

5.1 水泥

应符合 GB 175 的规定。

5.2 集料

5.2.1 砂应符合 GB/T 14684 的规定。

5.2.2 轻集料应符合 GB/T 17431.1 的规定。

5.3 掺合料

5.3.1 矿渣粉应符合 GB/T 18046 的规定。

5.3.2 粉煤灰应符合 GB/T 1596 的规定。

5.3.3 生石灰应符合 JC/T 621 的规定。

5.3.4 采用其他矿物粉料作掺合料时,应符合国家相关标准规范的要求。

5.3.5 所采用的其他掺合料放射性水平应符合 GB 6566 的规定。

5.4 外加剂

应符合 GB 8076 的规定。

5.5 水

应符合 JGJ 63 的规定。

5.6 泡沫剂

应具有良好的稳定性,并且气孔孔径大小均匀。

6 技术要求

6.1 规格尺寸

规格尺寸应符合表 1 的规定。

表 1　规格尺寸

单位为毫米

长度 *L*	宽度 *B*	高度 *H*
300	200	150
	150	150
	100	150
注：其他规格尺寸可由供需双方商定。		

6.2　尺寸偏差和外观质量

尺寸偏差和外观质量应符合表 2 的规定。

表 2　尺寸偏差和外观质量

项　目			指　标
尺寸偏差/mm	长度　*L*		±6
	宽度　*B*		±3
	高度　*H*		±3
缺棱掉角	最大尺寸/mm	≤	30
	个数/个	≤	2
裂纹	条数/条	≤	2
	任一面上的裂纹长度与裂纹方向尺寸的比值	≤	1/8
	贯穿一棱二面的裂纹投影长度与裂纹所在面的裂纹方向尺寸总和的比值	≤	1/4
平面弯曲/mm		≤	2
爆裂、粘模等损坏深度/mm		≤	5
表面疏松、层裂			不允许
表面油污			不允许

6.3　干密度

干密度应符合表 3 的规定。

表 3　干密度

干密度等级	B11	B12	B13
干密度/(kg/m³)	≤1 150	>1 150,≤1 250	>1 250,≤1 350
强度等级/MPa≤	3.5	5.0	7.5

6.4　抗压强度

抗压强度应符合表 4 的规定。

表 4　抗压强度

单位为兆帕

强度等级	抗压强度	
	平均值≥	单块最小值≥
MU3.5	3.5	2.8
MU5.0	5.0	4.0
MU7.5	7.5	6.0
注：当砌块的抗压强度同时满足 2 个及 2 个以上强度等级要求时，应以满足要求的最高强度等级为准。		

6.5　拉拔力、黏结性

拉拔力、黏结性应符合表 5 的规定。

表 5　拉拔力、黏结性

强度等级	拉拔力/kN	黏结性/MPa
	平均值≥	平均值≥
MU3.5	1.00	0.3
MU5.0	1.10	
MU7.5	1.20	

6.6　干燥收缩值

干燥收缩值应符合表 6 的规定。

表 6　干燥收缩值

单位为毫米每米

干密度等级	B11	B12	B13
干燥收缩值　≤	0.40		

6.7　抗渗性、吸水率和导热系数

抗渗性、吸水率和导热系数应符合表 7 的规定。

表 7　抗渗性、吸水率和导热系数

干密度等级	B11	B12	B13
抗渗性(渗水深度)/mm　≤	50	45	40
吸水率/%　≤	25	20	15
导热系数(干态)/[W/(m·K)]　≤	0.32	0.35	0.40

6.8　抗冻性

抗冻性应符合表 8 的规定。

表 8 抗冻性

%

强度等级	MU3.5	MU5.0	MU7.5
冻后干质量损失率 ≤	1.5		
冻后抗压强度损失率 ≤	10		

6.9 耐火极限

耐火极限应符合表 9 的规定。

表 9 耐火极限

单位为小时

干密度等级	B11	B12	B13
耐火极限 ≥	4		

注 1：大于或等于 100 mm 厚墙双面抹灰 15 mm 厚。

注 2：砌筑抹灰均采用 M5.0，M7.5 砂浆。

注 3：客户有要求时进行测试。

6.10 放射性核素限量

放射性核素限量应符合 GB 6566 的规定。

7 试验方法

7.1 尺寸偏差、外观质量

按 GB/T 2542—2003 规定的试验方法进行。

7.2 干密度

按 GB/T 2542—2003 规定的试验方法进行。

7.3 抗压强度

按本标准附录 A 进行。

7.4 拉拔力

按本标准附录 B 进行。

7.5 黏结性

按本标准附录 C 进行。

7.6 干燥收缩值

按 GB/T 2542—2003 规定的试验方法进行。

7.7 抗渗性

按本标准附录 D 进行。

7.8 吸水率

按 GB/T 2542—2003 规定的常温水浸泡 24h 吸水率试验方法进行，浸水深度为试件作墙厚方向的三分之一。

7.9 导热系数

按 GB/T 10294—2008 规定的试验方法进行，试件厚度不小于 35 mm。

7.10 抗冻性

按本标准附录 A 制作试件，再按 GB/T 2542—2003 规定的试验方法进行。

7.11 耐火极限

按 GB/T 9978.1—2008 的规定进行。

7.12 放射性核素限量

按 GB 6566 的规定进行。

8 检验规则

8.1 检验分类

产品检验分出厂检验和型式检验。

8.1.1 出厂检验

出厂检验项目包括尺寸偏差、外观质量、干密度、抗压强度。

8.1.2 型式检验

型式检验项目包括本标准技术要求的全部项目。有下列情况之一者，应进行型式检验：

a） 新厂生产试制定型检验；

b） 正式生产后，原材料、工艺等发生较大的改变，可能影响产品性能时；

c） 正常生产时，每年进行一次；

d） 停产三个月以上恢复生产时；

e） 出厂检验结果与上次型式检验结果有较大差异时。

8.2 组批规则

同类型的砖和砌块每 10 万块为一批，不足 10 万块按一批计。

8.3 抽样

8.3.1 外观质量和尺寸偏差检验的样品用随机抽样法从堆场中抽取 50 块，其他检验项目的样品用随机抽样法从外观质量和尺寸偏差检验合格的样品中抽取。

8.3.2 从外观质量与尺寸偏差检验合格的砖和砌块中，随机抽样，按表 10 规定的项目以及砖和砌块块数制作试件。

表 10 耐火极限

序号	检验项目	样品数量	备注
1	干密度	1 组 3 块	
2	抗压强度	1 组 5 块	
3	拉拔力	1 组 5 块	
4	黏结性	1 组 5 块	
5	干燥收缩值	1 组 3 块	
6	抗渗性	1 组 3 块	
7	吸水率	1 组 3 块	
8	抗冻性	1 组 5 块	
9	放射性核素限量	1 组 3 块	
10	导热系数	1 组 2 块	试件由同批次同级配的料浆制成，规格为 300 mm×300 mm×35 mm
11	耐火极限	按 GB/T 9978.1—2008 的规定抽取所需数量的砖和砌块	

8.4 判定规则

8.4.1 尺寸偏差和外观质量判定

若受检的 50 块砖和砌块中，尺寸偏差和外观质量不符合表 2 规定的砖和砌块数量不超过 7 块时，判定该批砖和砌块的尺寸偏差和外观质量合格；否则，判定该批砖和砌块的尺寸偏差和外观质量不合格。

8.4.2 其他性能判定

其他性能按分别以下要求判定：

a) 以 1 组干密度试件的检测结果判定产品的干密度等级，符合表 3 相应等级要求时，判定该批产品符合相应等级；否则，判该批产品不合格。

b) 以 1 组抗压强度检测结果判定其抗压强度等级，符合表 4 相应等级要求时，判定该批产品符合相应强度等级；否则，判定该批产品不合格。

c) 拉拔力、黏结性检测结果，符合表 5 相应规定时，判定该项指标合格，否则判定为不合格。

d) 干燥收缩值检测结果，符合表 6 规定时，判定该项指标合格，否则判定为不合格。

e) 抗渗性、吸水率、导热系数检测结果，符合表 7 相应规定时，判定该项指标合格，否则判定为不合格。

f) 抗冻性检测结果，符合表 8 的规定时，判定该项指标合格，否则判定为不合格。

g) 耐火极限检测结果，符合表 9 的规定时，判定该项指标合格，否则判定为不合格。

h) 放射性核素限量检测结果，符合本标准的相应规定（见 6.10）时，判定该项指标合格，否则判定为不合格。

8.4.3 总判定

全部项目的检测结果，符合相应等级的技术要求规定时，则判定该批产品相应等级合格；若有某项目不合格，则对该项目进行双倍抽样复检，复检合格仍可判定该项目为合格；否则，判该批产品为该等级的不合格品。

9 产品合格证、堆放和运输

9.1 砖和砌块出厂时，每批次应有产品合格证，产品合格证包括：

a) 生产厂名、厂址；

b) 商标；

c) 产品标记；

d) 产品执行标准编号；

e) 本批产品检验结果和生产日期；

f) 检验部门和检验人员签章。

9.2 贮存、堆放应做到场地平整、无积水，按产品分类、分级、堆放整齐。

9.3 产品运输、装卸时，严禁摔、掷、翻斗卸货。

附 录 A
（规范性附录）
蒸压泡沫混凝土砖和砌块抗压强度试验方法

A.1 仪器设备

A.1.1 材料试验机

精度(示值的相对误差)应满足±1%的范围要求,其量程的选择应能使试件的预期最大破坏荷载处在全量程的20%～80%范围内。

A.1.2 电子秤或天平

称量2 000 g,感量1 g。

A.1.3 电热鼓风干燥箱

最高温度200 ℃。

A.1.4 钢直尺

分度值为0.5 mm。

A.2 试件规格数量

试件规格为100 mm×100 mm×100 mm,数量为5块。

A.3 试件制作

A.3.1 分别在5块样砖和砌块中,从其中间部位切取以上规格的立方体试件各1块。
A.3.2 检查试件尺寸偏差和外观质量,应使试件承压面的不平度为每100 mm不超过0.1 mm,承压面与相邻面的不垂直度不应超过±1°;试件各面均可作受压面。
A.3.3 试件应在温度(105±5)℃的干燥箱中烘至恒重。

A.4 试验步骤

A.4.1 从干燥箱中取出试件,冷却至室温。
A.4.2 测量试件受压面尺寸,精确至1 mm,并计算试件的受压面积 A。
A.4.3 将试件置于材料试验机的下压板的中心位置。
A.4.4 开动试验机,当上压板与试件接近时,调整球座,使接触均衡。
A.4.5 以(2.0±0.5)kN/s的加荷速度均匀地加荷,直至试件破坏,记录破坏荷载 P,精确至10 N。

A.5 结果计算与评定

A.5.1 抗压强度按式(A.1)计算,精确至0.1 MPa;

$$f = P/A \qquad \cdots\cdots (A.1)$$

式中：

f——试件的抗压强度，单位为兆帕（MPa）；

P——破坏荷载，单位为牛（N）；

A——试件受压面积，单位为平方毫米（mm^2）。

A.5.2 结果评定

A.5.2.1 砖和砌块的抗压强度，以试件抗压强度的算术平均值和单块最小值表示。

A.5.2.2 抗压强度平均值，以 5 块试件抗压强度的算术平均值表示，精确至 0.1 MPa。

A.5.2.3 抗压强度单块最小值，以 5 块试件中最小抗压强度值表示，精确至 0.1 MPa。

附 录 B
（规范性附录）
蒸压泡沫混凝土砖和砌块拉拔力试验方法

B.1 仪器设备及材料

B.1.1 螺栓抗拉拔试验装置

见图 B.1，其中拉力杆、拉力架应有足够的刚度和强度。

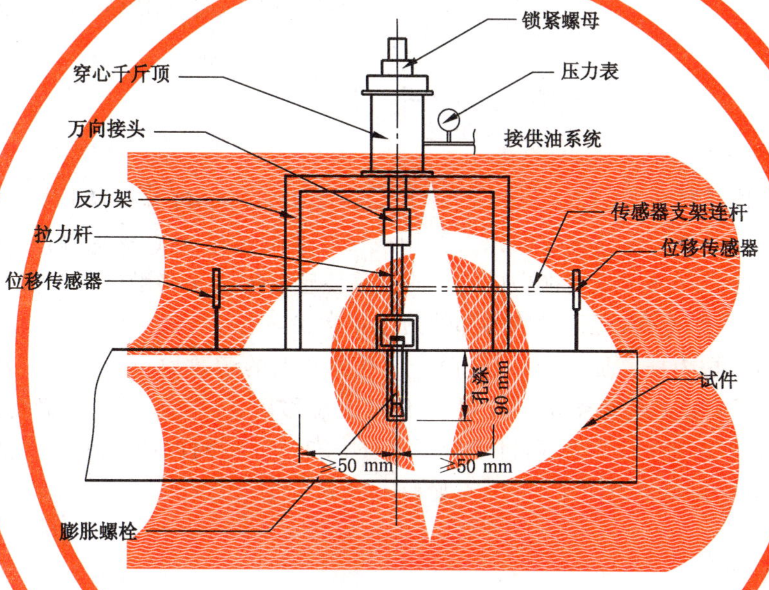

图 B.1 蒸压泡沫混凝土砖和砌块拉拔力试验原理装置示意图

B.1.2 扭矩扳手

扳头为开口式、环形式或棘轮式，扳头方孔的联接尺寸应与膨胀螺栓配套；量程为 0～6 N·m。

B.1.3 千斤顶

为穿心千斤顶，其量程的选择应能使试件的预期最大拉拔力处在全量程的 20%～80%范围内，其压力表精度为 0.1 MPa。

注：也可选用数显液压拉拔仪器，但量程须符合要求，精度为 0.01 kN。

B.1.4 膨胀螺栓

材质为不锈钢，直径为 8 mm，有效长度为 80 mm，其胀管壁厚为 1 mm。

B.1.5 位移传感器

精度为 0.01 mm。

注：可为磁力表座加百分表装置。

B.2 试件

B.2.1 试件数量为1组5块。

B.2.2 试件应在温度(105±5)℃的干燥箱中烘至恒重。

B.3 试件制作

B.3.1 先将试验用的一组5块试件,平放在试验场所,分别在其上表面正中部位钻孔,使孔径为10 mm,孔深约90 mm;钻孔时,须保持孔与试件上表面垂直,并将孔内的尘渣清理干净。

B.3.2 将膨胀螺栓敲入孔内约80 mm深,再用内径为8 mm的套筒将膨胀螺栓的胀管打入,使胀管上端面与砖和砌块试件上表面平齐,依次装上平垫圈、弹簧垫和六角螺母,然后用扭矩扳手将螺母拧紧至扭矩为4 N·m。

B.4 试验步骤

B.4.1 将螺栓抗拉拔试验装置的万向接头与膨胀螺栓露出试件的部分螺丝相连,有必要时可在支架的两只脚下垫上钢板(钢垫块),以保证拉拔力作用线与膨胀螺栓的中心线重合;并按照如图B.1所示将两个位移传感器的支架连杆固定在拉力杆上,使位移传感器的针头接触试件上表面。

B.4.2 完成以上安装后,检查各部件,使各部件处于正常状态。

B.4.3 通过千斤顶对拉力杆预加应力,以使两个位移传感器的读数均稍微为正;如预加应力后仍不能满足要求,则须增减不同厚度的钢垫块进行调节,使两个位移传感器的读数均稍微为正。

B.4.4 记录位移传感器的初始读数,通过千斤顶以(50±10)N/s的加荷速度均匀加荷,当两个位移传感器的位移读数的增量平均值为1 mm时,读取千斤顶压力表的读数。

B.5 结果计算与评定

B.5.1 将压力表的读数,通过千斤顶的压强—压力曲线公式换算成kN力值,即为该样品的拉拔力。如使用数显式液压拉拔仪,则读取仪器显示的读数即为kN力值。

B.5.2 以5块试件检测值的算术平均值作为该组试件的拉拔力值,精确至0.1 kN。

当5块试件的最大值或最小值与中间值的差超过15%时,以中间3块试件的平均值作为该组试件的拉拔力值。

附 录 C
（规范性附录）
蒸压泡沫混凝土砖和砌块黏结性试验方法

C.1 仪器设备及材料

C.1.1 黏结强度检测仪

黏结性试验采用黏结强度检测仪，应符合现行行业标准 JG 3056 的规定，其量程的选择应能使试件的预期最大破坏荷载处在全量程的 20%～80%范围内。黏结性试验装置如图 C.1 所示。

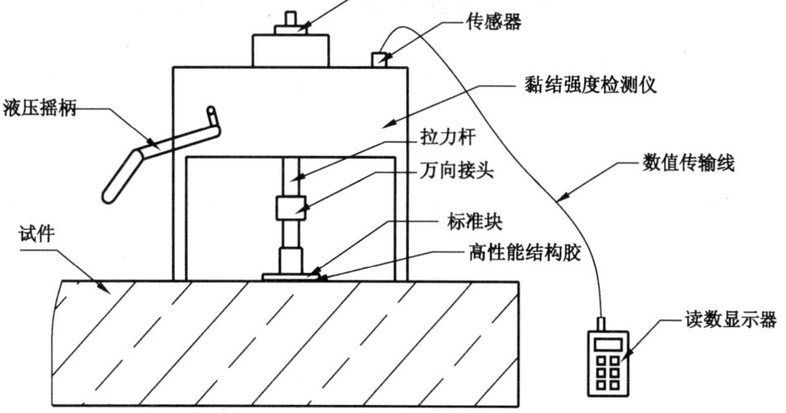

图 C.1 蒸压泡沫混凝土砖和砌块黏结性试验原理装置示意图

C.1.2 黏结材料

为高性能结构胶，黏结强度大于 2.0 MPa。

C.1.3 标准块

为碳素钢制造，尺寸为 40 mm×40 mm×10 mm，表面平整、无污物缺陷等，标准块的上部接头应与黏结强度检测仪的万向接头配套。

C.1.4 手持切割锯

C.2 试样

C.2.1 试件数量为 1 组 5 块。
C.2.2 试件应在温度(105±5)℃的干燥箱中烘至恒重。

C.3 试件制作

C.3.1 先将试件平放，分别将试件的上表面清理干净，用调配好的黏结材料均匀涂抹在试件的上表面中间部位，把黏结性试验用标准块平整地压在该部位（约 5 min），并使黏结剂均匀充满底部。

C.3.2 标准块固化定位时间不得小于 30 min。

C.3.3 待黏结剂固化和标准块定位后，将试件静置于室内干燥环境，不得触碰。

C.3.4 标准块固化定位完成后，用手持切割锯沿标准块四周边缘向砖内切割约 3 mm 深的缝隙。

C.4 试验步骤

C.4.1 将黏结好标准块的试件，平置于试验台上，或平整的混凝土地面，并在其上安装、调试好黏结强度检测仪。

C.4.2 将黏结强度检测仪的万向接头与标准块上的接头连接固定。

C.4.3 完成以上步骤后，匀速转动液压摇柄进行升压，控制加荷速度为（50±10）N/s，直至砖试件的表面材质与砖试件体撕裂剥离时，记录数显器的最高峰值读数，该值即为破坏黏结力值。

C.4.4 当破坏断面在黏结材料与试件的界面处、标准块与黏结材料的界面处以及黏结材料内部断开，则试验结果无效，重新制作试件进行试验。

C.5 结果计算与评定

C.5.1 砖的黏结性用黏结强度值表示，按照式（C.1）计算，精确至 0.01 MPa。

$$R_n = P/S \qquad \cdots\cdots\cdots\cdots(C.1)$$

式中：

R_n ——黏结强度，单位为兆帕（MPa）；

P ——破坏黏结力值，单位为牛（N），精确至 1N；

S ——黏结面积，单位为平方毫米（mm^2），以标准块面积计算，精确至 1 mm^2。

C.5.2 以 5 块试件的算术平均值作为该组试件的黏结强度值。

当 5 块试件的最大值或最小值与中间值的差超过 15%时，以中间 3 块试件的平均值作为该组试件的黏结强度值。

附　录　D
（规范性附录）
蒸压泡沫混凝土砖和砌块抗渗性试验方法

D.1　仪器设备及材料

D.1.1　抗渗性试验装置

为自制装置，如图 D.1 所示：

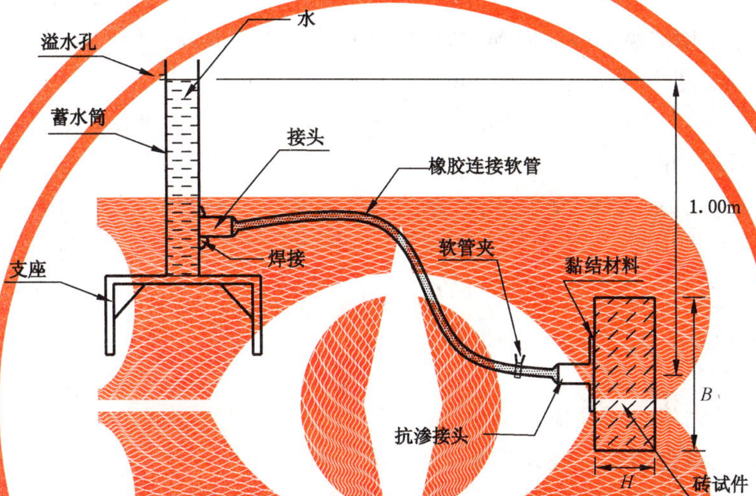

图 D.1　蒸压泡沫混凝土砖和砌块抗渗试验原理装置示意图

注：可在蓄水筒的同一高度位置的圆周开 3 个孔，并焊接接头，以便可使 3 块试件同在一个装置上进行抗渗性试验。图中的“*H*”、“*B*”分别代表砖和砌块的高、宽。

D.1.2　橡胶软管及抗渗接头

抗渗接头内径为 48 mm，橡胶软管直径尺寸不限，但须有转换头能与抗渗接头配套相连接。

D.1.3　直尺

精度为 0.5 mm。

D.1.4　黏结材料

为高性能结构胶，压剪强度≥10 MPa。

D.2　试件

D.2.1　试件数量为 1 组 3 块。

D.2.2　试件应在温度(105±5)℃的干燥箱中烘至恒重。

D.3 试件制作

将试件的试验面清理干净，按图 D.1 用胶黏剂将抗渗接头的周边黏结在砖和砌块试件的试验面上，但不得堵塞抗渗接头的孔洞(内径 48 mm)与砖和砌块试件的联接面，胶黏剂的量应能充分填充砖和砌块的黏结部位的表面凹坑，防止漏水。试件制作好之后置于试验室中放置 24 h，防止受潮。

D.4 试验步骤

D.4.1 试件制作 8 h 后，按图 D.1 安装和连接好试验装置，软管接头处均须用环箍箍紧，防止漏水。

D.4.2 在抗渗试验装置的蓄水筒中注入水，至溢水孔处，使软管和抗渗接头内充满水，检查各连接部位不得漏水。

D.4.3 按图 D.1 将砖和砌块大面侧向摆放，使之侧向受水压力，调整砖和砌块的放置高度，使受水压面中心离蓄水筒水面高度为(1.00±0.01)m。

D.4.4 试验开始后，应适时向蓄水筒滴水，以保持试验期间的水面高度稳定。

D.4.5 保持试验时间 8 h。

D.4.6 试验结束时，打开放水阀，排尽水，拆卸试验装置和橡胶软管，取下试件。

D.4.7 将试件在受水面处劈开成两半，观测剖面渗水情况，并测量最大渗水深度值，精确至 1 mm。

D.5 结果计算与评定

D.5.1 试验结果以最大渗水深度值表示，精确至 1 mm。

D.5.2 抗渗性以 3 块试件当中的最大渗水深度值的大小评定。

ICS 43.040.40
Q 69

中华人民共和国国家标准

GB/T 29063—2012/ISO 26865:2009

道路车辆　制动衬片摩擦材料
气制动商用车性能试验方法

Road vehicles—Brake lining friction materials—
Standard performance test procedure for commercial vehicles with air brakes

(ISO 26865:2009,IDT)

2012-12-31 发布　　2013-09-01 实施

中华人民共和国国家质量监督检验检疫总局
中国国家标准化管理委员会　发布

前　言

本标准按照 GB/T 1.1—2009 给出的规则起草。

本标准使用翻译法等同采用国际标准 ISO 26865:2009《道路车辆　制动衬片摩擦材料　气制动商用车标准性能试验程序》。

与本标准中规范性引用的国际文件有一致性对应关系的我国文件如下：

——GB/T 5620　道路车辆　汽车和挂车　制动名词术语及其定义(GB/T 5620—2002,ISO 611:1994,IDT)；

——GB/T 15089　机动车辆及挂车分类(GB/T 15089—2001,eqv UNECE R.E.3)；

——GB/T 26738　道路车辆　制动衬片摩擦材料　产品确认和质量保证(GB/T 26738—2011,ISO 15484:2008,IDT)。

本标准由中国建筑材料联合会提出。

本标准由全国非金属矿产品及制品标准化技术委员会(SAC/TC 406)归口。

本标准起草单位:东营博瑞制动系统有限公司、武汉元丰摩擦材料有限公司、宁国飞鹰汽车零部件股份有限公司、湖北飞龙摩擦密封材料股份有限公司、桐庐宇鑫汽配有限公司、山东省梁山神力汽车配件有限公司、珠海格莱利摩擦材料有限公司、重庆红宇摩擦制品有限公司、国家非金属矿制品质量监督检验中心。

本标准主要起草人:石志刚、侯立兵、李康、王瑾、张宏光、孙奇春、马艳兵、王胜鑫、冯敬友、易汉辉、王丹膺、张世绍。

引 言

统一商用车摩擦材料性能测试的试验程序对全世界的技术组织都是一个很大的挑战。

摩擦材料在不同条件下被测试和评估以确定数据的广泛性。这些数据在产品寿命的不同的阶段(如生产制造工艺开发、生产验证、质量控制、产品规范/确认和应用领域问题的评估等)是非常关键的。

本标准是摩擦材料全球统一规范 ISO 15484 的一部分,是主要汽车制造商、制动系统和零件制造商、试验服务和标准化组织[如 SAE 和 JSAE(日本汽车工业标准化组织)]之间紧密合作的产物。

由不同卡车、挂车制造商要求的很广范围的性能测试已被证明不仅费时,而且导致相同用途的摩擦材料重复评价,并且因测试程序和测试条件不同,测试结果未必彼此相符。

道路车辆　制动衬片摩擦材料 气制动商用车性能试验方法

1　范围

本标准适用于 UNECE R.E.3 中 M2、M3、N2、N3、O3 和 O4 类气制动商用车辆。

本标准也适用于 ISO 15484 定义下的产品开发、产品试制、产品规范或确认和批量生产的产品。

当与其他适用标准或试验程序结合使用时，本标准为特定条件下的市场或汽车厂提供了摩擦材料充分完整的评价方法。

注：其他适用标准和试验程序包括 ISO、JIS/JASO(日本工业标准/日本汽车工业标准化组织)、SAE(美国汽车工程师学会)、国家标准或规范、其他项目或用户指定的试验程序。

本标准不包括国家标准或法规规定的在不同车辆条件下与制动距离和制动力分配相关的性能要求，不同的车辆条件主要是速度、温度、附着系数、载荷及制动器工况。

本标准规定了单头惯性试验台性能试验程序，目的是将气制动商用车辆不同的试验程序标准化为包含所有性能要求的唯一试验程序。

试验序列包括下列条件的性能评价：

——磨合前后性能试验；

——磨合后和中等温度后的制动失效；

——温度、速度和压力影响下的敏感性；

——下坡模拟；

——制动恢复。

2　规范性引用文件

下列文件对于本文件的应用是必不可少的。凡是注日期的引用文件，仅注日期的版本适用于本文件。凡是不注日期的引用文件，其最新版本(包括所有的修改单)适用于本文件。

ISO 611:2003　道路车辆　汽车和挂车制动名词术语及其定义(Road vehicles-braking of automotive vehicles and their trailers—Vocabulary)

ISO 1176　道路车辆　质量　词汇和代码(Road vehicles—Masses—Vocabulary and codes)

ISO 3833　道路车辆　类型　术语和定义(Road vehicles—Types—Terms and definitions)

ISO 11157:2005　道路车辆　制动衬片总成　惯量试验台试验方法(Road vehicles—Brake lining assemblies—Inertia dynamometer test method)

ISO 15484　道路车辆　制动衬片摩擦材料　产品确认和质量保证(Road vehicles—Brake lining friction materials—Product definition and quality assurance)

UNECE R.E.3 (1999)　机动车辆及挂车分类(Consolidated Resolution on the Construction of Vehicles)

3　术语和定义

UNECE R.E.3、ISO 611、ISO 1176、ISO 3833、ISO 15484 界定的以及下列术语和定义适用于本文件。

3.1

气制动系统　air brake system

通过空气/气动传输装置把控制力和能量从作用点传递到基础制动器部分的制动系统。

3.2

轮轴负荷　axle load

由车辆或者轮轴的制造商来指定并受技术服务部门认可的技术上可行的最大设计总质量。

注：这个质量可能超过了国内规范允许的“最大权威认可的总质量”。除非委托检验者规定，表2中的轮轴负荷用来确定试验惯量。

3.3

制动器类型　brake type

由表2中名义轮辋直径代码确定的制动器尺寸。

注：相同的名义轮辋直径可以有不同的轮胎滚动半径。其他的轮辋尺寸或者轮胎滚动半径相关信息由委托检验者提供。

3.4

制动温度　brake temperature

在制动盘或制动鼓上对应于制动衬片摩擦路径的中心所测的温度。

3.5

试验惯量　test inertia

表2规定的制动车轮分配到的车辆总惯量的一部分。

注：对于其他的负荷和轮胎尺寸见 ISO 11157:2005。

3.6

车轮负荷　wheel load

规定的轮轴负荷(3.2)的一半。

4 符号

符号见表1。

表1　符号

符　号	描　述	单　位
d_m	充分发出的平均制动减速度(MFDD)	m/s^2
I	试验惯量	$kg\cdot m^2$
m	考虑车轮的实际质量	kg
M_d	制动测量的扭矩	N·m
p_B	制动工作压力	bar
r_{dyn}	轮胎滚动半径	m
T_R	室温	℃
T_E	制动结束时的温度	℃
T_I	制动刚开始的最初温度	℃

表 1（续）

符号	描述	单位
V_{air}	冷却空气的速率	km/h
V_B	衬块或者衬片磨损	mm,g
V_E	制动结束时的速度	km/h
V_I	制动刚开始的最初速度	km/h
V_s	制动盘或制动鼓的磨损	mm,g
Δ_{fade}	联合国欧洲经济委员会(ECE)法规衰退步骤中最初和充分发出的平均制动减速度(MFDD)差的百分数	%
Δ_t	一个制动循环周期：一次制动开始到下一次制动开始之间的时间	s

5 取样

除非委托试验者有特殊要求，取样应按 ISO 15484:2008 中 5.3 进行。

6 试验方法

6.1 准则

本标准用单头惯性试验台进行试验。惯性试验台运用计算机控制的方法执行试验序列，控制不同的参数以保证不同试验评价的准确性与重现性。惯性试验台的控制系统也能记录要求的刹停过程中的制动数值，完成后续完整的试验报告并报告委托试验者。

6.2 试验设备及部件

6.2.1 应使用满足 6.2.2～6.2.4 要求的性能的惯性试验台。

6.2.2 惯性试验台应能提供与 6.3.1 或委托试验者要求尽可能接近的惯量，误差为±5%。

6.2.3 制动器夹具应与拟使用的类型相配，并与车辆安装位置尽可能相同。与衬片配置无关紧要的改变是允许的(如倒角，沟槽、磨损报警线，消音片等)。

6.2.4 试验仪器仪表应至少提供以下数据：

a) 制动盘或制动鼓转速的连续记录；

b) 一次制动过程的转数；

c) 制动时间；

d) 制动盘和衬块或制动鼓和衬片温度的连续记录；

e) 制动过程中控制管路压力或力的连续记录；

f) 制动输出转矩的连续记录。

6.3 试验条件

6.3.1 试验惯量和轮胎滚动半径应符合表 2 的要求。

表 2 试验条件

制动器制造商	制动器类型[a]	轮轴负荷 kg	轮胎滚动半径 m	试验惯量 kg·m²	备注
所有	22.5″	10 000	0.527	1 389	—
所有	19.5″	9 000	0.518	1 267	挂车
所有	19.5″	9 000	0.446	895	货车
所有	17.5″	6 600	0.407	547	—
[a] 制动气室的选择应与制动器制造商协商。					

6.3.2 惯性试验台的初始转速应与制定测试速度一致，并以轮胎滚动半径为基础，见表 3。

6.3.3 可以采用室温下的冷却空气，直接垂直于制动器旋转方向的轴线。制动器上冷却空气的速率 V_{air} 按式(1)计算：

$$V_{air}=0.33\times V_I \qquad \cdots\cdots(1)$$

式中：

V_I——制动开始的初速度，单位为千米每小时(km/h)。

6.3.4 必要时，要在 0.3 MPa (1 bar=0.1 MPa)的制动压力下，进行速度从 60 km/h 到 20 km/h 制动加热，从而达到要求的温度。

6.4 盘式制动器试验程序

表 3 规定了盘式制动器的试验程序。

表 3 盘式制动器试验程序

步骤	制动过程	内容	制动次数	制动压力 MPa[a]	V_I km/h	V_E km/h	T_I ℃	T_E ℃	Δt s
1	—	零部件测量	—	—	—	—	—	—	—
2	—	调整到 2.0 mm 初始间隙	—	—	—	—	—	—	—
3	1～50	行程调整	50	0.2	0	0	T_R	—	—
4	51～51	行程测量	1	0.9	0	0	T_R	—	—
初始摩擦值试验									
5	52～57	不同压力下的性能	每个压力一次	0.15;0.3; 0.45;0.6; 0.75;0.9	60	0.5	100	—	—
6	58～157	磨合	100	0.3	60	20	150	—	—
磨合后的性能									
7	158～163	40 km/h 不同压力下的性能	每个压力一次	0.15;0.3; 0.45;0.6; 0.75;0.9	40	0.5	100	—	—

表 3（续）

步骤	制动过程	内容	制动次数	制动压力 MPa[a]	V_I km/h	V_E km/h	T_I ℃	T_E ℃	Δt s
8	164～164	行程测量	1	0.9	0	0	100	—	—
9	165～170	60 km/h 不同压力下的性能	每个压力一次	0.15;0.3; 0.45;0.6; 0.75;0.9	60	0.5	100	—	—
10	171～176	80 km/h 不同压力下的性能	每个压力一次	0.15;0.3; 0.45;0.6; 0.75;0.9	80	0.5	100	—	—
11	177～182	100 km/h 不同压力下的性能	每个压力一次	0.15;0.3; 0.45;0.6; 0.75;0.9	100	50	100	—	—
12	183～202	自动调节器检查	20	0.2	0	0	100	—	—
13	203～208	120 km/h 不同压力下的性能	每个压力一次	0.15;0.3; 0.45;0.6; 0.75;0.9	120	60	100	—	—
14	209～228	恢复	20	0.2	60	20	150	—	—
第一次衰退									
15	229～231	O 型(平均)试验	3	减速度 0.6 g	60	0.5	100	—	—
16	232～251	ECE 衰退	20	第一次制动减速度 0.3 g;其余 19 次保持与第一次相同压力	60	30	100[b]	—	60
17	252～252	热态刹停制动	1	229～231 压力的平均值	60	0.5	[c]		
18	253～272	恢复	20	0.2	60	20	150	—	—
100℃性能									
19	273～278	40 km/h 不同压力下的性能	每个压力一次	0.15;0.3; 0.45;0.6; 0.75;0.9	40	0.5	100	—	—
20	279～279	行程测量	1	0.9	0	0	100	—	—
21	280～285	60 km/h 不同压力下的性能	每个压力一次	0.15;0.3; 0.45;0.6; 0.75;0.9	60	0.5	100	—	—
22	286～291	80 km/h 不同压力下的性能	每个压力一次	0.15;0.3; 0.45;0.6; 0.75;0.9	80	0.5	100	—	—

表 3（续）

步骤	制动过程	内容	制动次数	制动压力 MPa[a]	V_I km/h	V_E km/h	T_I ℃	T_E ℃	Δt s
23	292～297	100 km/h 不同压力下的性能	每个压力一次	0.15；0.3；0.45；0.6；0.75；0.9	100	50	100	—	—
24	298～317	自动调节器检查	20	0.2	0	0	100	—	—
25	318～323	120 km/h 不同压力下的性能	每个压力一次	0.15；0.3；0.45；0.6；0.75；0.9	120	60	100	—	—
26	324～343	恢复	20	0.2	60	20	150	—	—
27	344～344	通过间歇性的制动使温度达到 350 ℃	根据需要	0.3	60	20	—	350	—
300 ℃性能									
28	345～350	40 km/h 不同压力下的性能	每个压力一次	0.15；0.3；0.45；0.6；0.75；0.9	40	0.5	300	—	—
29	351～351	行程测量	1	0.9	0	0	300	—	—
30	352～357	60 km/h 不同压力下的性能	每个压力一次	0.15；0.3；0.45；0.6；0.75；0.9	60	0.5	300	—	—
31	358～363	80 km/h 不同压力下的性能	每个压力一次	0.15；0.3；0.45；0.6；0.75；0.9	80	0.5	300	—	—
32	364～369	100 km/h 不同压力下的性能	每个压力一次	0.15；0.3；0.45；0.6；0.75；0.9	100	50	300	—	—
33	370～389	自动调节器检查	20	0.2	0	0	300	—	—
34	390～392	120 km/h 不同压力下的性能	每个压力一次	0.3；0.6；0.9	120	60	300	—	—
35	393～412	恢复	20	0.2	60	20	150	—	—
36	413～413	行程测量	1	0.9	0	0	100	—	—
100 ℃性能									
37	414～419	60 km/h 不同压力下的性能	每个压力一次	0.15；0.3；0.45；0.6；0.75；0.9	60	0.5	100	—	—

表 3（续）

步骤	制动过程	内容	制动次数	制动压力 MPa[a]	V_I km/h	V_E km/h	T_I ℃	T_E ℃	Δt s
第二次衰退									
38	420～422	O 型(平均)试验	3	减速度 0.6 g	60	0.5	100	—	—
39	423～442	ECE 衰退	20	第一次制动减速度 0.3 g；其余 19 次保持与第一次相同压力	60	30	100[d]	—	60
40	443～443	热态剎停制动	1	420～422 压力的平均值	60	0.5	[e]		
41	444～463	恢复	20	0.2	60	20	150	—	—
42	464～464	行程测量	1	0.9	0	0	100	—	—
43	465～470	60 km/h 不同压力下的性能	每个压力一次	0.15；0.3；0.45；0.6；0.75；0.9	60	0.5	100	—	—
44	471～471	通过间歇性的制动使温度达到 550 ℃	根据需要	0.3	60	20	—	550	—
500 ℃性能									
45	472～474	40 km/h 不同压力下的性能	每个压力一次	0.3；0.6；0.9	40	0.5	500	—	—
46	475～475	行程测量	1	0.9	0	0	500	—	—
47	476～478	60 km/h 不同压力下的性能	每个压力一次	0.3；0.6；0.9	60	0.5	500	—	—
48	479～481	80 km/h 不同压力下的性能	每个压力一次	0.3；0.6；0.9	80	0.5	500	—	—
49	482～484	100 km/h 不同压力下的性能	每个压力一次	0.3；0.6；0.9	100	50	500	—	—
50	485～504	自动调节器检查	20	0.2	0	0	[f]	—	—
51	505～507	120 km/h 不同压力下的性能	每个压力一次	0.3；0.6；0.9	120	60	500	—	—
52	508～527	恢复	20	0.2	60	20	150	—	—
53	528～533	60 km/h 不同压力下的性能	每个压力一次	0.15；0.3；0.45；0.6；0.75；0.9	60	0.5	100	—	—

表 3（续）

步骤	制动过程	内容	制动次数	制动压力 MPa[a]	V_I km/h	V_E km/h	T_I ℃	T_E ℃	Δt s
54	534～534	通过间歇性的 制动使温度 达到 700 ℃	根据需要	0.3	60	20	—	700	—
650 ℃温度效能									
55	535～584	温度效能	50	0.3	60	50	650		
56	585～585	热态 刹停制动	1	0.6	60	0.5		[g]	
57	586～586	行程测量	1	0.9	0	0	[h]	—	—
58	587～587	行程测量	1	0.9	0	0	100		
59	588～588	冷态 刹停制动	1	0.6	0	0	100		
60	589～618	自动调节器检查	30	0.2	0	0	100		
61	619～619	行程测量	1	0.9	0	0	100	—	—
100 ℃性能									
62	620～625	60 km/h 不同 压力下的性能	每个压力 一次	0.15;0.3; 0.45;0.6; 0.75;0.9	60	0.5	100	—	—
63	626～688	恢复	63	0.2;0.4;0.8 相互交替; 每个压力 20 次	60	0.5	150		
64	689～689	行程测量	1	0.9	0	0	100	—	—
100 ℃性能									
65	690～695	60 km/h 不同 压力下的性能	每个压力 一次	0.15;0.3; 0.45;0.6; 0.75;0.9	60	0.5	100	—	—
66	试验部件和制动零件的测量和检查； 厚度测量均布在制动块工作面上，至少测量 6 点； 制动盘质量磨损测量，单位为克。								

[a] 1 bar=0.1 MPa。

[b] 仅 232。

[c] 251 次后 45 s。

[d] 仅 423。

[e] 442 次后 45 s。

[f] 484 后的 T_E。

[g] 584 次后 45 s。

[h] 585 次后的 T_E。

6.5 鼓式制动器试验程序

鼓式制动器试验程序见表 4。

表 4 鼓式制动器试验程序

步骤	制动过程	内容	制动次数	制动压力 MPa[a]	V_I km/h	V_E km/h	T_I ℃	T_E ℃	Δt s
1	—	零部件测量	—	—	—	—	—	—	—
2	—	最初调整到 50 mm 间隙	—	—	—	—	—	—	—
3	1～50	行程调整	50	0.2	0	0	T_R	—	—
4	51～51	行程测量	1	0.9	0	0	T_R	—	—
初始摩擦值试验									
5	52～57	不同压力下的性能	每个压力 一次	0.15;0.3;0.45; 0.6;0.75;0.9	60	0.5	100	—	—
6	58～257	磨合	200	0.3	60	20	100	—	—
磨合后的性能									
7	258～263	40 km/h 不同 压力下的性能	每个压力 一次	0.15;0.3;0.45; 0.6;0.75;0.9	40	0.5	100	—	—
8	264	行程测量	1	0.9	0	0	100	—	—
9	265～270	60 km/h 不同 压力下的性能	每个压力 一次	0.15;0.3;0.45; 0.6;0.75;0.9	60	0.5	100	—	—
10	271～276	80 km/h 不同 压力下的性能	每个压力 一次	0.15;0.3;0.45; 0.6;0.75;0.9	80	0.5	100	—	—
11	277～282	100 km/h 不同 压力下的性能	每个压力 一次	0.15;0.3;0.45; 0.6;0.75;0.9	100	50	100	—	—
12	283～302	自动调节器检查	20	0.2	0	0	100	—	—
13	303～308	120 km/h 不同 压力下的性能	每个压力 一次	0.15;0.3;0.45; 0.6;0.75;0.9	120	60	100	—	—
14	309～328	恢复	20	0.2	60	20	150	—	—
第一次衰退									
15	329～331	O 型(平均)试验	3	减速度 0.6 g	60	0.5	100	—	—
16	332～351	ECE 衰退	20	第一次制动 减速度 0.3 g; 其余 19 次保 持与第一次 相同压力	60	30	100[b]	—	60

表 4（续）

步骤	制动过程	内容	制动次数	制动压力 MPa[a]	V_I km/h	V_E km/h	T_I ℃	T_E ℃	Δt s
17	352～352	热态 刹停制动	1	329～331 压力的平均值	60	0.5		[c]	
18	353～372	恢复	20	0.2	60	20	150	—	—
100 ℃性能									
19	373～378	40 km/h 不同 压力下的性能	每个压力一次	0.15;0.3;0.45; 0.6;0.75;0.9	40	0.5	100	—	—
20	379～379	行程测量	1	0.9	0	0	100	—	—
21	380～385	60 km/h 不同 压力下的性能	每个压力一次	0.15;0.3;0.45; 0.6;0.75;0.9	60	0.5	100	—	—
22	386～391	80 km/h 不同 压力下的性能	每个压力一次	0.15;0.3;0.45; 0.6;0.75;0.9	80	0.5	100	—	—
23	392～397	100 km/h 不同 压力下的性能	每个压力一次	0.15;0.3;0.45; 0.6;0.75;0.9	100	50	100	—	—
24	398～417	自动调节器检查	20	0.2	0	0	100	—	—
25	418～423	120 km/h 不同 压力下的性能	每个压力一次	0.15;0.3;0.45; 0.6;0.75;0.9	120	60	100	—	—
26	424～443	恢复	20	0.2	60	20	150	—	—
27	444～444	通过间歇性的制动 使温度达到 275 ℃	根据需要	0.3	60	20	—	275	—
225 ℃性能									
28	445～450	40 km/h 不同 压力下的性能	每个压力一次	0.15;0.3;0.45; 0.6;0.75;0.9	40	0.5	225	—	—
29	451～451	行程测量	1	0.9	0	0	225	—	—
30	452～457	60 km/h 不同 压力下的性能	每个压力一次	0.15;0.3;0.45; 0.6;0.75;0.9	60	0.5	225	—	—
31	458～463	80 km/h 不同 压力下的性能	每个压力一次	0.15;0.3;0.45; 0.6;0.75;0.9	80	0.5	225	—	—
32	464～469	100 km/h 不同 压力下的性能	每个压力一次	0.15;0.3;0.45; 0.6;0.75;0.9	100	50	225	—	—
33	470～489	自动调节器检查	20	0.2	0	0	225	—	—
34	490～492	120 km/h 不同 压力下的性能	每个压力一次	0.3;0.6;0.9	120	60	225	—	—
35	493～512	恢复	20	0.2	60	20	150	—	—

表 4（续）

步骤	制动过程	内容	制动次数	制动压力 MPa[a]	V_I km/h	V_E km/h	T_I ℃	T_E ℃	Δt s
36	513～513	行程测量	1	0.9	0	0	100	—	—
100 ℃性能									
37	514～519	60 km/h 不同 压力下的性能	每个压力 一次	0.15;0.3;0.45; 0.6;0.75;0.9	60	0.5	100	—	—
第二次衰退									
38	520～522	O 型(平均)试验	3	减速度 0.6 g	60	0.5	100	—	—
39	523～542	ECE 衰退	20	第一次制动 减速度 0.3 g; 其余 19 次保持 与第一次相 同压力	60	30	100[d]	—	60
40	543～543	热态 刹停制动	1	420～422 压力 的平均值	60	0.5	[e]		
41	544～563	恢复	20	0.2	60	20	150	—	—
42	564～564	行程测量	1	0.9	0	0	100	—	—
43	565～570	60 km/h 不同 压力下的性能	每个压力 一次	0.15;0.3; 0.45;0.6; 0.75;0.9	60	0.5	100	—	—
44	571～571	通过间歇性的制动 使温度达到 400 ℃	根据需要	0.3	60	20	—	400	—
350 ℃性能									
45	572～574	40 km/h 不同 压力下的性能	每个压力 一次	0.3;0.6;0.9	40	0.5	350	—	—
46	575～575	行程测量	1	0.9	0	0	350	—	—
47	576～578	60 km/h 不同 压力下的性能	每个压力 一次	0.3;0.6;0.9	60	0.5	350	—	—
48	579～581	80 km/h 不同 压力下的性能	每个压力 一次	0.3;0.6;0.9	80	0.5	350	—	—
49	582～584	100 km/h 不同 压力下的性能	每个压力 一次	0.3;0.6;0.9	100	50	350	—	—
50	585～604	自动调节器检查	20	0.2	0	0	[f]	—	—
51	605～607	120 km/h 不同 压力下的性能	每个压力 一次	0.3;0.6;0.9	120	60	350	—	—

表 4（续）

步骤	制动过程	内容	制动次数	制动压力 MPa[a]	V_I km/h	V_E km/h	T_I ℃	T_E ℃	Δt s
52	608～627	恢复	20	0.2	60	20	150	—	—
53	628～633	60 km/h 不同 压力下的性能	每个压力 一次	0.15;0.3;0.45; 0.6;0.75;0.9	60	0.5	100	—	—
54	634～634	通过间歇性的制动 使温度达到 500 ℃	根据需要	0.3	60	20	—	500	—
450 ℃温度效能									
55	635～684	温度效能	50	0.3	60	50	450		
56	685～685	热态刹停制动	1	0.6	60	0.5	[g]		
57	686～686	行程测量	1	0.9	0	0	[h]	—	—
58	687～687	行程测量	1	0.9	0	0	100		
59	688～688	冷态刹停制动	1	0.6	0	0	100		
60	689～718	自动调节器检查	30	0.2	0	0	100		
61	719～719	行程测量	1	0.9	0	0	100	—	—
100℃性能									
62	720～725	60 km/h 不同 压力下的性能	每个压力 一次	0.15;0.3; 0.45;0.6; 0.75;0.9	60	0.5	100	—	—
63	726～788	恢复	63	0.2;0.4;0.8 相互交替; 每个压力 20 次	60	0.5	150	—	—
64	789～789	行程测量	1	0.9	0	0	100	—	—
100 ℃性能									
65	790～795	60 km/h 不同 压力下的性能	每个压力 一次	0.15;0.3; 0.45;0.6; 0.75;0.9	60	0.5	100	—	—
66	试验部件和制动零件的测量和检查。 厚度均匀在制动衬片工作面上测量，至少测量 6 点。 制动鼓质量磨损测量，单位为克。								

[a] 1 bar=0.1 MPa。

[b] 仅 332。

[c] 351 次后 45 s。

[d] 仅 523。

[e] 542 次后 45 s。

[f] 584 后的 T_E。

[g] 684 次后 45s。

[h] 685 次后的 T_E。

6.6 结果说明

应按 ISO 611:2003 附录 B 和 ISO 11157:2005 附录 A 和附录 B 表示充分发出的平均制动减速度(MFDD)。

7 试验报告

7.1 列表式报告

除非委托试验者另有要求,每次制动过程的结果应用表格的形式表示,至少应包括以下信息:

a) 最初和终了的速度;

b) 最初和终了的制动器温度;

c) 按距离平均的压力值;

d) 按距离平均的力矩值;

e) 充分发出的平均制动减速度;

f) 两次刹停制动之间由时间控制的时间间隔。

7.2 结果汇总

除非委托试验者有要求,试验结果汇总应提供以下信息:

a) 制动盘和衬块,或制动鼓和衬片的磨损;

b) 试验部件与制动器零件的终了检查。

7.3 衬片数据表

应按表 5 衬片数据表格式报告试验结果。

表 5 衬片数据汇总表

步骤	制动力矩[a]/(kN·m)	试制样品试验结果		产品规范和确认生产中试结果		批量监测批量生产结果	
		最小值	最大值	最小值	最大值	最小值	最大值
9	60 km/h;100 ℃;磨合后						
11	100 km/h;100 ℃;磨合后						
17	第一次衰退 Δ_{fade}	/	/	/	/	/	/
21	60 km/h;100 ℃;第一次衰退后						
23	100 km/h;100 ℃;第一次衰退后						
30	60 km/h;盘式 300 ℃;鼓式 225 ℃						
32	100 km/h;盘式 300 ℃;鼓式 225 ℃						
39	第二次衰退 Δ_{fade}	/	/	/	/	/	/
47	60 km/h;盘式 500 ℃;鼓式 350 ℃						

表 5（续）

步骤	制动力矩[a]/(kN·m)	试制样品试验结果		产品规范和确认生产中试结果		批量监测批量生产结果	
		最小值	最大值	最小值	最大值	最小值	最大值
49	100 km/h;盘式 500 ℃;鼓式 350 ℃						
53	60 km/h;100 ℃						
62	60 km/h;100 ℃						
65	60 km/h;100 ℃						

[a] 在不同压力下的性能步骤中，报告输入压力为 0.6 MPa 的制动力矩。

ICS 43.040.40
Q 69

中华人民共和国国家标准

GB/T 29064—2012/ISO 26867:2009

道路车辆　制动衬片摩擦材料　汽车制动系统摩擦性能评价方法

Road vehicles—Brake lining friction materials—Friction behaviour assessment method for automotive brake systems

(ISO 26867:2009,IDT)

2012-12-31 发布　　2013-09-01 实施

中华人民共和国国家质量监督检验检疫总局
中国国家标准化管理委员会　发布

前　言

本标准按照 GB/T 1.1—2009 给出的规则起草。

本标准使用翻译法等同采用国际标准 ISO 26867:2009《道路车辆　制动衬片摩擦材料　汽车制动系统摩擦性能评价》。

与本标准中规范性引用的国际文件有一致性对应关系的我国文件如下：

——GB/T 5620—2002　道路车辆　汽车和挂车制动　名词术语及其定义(GB/T 5620—2002，ISO 611:1994，IDT)；

——GB/T 26738—2011　道路车辆　制动衬片摩擦材料　产品确认和质量保证(GB/T 26738—2011，ISO 15484:2008，IDT)。

本标准由中国建筑材料联合会提出。

本标准由全国非金属矿产品及制品标准化技术委员会(SAC/TC 406)归口。

本标准起草单位：东营博瑞制动系统有限公司、桐庐宇鑫汽配有限公司、宁国飞鹰汽车零部件股份有限公司、珠海格莱利摩擦材料有限公司、湖北飞龙摩擦密封材料股份有限公司、江阴市希克林摩擦材料有限公司、重庆红宇摩擦制品有限公司、国家非金属矿制品质量监督检验中心。

本标准主要起草人：石志刚、侯立兵、李康、张宏光、王胜鑫、孙奇春、马艳兵、徐克林、王丹膺、冯丁丁、杜铭。

引　言

在协调汽车制动系统应用过程中，摩擦性能的现代化评价是当务之急。本标准旨在代替以前的完全依据单一拖磨制动作为摩擦性能评价试验程序，它未考虑现实生活中的行驶条件或车辆具体参数。

摩擦材料在不同条件下被测试和评估以确定数据的广泛性。这些数据在产品寿命的不同的阶段，如生产制造工艺开发，生产验证，质量控制，产品定型和应用领域问题的评估是非常关键的。

本标准旨在与其他适用标准或试验程序（ISO、SAE、JIS/JASO，国家法律或法规，其他项目或用户指定的试验程序）结合使用，为不同条件下对摩擦材料进行评估以确保其数据的广泛性。本标准不包括国家法律或法规中制动距离、制动力分配、不同车辆条件（速度、温度、轮胎附着力、汽车负载）和制动系统操作条件的性能要求。

本标准作为摩擦性能评价惯性试验台试验程序，代替以前的依据单一的完全基于拖磨的试验协议。本标准支持摩擦材料寿命周期的摩擦性能评价。

当用小样或缩比试验台进行拖磨试验时摩擦性能评价和描述是非常有限的。拖磨制动与实际的驾驶条件、制动系统的特点或车辆动态无关。摩擦对偶表面（摩擦衬片和制动盘或制动鼓）转移层的化学性质和结构的发展会产生摩擦系数变化，结果形成变化的特性，如滑动速度、表面和温度分布、制动压力、制动能量和表面局部结构。在任何制动过程中，制动能量与车辆质量分配和动态质量转移是成比例的。这直接与车辆的轴距，重心，车辆高度有关，本身可以直接影响摩擦材料性能。当相同的制动衬片或零件编号用于不同的车辆时，不同的性能取决于其负荷、速度、作业温度、施加的力和工作经历。现代试验设备能使摩擦配方设计师、工艺设计师、应用工程师、制造人员获得广泛和详细的各种制动条件下制动衬片或衬块体现的摩擦特性。

本标准旨在一系列更宽范围的行驶速度、制动温度、制动压力和减速度量级下进行摩擦性能的评价。本新程序有以下优点：

——在早期审查、基准评价、开发或生产监控阶段确定摩擦性能的标准方法；

——使用距离计的平均力矩和压力计算；

——瞬时摩擦的统计数据；

——用充分发出的平均制动减速度来评价制动距离；

——控制和记录环境条件。

道路车辆　制动衬片摩擦材料　汽车制动系统摩擦性能评价方法

1　范围

本标准规定了压力、温度、线速度对给定指定对偶件(制动盘或制动鼓)的摩擦材料摩擦系数的影响评价方法。

本标准适用于相同条件下摩擦材料的对比,或当缺少摩擦材料的控制规范和对摩擦材料规定性能或限制某些摩擦材料性能的应用。考虑到不同类型的惯性试验台的冷却系统,并确保可重复的温度增量,在衰退试验时制动温度是控制项目。所选用的制动器及制动盘根据项目决定。

在量产验证试验中其检测结果可与统计过程控制结合作为质量保证计划的一部分。具体项目或计划细化其适用范围和评价标准。

本标准在产品研发阶段允许增加试验单元和制动次数。

2　规范性引用文件

下列文件对于本文件的应用是必不可少的。凡是注日期的引用文件,仅注日期的版本适用于本文件。凡是不注日期的引用文件,其最新版本(包括所有的修改单)适用于本文件。

ISO 611　道路车辆　汽车和挂车制动　词汇(Road vehicles—Braking of automotive vehicles and their trailers—Vocabulary)

ISO 15484　道路车辆　制动衬片摩擦材料　产品确认和质量保证(Road vehicles—Brake lining friction materials—Product definition and quality assurance)

UNECE R13-H 法规　乘用车制动系统型式认证的统一规定(Uniform provisions concerning the approval of passenger cars with regard to braking)

3　术语和定义

ISO 611、ISO 15484 以及 UNECE R13-H 中界定的以及下列术语和定义适用于本文件。

3.1

摩擦值　friction value

μ

盘式制动器或鼓式制动器制动时达到 95%的设定点值(压力或减速)至下降到 95%的设定点值该制动距离间得到的所有瞬时摩擦值的平均值。

注 1:对于盘式制动器,通过式(1)得到摩擦值的平均值(见定义 3.2)。

注 2:对于鼓式制动器,通过式(2)得到摩擦值的平均值(见定义 3.3)。

注 3:各个单次制动过程中按制动距离得到的摩擦值的平均值,参考表 4“摩擦值”。

3.2

瞬时摩擦值　instantaneous friction value

μ^*

(盘式制动器)在任何特定时间点瞬时输出力矩与瞬时输入力矩的比值,按式(1)计算:

$$\mu^{*}=\frac{10^{5}\times M_{\mathrm{d.\,brake}}}{2\times(p-p_{\mathrm{threshold}})\times A_{\mathrm{p}}\times r_{\mathrm{eff}}\times\eta}\qquad\cdots\cdots(1)$$

式中：

$M_{\mathrm{d.\,brake}}$ ——测量力矩，单位为牛·米(N·m)；

p ——制动压力，单位为千帕(kPa)；

$p_{\mathrm{threshold}}$ ——产生规定起始力矩的门槛压力或最小压力，单位为千帕(kPa)；

A_{p} ——制动分泵活塞面积，单位为平方毫米(mm^2)；

r_{eff} ——有效制动半径，单位为毫米(mm)；

η ——制动器效率。

3.3

瞬时效能因数 instantaneous effectiveness value

C^{*}

(鼓式制动器)在任何特定时间点瞬时输出力矩与瞬时输入力矩的比值，按式(2)计算：

$$C^{*}=\frac{10^{5}\times M_{\mathrm{d.\,brake}}}{(p-p_{\mathrm{threshold}})\times A_{\mathrm{p}}\times r_{\mathrm{eff}}\times\eta}\qquad\cdots\cdots(2)$$

式中：

$M_{\mathrm{d.\,brake}}$ ——测量力矩，单位为牛·米(N·m)；

p ——制动压力，单位为千帕(kPa)；

$p_{\mathrm{threshold}}$ ——产生规定起始力矩的门槛压力或最小压力，单位为千帕(kPa)；

A_{p} ——活塞面积，单位为平方毫米(mm^2)；

r_{eff} ——制动有效半径，单位为毫米(mm)；

η ——制动器效率。

3.4

充分发出的平均制动减速度 mean fully developed deceleration

d_{mfd}

按式(3)计算：

$$d_{\mathrm{mfd}}=\frac{v_{\mathrm{b}}^{2}-v_{\mathrm{e}}^{2}}{25.92\times(s_{\mathrm{e}}-s_{\mathrm{b}})}\qquad\cdots\cdots(3)$$

式中：

v_{e} ——释放速度，单位为千米每小时(km/h)；

v_{b} ——在 $0.8v_{\mathrm{p}}$ 时的线速度，单位为千米每小时(km/h)；

[v_{p}——规定速度或制动速度，单位为千米每小时(km/h)；]

s_{e} ——从 v_{p} 到 v_{e} 之间的制动距离计算值，单位为米(m)；

s_{b} ——从 v_{p} 到 v_{b} 之间的制动距离计算值，单位为米(m)。

注：式(3)仅适用于释放速度 v_{e} 低于 $0.5v_{\mathrm{p}}$ 的情况。如果释放速度高于 $0.5v_{\mathrm{p}}$ 时，由于数据范围太窄，将影响 d_{mfd} 的计算。某些制动情况下，其释放速度可能高于 $0.8v_{\mathrm{p}}$。

3.5

步骤 Step

指试验过程中对不同试验单元(3.6)排列的序列号，保证试验在规定顺序下执行。

3.6

试验单元 section

相同条件或执行特定的程序下相同制动过程的群组。

注1：制动过程可以是刹停制动(3.7)或减速制动(3.8)。

注2：具体程序可以是增加制动压力，增大初速度，或提高制动温度。

3.7

刹停　stop

刹停制动　brake stop

在制动过程中将试验速度减速至线速度不大于0.5 km/h的制动方式。

3.8

减速　snub

减速制动　brake snub

使试验速度减速至相当于线速度不低于5 km/h的制动方式。

3.9

特征值试验　characteristic section

在适中的速度、制动压力和温度的情况下，进行一系列减速制动(3.8)，目的在于评估在试验过程中摩擦值量级如何变化。

注：特征值试验项目包括初始状态的特征值，每一次磨合周期后的稳定性检查，以及在低速/低压试验(3.6)前或者后的特征值。

3.10

磨合试验　burnish section

不同制动功率下进行的一系列减速制动(3.8)，以调整摩擦对偶结合面并产生稳定的摩擦值。

注：制动功率的变化，可以采取通过恒动能消耗的方式来改变制动减速度。

3.11

爬升制动试验　ramp application section

在制动压力缓慢而稳定地爬升状况下的一系列刹停制动(3.7)，目的是评估在输入力上升的情况下摩擦性能的变化。

注：本试验项目尤其适合于鼓式制动器制动系统。

3.12

低速/低压试验　low speed/low pressure section

在低能量和低制动压力条件下的一系列刹停制动(3.7)。

例如：交通拥挤状况下的走走停停，或者低速行驶。

3.13

压力相关试验　pressure line section

在中等能量下的一系列减速制动(3.8)，目的是评价摩擦性能随制动压力增加而变化的影响。

3.14

速度相关试验　speed line section

恒定输入制动压力、速度增加和恒定动能条件下的一系列减速制动(3.8)。

3.15

助力器失效试验　failed booster section

一系列刹停制动(3.7)。目的是模拟真空或液压助力单元完全耗竭的时效状况下，仅只有驾驶员靠制动踏板输入状况下的制动力矩输出；在此情况下，只能靠制动踏板的放大率和制动主缸的倍增系数来产生对制动器的压力。

3.16

高速公路制动试验　motorway applications section

一系列减速制动(3.8)。目的是评估高速或接近高速的情况下制动器产生制动力矩的能力。

3.17

衰退试验 fade section

一系列刹停制动(3.7),目的是在高温制动情况下评估摩擦值对制动对偶表面温度不断上升的敏感性。

3.18

热性能试验 hot performance section

在相同的压力及高温下进行的一系列减速制动(3.8)。目的是在高温状态下评估重负荷制动或者超载的工况。

4 符号和缩略语

下列符号和缩略语适用于本文件。

4.1 符号

符号	描　　述	单位
A_p	活塞面积	mm^2
C^*	鼓式制动器瞬时效能因数	—
d_{mfd}	当 $v_e > 0.5v_p$ 时的充分发出的平均制动减速度[a]	m/s^2
F	试验车轮负荷	N[b]
$F_{f.dyn}$	在 m_{GV} 下前制动器试验车轮负荷	N[b]
$F_{r.dyn}$	在 m_{GV} 下后制动器试验车轮负荷	N[b]
$F_{r.static}$	在 m_{GV} 下后轴静态负荷	N[b]
H	重心高度	m
I	制动器试验惯量	$kg \cdot m^2$
L	车辆轴距	m
m_{GV}	总车重	kg
M_d	在减速度为 1.0 g 下的制动力矩	N · m
$M_{d.brake}$	测量力矩	N · m
N	衰退试验时的制动次数	—
P	施加压力	kPa
P_{max}	最大液压管路压力	kPa
$P_{Threshold}$	产生规定起始力矩的门槛压力或最小压力	kPa
$P_{500,nopower}$	FMVSS 135 车辆无助力条件下施加 500 N 踏板力时的压力	kPa
$P_{667,nopower}$	FMVSS 105 车辆无助力条件下施加 667 N 踏板力时的压力	kPa
r_{eff}	有效制动半径	mm
R	轮胎有效滚动半径	m
S_b	根据 v_p 到 v_b 之间计算的距离	m
S_e	根据 v_p 到 v_e 之间计算的距离	m

表（续）

符号	描　　述	单位
S_{norm}	标准制动距离[c]	m
T_{max}	衰退试验单元的最高温度[d]	℃
$T_{start,N}$	衰退试验单元第 N 次制动的起始温度	℃
$T_{start,1}$	衰退试验单元第 1 次制动的起始温度	℃
$T_{start,15}$	衰退试验单元第 15 次制动的起始温度	℃
v_b	在 $0.8v_p$ 的线速度	km/h
v_e	刹停制动或减速制动释放时在 $0.1v_p$ 的线速度	km/h
v_{max}	车辆的最高速度	km/h
v_p	制动时规定的制动速度	km/h
Z	减速度	m/s^2
μ	盘式制动器按制动距离计算的平均摩擦值	—
μ^*	盘式制动器瞬时摩擦值	—
η	制动效率	%

[a] 按照 UNECE R13-H 法规。
[b] 9.806 65 N=1 kgf。
[c] 使用 FMVSS 135 和 UNECE R13-H 法规的标准值。
[d] 如果与标准值不同。

4.2 缩略语

ABS　防抱死制动系统
DTV　制动盘厚度变化
ESP　电子稳定系统
FMVSS　美国(联邦)机动车辆安全标准
LRO　侧面跳动
NVH　噪音、振动和舒适性
OE　原装
UNECE　联合国欧洲经济委员会
VSC　车辆稳定性控制

5 试验条件和准备

5.1 前轴惯量

若无特殊规定，前轴试验惯量采用车辆满载质量一半的 75%和轮胎滚动半径来计算。

5.2 后轴惯量

若无特殊规定，后轴试验惯量采用车辆满载质量一半的 25%的和轮胎滚动半径来计算。

5.3 试验车轮负荷

当车辆参数给定的情况下，试验车轮负荷可用式(4)计算前轮制动器或式(5)计算后轮制动器载荷。车轮负荷应考虑静载和在车辆减速度为 0.3 g 下动态重量转移。

$$F_{\mathrm{f.dyn}}=\left(1-\frac{F_{\mathrm{r,static}}}{m_{\mathrm{GV}}}+\frac{h}{L}\times z\right)\frac{m_{\mathrm{GV}}}{2} \quad\cdots\cdots(4)$$

$$F_{\mathrm{r.dyn}}=\left(1-\frac{F_{\mathrm{r,static}}}{m_{\mathrm{GV}}}-\frac{h}{L}\times z\right)\frac{m_{\mathrm{GV}}}{2} \quad\cdots\cdots(5)$$

5.4 制动压力上升速率

所有制动过程压力上升速率为 25 000 kPa/s±5 000 kPa/s。

5.5 最大压力

施加于制动器上的最高压力可能会低于本标准规定的压力，以适应具体的制动器配置或制动系统设计参数。

5.6 无助力压力级

如果车辆的具体数据给定，使用的压力应相当于助力器装置整个失效时按最大许用踏板力换算出来的压力。

——用 FMVSS 105 认证车辆时，最大允许踏板力为 667 N；

——用 FMVSS 135 认证车辆时，最大允许踏板力为 500 N。

5.7 采样率

压力和力矩的采样率应大于等于 100 Hz。

5.8 初始制动温度

制动开始时制动盘或制动鼓上的实际温度。

5.9 制动器升温

当制动盘或制动鼓的温度低于制动所需的温度时，可以采用相当于在 2 m/s^2 的加速度的扭力作用下拖磨 20 s 进行升温，最终速度不超过 80 km/h。

也可以用制动提高制动器的温度。

5.10 温度测量

热电偶应置于制动盘或制动鼓外表面摩擦路径的中心深 0.5 mm±0.1 mm 处。用制动盘或制动鼓上的热电偶测量初始温度。也可以用埋置于摩擦材料的热电偶记录温度。

5.11 制动液排量测量

每次制动过程试验结束时应记录制动液排量。

5.12 冷却空气条件

对于步骤 13,14 和 18(见表 2 和表 3)的冷却空气速度应设定为 1 m/s 或等值风量。如果惯性试验台有排出冷空气的能力，应在全部试验中保持运行。对于其他试验单元，冷却空气的速度可根据所测试的制动器或惯性试验台进行调整，以保持试验的效率。

5.13 冷却空气流速或流量

在管路中测量的冷空气速度或流量以 m/s 或 m^3/h 来衡量。管路出口应离测试部件 300 mm 至 400 mm 的距离。如需详细资料，以确定空气流量、空气速度、管径、管口离制动器的距离的近似关系，参见附录 C。

5.14 空调温度和绝对湿度（湿度比）的设定

应该记录所有制动过程制动开始时的制冷空调的温度和绝对湿度平均值。以海平面测量冷却空气标称温度为 20 ℃±5 ℃，绝对湿度为 7.29 g/kg(8.68 g/m^3)。使用适当的湿度表可以查找 20 ℃以外的其他温度或其他海拔高度时的操控界限。

注：标称冷却空气条件相当于温度为(20 ℃±5 ℃)和相对湿度为(50%±10%)。

5.15 两次制动之间惯性试验台转速

在两次制动冷却期间惯性试验台转速应等于下一次制动速度的 50%；但为了减少升温的制动次数，对于步骤 13，14 和 18(见表 2 和表 3)，试验台等待转速可等于下一次制动的初速度。在欧洲的试验程序中，则选择 10 km/h 作为等待转速。

5.16 制动器安装定位

制动器安装定位要尽可能与其在汽车上的位置一致。通常这有助于评估制动拖磨、非制动状态下的磨损、非制动状态下的制动盘厚度变化(DTV)以及系统的稳定性、制动噪音、振动和舒适性(NVH)等相关问题。

5.17 制动装置的冷却空气的方向

应记录冷却空气的进口方向(垂直或水平)和方位(从正、背面、顶部或底部)。

5.18 制动器冷却速率

应记录并报告制动器冷却速率：盘式制动器从 500 ℃到 200 ℃和鼓式制动器从 300 ℃到 100 ℃的冷却时间，用 s 表示。对冷却速率进行评估应在高温性能 500 ℃/300 ℃试验(步骤 14，见表 2 和表 3)后立即进行。

5.19 磨损测量

应测量和记录制动盘或制动鼓和衬片试验前后的厚度和重量。

5.20 侧面跳动

对于盘式制动器测量时应在转动部件外侧面距外径 10 mm 处，初始侧面跳动(LRO)应不超过 50 μm。

5.21 制动盘或制动鼓条件

所试验的制动盘或制动鼓应为新的并符合原装件(OE)要求。对于生产监控试验，制动盘或制动鼓需通过试验者说明方可重复使用。

5.22 衰退试验项目

衰退试验是通过控制减速度和制动初始温度(见表 1)来实现的。制动力矩是由车辆重量，制动力分配、轮胎滚动半径和指定的减速度确定的。

表 1 第一次衰退和第二次衰退的初始温度

制动过程	盘式制动器的初始温度 ℃	鼓式制动器的温度 ℃
1	150	100
2	252	151
3	312	181
4	355	202
5	388	219
6	415	232
7	437	244
8	457	254
9	475	262
10	490	270
11	504	277
12	517	284
13	529	289
14	540	295
15	550	300

初始温度按式(6)计算：

$$T_{\mathrm{start},N}=\frac{(T_{\mathrm{start},15}-T_{\mathrm{start},1})}{\ln(15)}\times\ln(N)+T_{\mathrm{start},1} \quad\cdots\cdots(6)$$

式中：

$T_{\mathrm{start},N}$——衰退试验单元第 N 次制动的起始温度；

$T_{\mathrm{start},1}$——衰退试验单元第 1 次制动的起始温度；

$T_{\mathrm{start},15}$——衰退试验单元第 15 次制动的起始温度；

N——制动次数。

在第一次衰退、高温性能 500 ℃/300 ℃或第二次衰退过程中如果初始温度达不到规定值，应按 5.9 的要求对制动器进行升温。但仅将程序中描述的温度达到规定值的点的数据记录在试验报告中。如果试验步骤 13 或 18(见表 2 和表 3) 的初温达不到规定值，温度值可为前一次制动的末温或根据具体的步骤确定。这一点对鼓式制动器需要特别注意。

5.23 数据采集

惯性试验台数据应配置对以下技术数据自动和实时采集的系统：

a) 时间；

b) 轴转速；

c) 液压；

d) 制动力矩；

e) 制动盘/鼓温度；

f) 摩擦材料温度；

g) 制动液排量；

h) 冷却空气温度；

i) 冷却空气流速或流量；

j) 冷却空气的绝对湿度；

k) 不同试验项目和制动次数的区分方法。

6 试验程序

6.1 产品监控试验程序(非选择项)

表 2 给出了产品监控试验程序(非选择项)。

表 2 产品监控试验程序

步骤	试验单元	刹停或减速制动次数	制动速度 km/h	释放速度 km/h	制动控制	初始制动盘/制动鼓温度 ℃
1	初始摩擦值特性	10	80	30	3 000 kPa	第一次为室温，温度控制在≤150 ℃，不需要拖磨升温
2	磨合[a]	32	80	30	0.17 g;0.35 g;0.17 g;0.20 g;0.25 g;0.42 g;0.17 g;0.30 g;0.20 g;0.37 g;0.17 g;0.30 g;0.17 g;0.25 g;0.35 g;0.50 g;0.30 g;0.57 g;0.25 g;0.20 g;0.47 g;0.17 g;0.20 g;0.50 g;0.30 g;0.17 g;0.37 g;0.25 g;0.20 g;0.25 g;0.20 g;0.42 g	200
3	特性值(稳定性检查)[a]	5	80	30	3 000 kPa	150
4	压力爬升试验	2	50	0.5	700 kPa/s 的加载速率到 2 800 kPa	100
5	(冷)特性部分	1	40	0.5	3 000 kPa	40
		5	80	30	3 000 kPa	150
6	低速/低压(1)	3	20	0.5	盘式:1 000 kPa,2 000 kPa,3 000 kPa	150
					鼓式:2 000 kPa,3 000 kPa,4 000 kPa	
		3	30	0.5	盘式:1 000 kPa,2 000 kPa,3 000 kPa	150
					鼓式:2 000 kPa,3 000 kPa,4 000 kPa	

表 2（续）

<table>
<tr><th>步骤</th><th>试验单元</th><th>刹停或减速制动次数</th><th>制动速度 km/h</th><th>释放速度 km/h</th><th>制动控制</th><th>初始制动盘/制动鼓温度 ℃</th></tr>
<tr><td>7</td><td>压力相关(1)</td><td>6</td><td>80</td><td>40</td><td>1 000 kPa～6 000 kPa 每次增加 1 000 kPa</td><td>150</td></tr>
<tr><td rowspan="5">8</td><td rowspan="5">速度相关(1)</td><td rowspan="5">5</td><td>80</td><td>40</td><td rowspan="5">3 000 kPa</td><td rowspan="5">150</td></tr>
<tr><td>120</td><td>80</td></tr>
<tr><td>160</td><td>130</td></tr>
<tr><td>180</td><td>150</td></tr>
<tr><td>200</td><td>170</td></tr>
<tr><td rowspan="2">9</td><td rowspan="2">助力器失效</td><td>1</td><td>100</td><td>0.5</td><td>2 800 kPa 或车辆给定</td><td>65</td></tr>
<tr><td>5</td><td>100</td><td>0.5</td><td>2 800 kPa 或车辆给定</td><td>100</td></tr>
<tr><td rowspan="2">10</td><td rowspan="2">高速公路</td><td>1</td><td>100</td><td>0.5</td><td>0.60 g</td><td>150</td></tr>
<tr><td>1</td><td>90%v_{max}</td><td>50%v_{max}</td><td>0.30 g</td><td>150</td></tr>
<tr><td rowspan="4">11</td><td rowspan="4">低速/低压(2)</td><td rowspan="2">3</td><td rowspan="2">20</td><td rowspan="2">0.5</td><td>盘式:1 000 kPa,2 000 kPa,3 000 kPa</td><td rowspan="2">150</td></tr>
<tr><td>鼓式:2 000 kPa,3 000 kPa,4 000 kPa</td></tr>
<tr><td rowspan="2">3</td><td rowspan="2">30</td><td rowspan="2">0.5</td><td>盘式:1 000 kPa,2 000 kPa,3 000 kPa</td><td rowspan="2">150</td></tr>
<tr><td>鼓式:2 000 kPa,3 000 kPa,4 000 kPa</td></tr>
<tr><td>12</td><td>特性/恢复(1)</td><td>10</td><td>80</td><td>30</td><td>3 000 kPa</td><td>150</td></tr>
<tr><td>13</td><td>衰退(1)</td><td>15</td><td>100</td><td>0.5</td><td>0.40 g</td><td>盘式:150～550[b];
鼓式:100～300[b]</td></tr>
<tr><td>14</td><td>500 ℃/300 ℃ 高温性能</td><td>6</td><td>80</td><td>40</td><td>1 000 kPa～6 000 kPa 每次增加 1 000 kPa</td><td>盘式:500
鼓式:300</td></tr>
<tr><td rowspan="4">15</td><td rowspan="4">低速/低压(3)</td><td rowspan="2">3</td><td rowspan="2">20</td><td rowspan="2">0.5</td><td>盘式:1 000 kPa,2 000 kPa,3 000 kPa</td><td rowspan="2">150</td></tr>
<tr><td>鼓式:2 000 kPa,3 000 kPa,4 000 kPa</td></tr>
<tr><td rowspan="2">3</td><td rowspan="2">30</td><td rowspan="2">0.5</td><td>盘式:1 000 kPa,2 000 kPa,3 000 kPa</td><td rowspan="2">150</td></tr>
<tr><td>鼓式:2 000 kPa,3 000 kPa,4 000 kPa</td></tr>
<tr><td>16</td><td>特性/恢复(2)</td><td>10</td><td>80</td><td>30</td><td>3 000 kPa</td><td>150</td></tr>
<tr><td>17</td><td>压力相关(2)</td><td>6</td><td>80</td><td>40</td><td>1 000 kPa～6 000 kPa 每次增加 1 000 kPa</td><td>150</td></tr>
</table>

表 2（续）

步骤	试验单元	刹停或减速制动次数	制动速度 km/h	释放速度 km/h	制动控制	初始制动盘/制动鼓温度 ℃
18	衰退(2)	15	100	0.5	0.40 g	盘式：150～550[b]；鼓式：100～300[b]
19	低速/低压(4)	3	20	0.5	盘式：1 000 kPa，2 000 kPa，3 000 kPa	150
					鼓式：2 000 kPa，3 000 kPa，4 000 kPa	
		3	30	0.5	盘式：1 000 kPa，2 000 kPa，3 000 kPa	150
					鼓式：2 000 kPa，3 000 kPa，4 000 kPa	
20	最后特性	5	80	30	3 000 kPa	150
试验结束		测量衬片和转子的重量和厚度磨损；检查制动器部件，准备试验报告				

[a] 如果减速制动第 3 次到第 5 次按距离制动力矩变化的平均值高于 5%，增加磨合循环和特性值（稳定性检查）；重复次数根据项目确定；默认使用 6 个循环。

[b] 参考表 1。

6.2 产品开发试验程序（带附加项）

表 3 给出了带附加项的产品开发试验程序。

注：在开发试验过程中带附加项的试验程序用脚注的形式标出。

表 3　产品开发试验程序

步骤	试验单元	刹停或减速制动次数	制动速度 km/h	释放速度 km/h	制动控制	初始转子/鼓温度℃
1	初始摩擦值特性	10	80	30	3 000 kPa	第一次为室温，温度控制在≤150 ℃，不需要拖磨升温
2	磨合[a]	32	80	30	0.17 g；0.35 g；0.17 g；0.20 g；0.25 g；0.42 g；0.17 g；0.30 g；0.20 g；0.37 g；0.17 g；0.30 g；0.17 g；0.25 g；0.35 g；0.50 g；0.30 g；0.57 g；0.25 g；0.20 g；0.47 g；0.17 g；0.20 g；0.50 g；0.30 g；0.17 g；0.37 g；0.25 g；0.20 g；0.25 g；0.20 g；0.42 g	200
3	特性值（稳定性检查）[a]	5	80	30	3 000 kPa	150

表 3（续）

步骤	试验单元	刹停或减速制动次数	制动速度 km/h	释放速度 km/h	制动控制	初始转子/鼓温度℃
4	压力爬升试验	2	50	0.5	700 kPa/s 的加载速率到 2 800 kPa	100
5	(冷)特性部分	1	40	0.5	3 000 kPa	40
		5	80	30	3 000 kPa	150
6	低速/低压(1)	盘式 4	20	0.5	盘式:500 kPa[b],1 000 kPa,2 000 kPa,3 000 kPa	150
		鼓式 3			鼓式:2 000 kPa,3 000 kPa,4 000 kPa	
		3	30	0.5	盘式:1 000 kPa,2 000 kPa,3 000 kPa	150
					鼓式:2 000 kPa,3 000 kPa,4 000 kPa	
7	压力相关(1)	9	80	40	1 000 kPa～6 000 kPa 每次增加 1 000 kPa	150
					8 000 kPa[b],10 000 kPa[b],12 000 kPa[b]	
8	速度相关(1)	10	80	40	3 000 kPa	150
			120	80		
			160	130		
			180	150		
			200	170		
			80[b]	40[b]	8 000 kPa[b]	150[b]
			120[b]	80[b]		
			160[b]	130[b]		
			180[b]	150[b]		
			200[b]	170[b]		
9	助力器失效	1	100	0.5	2 800 kPa 或车辆给定	65
		5	100	0.5	2 800 kPa 或车辆给定	100
10	高速公路	1	100	0.5	0.60 g	150
		1	90%v_{max}	50%v_{max}	0.60 g	150

表 3（续）

步骤	试验单元	刹停或减速制动次数	制动速度 km/h	释放速度 km/h	制动控制	初始转子/ 鼓温度℃
11	低速/低压(2)	盘式 4	20	0.5	盘式:500 kPa[b],1 000 kPa, 2 000 kPa,3 000kPa	150
		鼓式 3			鼓式:2 000 kPa,3 000 kPa, 4 000 kPa	
		3	30	0.5	盘式:1 000 kPa,2 000 kPa, 3 000 kPa	150
					鼓式:2 000 kPa,3 000 kPa, 4 000 kPa	
12	特性/恢复(1)	10	80	30	3 000 kPa	150
13	衰退(1)	15	100	0.5	0.40 g	盘式:150～550[c] 鼓式:100～300[c]
14	500 ℃/300 ℃ 高温性能	9	80	40	1 000 kPa～6 000 kPa 每次增加 1 000 kPa	盘式:500 鼓式:300
					8 000 kPa[b],10 000 kPa[b], 12 000 kPa[b]	
15	低速/低压(3)	盘式 4	20	0.5	盘式:500 kPa[b],1 000 kPa, 2 000 kPa,3 000kPa	150
		鼓式 3			鼓式:2 000 kPa,3 000 kPa, 4 000 kPa	
		3	30	0.5	盘式:1 000 kPa,2 000 kPa, 3 000 kPa	150
					鼓式:2 000 kPa,3 000 kPa, 4 000 kPa	
16	特性恢复(2)	10	80	30	3 000 kPa	150
17	压力相关(2)	9	80	40	1 000 kPa～6 000 kPa 每次增加 1 000 kPa	150
					8 000 kPa[b],10 000 kPa[b], 12 000 kPa[b]	
18	衰退(2)	15	100	0.5	0.40 g	盘式:150～550[c] 鼓式:100～300[c]

表 3（续）

步骤	试验单元	刹停或减速制动次数	制动速度 km/h	释放速度 km/h	制动控制	初始转子/鼓温度℃
19	低速/低压(4)	盘式 4	20	0.5	盘式:500 kPa[b],1 000 kPa,2 000 kPa,3 000kPa	150
		鼓式 3			鼓式:2 000 kPa,3 000 kPa,4 000 kPa	
		3	30	0.5	盘式:1 000 kPa,2 000 kPa,3 000 kPa	150
					鼓式:2 000 kPa,3 000 kPa,4 000 kPa	
20	最后特性	5	80	30	3 000 kPa	150
试验结束		测量衬片和制动盘的重量和厚度磨损;检查制动器部件,准备试验报告				

[a] 如果减速制动第 3 次到第 5 次的按距离制动力矩变化的平均值高于 5%,增加磨合循环和特性值(稳定性检查);重复次数根据项目确定;默认使用 6 个循环。

[b] 带附加项的试验适用于产品开发阶段。

[c] 参考表 1。

6.3 试验程序中标准摩擦值计算

表 4 列出了在试验过程(见表 2 和表 3)中标准摩擦值的计算方法。

表 4 中的摩擦值,按 3.1 的规定,相当于单次制动过程按制动距离平均的摩擦值。

表 4 在试验过程中标准摩擦值及计算

参数	计算方法
试验平均摩擦值 μ	试验步骤 3,5(最后 5 次制动),7,8,12,16,17 和 20 中的所有各次制动的摩擦值的平均摩擦值,不包括增加的重复制动项目
试验最小值摩擦值 μ	试验步骤 3,5(最后 5 次制动),7,8,12,16,17 和 20 中所有各次制动的摩擦值的最低摩擦值,不包括增加的重复制动项目
试验最大值摩擦值 μ	试验步骤 3,5(最后 5 次制动),7,8,12,16,17 和 20 中所有各次制动的摩擦值的最大摩擦值,不包括增加的重复制动项目
特性/稳定性检查的摩擦值 μ	试验步骤 3 中最后 3 次制动摩擦值的平均值和最小值
压力爬升制动的摩擦值 μ	试验步骤 4 中 2 次制动的平均值和最小摩擦值
冷特性系数摩擦值 μ	试验步骤 5 第一次制动的摩擦值
冷特性稳定性摩擦值 μ	试验步骤 5 中最后 3 次制动的平均和最小摩擦值
低速/低压(1)摩擦值 μ	试验步骤 6 中所有各次制动的摩擦值的平均和最小摩擦值
压力相关(1)6 000 kPa 摩擦值 μ	试验步骤 7 中在 6 000 kPa 的制动摩擦值

表 4（续）

参　　数	计　　算　　方　　法
高速摩擦值 μ	试验步骤 8 的最后一次制动的摩擦值，不包括增加的重复制动项目
在 FMVSS 135 助力器失效时的名义制动距离[a]	试验步骤 9 中第 1 次和第 6 次的正常制动距离
0.9 v_{max} 高速公路摩擦值 μ	试验步骤 10 最后一次的摩擦值
低速/低压(2)摩擦值 μ	试验步骤 11 中所有各次制动的平均和最低摩擦值
特性/恢复(1)摩擦值 μ	试验步骤 12 中最后 3 次制动的平均和最小摩擦值
衰退(1)最小摩擦值 μ	试验步骤 13 最小摩擦值
高温性能摩擦值 μ	试验步骤 14 最后 5 次制动的最小摩擦值
低速/低压(3)摩擦值 μ	试验步骤 15 所有各次制动的平均和最低摩擦值
特性/恢复(2)摩擦值 μ	试验步骤 16 中最后 3 次制动的平均和最低摩擦值
压力相关(2)6 000 kPa 摩擦值 μ	试验步骤 17 中在 6 000 kPa 的制动摩擦值
衰退(2)最低摩擦值 μ	试验步骤 18 最低摩擦值
低速/低压(4)摩擦值 μ	试验步骤 19 的平均和最低摩擦值
最后特性摩擦值 μ	试验步骤 20 最后 3 次制动的平均和最低摩擦值

[a] 下式给出了另一种在摩擦材料试验中制动力矩输出估算刹车距离的方法。本式建立在最好车手的驾驶允许反应和压力时间曲线的基础上，按法规 FMVSS 135 测试速度从 100 km/s 到 0 km/s。

$$S_{norm}=10+\frac{368.7}{d_{mfd}}$$

7　试验报告

7.1　总则

测试报告的曲线图表和表格数据可以使用以前的测试报告版面或者按本标准规定的格式(参见附录 A)。

7.2　图形报告

整个试验过程，下列项目应表示在曲线图表格式中：

a)　已规范选用的制动过程中的瞬时压力、制动温度和摩擦值，亦可在相应的图表中包含可应用的或者参考的摩擦值；

b)　标示出以制动距离平均的摩擦值；

c)　除了初始效能和磨合之外，所有试验项目的采用直方图和累积频数曲线表来表示整个数据采集范围内的制动摩擦值；宜使用 0.02 的频数进行分组(参见附录 B)。

d)　对于低速/低压试验项目，单独采用直方图和累积频数曲线表来表示整个数据采集范围内的制动摩擦值；使用 0.02 的频数进行分组(参见附录 B)。

7.3　每次制动的表格数据

除非另有规定，对于整个试验和每一次制动，图形表格的格式应给出下列项目：

a)　制动初速和释放速度；

b） 摩擦值、制动力矩和制动压力以制动距离为基准的平均值、最大值和最小值；

c） 制动对偶和制动衬片（选择项）的制动初温和制动末温；

d） 最大的制动液排量；

e） 助力器失效试验的 d_{mfd}（当适用时）和计算制动距离；

f） 冷却空气的温度和湿度。

7.4 磨损测量

测量衬片和制动盘的重量和厚度磨损。检查制动器部件并报告制动盘/鼓和衬片是否有龟裂、分离、脱落或其他异常情况。

7.5 试验条件

记录和报告制动参数、试验惯量、滚动半径、制动卡钳、制动盘和衬片识别，试验条件和总的试验运行时间。

7.6 冷却空气条件

应记录和报告冷却空气的方向和方位。

7.7 制动器冷却速率

应记录和报告高温性能试验后制动器冷却时间：

——盘式制动器从 500 ℃至 200 ℃；

——鼓式制动器从 300 ℃至 100 ℃。

7.8 摩擦值

标准摩擦值根据表 4 计算和报告，这些摩擦值不包括针对产品开发阶段的可选择性制动的。

7.9 统计分析

根据项目和客户要求，试验报告中应增加摩擦值统计计算评价。这包括一些分布和统计参数（参见附录 A）。

当统计分析包含产品开发试验的可选择性制动部分时，应在试验报告中明确指出并计算影响值。

附 录 A
（资料性附录）
盘式制动器试验报告示例

图 A.1～图 A.3 给出了盘式制动器试验报告的样例。

当准备图形汇总时，注意以下问题：

——总则：按 7.1 和 7.2 规定绘出每一部分的瞬时摩擦值、温度、压力和所需制动液用量图形。

——恒定减速度或恒压力试验：绘出每次刹停制动或减速制动的瞬时摩擦值图形。

——磨合试验：绘出第 2，15 和 30 次的图形。

——以制动距离平均的摩擦值标记：标示出所有刹停或减速制动的以制动距离平均的摩擦值。

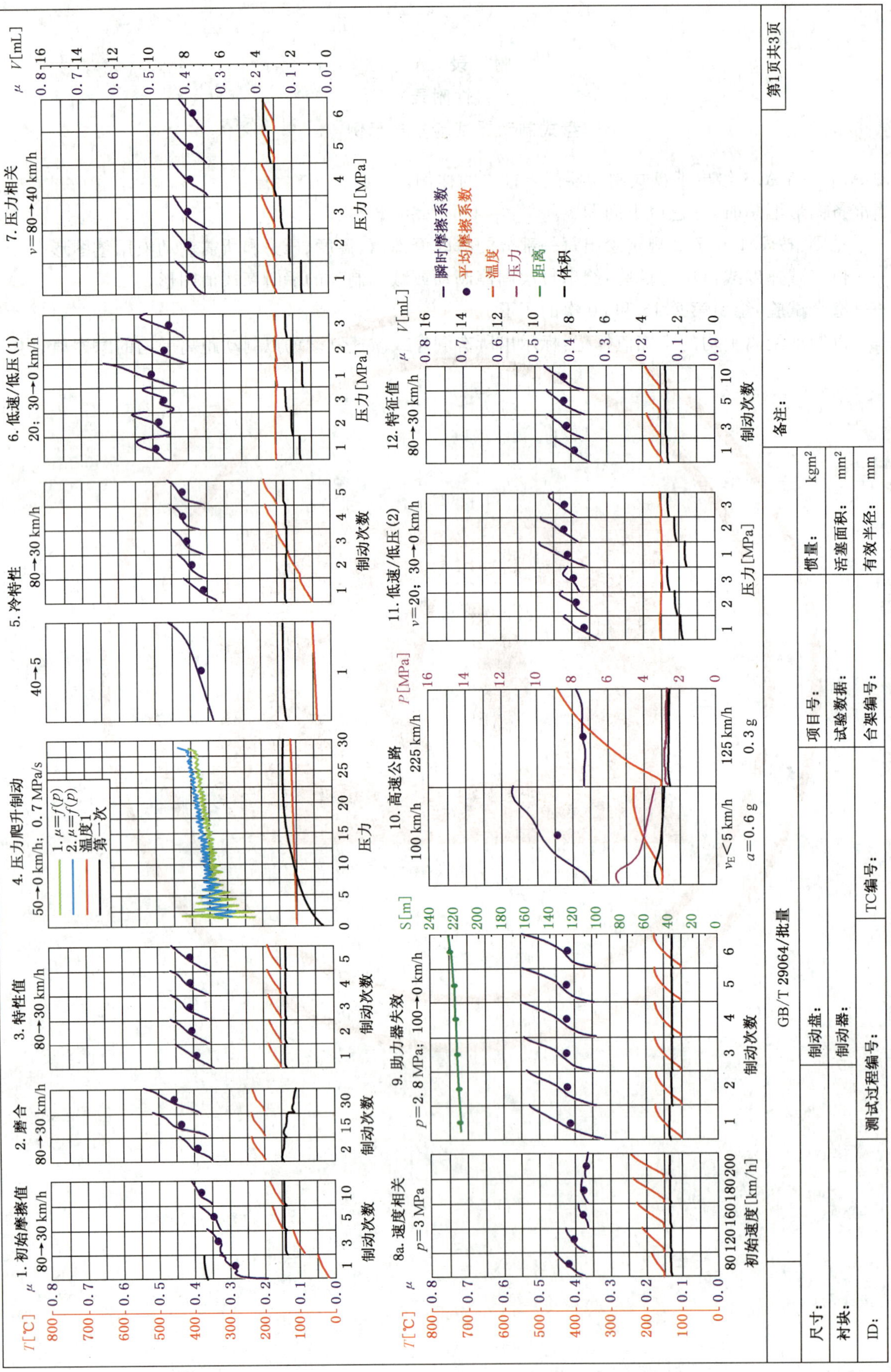

图 A.1 盘式制动器产品监控图形报告(第 1 页共 3 页)

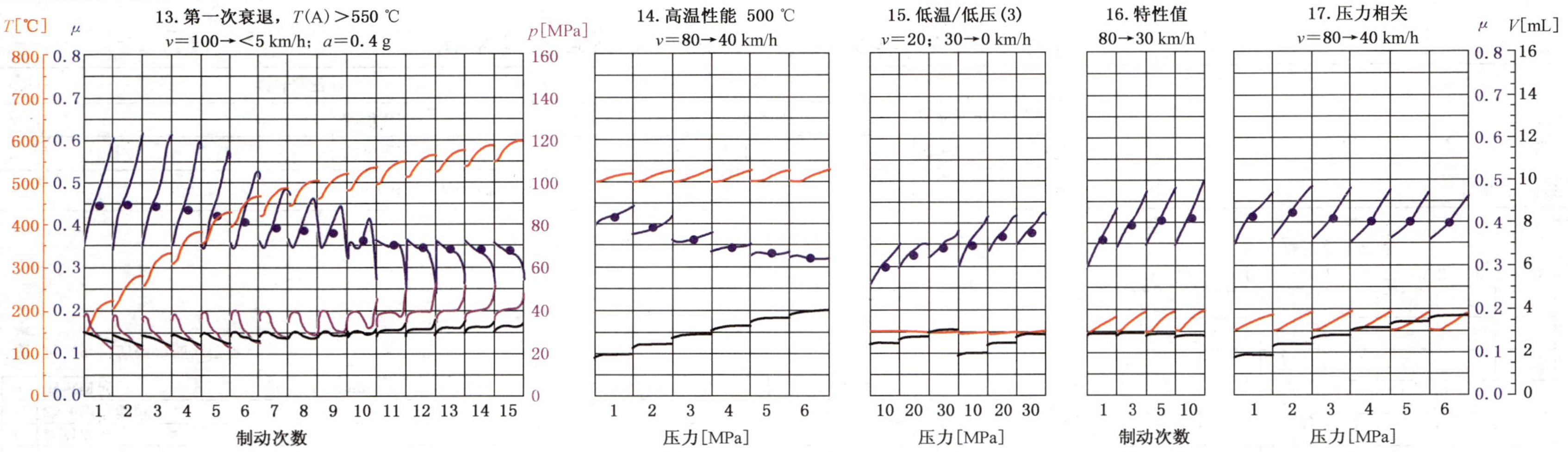

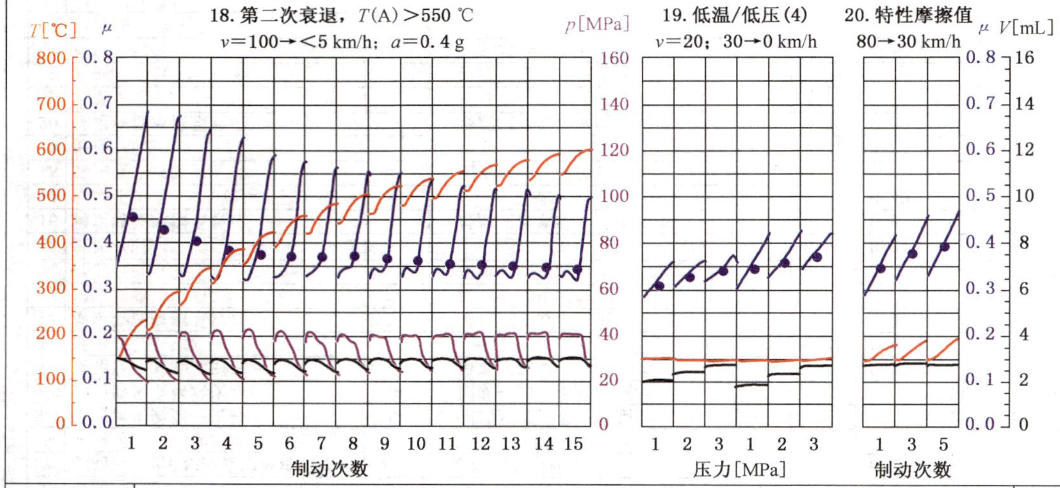

汇总

编号		单位	图解/摘要	摩擦值		其他
				最小值	平均值	
5a	冷特征 μ				0.37	
8	高速时的 μ		最后一次制动		0.37	
13	第一次衰退时 μ_{min}		所有制动中的 μ_{min}	0.34		
14	500 ℃高温时 μ_{min}		所有制动中的 μ_{min}	0.32		
18	第二次衰退时 μ_{min}		所有制动中的 μ_{min}	0.34		
A	μ 最大值		3/5b/7/12/16/17/20			0.42
B	μ 最小值		3/5b/7/12/16/17/20	0.35		
C	μ 的平均值		3/5b/7/8/12/16/17/20		0.40	
D	制动盘磨损	g				1.4
E	衬块外片磨损	mm				0.59
F	衬块内片磨损	mm				0.40
G	绝对湿度	g/m³				
H	冷却空气温度	℃				
I	测试时间	h:min				2:40
J	冷却时间	s	第14步(500 ℃)之后			293

第2页共3页

	GB/T 29064/批量			
尺寸：	制动盘：		项目号：	惯量：　kgm²
衬块：	制动器：		试验数据：	活塞面积：　mm²
ID：	测试过程编号：	TC编号：	台架编号：	有效半径：　mm

图 A.2　盘式制动器产品监控图形报告(第 2 页共 3 页)

统计汇总

	编号	单位	图解/摘要	摩擦值		其他
				最小值	平均值	
3	稳定特征摩擦系数 μ		最后三次制动 μ 的平均值	0.41	0.41	
4	压力爬升制动					
5a	冷却时的 μ				0.37	
5a	冷却时稳定的 μ		最后三次制动 μ 的平均值	0.41	0.42	
6	低速/低压			0.45	0.48	
7	制动压力为6 MPa稳定摩擦系数 μ		6 MPa下制动		0.38	
8	高速时最后一次制动的 μ				0.37	
9.1	助力器失效第一次停止	m	制动距离：第一次制动			220.29
9.6	助力器失效第六次停止	m	制动距离：第六次制动			224.73
10	高速公路0.9v_{max}时的 μ		第二次制动		0.37	
11	低速/低压			0.36	0.40	
12	稳定特征摩擦系数 μ		最后三次制动 μ 的平均值	0.42	0.42	
13	第一次衰退时 μ_{min}		所有制动中 μ 的最小值	0.34		
14	高温(500 ℃)时 μ_{min}		所有制动(除了1 MPa)中 μ 的最小值	0.32		
15	低速/低压			0.30	0.34	
16	稳定特征摩擦系数 μ		最后三次制动 μ 的平均值	0.41	0.41	
17	制动压力为6 MPa稳定摩擦系数 μ		6 MPa下制动		0.40	
18	第二次衰退时 μ_{min}		所有制动中 μ 的最小值	0.34		
19	低速/低压			0.31	0.34	
20	稳定特征摩擦系数 μ		最后三次制动 μ 的平均值	0.38	0.39	
A	μ 的最大值		3/5b/7/12/16/17/20			0.42
B	μ 的最小值		3/5b/7/12/16/17/20	0.35		
C	μ 的平均值		3/5b/7/8/12/16/17/20		0.40	
E	衬片外片磨损	mm				0.59
F	衬片内片磨损	mm				0.40
G	绝对湿度	g/m³				
H	冷却空气温度	℃				
I	测试时间	h:min				2:40

标记为红色的都是批量控制。

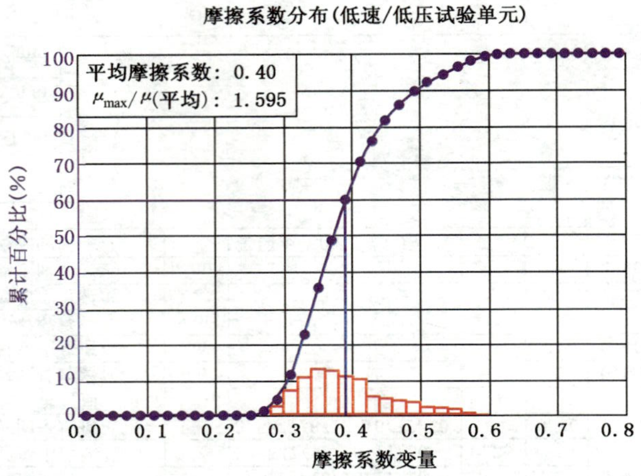

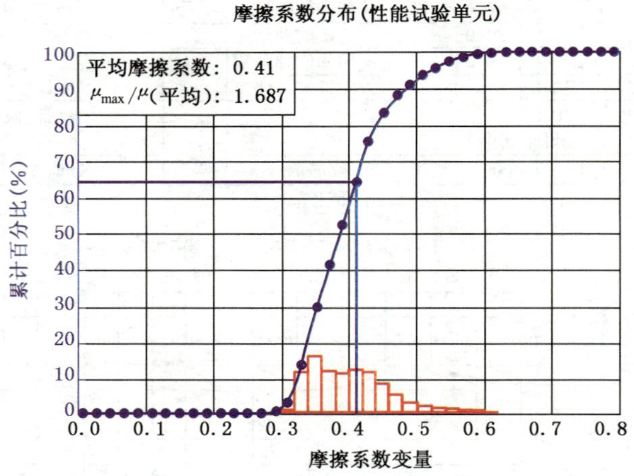

第3页共3页

	GB/T 29064/批量			
尺寸：	制动盘：		项目号：	惯量： kgm²
衬块：	制动器：		试验数据：	活塞面积： mm²
ID：	测试过程编号：	TC编号：	台架编号：	有效半径： mm

图 A.3　盘式制动器延伸试验报告和统计分析(第 3 页共 3 页)

附　录　B
（资料性附录）
瞬时摩擦值直方图

见 7.2。

对瞬时摩擦值的分布和离散进行评估，直方图是一个非常有价值的工具。对于汽车工程师来说，在评估和预测现代制动控制系统，例如 ABS，ESP，VSC 的性能，以及材料的一般特性时，这些摩擦特征是非常有意义的。对于制造工程师或制动工程师而言，这些瞬时摩擦特征的变化也预示由于原料或过程的变化而引起了摩擦材料性能的变化。除非在试验报告中特别指出，瞬时摩擦值的直方图不包括产品开发阶段带选择项的制动。

按照下列基本试验步骤进行绘制瞬时摩擦值直方图和频数分布图（见图 B.1）：

a） 对于每次制动，生成包括瞬时摩擦值在内的文件。

b） 每次制动的控制参数（压力或减速度）达到设定点的 95%后开始存储数据。

c） 每次制动的控制参数（压力或减速度）低于设定点的 95%后停止存储数据。

d） 按下面的项目安排，将每次制动数据分为两组：

1） 摩擦值分布（除去第 1 和第 2 的所有试验单元）：

Ⅰ） 特性值（稳定性检查）；

Ⅱ） 压力爬升制动；

Ⅲ） 冷态特性；

Ⅳ） 压力相关（1）；

Ⅴ） 速度相关（1）；

Ⅵ） 助力器失效；

Ⅶ） 高速公路；

Ⅷ） 特性/恢复（1）；

Ⅸ） 衰退（1）；

Ⅹ） 高温性能，500 ℃/300 ℃；

Ⅺ） 特性/恢复（2）；

Ⅻ） 压力相关（2），衰退（2）；

XIII） 最终特性值。

2） 摩擦值分布（低速/低压试验）：

Ⅰ） 低速/低压（1）；

Ⅱ） 低速/低压（2）；

Ⅲ） 低速/低压（3）；

Ⅳ） 低速/低压（4）。

e） 每一组生成直方图。

f） 使用频数 0.02 分组。

g） 包括累积频数分布曲线。

h） 包含频数分布和统计参数所要求的项目。

i） 根据项目要求，直方图曲线可包括摩擦值的可接受范围或最小值，以及平均值、上下限或离散性参数例如标准偏差等。

j） 如果委托试验者没有指定限制的要求，摩擦值范围为应在制动过程的 80%内[图 B.1a）为例]：

1） 80%的摩擦值范围为 0.35～0.49；

2） 10个百分点的摩擦值为0.35，说明10％的瞬时摩擦值等于或低于0.35；

3） 50个百分点的摩擦值为0.41，说明50％的瞬时摩擦值均低于0.41；

4） 90个百分点的摩擦值为0.49，说明10％的瞬时摩擦值等于或大于0.49。

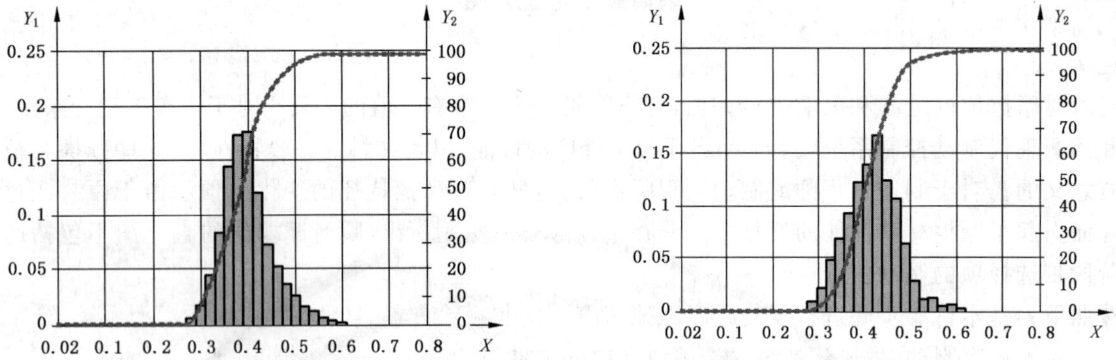

a） 无极限规定

b） 低速/低压

说明：

X ——摩擦值分布；

Y_1——个体频率；

Y_2——累计频率。

图 B.1 瞬时摩擦值直方图和频率分布样例

附　录　C
（资料性附录）
冷却空气的速度和流量的参考计算

C.1　综述

见5.13。

式(C.1)～式(C.3)用于估算制动器前方冷却空气的速度和流量。通常，这些公式的使用是基于下述工况：

——冷却空气的速度不超过8 km/s；

——制动器前方的空气流量大约或低于5 000 m^3/h；

——冷却空气温度适度；

——制动器外罩为矩形风管，沿气流方向长度为矩形风管当量直径的2～2.5倍；

——制动器外罩在制动器位置的横截面积为风管横截面积的1～1.2倍；

——制动器安装在外罩内，适当地密封减少空气泄漏。

如果需要对风速和流量进行准确计算，则需要查询与气流和高容量空调相关的技术资料，同时要有试验台所安装的冷却空气系统的详细尺寸图纸。

C.2　流量和冷却空气速度之间的转换

式(C.1)使用当量直径圆形管给出相当于矩形管的相同的压力损失。这种方法对于确定风机的规模和整体管道设计更为有用。沿风管的中心线测量所有的速度。

$$v=\frac{q}{3\ 600\times A_d}=\frac{4\times q}{3\ 600\times \pi\times d_e} \qquad \cdots\cdots (C.1)$$

式中：

q ——气流量，单位为立方米每小时(m^3/h)；

A_d——管道面积，单位为平方米(m^2)；

d_e——等效管道直径，单位为米(m)。

根据图C.1和式(C.2)计算矩形风管的当量直径，单位为米。

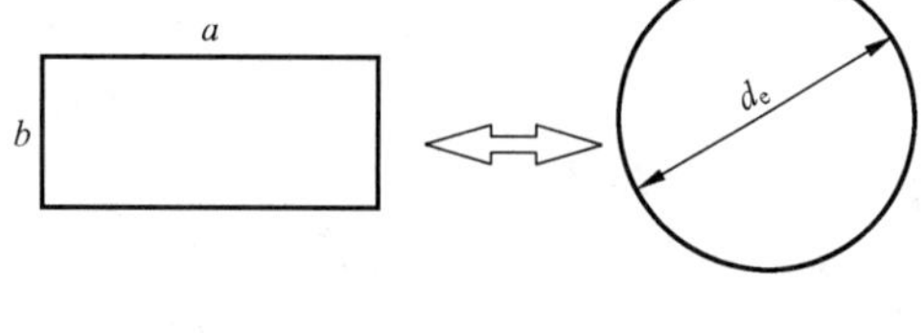

图C.1　矩形和圆形管道的换算

$$d_e=1.30\times\frac{(a\times b)^{0.625}}{(a+b)^{0.25}} \qquad \cdots\cdots (C.2)$$

式中：

a——矩形风管长度，单位为米(m)；

b——矩形风管宽度，单位为米(m)。

C.3 通过制动器的冷却空气速度的计算

式(C.3)用于估算流过制动器的冷却风速。式(C.3)未考虑下列因素：

——气流的紊流；

——分布在制动器外罩内围绕制动器的不平整区域的压力差或压力降；

——制动器和制动盘散热对空气的局部加热；

——由于制动器旋转而产生的附加气流的影响。

按式(C.3)计算通过制动器的冷却空气风速，V_{dc}/(m/s)：

$$V_{dc}=v\times\frac{A_d}{A_e-A_b} \qquad \text{(C.3)}$$

式中：

A_b ——制动器外罩内包括制动器和联结件的面积，单位为平方米(m^2)；

A_e ——制动器外罩的截面积，单位为平方米(m^2)。

参 考 文 献

[1] FMVSS 105 液压和电动制动系统

[2] FMVSS 135 轻型车制动系统

[3] HUEBSCHER,R. G. F 圆形、方形、矩形管的等量换算. ASHRAE Transactions 54,pp. 101-44,1948

ICS 43.040.40
Q 69

中华人民共和国国家标准

GB/T 29065—2012/ISO 27667:2011

道路车辆 制动衬片摩擦材料 涂漆背板和制动蹄耐腐蚀性能评价方法

Road vehicles—Brake lining friction materials—Evaluation method of corrosion effects on painted backing plates and brake shoes

(ISO 27667:2011,IDT)

2012-12-31 发布 2013-09-01 实施

中华人民共和国国家质量监督检验检疫总局
中国国家标准化管理委员会 发布

前　言

本标准按照 GB/T 1.1—2009 给出的规则起草。

本标准使用翻译法等同采用 ISO 27667:2011《道路车辆　制动衬片摩擦材料　涂漆背板和制动蹄耐腐蚀性能评价》而制定。

与 ISO 27667:2011 相比，本标准做了如下修改：

——在参考文献中增加了 ISO 6314 标准。

与本标准中规范性引用的国际文件有一致性对应关系的我国文件如下：

——GB/T 9286—1998　色漆和清漆　漆膜的划格试验[eqv ISO 2409:1992]；

——GB/T 9274—1988　色漆和清漆　耐液体介质的测定[eqv ISO 2812:1974]；

——GB/T 10123—2001　金属和合金的腐蚀　基本术语和定义[eqv ISO 8044:1999]；

——GB/T 10125—1997　人造气氛腐蚀试验　盐雾试验[eqv ISO 9227:1990]；

——GB/T 26738—2011　道路车辆　制动衬片摩擦材料　产品确认和质量保证[ISO 15484:2008,IDT]。

本标准由中国建筑材料联合会提出。

本标准由全国非金属矿产品及制品标准化技术委员会(SAC/TC 406)归口。

本标准起草单位：杭州振兴摩擦材料有限公司、桐庐宇鑫汽配有限公司、江阴市希克林摩擦材料有限公司、东营博瑞制动系统有限公司、重庆红宇摩擦制品有限公司、浙江亚太机电股份有限公司、山东坤特汽车配件有限公司、国家非金属矿制品质量监督检验中心。

本标准主要起草人：朱绵鹏、石志刚、韩屹丽、张宏光、王丹膺、徐克林、王煜鹏、张德林、吕龙彬、张海胜。

引　言

腐蚀问题和试验是多种多样的，并且评估、诊断和纠正都是非常昂贵的。本标准是用来与提供了具体试验方法的其他标准、样品制备和试验仪器描述及评价标准和试验报告结合使用的。重点放在确保完成试验期间报告观察到不同现象的一套标准评价方法。

本标准应与其他适用标准或试验程序（ISO，SAE，JIS/JASO，国家法规或规范，其他项目或用户具体的试验程序）结合使用，为特定条件下、市场或汽车厂提供了摩擦材料充分性完整的评价方法。本标准不包括与性能要求有关的耐久性、装饰品外观，或不同温度条件下的性能、机械应力、环境、污染、在实际车辆运行情况下观察到的制动系统操作条件。

制动衬块和制动蹄是车辆制动系统的关键部件。腐蚀造成的影响在车辆寿命周期内产生保障问题或提高维修费用。由于制动器是汽车底盘的一部分，详细的评估腐蚀需要一套统一全面的试验室试验程序和评价标准。由于与腐蚀有关的现象是复杂的，本标准对不同的国际现有标准进行了统一。

以往类似情况的经验是支持选择涂料系统或具体应用程序有用的途径。制动块或蹄片在腐蚀性环境中的耐久性在很大程度上取决于如工作环境、系统设计、油漆厚度及成分、表面处理、应用、干燥和处理等因素。主要关心的还是黏结剂的化学和物理特性及干膜厚度。人工老化试验对评估这些特点是有用的。主要试验是：

——耐水分；

——耐雾；

——耐化学品。

分析人工老化试验结果时应小心。人工暴露不一定和自然暴露有相同的效果。车辆的应用过程中并非所有的因素在适当方式下都可加速或减缓老化。在可行的情况下，需要长期地计划和进行自然的暴露或野外试验，以便异常得到解决。

由于行业内没有广泛接受的基于试验室腐蚀试验预测寿命的模型。给定的应用过程或环境评价实际耐用性超出了本标准的范围。

道路车辆　制动衬片摩擦材料 涂漆背板和制动蹄耐腐蚀性能评价方法

1　范围

本标准规定了盘式制动器上的背板或鼓式制动器上制动蹄的测试和评价耐腐蚀性能的方法。

本标准所提到的方法和评价标准是 ISO 15484 产品规范/确认阶段和批量生产监控阶段的一部分。

本标准只适用于试验室性能试验，无论是静态或循环。不适用于野外或试验场地试验。

2　规范性引用文件

下列文件对于本文件的应用是必不可少的。凡是注日期的引用文件，仅注日期的版本适用于本文件。凡是不注日期的引用文件，其最新版本(包括所有的修改单)适用于本文件。

ISO 2409　色漆和清漆　漆膜的划格试验(Paints and varnishes—Cross-cut test)

ISO 2812-1　色漆和清漆　耐液体介质的测定(Paint and Varnishes—Determination of resistance to liquids)

ISO 4628-1　色漆和清漆　漆膜老化的评定　一般类型的破坏程度、数量和大小的评定　第1部分：总则和等级表(Paints and varnishes—Evaluation of degradation of coatings—Designation of quantity and size of defects, and of intensity of uniform changes in appearance—Part 1: General introduction and designation system)

ISO 4628-2　色漆和清漆　漆膜老化的评定　一般类型的破坏程度、数量和大小的评定　第2部分：起泡等级的评定(Paints and varnishes—Evaluation of degradation of coatings—Designation of quantity and size of defects, and of intensity of uniform changes in appearance—Part 2: Assessment of degree of blistering)

ISO 4628-3　色漆和清漆　漆膜老化的评定　一般类型的破坏程度、数量和大小的评定　第3部分：生锈等级的评定(Paints and varnishes—Evaluation of degradation of coatings—Designation of quantity and size of defects, and of intensity of uniform changes in appearance—Part 3: Assessment of degree of rusting)

ISO 4628-4　色漆和清漆　漆膜老化的评定　一般类型的破坏程度、数量和大小的评定　第4部分：开裂等级的评定(Paints and varnishes—Evaluation of degradation of coatings—Designation of quantity and size of defects, and of intensity of uniform changes in appearance—Part 4: Assessment of degree of cracking)

ISO 8044　金属和合金的腐蚀　基本术语和定义(Corrosion of metals and alloys—Basic terms and definitions)

ISO 9227　人造气氛腐蚀试验　盐雾试验(Corrosion test in artificial atmospheres—Salt spray tests)

ISO 15484:2008　道路车辆　制动衬片摩擦材料　产品确认和质量保证(Road vehicles—Brake lining friction materials—Product definition and quality assurance)

3 术语和定义

ISO 8044,ISO 15484:2008 界定的和下列术语和定义适用于本文件。

3.1

大气腐蚀 atmospheric corrosion

由于金属表面的湿膜所引起的腐蚀。

注:湿膜可能肉眼看不到。

3.2

人工老化 artificial aging

通过高于室温条件或改变某些条件加速老化进程。

3.3

粉化 chalking

由于气候的影响,通常会发生在表面松散的有机涂层。

3.4

腐蚀 corrosion

金属与环境之间发生的物理化学相互作用导致性能的改变和其所处系统部分功能的减弱与退化。

3.5

腐蚀加速因子 corrosion acceleration factor

给定试验的腐蚀速率与实际野外环境或实际使用中的腐蚀速率的比值。

注:精确计算这个因素,需要详细和广泛的试验和实地调查。

3.6

腐蚀速率 corrosion rate

单位时间内金属的腐蚀结果。

注:腐蚀速率的类型取决于使用的技术系统和腐蚀作用的类型。

3.7

腐蚀要素 corrosion stresses

加速腐蚀的环境因素。

3.8

腐蚀性 corrosivity

腐蚀性在给定的腐蚀体系中,可观察或可测的由环境所引起腐蚀的能力。

3.9

开裂 cracking

通过底层表面延伸到涂层的破裂。

3.10

腐烂 lot-rot

某一零件长期暴露在大气中产生的腐蚀。

3.11

宏观环境 macro-environment

车辆正常运行的某一特定地点或地区的天气情况。

注:宏观环境是气候和腐蚀应力或车辆周围地区的大气相结合的,是长时间记录统计的气象参数。

3.12

微观环境 micro-environment

零件及其周围界面的环境。

注:对于本标准,微观环境是制动器附近车辆底盘的一部分。

3.13

控制样本　control sample

样本是用来评价试验设备实际性能和验证试验技术。

注：除非另有规定，两个钢材控制的样品应符合 ISO 1514 或 ANSI-SAE 规定的相当于 150 mm×100 mm×(0.7 mm～1.25 mm)。

3.14

参比试样　reference sample

其中已知的实际或类似条件的耐腐蚀性能的涂漆零件。

注：使用其他涂料系统涂覆的其他品牌或内部制动块或制动蹄，适合作为参考样品。参考样品应尽可能与试验样品的尺寸和条件相似。

3.15

润湿时间　time of wetness

电解质覆盖在金属表面和造成大气腐蚀的期限。

注：在同一时间，指导值可以通过相对湿度达 80%以上，温度高于 0 ℃的小时数计算出来。在制动过程中，即使在寒冷的天气中来自制动的热量可以使底板或制动蹄的微观环境远远高于此温度

4　取样

4.1　试样

按 ISO 15484:2008 中的 5.3 进行取样，委托试验者特殊说明除外。

4.2　控制和参比试样

按所适用的标准规定进行取样，委托试验者特殊说明除外。

5　试验方法

5.1　总则

所进行的实际试验取决于产品寿命周期的阶段。本标准的重点阶段是 ISO 15484:2008 中需要更透彻分析不同腐蚀作用的阶段 5、阶段 6“产品规范/确认”和阶段 7“产品批量监控”。正常批量监控需要简单而可靠的试验程序确保限制之前阶段确定的工艺条件和防护涂层。5.2 中的表 1 规定了两种用来判断涂料漆面腐蚀试验方法的适用范围，按照 5.3 来评价和记录结果。

测试方法可以按照材料易受影响的工作环境进行试验。

开始试验前，应与客户约定规定以下内容：

a)　所执行的试验程序；

b)　取样计划；

c)　每个试验的时间或循环次数；

d)　预期失效模式；

e)　评价标准。

5.2　腐蚀试验方法

本标准提供了以下两种标准试验方法：

a)　快速检测试样在潮湿或盐雾状态下耐腐蚀性能应采用 ISO 9227 规定的实验方法；

b)　耐化学液体介质如润滑油或制动液的性能试验方法应采用 ISO 2812-1 规定的实验方法。

表1给出了本条中的两种试验方法的简单描述。

表 1　试验室腐蚀评价试验方法

标准	适用范围	试验循环	典型的试验周期
ISO 9227	规定了中性盐雾 NSS 试验和其他试验所用的仪器,试剂和程序; 有涂层的和无涂层的金属材料的耐腐蚀性评价; 试验结果不能用作实际使用过程的判定; 给出有涂层的和无涂层的金属材料检查手段和质量比较方法	试验箱温度 35 ℃±2 ℃; 氯化钠浓度 50 g/L±5 g/L,pH6.5～7.2; 雾的收集速率是在 80 cm^2 的面积上按照每 1 mL/h～2 mL/h 的速率收集 24 h	2 h; 6 h; 24 h; 48 h; 96 h 推荐用于盘式制动块和鼓式制动蹄
ISO 2812-1	色漆和清漆耐液体介质的测定	测定涂层耐液体性能的一般方法。 本标准用于评价液体对涂层的影响,如果需要,还可以评价液体对衬底的腐蚀性能。 方法1浸泡:置于垂直位置的样品距离容器和试样之间的距离至少 30 mm。 试验在温室下进行。 如果需要,用无油空气流曝气或搅拌。 ISO 6314 规定的液体:润滑油 48 h、制动液 48 h。 方法2:吸湿盘使用直径 25 mm 左右的压层纸板,测试时间不超过7天。 方法3:点滴法,每滴体积约 0.1 mL。 浸泡时间完成后,移出,清洁并评价	

5.3　评价方法

本标准应采用下述标准规定的评价方法:

a) 涂层附着力的测试应采用 ISO 2409 规定的实验方法;

b) 表现缺陷的数量和大小应采用 ISO 4628-1 规定的评价方法;

c) 评价起泡缺陷时应采用 ISO 4628-2 规定的试验方法;

d) 评价生锈缺陷时应采用 ISO 4628-3 规定的试验方法;

e) 评价开裂缺陷时应采用 ISO 4628-4 规定的试验方法。

6　试验报告

试验报告应至少包含以下信息:

a) 所检产品的所有必要的信息;

b) 所参考的标准;例如 ISO 27667;

c） 试验中提到的参考的标准、产品规格或其他文件信息；

d） 每种适用方法的试验结果；

e） 与指定试验方法的偏离；

f） 试验开始和完成的日期；

g） 数码图片；

h） 参考或控制样品的详细报告。

参考文献

［1］ ISO 1514 色漆和清漆 标准试板(Paints and varnishes—Standard panels for testing).

［2］ ISO 2808 色漆和清漆 漆膜厚度的测定(Paints and varnishes—Determination of film thickness).

［3］ ISO 6314 道路车辆 制动衬片 耐水、盐水、油和制动液试验方法(Road vehicles—Brake linings—Resistance to water,saline solution,oil and brake fluid;Test procedure).

ICS 43.040.40
Q 69

中华人民共和国国家标准

GB/T 29066—2012/ISO 26866:2009

道路车辆 制动衬片摩擦材料 气制动商用车磨损试验方法

Road vehicles—Brake lining friction materials—Standard wear test procedure for commercial vehicles with air brakes

(ISO 26866:2009,IDT)

2012-12-31 发布　　2013-09-01 实施

中华人民共和国国家质量监督检验检疫总局
中国国家标准化管理委员会 发布

前　言

本标准按照 GB/T 1.1—2009 给出的规则起草。

本标准使用翻译法等同采用国际标准 ISO 26866:2009《道路车辆　制动衬片摩擦材料　气制动商用车磨损试验程序》。

与本标准中规范性引用的国际文件有一致性对应关系的我国文件如下：

——GB/T 5620—2002　道路车辆　汽车和挂车制动名词术语及其定义(ISO 611:1994,IDT)；

——GB/T 15089—2001　机动车辆及挂车分类(eqv UNECE R. E. 3)；

——GB/T 26738—2011　道路车辆　制动衬片摩擦材料　产品确认和质量保证(ISO 15484:2008,IDT)。

本标准由中国建筑材料联合会提出。

本标准由全国非金属矿产品及制品标准化技术委员会(SAC/TC 406)归口。

本标准起草单位：浦江万赛摩擦材料有限公司、武汉元丰摩擦材料有限公司、宁国飞鹰汽车零部件股份有限公司、东营博瑞制动系统有限公司、湖北飞龙摩擦密封材料股份有限公司、桐庐宇鑫汽配有限公司、国家非金属矿制品质量监督检验中心。

本标准主要起草人：石志刚、洪建栋、侯立兵、刘涛、沈家骕、孙奇春、张宏光、马艳兵、王煜鹏、张世绍、张振。

引　言

不同的货车和挂车制造商所使用的种类繁多的磨损试验是很费时的，并且会导致相同使用条件下相同衬块材料有不同的评价结果。鉴于这种情况试验程序不同，试验结果也不能相互对应。

一般的磨损试验是非常费时并且昂贵的。本标准致力于体现所使用摩擦材料广泛的应用范围。作为一个包含有不同能量和温度水平的制动器衬片磨损程序，将为摩擦材料磨损特性提供一个很好的全面的展示。

本标准将不同的试验方法归纳为一种试验方法，此方法用最短的试验周期来完成所有重要的磨损特性要求。

在协调商用车应用过程中，摩擦材料性能试验的标准化是重中之重。

试验和评估摩擦材料的各种条件应能保证广泛的数据。这些数据在产品的不同阶段都是非常重要的，如产品开发和生产过程、产品确认、质量控制、产品规范及实际应用问题评估等。

本标准应结合其他标准或试验程序(ISO，SAE，JIS/JASO，国家法规或者法律，和其他项目或用户指定的测试程序)使用以便全面评价特定使用条件、市场或车辆平台条件下摩擦材料的充分性。本标准不包括国家法规或法律中说明的不同车速、温度、轮胎附着力、载荷和制动系统操控条件下与制动距离或制动力分布相关的性能要求。

本标准是摩擦材料全球统一规范 ISO 15484 的一部分，是主要汽车制造商、制动系统和零件制造商、试验服务和标准化组织如 SAE 和 JIS/JASO 之间紧密合作的产物。

道路车辆　制动衬片摩擦材料　气制动商用车磨损试验方法

1　范围

本标准适用于 UNECE R. E. 3 中规定的 M2，M3，N2，N3，O3，和 O4 类气制动商用车辆。

本标准也适用于 ISO 15484 定义下的产品开发、产品试制、产品规范/确认和批量生产的产品。

2　规范性引用文件

下列文件对于本文件的应用是必不可少的。凡是注日期的引用文件，仅注日期的版本适用于本文件。凡是不注日期的引用文件，其最新版本（包括所有的修改单）适用于本文件。

ISO 611:2003　道路车辆　汽车和挂车制动名词术语及其定义（Road vehicles—braking of automotive vehicles and their trailers—Vocabulary）

ISO 1176　道路车辆　质量　词汇和代码（Road vehicles—Masses—Vocabulary and codes）

ISO 3833　道路车辆　类型　术语和定义（Road vehicles—Types—Terms and definitions）

ISO 11157:2005　道路车辆　制动衬片总成　惯性试验台试验方法（Road vehicles—Brake lining assemblies—Inertia dynamometer test method）

ISO 15484:2008　道路车辆　制动衬片摩擦材料　产品确认和质量保证（Road vehicles—Brake lining friction materials—Product definition and quality assurance）

UNECE R. E. 3　机动车辆及挂车分类（Consolidated resolution on the construction of Vehicles）

3　术语和定义

UNECE R. E. 3、ISO 611、ISO 1176、ISO 3833、ISO 15484 界定的及下列术语和定义适用于本文件。

3.1

气制动系统　air brake system

通过空气/气动传输装置把能量从供气点传递到制动器基体并控制的制动系统。

3.2

轮轴负荷　axle load

由车辆或者轮轴的制造商指定并由技术服务部门认可的技术上可行的最大设计总质量。

注：这个质量可能超过了国内规范允许的“最大权威认可的总质量”。除非委托检验者说明，表 2 中的轮轴负荷用来确定试验惯量。

3.3

制动器类型　brake type

由表 2 中名义轮辋直径代码确定的制动器尺寸。

注：相同的名义轮辋直径可以有不同的轮胎滚动半径。其他的轮辋尺寸或者轮胎滚动半径相关信息由委托试验者提供。

3.4

制动温度　brake temperature

在制动盘或制动鼓上对应于制动衬片摩擦路径的中心所测的温度。

注：制动温度通过内置式热电偶测量，具体测量位置为制动盘或制动鼓摩擦面的中心位置之下(0.5±0.1)mm处。

3.5

试验惯量　test inertia

表1规定的制动车轮分配到的车辆总惯量的一部分。

注：对于其他的负荷或轮胎尺寸见ISO 11157。

3.6

车轮负荷　wheel load

规定的轮轴负荷(3.2)的一半。

3.7

总磨损　total wear

每个衬块或衬片所有测量点的平均值，每个制动器所有衬块或衬片的值。

注：标准磨损量以总数250次制动为准。

4　符号

下列符号适用于本文件。

符号	定义	单位
T_R	室温	℃
T_{start}	制动开始时的初始温度	℃
V_{end}	制动末速度	km/h
V_{start}	制动开始时的初始速度	km/h

5　取样

除非委托试验者有特殊要求，取样应按ISO 15484:2008中5.3进行。

6　试验方法

6.1　准则

本标准用单头或双头惯性试验台进行试验。惯性试验台运用计算机控制的方法执行试验序列，控制不同的参数以保证不同试验评价的准确性与重现性。惯性试验台的控制系统也能记录要求的刹停过程中的制动数值，完成试验后将完整的试验报告报给委托试验者。

6.2　试验设备及部件

6.2.1　应使用满足6.2.2～6.2.4要求的性能的惯性试验台。

6.2.2　惯性试验台应能提供与6.3.1或委托试验者要求尽可能接近的惯量，误差为±5%。

6.2.3　制动器夹具应与拟使用的类型相配，并与车辆安装位置尽可能相同。与衬片配置无关紧要的改变是允许的(如倒角，沟槽、磨损报警线，消音片等)。

6.2.4 试验仪器仪表应至少提供以下数据：

a) 制动盘或制动鼓转速的连续记录；

b) 一次制动过程的转数；

c) 制动时间；

d) 制动盘和衬块或制动鼓和衬片温度的连续记录；

e) 制动过程中控制管路压力或制动力的连续记录；

f) 制动输出转矩的连续记录。

6.3 试验条件

6.3.1 试验惯量和轮胎滚动半径应符合表1的要求。

表1 试验条件

制动器制造商	制动器类型[a]	轮轴负荷 kg	轮胎滚动半径 m	试验惯量 kg·m²	备注
所有	22.5″	10 000	0.527	1 389	—
所有	19.5″	9 000	0.518	1 267	挂车
所有	19.5″	9 000	0.446	895	货车
所有	17.5″	6 600	0.407	547	—

[a] 制动气室的选择应与制动器制造商协商。

6.3.2 惯性试验台的初始转速应达到6.5规定的转速，而且是基于轮胎滚动半径计算的转速。

6.3.3 可以采用室温下的冷却空气，直接垂直于制动器旋转方向的轴线。为缩短试验时间，使用最大冷空气速度保证达到准确的制动初始温度。记录并报告试验过程中冷却空气的条件，如室温和湿度（绝对或相对）。

6.3.4 当制动盘或制动鼓的初始温度低于所要求的温度时，应以不超过80 km/h的速度和相当于0.2g的减速度拖磨制动器直到超过制动初始温度50 ℃。也可以选择在0.3 MPa(3bar)的制动压力下，进行速度从60 km/h到20 km/h制动加热，从而达到要求的温度。

6.4 磨损量试验方法

6.4.1 衬块的厚度和质量磨损的测量

6.4.1.1 均匀分布测量点。一般至少测量6个点，如果有中心沟槽，测量8个点。测量点距边缘和角的距离大约为12 mm，在有倒角的情况下该距离为6 mm。

6.4.1.2 测量点应永久性标注，如果需要表面还应特别制备。在出现表面裂纹或掉角的情况下，受到影响的测量位置不应进一步评估。

6.4.1.3 测量并报告包括背板的摩擦材料整体厚度。

6.4.1.4 质量的称量，确保衬块总是处于相同的总成状态。衬块应清除碎片。

6.4.1.5 厚度测量精确至±0.01 mm，质量称量精确至±0.1 g。

6.4.1.6 记录每一循环试验前后的数据。

6.4.2 衬片的厚度和质量磨损的测量

6.4.2.1 按照委托试验者的要求加工衬片外弧弧度使其与鼓的弧度一致。

6.4.2.2 将钻孔设置在衬片或制动蹄片的测试点上。衬片中的钻孔应尽可能小，但应能放入测量装置。在衬片或者测量点上钻孔。钻在衬片上的测试孔应尽可能小，但要确保能放进测试装置。

6.4.2.3 每段均布测量至少 6 点，避免将测量点设置在铆钉的预定轨道上。

6.4.2.4 在出现表面裂纹或掉角的情况下，受到影响的测量位置不应进一步评估。

6.4.2.5 质量的称量，要保证衬片总是处于相同的总成状态。衬片必须清除碎片。

6.4.2.6 厚度测量精确至±0.01 mm，质量称量精确至±0.1 g。

6.4.2.7 记录每一循环试验前后的数据。

6.4.3 制动盘的厚度和质量磨损的测量

6.4.3.1 在制动盘内径和外径按 90°均匀分布至少测量 8 个点(距离边缘 6 mm～12 mm)，并永久地在制动盘外表面上标记。

6.4.3.2 用质量评价制动盘，应保持清洁并时刻处于相同的总成条件下。

6.4.3.3 厚度测量精确至±0.01 mm，质量称量精确至±0.1 g。

6.4.3.4 记录每一循环试验前后的数据。

6.4.4 制动鼓的厚度和质量磨损的测量

6.4.4.1 制动鼓的厚度测量不是很准确，因此不推荐。

6.4.4.2 用质量磨损评价时，应保持清洁并时刻处于相同的总成条件下。

6.4.4.3 制动鼓的质量称量精确至±1 g。

6.4.4.4 记录每一循环试验前后的数据。

6.5 盘式制动器系统的测试程序

盘式制动器系统的测试程序见表 2。

表 2 盘式制动器试验程序

步骤	制动过程	试验内容	制动次数	减速度 m/s^2	制动压力 MPa	V_{start} km/h	V_{end} km/h	T_{start} ℃
1	—	衬块和制动盘质量厚度测量	—	—	—	—	—	T_R
初始制动性能和磨合								
2	1～6	不同压力下的性能	每个压力一次	—	0.15;0.30;0.45;0.60;0.75;0.90	60	10	100
3	7～206	磨合	200	—	0.30	60	10	150
4	207～212	不同压力下的性能	每个压力一次	—	0.15;0.30;0.45;0.60;0.75;0.90	60	10	100
磨损循环 1								
5	—	衬块质量厚度测量	—	—	—	—	—	T_R
6	213～712	磨损	500	1.5	—	60	10	100

表 2（续）

步骤	制动过程	试验内容	制动次数	减速度 m/s²	制动压力 MPa	V_{start} km/h	V_{end} km/h	T_{start} ℃
磨损循环 1								
7	—	衬块质量厚度测量	—	—	—	—	—	T_R
8	713～962	磨损	250	1.5	—	100	50	100
9	963～968	不同压力下的性能	每个压力一次	—	0.15;0.30;0.45;0.60;0.75;0.90	60	10	100
磨损循环 2								
10	—	衬块质量厚度测量	—	—	—	—	—	T_R
11	969～1 468	磨损	500	1.5	—	60	10	200
12	—	衬块质量厚度测量	—	—	—	—	—	T_R
13	1 469～1 718	磨损	250	1.5	—	100	50	200
14	1 719～1 724	不同压力下的性能	每个压力一次	—	0.15;0.30;0.45;0.60;0.75;0.90	60	10	100
磨损循环 3								
15	—	衬块质量厚度测量	—	—	—	—	—	T_R
16	1 725～1 974	磨损	250	1.5	—	60	10	300
17	—	衬块质量厚度测量	—	—	—	—	—	T_R
18	1 975～2 224	磨损	250	1.5	—	100	50	300
19	2 225～2 230	不同压力下的性能	每个压力一次	—	0.15;0.30;0.45;0.60;0.75;0.90	60	10	100
磨损循环 4								
20	—	衬块质量厚度测量	—	—	—	—	—	T_R
21	2 231～2 480	磨损	250	1.5	—	60	10	400
22	—	衬块质量厚度测量	—	—	—	—	—	T_R
23	2 481～2 730	磨损	250	1.5	—	100	50	400
24	2 731～2 736	不同压力下的性能	每个压力一次	—	0.15;0.30;0.45;0.60;0.75;0.90	60	10	100

表 2（续）

步骤	制动过程	试验 内容	制动 次数	减速度 m/s^2	制动压力 MPa	V_{start} km/h	V_{end} km/h	T_{start} ℃
磨损循环 5								
25	—	衬块质量 厚度测量	—	—	—	—	—	T_R
26	2 737～2 986	磨损	250	1.5	—	60	10	500
27	—	衬块质量 厚度测量	—	—	—	—	—	T_R
28	2 987～3 086	磨损	100	1.5	—	100	50	500
29	3 087～3 092	不同压力 下的性能	每个压 力一次	—	0.15;0.30; 0.45;0.60; 0.75;0.90	60	10	100
30	—	衬块和制 动盘质量 厚度测量	—	—	—	—	—	T_R

6.6 鼓式制动器系统的测试程序

鼓式制动器系统的试验程序见表 3。

表 3 鼓式制动器试验程序

步骤	制动过程	试验 内容	制动 次数	减速度 m/s^2	制动压力 MPa	V_{start} km/h	V_{end} km/h	T_{start} ℃
1	—	衬片和制 动鼓质量 厚度测量	—	—	—	—	—	T_R
2	1～6	不同压力 下的性能	每个压 力一次	—	0.15;0.30; 0.45;0.60; 0.75;0.90	60	10	100
3	7～206	磨合	200	—	0.30	60	10	180
4	207～212	不同压力 下的性能	每个压 力一次	—	0.15;0.30; 0.45;0.60; 0.75;0.90	60	10	100
磨损循环 1								
5	—	衬片质量 厚度测量	—	—	—	—	—	T_R
6	213～712	磨损	500	1.5	—	60	10	120
7	—	衬片质量 厚度测量	—	—	—	—	—	T_R
8	713～962	磨损	250	1.5	—	100	50	120
9	963～968	不同压力 下的性能	每个压 力一次	—	0.15;0.30; 0.45;0.60; 0.75;0.90	60	10	100

表 3（续）

步骤	制动过程	试验内容	制动次数	减速度 m/s^2	制动压力 MPa	V_{start} km/h	V_{end} km/h	T_{start} ℃
磨损循环 2								
10	—	衬片质量 厚度测量	—	—	—	—	—	T_R
11	969～1 468	磨损	500	1.5	—	60	10	180
12	—	衬片质量 厚度测量	—	—	—	—	—	T_R
13	1 469～1 718	磨损	250	1.5	—	100	50	180
14	1 719～1 724	不同压力 下的性能	每个压 力一次	—	0.15;0.30; 0.45;0.60; 0.75;0.90	60	10	100
磨损循环 3								
15	—	衬片质量 厚度测量	—	—	—	—	—	T_R
16	1 725～1 974	磨损	250	1.5	—	60	10	230
17	—	衬片质量 厚度测量	—	—	—	—	—	T_R
18	1 975～2 224	磨损	250	1.5	—	100	50	230
19	2 225～2 230	不同压力 下的性能	每个压 力一次	—	0.15;0.30; 0.45;0.60; 0.75;0.90	60	10	100
磨损循环 4								
20	—	衬片质量 厚度测量	—	—	—	—	—	T_R
21	2 231～2 480	磨损	250	1.5	—	60	10	290
22	—	衬片质量 厚度测量	—	—	—	—	—	T_R
23	2 481～2 730	磨损	250	1.5	—	100	50	290
24	2 731～2 736	不同压力 下的性能	每个压 力一次	—	0.15;0.30; 0.45;0.60; 0.75;0.90	60	10	100
磨损循环 5								
25	—	衬片质量 厚度测量	—	—	—	—	—	T_R
26	2 737～2 986	磨损	250	1.5	—	60	10	340
27	—	衬片质量 厚度测量	—	—	—	—	—	T_R
28	2 987～3 086	磨损	100	1.5	—	100	50	340

表 3（续）

步骤	制动过程	试验内容	制动次数	减速度 m/s²	制动压力 MPa	V_{start} km/h	V_{end} km/h	T_{start} ℃
磨损循环 5								
29	3 087～3 092	不同压力下的性能	每个压力一次	—	0.15;0.30;0.45;0.60;0.75;0.90	60	10	100
30	—	衬片和制动鼓质量厚度测量	—	—	—	—	—	T_R

6.7 结果说明

充分发出的平均制动减速度应按 ISO 611:2003 附录 B 和 ISO 11157:2005 附录 A 和附录 B 表示。

7 测试报告

7.1 盘式制动器报告

除非委托试验者有特殊说明，结果应按图 1 和图 2 的样例表示。

7.2 鼓式制动器报告

除非委托试验者有特殊说明，结果应按图 3 和图 4 的样例表示。

7.3 衬片数据表

按表 4 衬片数据表报告试验结果。

试验编号:		制动器编号:	
项目编号:		执行机构编号:	
零件编号:		驱动装置最大行程[mm]:	
材料:		台架:	
摩擦材料批次:		日期:	
压缩率:		试验项目编号:	
制动盘批次:		制动力矩[N·m]:	
备注:		惯量[kg·m²]:	1 389
		车轮半径[mm]:	527
		末速度[km/h]:	5

测量值

试验循环				衬块磨损[mm]			衬块磨损[g]			衬块磨损[mm/GJ]	制动盘磨损	
温度	速度		次数	内	外	总	内	外	总		[mm]	[g]
100 ℃	60	1	500	0.29	0.30	0.59	15.0	19.0	34.0	0.86 mm/GJ	0.10	
100 ℃	100	2	250	0.55	0.40	0.95	28.0	19.0	47.0	0.99 mm/GJ	0.01	
200 ℃	60	3	500	0.10	0.08	0.18	7.0	7.0	14.0	0.26 mm/GJ	0.00	
200 ℃	100	4	250	0.34	0.34	0.68	21.0	21.0	42.0	0.71 mm/GJ	0.00	
300 ℃	60	5	250	0.09	0.09	0.18	13.0	10.0	23.0	0.52 mm/GJ	0.00	
300 ℃	100	6	250	0.69	0.62	1.31	41.0	37.0	78.0	1.36 mm/GJ	0.00	
400 ℃	60	7	250	0.24	0.25	0.49	20.0	20.0	40.0	1.42 mm/GJ	0.00	
400 ℃	100	8	250	1.98	2.10	4.08	100.0	105.0	205.0	4.24 mm/GJ	0.00	
500 ℃	60	9	250	1.04	0.73	1.77	60.0	45.0	105.0	5.13 mm/GJ	0.01	
500 ℃	100	10	100	2.06	2.14	4.20	123.0	141.0	264.0	10.91 mm/GJ	0.01	
	总磨损			7.38	7.05	14.43	564.5	424.0	988.5		0.13	300.0

每段250次标准制动下的磨损

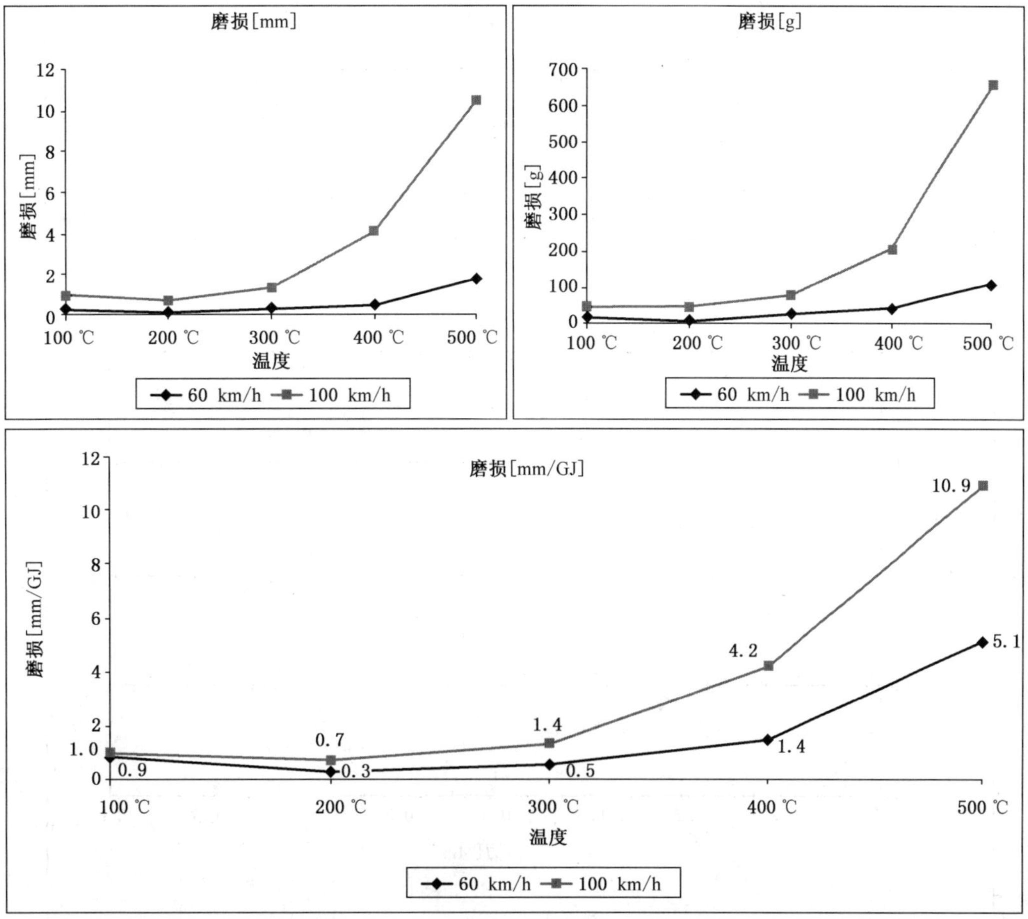

图 1　盘式制动器试验报告—磨损测量

公司LOGO	磨损试验	

摩擦材料编号： 执行机构： 衬块材料： 批次号：
制动器： 惯量：
计划： 滚动半径： 制动盘：

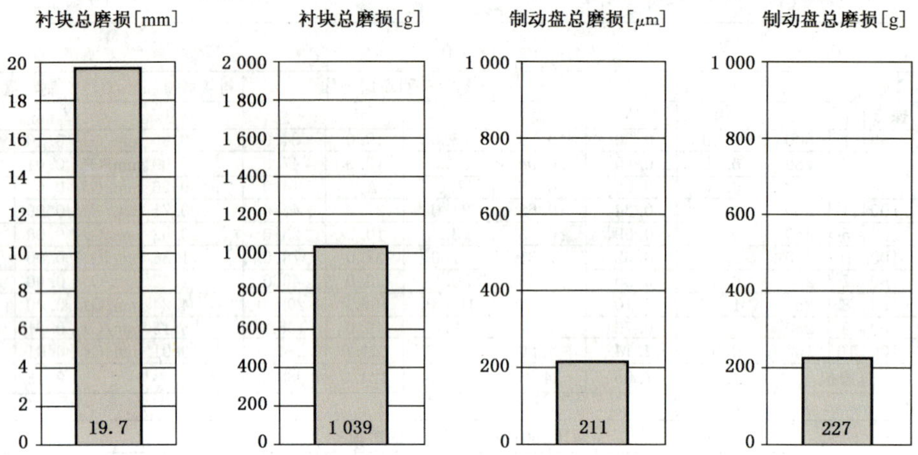

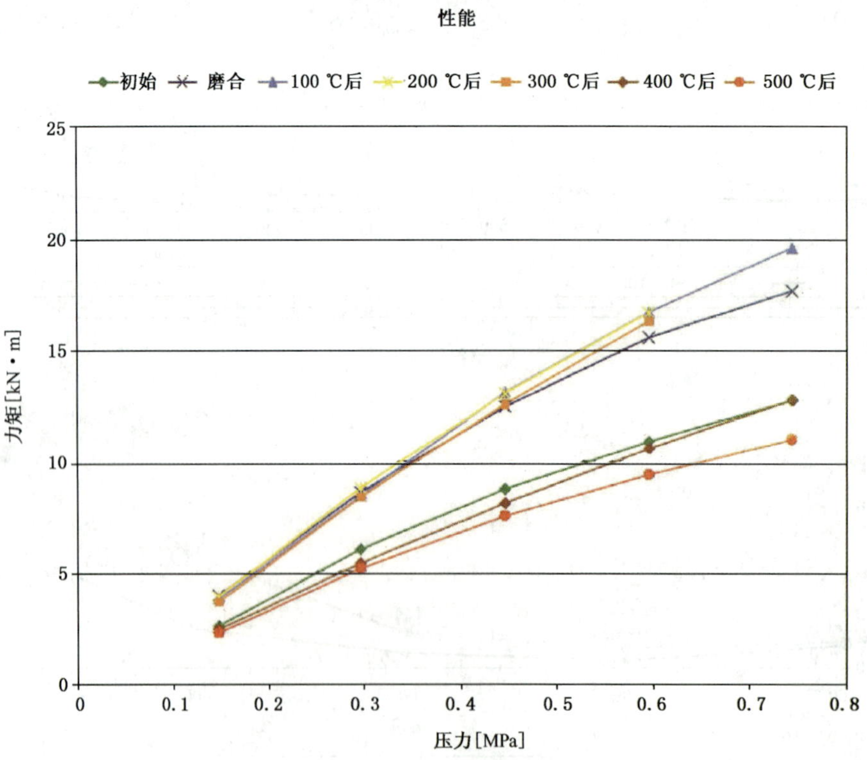

图 2 盘式制动器试验报告—厚度和质量磨损测量

试验编号:		制动器编号:	
项目编号:		执行机构编号:	
零件编号:		驱动装置最大行程[mm]:	
材料:		台架:	
摩擦材料批次:		日期:	
压缩率:		试验项目编号:	
制动鼓批次:		制动力矩[N·m]:	
备注:		惯量[kg·m²]:	1 389
		车轮半径[mm]:	527
		末速度[km/h]:	5

测量值

试验循环				衬片磨损[mm]			衬块磨损[g]			衬片磨损[mm/GJ]	制动鼓磨损	
温度	速度		制动次数	领蹄	从蹄	总磨损	领蹄	从蹄	总磨损		[mm]	[g]
120 ℃	60	1	500	0.29	0.30	0.59	15.0	19.0	34.0	0.86 mm/GJ	0.10	
120 ℃	100	2	250	0.55	0.40	0.95	28.0	19.0	47.0	0.99 mm/GJ	0.01	
180 ℃	60	3	500	0.10	0.08	0.18	7.0	7.0	14.0	0.26 mm/GJ	0.00	
180 ℃	100	4	250	0.34	0.34	0.68	21.0	21.0	42.0	0.71 mm/GJ	0.00	
230 ℃	60	5	250	0.09	0.09	0.18	13.0	10.0	23.0	0.52 mm/GJ	0.00	
230 ℃	100	6	250	0.69	0.62	1.31	41.0	37.0	78.0	1.36 mm/GJ	0.00	
290 ℃	60	7	250	0.24	0.25	0.49	20.0	20.0	40.0	1.42 mm/GJ	0.00	
290 ℃	100	8	250	1.98	2.10	4.08	100.0	105.0	205.0	4.24 mm/GJ	0.00	
340 ℃	60	9	250	1.04	0.73	1.77	60.0	45.0	105.0	5.13 mm/GJ	0.01	
340 ℃	100	10	100	2.06	2.14	4.20	123.0	141.0	264.0	10.91 mm/GJ	0.01	
	总磨损			7.38	7.05	14.43	564.5	424.0	988.5		0.13	300.0

每段250次标准制动下的磨损

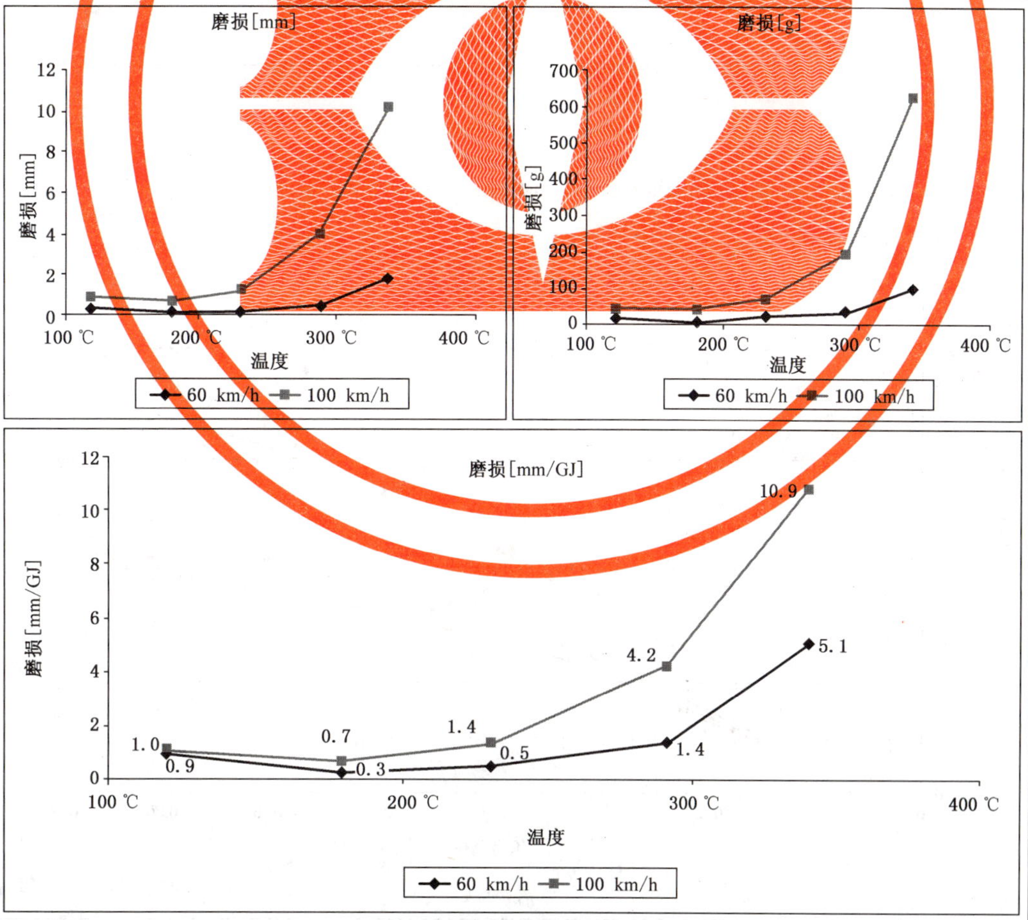

图 3 鼓式制动器试验报告—磨损测量

公司LOGO	磨损试验	

摩擦材料试验编号:	执行机构:	衬片材料:	批次:
制动器:	惯量:		
计划:	滚动半径:	制动盘:	

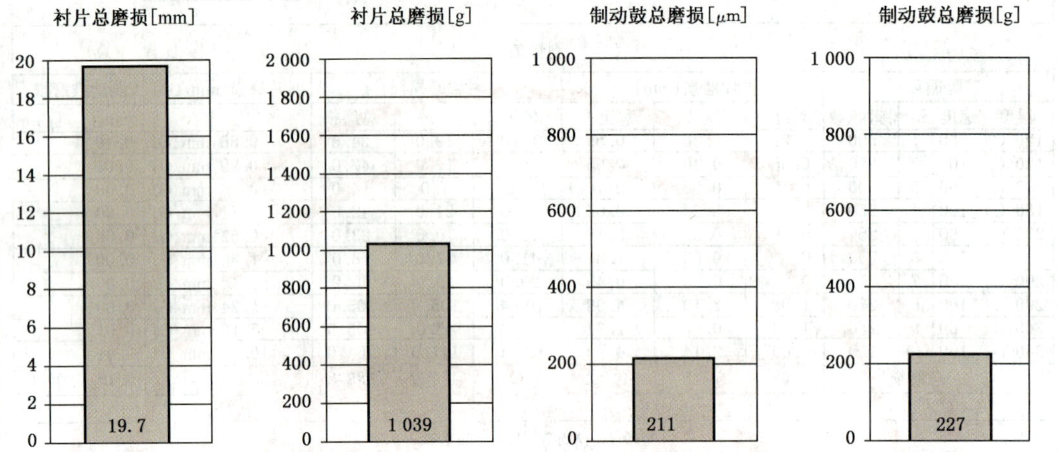

性能

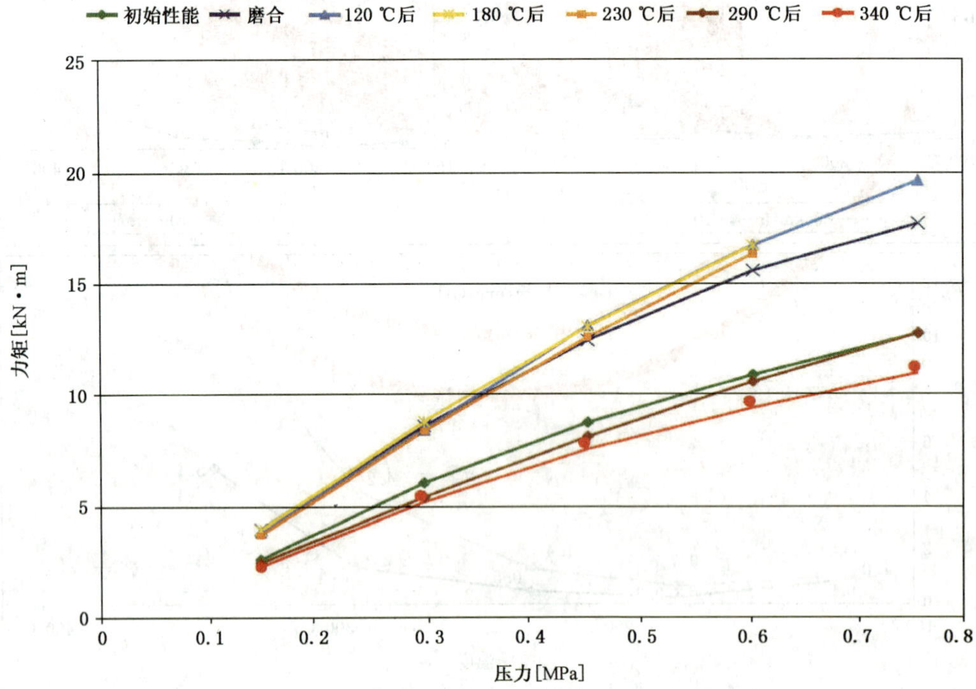

图 4　鼓式制动器试验报告—厚度和质量磨损测量

表 4　衬片数据表汇总

步骤	衬块/衬片磨损 mm/g	试制样品 试制结果		产品规范/确认 生产中试结果		批量生产监控 批量生产结果	
		最小	最大	最小	最大	最小	最大
5	磨合后						
7	第 1 次循环后 60 km/h～10 km/h						
10	第 1 次循环后 100 km/h～50 km/h						
12	第 2 次循环后 60 km/h～10 km/h						
15	第 2 次循环后 100 km/h～50 km/h						
17	第 3 次循环后 60 km/h～10 km/h						
20	第 3 次循环后 100 km/h～50 km/h						
22	第 4 次循环后 60 km/h～10 km/h						
25	第 4 次循环后 100 km/h～50 km/h						
27	第 5 次循环后 60 km/h～10 km/h						
30	第 5 次循环后 100 km/h～50 km/h						

ICS 19.100
J 04

中华人民共和国国家标准

GB/T 29067—2012

无损检测 工业计算机层析成像(CT)图像测量方法

Non-destructive testing—Test method for measuring industrial computed tomography (CT) image

2012-12-31 发布 2013-10-01 实施

中华人民共和国国家质量监督检验检疫总局
中国国家标准化管理委员会 发布

前言

本标准按照 GB/T 1.1—2009 给出的规则起草。

本标准由全国无损检测标准化技术委员会(SAC/TC 56)提出并归口。

本标准起草单位:重庆真测科技股份有限公司、重庆大学 ICT 研究中心、上海泰司检测科技有限公司、中国石油集团济柴动力总厂、齐齐哈尔轨道交通装备有限责任公司、上海航天动力技术研究所。

本标准主要起草人:曾理、王珏、李树生、蔡玉芳、沈宽、邹永宁、王福全、段黎明、杨蓉、高金生、俞翔、沈伟民。

无损检测　工业计算机层析成像(CT)图像测量方法

1　范围

本标准规定了用于无损检测的工业计算机层析成像(CT)系统图像密度测量校准和尺寸测量校准的方法,以及从CT图像测量被测物体物质密度和尺寸的方法。

本标准适用于测量被测物体内部各部分的密度(包括由不同材料组成的被测物体内部各部分的密度)及被测物体内外结构(特别是封闭内腔)的几何尺寸。

2　规范性引用文件

下列文件对于本文件的应用是必不可少的。凡是注日期的引用文件,仅注日期的版本适用于本文件。凡是不注日期的引用文件,其最新版本(包括所有的修改单)适用于本文件。

GB/T 12604.2　无损检测　术语　射线照相检测

3　术语和定义

GB/T 12604.2界定的术语和定义适用于本文件。

4　应用基础

4.1　检测设备要求

要求具备相关的检测设备(包括工业CT设备及相关图像处理软件),并要求客户和供应商在相关方面达成一致。

4.2　避免图像伪影对密度测量的影响

密度测量方法要求:CT密度的变化反映被测物体密度的真实变化而不是图像伪影。由于探测器响应不一致、射线散射、射线硬化等原因,CT图像可能呈现出一定程度的伪影,且伪影往往被误认为是密度变化。为确保该密度测量方法的有效性,工业CT设备制造商应对射线投影数据进行校正,以尽量减少CT图像伪影。在实际检测中,用户应该尽量避开受伪影影响的区域进行密度测量。

4.3　避免图像伪影对尺寸测量的影响

尺寸测量方法要求:被测物体的被测区域对应的CT图像应具有比较陡峭的边缘。由于探测器响应不一致、射线散射、射线硬化等原因,CT图像可能呈现出一定程度的伪影,加之被测物体的直线型边缘可能会造成条状伪影。为确保该尺寸测量方法的有效性,工业CT设备制造商应对射线投影数据进行校正,以尽量减少CT图像伪影。在实际检测中,用户应该尽量避开受伪影影响的区域进行尺寸测量。

5 标准试件的制作

5.1 密度标准试件的制作

5.1.1 若客户与供应商之间没有其他的协议，密度标准试件组应由多个不同密度的圆柱形密度标准试件组成，在基体上沿圆周均匀分布，如图1所示。

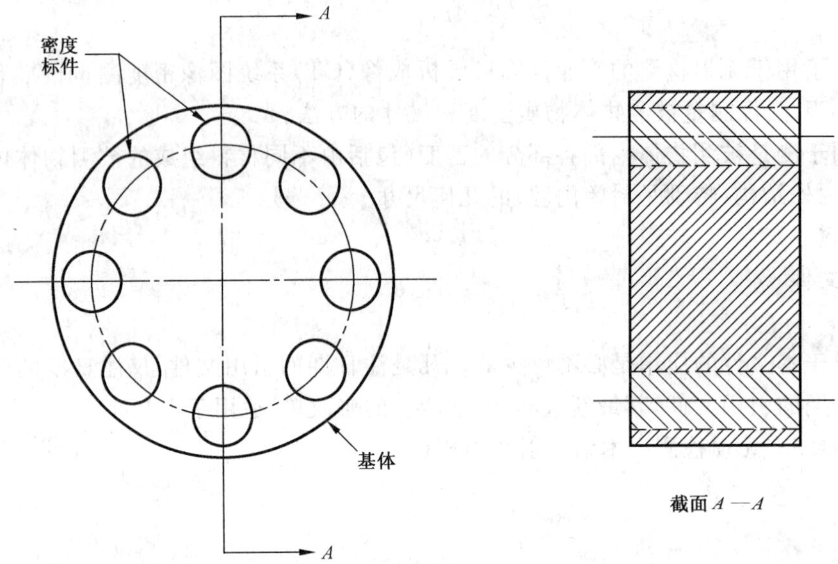

图1 密度标准试件组

5.1.2 密度标准试件组的材料密度应涵盖被测物体材料密度范围，且每个标准试件的密度已知。每个标准试件应材质均匀，各个标准试件的尺寸规格应相同。

5.1.3 密度标准试件高度应为CT切片厚度的3倍以上。

5.1.4 密度标准试件圆柱直径应该确保每个标准试件CT切片图像的像素个数不少于100。

5.2 尺寸标准试件的制作

5.2.1 尺寸标准试件宜选择与被测物体材料一致的试块，也可选用标准量块。

5.2.2 尺寸标准试件的偏差应小于被测物体的测量偏差要求至少一个数量级，例如被测物体的测量偏差要求小于0.1 mm，则标准试件尺寸的偏差应小于0.01 mm。

5.2.3 尺寸标准试件的形状应为长方体。设系统的空间分辨力为K（单位为LP/mm），尺寸标准试件的最长边的长度应大于$50\times\frac{1}{2\times K}$ mm，且对应CT图像的最长边宜具有50个或以上的像素，以减少测量的系统误差。

6 校准与测量

6.1 标准试件和被测物体的检测工艺要求

6.1.1 将标准试件或被测物体安置在CT系统转台上，使得试件中心轴垂直于扫描基准平面。

6.1.2 标准试件应尽量安置在转台上与被测物体的待测区域大致相同的位置，或与被测物体的待测区域到转轴的距离近似相同。

6.1.3 标准试件扫描切片位置应大致选择在标准试件的中间位置，被测物体扫描切片位置根据需要而定。

6.1.4 标准试件与被测物体应采用相同的工艺参数（包括射线源参数、扫描参数、重建参数等）及图像数据处理方法。

6.2 密度测量校准

6.2.1 密度测量校准时宜将扫描参数、重建参数调整至系统密度分辨力最优的参数设置下。

6.2.2 在CT图像上的每个密度标准试件中心部位分别选一圆形区域（每个圆形区域像素数宜多于50个，但不大于整个标准试件区域的2/3），测得该区域内每一点的CT密度 $f(x,y)$，计算该区域的平均CT密度 $\overline{f}$。

6.2.3 选取密度标准试件组中一个密度标准试件作为密度测量校准的基准标准试件。根据基准标准试件指定区域的平均CT密度 $\overline{f}_0$ 和CT系统设定的比例系数 k（根据CT系统总体参数确定，一般为1 000～5 000），对每个密度标准试件指定区域的平均CT密度 $\overline{f}$ 按式(1)进行归一化处理，获得该区域内的平均CT数 $\bar{\mu}$：

$$\bar{\mu}=\frac{\overline{f}-\overline{f}_0}{\overline{f}_0}\times k \qquad \cdots\cdots(1)$$

式中：

$\overline{f}$ ——密度标准试件指定区域的平均CT密度；

$\bar{\mu}$ ——密度标准试件指定区域的平均CT数；

$\overline{f}_0$——基准标准试件指定区域的平均CT密度；

k ——CT系统设定的比例系数。

6.2.4 利用各个密度标准试件指定区域的平均CT数 $\bar{\mu}$ 和该标准试件已知的密度 ρ，采用多项式拟合校准平均CT数 $\bar{\mu}$ 与物质密度 ρ 之间的关系式：$\rho=f(\bar{\mu})$，推荐采用三次多项式拟合。

6.3 被测物体的密度测量

6.3.1 选取与密度校准时采用的同一基准标准试件，将基准标准试件放在被测物体的待测区域附近与被测物体同时进行CT扫描；或将基准标准试件单独放在（与被测物体的待测区域）同一扫描位置，采用与被测物体扫描时相同的工艺参数，对密度标准试件单独进行扫描。

6.3.2 从基准标准试件的CT图像中，获取指定区域（指定区域内像素数宜多于50个且不大于整个标准试件区域的2/3）的平均CT密度 $\overline{f}_0$。

6.3.3 从被测物体的CT图像中，获取待测区域（区域内像素数宜多于50个）的平均CT密度 $\overline{f}$。按式(2)进行归一化得到被测物体的待测区域的平均CT数 $\bar{\mu}$。

$$\bar{\mu}=\frac{\overline{f}-\overline{f}_0}{\overline{f}_0}\times k \qquad \cdots\cdots(2)$$

式中：

$\overline{f}$ ——被测物体的待测区域的平均CT密度；

$\bar{\mu}$ ——被测物体的待测区域的平均CT数；

$\overline{f}_0$——基准标准试件的指定区域的平均CT密度；

k ——CT系统设定的比例系数（与密度测量校准时相同）。

6.3.4 根据被测物体的待测区域的平均CT数 $\bar{\mu}$ 和已校准的函数关系 $\rho=f(\bar{\mu})$，求得该区域平均物质密度 ρ。

6.3.5 重复测量同一均匀材质不同区域至少5次，以5次测得密度的平均值作为此材质的密度值，并计算密度测量的标准偏差。

6.4 尺寸测量校准

6.4.1 尺寸标准试件校准时应将扫描参数、重建参数调整至系统空间分辨力最优的参数设置下。

6.4.2 测试时,宜使尺寸标准试件对射线的衰减系数与实际被测物体接近,必要时可采用射线衰减补偿。

6.4.3 如图2所示,设定尺寸标准试件1为校准测量的标准试件,尺寸标准试件2为测试测量误差的标准试件。在CT图像上尺寸标准试件1短边中心处,沿长边方向画一条直线。将直线所经过点的CT数绘制在坐标图上则形成该标准试件的CT数曲线。由于尺寸标准试件和空气的密度相差很大,因此该曲线会形成一个边缘陡峭的波峰,其理想曲线如图3所示。

6.4.4 由于噪声的干扰,标准试件的CT数曲线往往不能形成理想曲线。因此,建议沿长边方向画5条平行直线,将5条直线所经过点的CT数绘制在坐标图上,并进行最小二乘拟合,以获得近似的理想CT数曲线。

6.4.5 在该波峰高度约一半的位置定位一测量直线P,该直线与CT数曲线相交于A、B两点,在坐标系中找出A、B点对应的横坐标值,由两者差的绝对值可得到尺寸标准试件1的图像长度D(单位:像素)。

6.4.6 根据标准试件1的图像长度D(单位:像素)、图像矩阵的宽度W(单位:像素)、CT系统扫描视场成像直径V(单位:毫米),由式(3)计算出标准试件1的CT几何长度测量值L(单位:毫米):

$$L = D \times \frac{V}{W} \quad \cdots\cdots(3)$$

6.4.7 比较标准试件1的几何长度测量值L与实际长度值之间的差异,如果测量值大于实际值则将测量直线P向上移动直至两者相等,反之则将直线P向下移动。记录此时测量直线P所处位置的CT数μ_P。

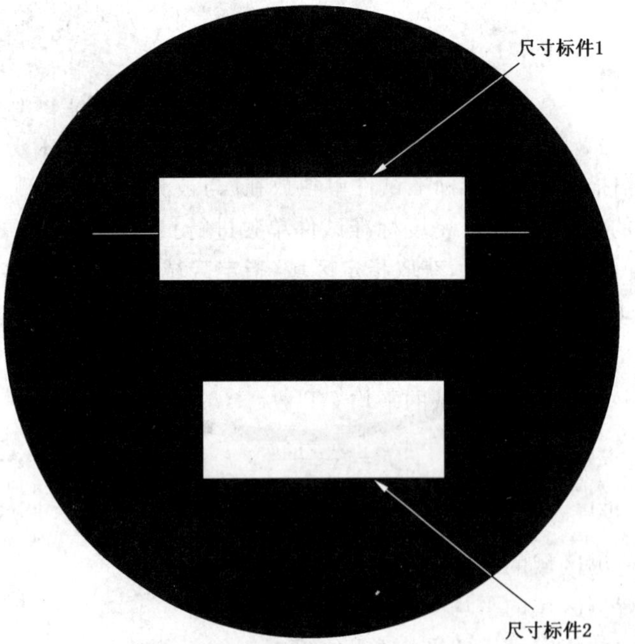

图2 尺寸标准试件组CT示意图

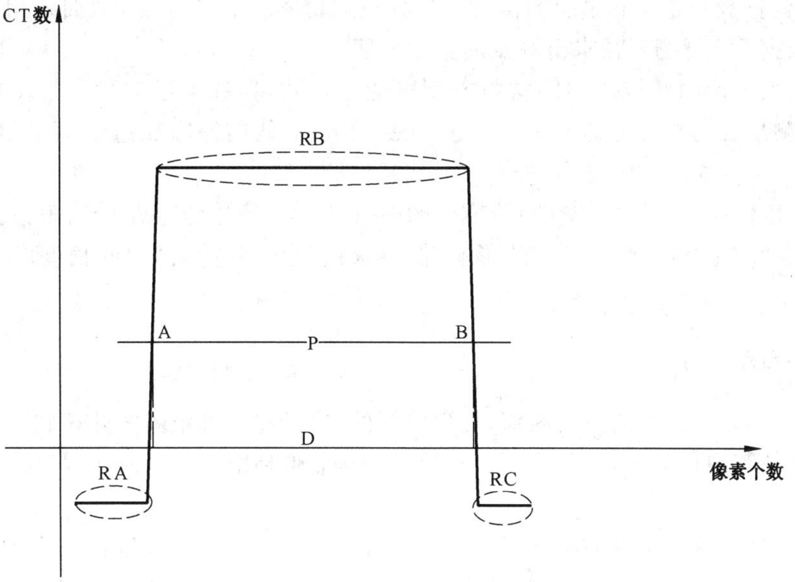

图 3　图 2 中标准试件 1 直线位置的理想 CT 数曲线图

6.4.8　计算曲线上低密度物质对应 CT 数的均值 $\overline{\mu}_L$，即图 3 中 RA 和 RC 所指曲线段的 CT 数平均值；计算曲线上高密度位置对应 CT 数的均值 $\overline{\mu}_H$，即图 3 中 RB 所指曲线段的 CT 数平均值；计算测量直线 P 在 CT 数曲线陡坡上的相对位置比例 C_P，C_P 由式(4)计算得到：

$$C_P = \frac{\mu_P - \overline{\mu}_L}{\overline{\mu}_H - \overline{\mu}_L} \qquad \cdots\cdots(4)$$

6.4.9　在图像上尺寸标准试件 2 短边中心处，沿长边方向画一条直线。将该直线所经过各个点的 CT 值绘制在坐标图上则形成类似图 3 的 CT 数曲线。同样在该曲线上定位一直线 Q，调整 Q 的位置使得 Q 所处位置的 CT 数等于 μ_Q，μ_Q 通过式(5)得到：

$$\mu_Q = \overline{\mu}_L + C_P \times (\overline{\mu}_H - \overline{\mu}_L) \qquad \cdots\cdots(5)$$

则直线 Q 与 CT 数曲线相交两点之间横坐标差的绝对值，即为本次测量的尺寸标准试件 2 的 CT 图像长度(单位：像素)。

6.4.10　重复测量 3 次，依次计算出标准试件 2 的图像长度 D_1，D_2，D_3。由式(6)计算取三者的平均值作为尺寸标准试件 2 的 CT 图像像素长度测量值 D(单位：像素)，并计算标准偏差。

$$D = \frac{(D_1 + D_2 + D_3)}{3} \qquad \cdots\cdots(6)$$

6.4.11　依据式(3)计算出标准试件 2 的几何长度测量值 L。由标准试件 2 的 CT 几何长度测量值与其实际长度之差的绝对值，得到标件 2 的 CT 长度 L 测量误差的绝对值：$\alpha = |L\text{测量值} - L\text{实际值}|$。

6.4.12　由于该方法是基于图像中物质 CT 数曲线，因此在测量线上需消除或避开图像伪影。

6.4.13　为了克服本测量方法中由于人工划线带来的测量结果的不稳定性，图像处理系统可以采用软件自动测量尺寸标准试件两条平行短边的距离，代替手动测量平均值。

6.5　被测物体的人工尺寸测量

6.5.1　测量被测物体时，建议将被测物体与其密度相近的尺寸标准试件一起做 CT 扫描或采用相同的工艺参数扫描。

6.5.2　采用和前述尺寸标准试件校准时测量标准试件 2 尺寸类似的步骤和方法，测量被测物体尺寸。先测量标准试件的长度，确定标准试件测量线的相对位置比例 C_P。然后测量被测物体待测区域的长度,根据 C_P 的值调整被测物体测量线的位置。计算被测物体测量线与CT数曲线相交两点的横坐标差的绝对值,然后根据CT视场直径求出两点的实际长度。

6.5.3 由于被测物体待测区域周围的材料密度可能不一致,导致上述CT数曲线左右高度可能不一致。此时可根据测量线的相对位置比例 C_P,分别在CT数曲线的左右陡边中确定相交点,并计算两点的横坐标之差。

6.5.4 由于CT系统的固有特性和空间分辨力的限制,CT图像边缘存在扩散现象。该测量方法可有效地克服CT图像边缘扩散对测量精度的影响,但要求被测物体待测区域的长度应大于边缘扩散带宽的5倍以上。

6.6 被测物体的自动尺寸测量

6.6.1 对管道(包括被测物体内腔及内部管道)壁厚的自动测量,可用图像处理软件自动提取内外壁边缘点并跟踪,自动计算内壁上各点到外壁的最短距离,从而得到壁厚变化曲线,最大、最小和平均壁厚等几何参数。

6.6.2 对于已知CAD模型的被测物体,可采用(二维或三维)CAD模型和CT图像的尺寸比对自动测量技术,自动计算并直观显示被测物体的尺寸误差,以便于改进制造工艺。包括自动配准(根据CT视场直径缩放CT图像或CAD图形,CT图像边缘提取,CT图像边缘与CAD图形线的平移旋转配准)和自动尺寸误差测量(计算CT图像边缘点到最近的CAD图形线的距离,并用不同的颜色或灰度显示被测物体边缘点的误差大小)等。

7 精度和偏差

7.1 密度测量的精度

由密度测量最大误差除以系统密度测量量程,可得到系统密度测量(相对于量程的)精度(引用误差)。密度测量精度与系统密度分辨力等因素有关。有实例显示:若系统密度分辨力达到千分之三,且CT图像无明显伪影,CT系统密度测量精度可达到1%左右。

7.2 人工尺寸测量的偏差

具体偏差和系统分辨力等因素有关。设系统的空间分辨力为 K(单位为LP/mm),则CT系统尺寸测量偏差可小于 $1/(2\times K)$ mm。系统的空间分辨力越高,CT尺寸测量偏差越小。人工划线结合CT数曲线自动定位的尺寸测量方法,可有效地消除数字图像按像素采样和CT图像边缘扩散带来的误差,使得测量偏差可小于一个像素代表的实际长度。

7.3 自动尺寸测量的偏差

自动尺寸测量(包括壁厚自动测量、CAD图形和CT图像的尺寸比对自动测量)效率高、测量结果稳定。自动尺寸测量的偏差取决于边缘点的定位偏差等因素,而CT图像存在的像素采样误差和边缘扩散影响了边缘点的定位偏差。自动尺寸测量的偏差一般大于或等于一个像素代表的实际长度,采用亚像素的边缘点定位方法可减少边缘定位偏差和自动尺寸测量偏差。

8 报告

报告应包括重建参数、显示参数、相关图像和测量数据。其中密度测量部分至少要包括指定材料的密度测量值,尺寸测量部分至少要包括指定位置(标示于CT图像上)的尺寸测量值。客户和供应商可协商其他需要包括的参数和数据。

9 测量实例

9.1 密度校准和测量实例

根据图1制作密度标准试件组,密度标准试件物质分别为铜、钢、钛合金、铝合金、塑料和有机玻璃。根据各标准试件指定区域平均CT数$\{\overline{\mu_i}\}$=[6872,6385,3549,2302,1395,1011]及密度$\{\rho_i\}$=[8.370,7.850,4.430,2.800,1.590,1.190]拟合多项式并进行测量,结果如表1所示,系统测量精度(引用误差)在1%之内。

表1 实际材料密度测量对照表

编号	材料	材料实际密度 g/cm³	测量密度 g/cm³	绝对误差 g/cm³	精度(引用误差) %
1	铜	8.370	8.400	0.030	0.358
2	钢	7.850	7.845	−0.005	−0.060
3	钛合金	4.430	4.420	−0.010	−0.119
4	铝合金	2.800	2.770	−0.030	−0.358
5	塑料	1.590	1.610	0.020	0.239
6	有机玻璃	1.190	1.200	0.010	0.119
注:系统测量精度(引用误差)计算是以标准试件组中最大密度材料的密度(铜:8.370 g/cm³)为系统密度测量量程。					

9.2 尺寸校准和测量实例

以9MeV工业CT系统为例,该系统的空间分辨力为2 LP/mm,分别选取长度为85.000 mm和65.000 mm的两个钢质3级标准量块为标准试件1和标准试件2,选取视场直径为275.000 mm,图像大小为1 024×1 024,按照本标准方法进行CT图像尺寸校准和测量。首先确定标准试件1测量线位置P并计算出测量线的相对位置比例C_P,然后根据C_P计算出标准试件2测量线所在位置,从而计算出标准试件2的图像长度。3次测量标准试件2的图像长度分别为242.240,242.118,242.126(单位:像素),3次测量均值为242.161(单位:像素),转换后标准试件2的CT几何长度测量值为(单位:毫米):$242.161\times\frac{275.00}{1\ 024}=65.033$。则该次测量的测量值与实际值的偏差为65.033−65.000=0.033(mm)。

ICS 19.100
J 04

中华人民共和国国家标准

GB/T 29068—2012

无损检测　工业计算机层析成像(CT)系统选型指南

Non-destructive testing—Guide for industrial computed tomography(CT) system selection

2012-12-31 发布　　2013-10-01 实施

中华人民共和国国家质量监督检验检疫总局
中国国家标准化管理委员会　发布

前　　言

本标准按照 GB/T 1.1—2009 给出的规则起草。

本标准由全国无损检测标准化技术委员会(SAC/TC 56)提出并归口。

本标准起草单位:重庆大学 ICT 研究中心、中国兵器科学研究院宁波分院、上海泰司检测科技有限公司、重庆真测科技股份有限公司、中国航天科技集团川南机械厂。

本标准主要起草人:刘丰林、倪培君、卢艳平、谭辉、徐向群、黄建淞、王福全、邹永宁、张政、王珏。

引　言

工业CT系统由一套复杂、精密、相匹配的必备部件构成，可用于重建满足检测需求的图像。CT用户通常关心应用需求，而供应商则关心满足用户检测需求的系统部件选型。理解CT用户的需求和CT系统供应商的解决方案，对在现有设备基础上更新部件、满足特殊应用需求有重要意义。本标准旨在说明在选择适当的CT系统时，宜考虑和明确的应用需求与工业CT系统性能指标之间的关系。

无损检测 工业计算机层析成像(CT)系统选型指南

1 范围

本标准给出了用户检测需求与工业计算机层析成像(CT)系统参数及性能指标之间的对应关系。本标准提供了一系列的指导准则,用于指导用户将检测需求转换为对CT系统指标及组成部件的要求。本标准建议用户与潜在的供应商讨论或向专家咨询以获得更多信息。

本标准适用于工业CT系统选型和扫描检测服务选择,也可用于指导CT系统用户提出检测需求。

2 规范性引用文件

下列文件对于本文件的应用是必不可少的。凡是注日期的引用文件,仅注日期的版本适用于本文件。凡是不注日期的引用文件,其最新版本(包括所有的修改单)适用于本文件。

GB/T 12604.2 无损检测 术语 射线照相检测

GB/T 29034 无损检测 工业计算机层析成像(CT)指南

3 术语和定义

GB/T 12604.2界定的术语和定义适用于本文件。

4 工业CT技术

工业CT成像原理见GB/T 29034。

通常,根据功能模块划分,工业CT系统通常包括射线源系统、探测系统、数据采集系统、机械系统、控制系统、图像处理系统、辐射安全防护系统等子系统组成。由于工业CT系统各组成子系统可选择范围大,大多CT系统配置不一样,有必要了解某个系统部件的特性,以及子系统性能的影响。

5 总则

5.1 概述

由于工业CT系统可检测的对象种类多,检测要求也各不相同,因此工业CT的针对性较强。在选择工业CT系统之前,用户首先应对检测对象和检测需求做好详细地分析。然后,根据需求选择工业CT系统的主要功能与性能指标。最后,在满足需求的情况下,选择性价比最高的系统。

图1给出了工业CT选型通用流程图。

表1给出了各种检测需求与CT系统的组成部件和子系统的关系。

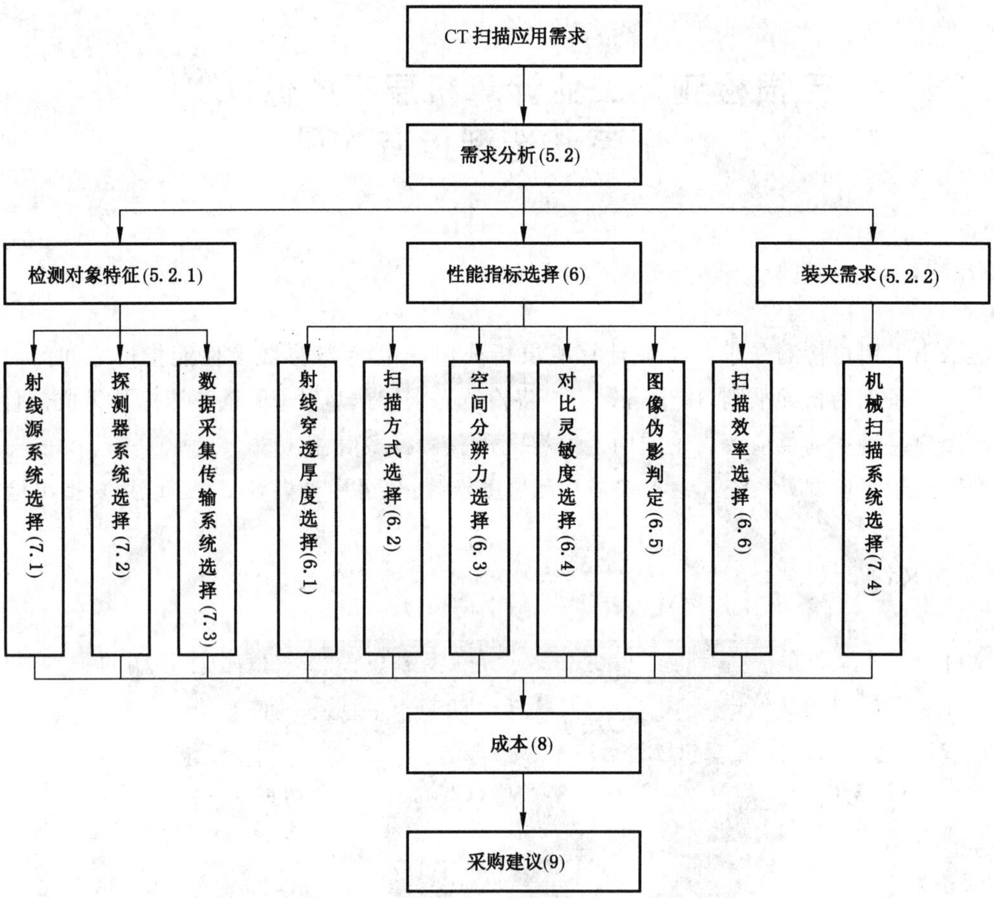

图1　工业CT系统选型流程图与参见章节

表1　检测需求与对应CT子系统主要系统参数

需求	部件/子系统的影响	相应的章条号
检测对象尺寸和质量	机械子系统	5.2
射线穿透厚度	动态范围	6.6.3
	射线源	6.3.2,6.4.3,7.1
空间分辨力	探测器尺寸/准直器参数	7.2
	源尺寸/源焦点尺寸	6.3.2
	几何放大倍数	6.3.3
	机械子系统	7.4
对比灵敏度	射线强度/能量	6.4.3
	探测器尺寸/源焦点尺寸	6.3.2
伪影程度	机械子系统	7.4
	探测器	7.2
CT系统扫描效率	图像矩阵	6.6.2
	采样间隔	6.6.5
软件	软件	7.5.2
人机交互界面	操作控制台	7.5.3
计算机资源	计算机资源	7.6.3,7.6.4
成本		8

5.2 需求分析

5.2.1 检测对象特征

用户选择工业CT系统之前应分析检测对象的特征，如几何尺寸、质量、材料、缺陷状况等。检测对象的特征决定了工业CT系统中机械子系统、射线源子系统和探测器子系统等的参数。例如，检测对象的最大质量和最大直径决定了工业CT系统检测对象的参数范围。检测一个大而重的物体与检测一个小而轻的物体，机械系统的差异很大。检测对象的种类和数量的多少也可能导致系统差异较大。同样，检测对象缺陷状况不同或检测要求不同也可能导致系统差异较大。

5.2.2 装夹需求

夹具是工业CT系统用于安装、固定和卸除检测对象的可选附件。夹具可保证设备安全和有利于提高检测效率。用户应根据检测对象的特征选择是否需要夹具，同时根据检测效率的要求选择采用手动夹具还是自动夹具。用户应明白，增加夹具会增加设备成本和系统的复杂度，自动夹具比手动夹具成本和复杂度高。

5.2.3 CT扫描服务需求

选择工业CT系统扫描服务之前，应确定所采用的工业CT系统可检测对象的尺寸大小及质量，射线源的能量，探测能力和检测效率是否能满足检测要求。

6 性能指标选择

6.1 射线穿透厚度选择

6.1.1 射线穿透厚度

检测对象的射线穿透厚度要求决定了射线源的最小等效能量和强度。射线穿透厚度与检测对象的材料、密度和形态(外形和特征、几何结构)相关。CT系统的射线应在穿透扫描平面内最长吸收路径后还保持一定的强度，所要求强度由统计意义上光子数量和射线等效能量共同决定。透射后最小射线信号值至少应大于CT系统的暗场数据的标准差。射线穿透厚度通常采用等效钢厚度来衡量。

6.1.2 射线能量的选择

根据检测对象特点及检测要求选择射线能量，参考以下几个原则：

——所选射线能量对应8～10个钢的半值层厚度，应大于检测对象检测断层的最大等效钢厚度；

——当检测对象由密度差很小的几种材料组成时，在保证足以穿透的前提下，宜选择能量低的射线源，可获得较高的密度分辨力；

——当检测对象尺寸较大、密度较大或由密度相差很大的材料组成时，宜选择能量高、强度较大的射线源，可提高信噪比和检测效率。

6.2 扫描方式选择

6.2.1 扫描方式

扫描方式是CT系统采用特定的运动方式和数据采集方式获取数据的模式。根据工业CT系统的扫描和出现的先后顺序，工业CT系统已发展有一代、二代、三代、四代等不同扫描方式，可根据需求选择不同扫描方式。工业CT系统常用二代和三代扫描方式。

6.2.2 扫描方式的选择

扫描方式的选择应根据检测对象的具体特征进行选择，参考如下：

——二代扫描方式适应较大范围的扫描视场尺寸，适合射线扇形束不能包容整个检测对象的情形。不足的是扫描时间较长，扫描效率较低，使用成本较高。

——三代扫描方式运动简单、扫描速度较快，适合射线扇形束可包容检测对象的情形。难点是数据校正技术要求高。

——三代扫描方式效率与二代扫描方式效率的比值约为三代扫描插值次数比上二代扫描的旋转次数。在实际系统中，三代扫描的效率是二代扫描的数倍。

示例 1：设采用电子直线加速器工业 CT 系统进行扫描，工件旋转直径 $\phi=600$ mm，加速器触发频率 $f=200$ Hz，每个视角下采样脉冲个数 $n=3$，扇束角度 $\theta=15°$，射线源到旋转中心距离 SOD=2 500 mm，线阵探测器通道数为 $M=512$，扫描矩阵大小 $N\times N=1\,024\times1\,024$。二代扫描的时间 $T_{\text{Ⅱ}}$，三代扫描时间为 $T_{\text{Ⅲ}}$。$T_{\text{Ⅲ}}$ 和 $T_{\text{Ⅱ}}$ 的计算分别如式(1)和式(2)所示，两者的比值如式(3)所示。

$$T_{\text{Ⅲ}}=\frac{n}{f}\times N\times\frac{N}{M}=\frac{3}{200}\times1\,024\times\frac{1\,024}{512}=30.72(\text{s}) \quad\cdots\cdots(1)$$

$$\begin{aligned}T_{\text{Ⅱ}}&=\frac{n}{f}\times N\times\frac{360}{\theta}\times(1+\frac{2\times\text{SOD}\times\tan(\theta/2)}{\phi})\\&=\frac{3}{200}\times1\,024\times(1+\frac{2\times2\,500\times\tan(7.5°)}{600})=588.8(\text{s})\end{aligned} \quad\cdots\cdots(2)$$

所以

$$\frac{T_{\text{Ⅲ}}}{T_{\text{Ⅱ}}}=\frac{30.7}{588.8}\approx\frac{1}{20} \quad\cdots\cdots(3)$$

6.3 空间分辨力选择

6.3.1 空间分辨力

空间分辨力表征 CT 系统重现被测物体几何细节特征的能力。通常用户会有关于被测物体的空间几何细节尺寸的明确需求，如绝对空间分辨力应达到 0.05 mm，检测裂纹的宽度小于 0.1 mm 等。CT 供应商应据此确定工业 CT 系统的空间分辨力。工业 CT 系统与其他成像系统一样，空间分辨力是有极限的。受点扩展函数的影响，被测物体的一个无限小、无限密集的点成像时不是一个理想的点，而是一个具有一定尺寸大小的斑。因此，被测物体的 CT 图像具有一定的不清晰度。空间分辨力就是表征这种不清晰度的度量。系统的极限空间分辨力由探测器有效尺寸、射线源焦点尺寸、几何放大倍数确定。其他因素，如系统运动精度、采样、重建矩阵大小、图像显示矩阵大小和图像重建算法等均可不同程度影响 CT 系统的实际空间分辨力。

6.3.2 射线源焦点

射线源焦点是发出 X 射线或伽马射线的放射区域。对于 X 射线源，如 X 射线管或电子直线加速器，焦点是电子撞击靶的区域。对于放射性同位素源，焦点是辐射有效区域。曝光函数取决于源焦点的形状和尺寸。例如，电子直线加速器的源焦斑是典型的高斯分布形状；而 X 射线管的源焦斑通常为双峰。同位素源焦点通常没有明显边界，更没有对称的形状。应用中为了方便，常用源焦点大小定义和度量该有效区域。源焦点大小可以有不同的量化方法。例如，可以采用占辐射总量 99% 的区域定义焦点的半径，或者用强度分布的标准差定义。鉴于以上因素，在不同射线源之间，尤其是在不同供应商提供的射线源之间很难做出焦点尺寸的比较。同时，射线源的焦点位置会随设备使用时间以及加速电压的变化而变化。

6.3.3 几何放大倍数

几何放大倍数采用射线源、探测器与检测对象的旋转中心的相对位置关系来描述物体实际尺寸与对应影像尺寸之间的比例关系。如图 2 所示，几何放大倍数为射线源与探测器之间的距离(SDD)与射线源与旋转中心之间距离(SOD)的比值。

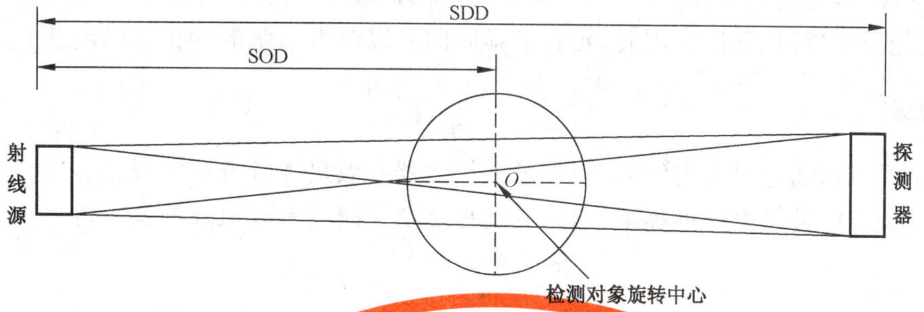

图 2　几何放大倍数示意图

6.3.4　空间分辨力的选择

用户对空间分辨力的要求是影响工业 CT 系统组成及子系统性能的主要因素之一。空间分辨力决定了射线源焦点尺寸、探测器有效尺寸以及系统几何位置关系。因此，一定要结合实际的需求进行空间分辨力选择，参考以下原则：

——射线源焦点尺寸和探测器有效尺寸越小，越有利于提高系统空间分辨力。但是，当焦点尺寸和探测器有效尺寸变小时，可探测的射线强度也会相应减小，会影响密度分辨力或扫描效率。

——当对不同检测对象有不同空间分辨力检测要求时，可选择带有可调准直器尺寸的工业 CT 系统。检测时，可根据不同要求进行准直器尺寸的调节达到检测目的。

——机械子系统误差可能降低系统的固有分辨力。空间分辨力要求较高时系统机械设计精度要求高，从而制造成本也高。当现有系统或设计不能满足要求时，应重新设计使用更高精度的零部件并采用不同的装配工艺。

——用户可通过如下的经验方法初步判断工业 CT 系统空间分辨力是否满足检测要求：

- 如果检测需求侧重尺寸测量，不受伪影影响的高对比度边缘定位精度可达系统有效束宽的 1/10，只要系统的精度能够接近定位精度的两倍，那么该系统就是可选的。

示例 2：如果图像边缘定位精度要求为 0.1 mm，那么需要系统精度应高于 0.05 mm，其有效射束宽度约为 0.5 mm。

- 如果检测需求侧重分辨明显特征，对于两个独立特征，其间距至少要大于有效射束宽时，才可认为两个特征在图像上可以分辨出来。因此，只要系统的有效射束宽度小于检测需求的 50%，那么该系统就是可选的。

示例 3：如果要求识别间距小于 0.4 mm 的两个特征，那么要求系统的有效射束宽度至少为 0.2 mm。

6.4　对比灵敏度选择

6.4.1　对比灵敏度

对比灵敏度表征 CT 图像随机噪声的大小。用户通常会有检测材质异常(密度分布、疏松和夹杂)的明确需求。例如：CT 图像中 1 cm^2 范围内的密度变化应小于 1% 等。CT 供应商应据此确定对比灵敏度。工业 CT 的对比灵敏度也是有极限的。受系统噪声的影响，同一材质两个区域的 CT 值平均值呈随机变化。对比灵敏度就是表征这种随机变化的度量。系统的对比灵敏度与探测到光子数量的平方根相关。其他因素，如电子学噪声、图像重建噪声等都会影响系统的对比灵敏度。通常情况下，探测到的光子数越多，系统对比灵敏度越高。而探测到的光子数量与数据采集过程有关的所有扫描参数相关，如采样时间、射线通量、探测器效率等。

6.4.2 采样时间

根据统计学原理,通过增加样本容量,可降低测量的标准差。在其他条件一致时,采样时间与样本容量(探测到的光子数量)成正比。因此,延长采样时间可以改善系统的对比灵敏度。

6.4.3 射线通量

增加射线通量可以通过增大射线源焦点、增大探测器有效尺寸等方法实现,但是同时会降低空间分辨力。所以在保证空间分辨力的前提下,射线源的焦点及探测器有效尺寸的调节范围较小。

6.4.4 探测器效率

探测器的效率是探测器在采集入射光子并将其转换为电信号过程中的有效性度量,与探测器的几何尺寸、材料种类等相关。其他条件相同的情况下,探测器效率越高,对比灵敏度越高。

6.4.5 对比灵敏度的选择

用户对对比灵敏度的要求是影响工业CT系统组成及子系统性能的主要因素之一。对比灵敏度决定了射线源焦点尺寸、探测器有效尺寸、探测器类型、电子学系统等的选择。因此,一定要结合实际的需求进行选择,参考以下原则:

——在一定范围内延长采样时间可显著改善系统的对比灵敏度。超出范围后,延长采样时间就很难改善对比灵敏度,反而会导致扫描时间过度延长,增加使用成本。

——在保证空间分辨力的前提下,通过调节射线源焦点尺寸与探测器有效尺寸可提高对比灵敏度。

——用户可通过如下经验方法初步判断工业CT系统对比灵敏度是否满足检测要求:

- 如果对小区域的对比度分辨要求高,如检测夹杂物,当检测特征与背景区域的对比百分数比附近区域的像素噪声高3倍~5倍时,可认为该特征能从背景中区分出来。如果系统的图像噪声小于检测需求的噪声,则认为该系统是可选的。

示例4:若感兴趣区域的图像噪声约为2%,那么至少需要6%的对比百分数差才能将一个小区域特征区分出来。

- 如果对大区域的低对比度分辨要求较高,如密度分辨,当检测特征与背景区域的对比百分比比临近区域的单像素图像噪声除以像素数平方根的值大3倍,可认为该特征能从背景中区分出来。如果系统噪声小于检测需求的噪声,则认为该系统是可选的。

示例5:若感兴趣区域的图像噪声约为2%,那么一个大区域(20×20像素)的特征至少需要0.3%(3×2%/20)的对比度百分数差才能区分出来。

- 通常,对比灵敏度优于0.3%的系统是很难实现的;对比灵敏度0.5%的系统较难实现;对比灵敏度1%的系统不难实现。

6.5 图像伪影判定

6.5.1 图像伪影

伪影是CT图像中与物体真实物理特性不相符的影像。某些图像伪影的产生原因是CT技术中物理和数学上固有的,如射线硬化、射线散射和部分容积效应等的影响;某些图像伪影是由系统的缺陷引起,如机械偏差、探测器响应不一致等。CT图像中常见的伪影有杯状伪影、部分容积伪影、环状伪影等。

6.5.2 杯状伪影

杯状伪影主要是由多能谱射线硬化效应导致的。杯状伪影表现为图像中心部位衰减系统数较低或密度较低。如图3所示。

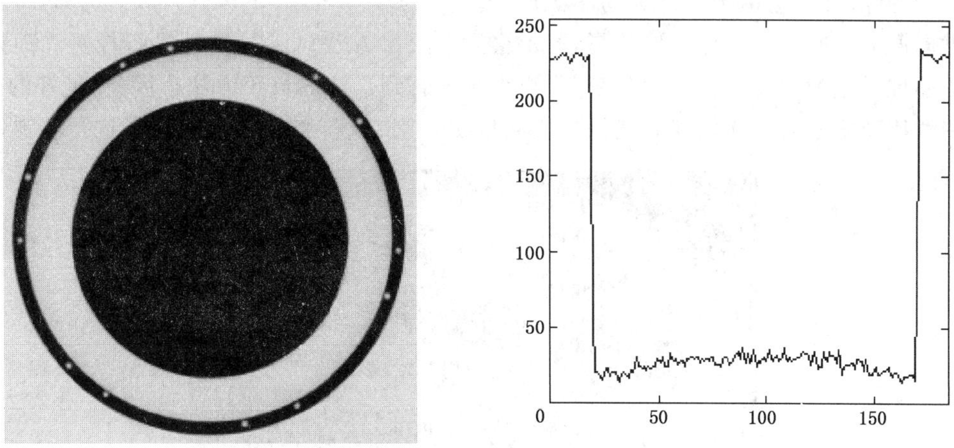

图 3　杯状伪影图

6.5.3　部分容积伪影

当一个体素内包含多种结构特征时，所对应的图像像素值是此体素内各种特征线衰减系数的平均值，这是由于实际 CT 系统中切片不是理想切片以及射束不是理想射束而导致的。图 4 中给出了部分容积伪影。

注：中间图像断层处在左、右两幅图像扫描断层的中间，因此，中间断层包含了部分左、右两幅图像中的细节，故产生了部分容积伪影。

图 4　部分容积伪影图

6.5.4　环状伪影

环状伪影表现为以图像中心为圆心的环状或半环状条或带。环状伪影主要由于探测器的不一致性造成的。图 5 给出了未经校正的环状伪影。

6.5.5　图像伪影的判定

图像伪影水平是评价图像质量的主要因素之一。因此用户选择工业 CT 时应充分考虑检测对象的细节特征、检测需求，判断在正常检测参数下是否会产生较多伪影。同时，还应考察供应商在 CT 伪影校正方面的能力。参考以下原则：

——图像伪影总会在一定程度上表现出来。通常而言，当 CT 系统在设计的极限参数下运行时，图像伪影影响较重。因此，在选型时，应保证绝大多数的检测在正常检测参数下进行。例如，CT 系统在射线穿透极限情况下进行扫描，采集的数据接近或低于由电子学系统噪声和射线散射引起的噪声时，会引起较严重的图像伪影。

——供应商为了减轻或消除图像伪影，通常会采取很多方法对不同伪影进行校正。而这些校正方法往往是作为商业秘密保护起来，用户很难了解到具体的校正方法。因此，最好的办法就是采用对比观察法对不同供应商提供的相同检测对象的CT图像的质量水平进行客观评价。

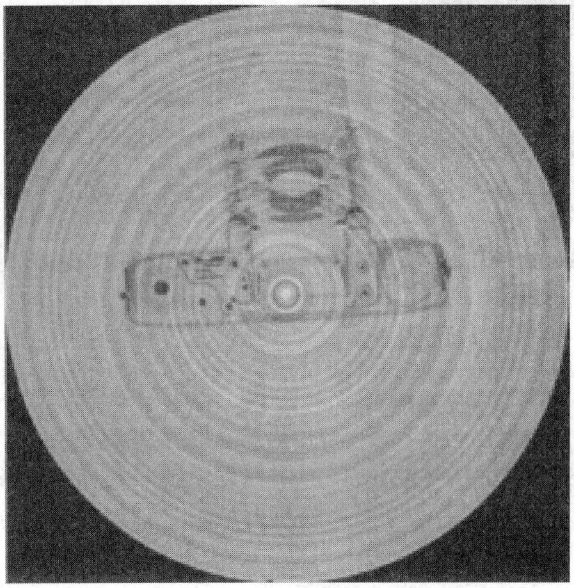

图5　环状伪影图

6.6　扫描效率选择

6.6.1　扫描效率

通常，以单位时间的扫描次数来表示扫描效率。用户可以通过设置合理的扫描参数来改变扫描效率。影响扫描效率的关键参数包括图像矩阵大小、切片厚度、视场、采样间隔、扫描方式。对一个新的系统，与其他参数变量相比，扫描时间对子系统的选择和成本影响更大。由于空间分辨力受射线源焦点大小的限制，对比灵敏度受检测光子数量的限制，因此扫描时间决定了射线源的最小强度。由于对X射线或伽马射线的测量应在规定的采样间隔完成，扫描时间也同样决定了扫描的几何结构、探测器阵列大小，以及机械子系统的速度。机械子系统应能够以一定精度下的指定速度移动负载；因而，机械组件的刚度、以及电机、减速器、传感器和控制器的选择都受扫描时间的影响。探测器子系统应能够以与指定速度匹配的采样频率采集数据。因而，模数转换、实时处理、数据传输率以及计算机体系结构等都受扫描时间的影响。供应商对满足这些要求的子系统部件几乎没有选择空间。又由于高性能的射线源、机械装置和计算机硬件价格昂贵，因此专用CT系统可能在技术上可行但成本可能会比较高。

6.6.2　图像矩阵

图像矩阵大小确定了满足图像重建要求的扫描探测次数和每次探测采样数。所需数据量与图像矩阵大小成平方关系。要想缩短扫描时间，应该选择满足检测需求的最小图像矩阵。最小图像矩阵由所需空间分辨力确定，选择图像矩阵通常不考虑对比灵敏度。图6为图像矩阵与分辨力的关系。

6.6.3　切片厚度

为缩减已有系统的扫描时间，用户应当选择满足检测需求的最大切片厚度。切片厚度参数影响垂直于扫描平面的轴向空间分辨力，可用的最大切片厚度与检测对象有关。如果切片厚度太大，会导致严重的部分容积伪影。检测对象在轴向结构变化率越大，所需的切片厚度越小。对于线阵探测器而言，切片厚度的最大值取决于探测器的高度，而这一设计参数将很大程度上影响成本。同样，切片厚度的可选范围越大，探测器以及相关的数据采集电子电路的动态范围要求越高。数据采集系统动态范围的高低也是影响成本的重要因素。

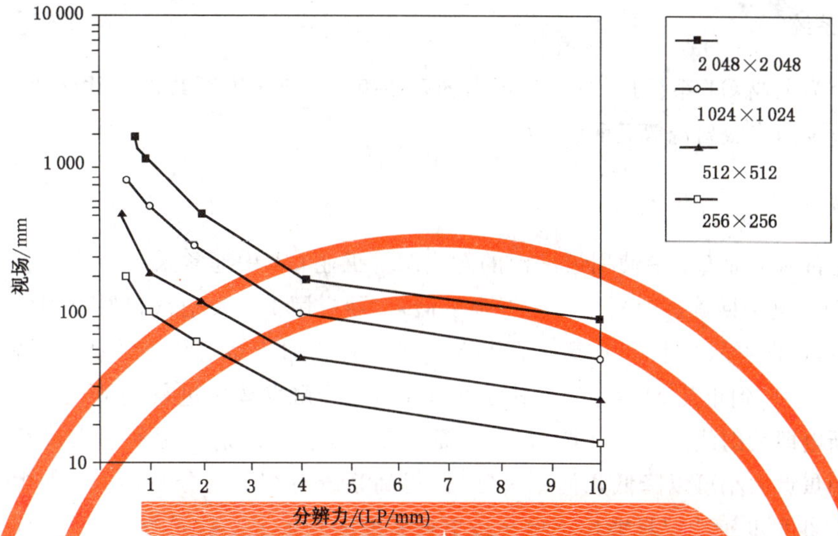

图 6　几种常用图像矩阵的视场与分辨力关系图

6.6.4　视场

视场大小由被检对象尺寸确定。视场大小对二代扫描的效率影响非常大，而对三代扫描的效率基本没有影响。

6.6.5　采样间隔

采样间隔为相邻两次投影数据采样的时间间隔。采样间隔越大，扫描效率越低。

6.6.6　扫描效率的选择

系统扫描效率的重要性取决于用户的应用需求，用户应根据检测对象的技术要求和检测量确定。参考如下原则：

——对于研究性应用，首先考虑的是空间分辨力和对比灵敏度，扫描效率在一定程度上影响总扫描时间。对于常规的生产检测，因扫描效率与经济效益密切相关，与空间分辨力和对比灵敏度一样，也是主要技术指标。

——用户需要认识到任何 CT 系统不太可能同时满足扫描效率、空间分辨力和对比灵敏度的应用需求。通常，用户可以通过选择射线源焦点尺寸、探测器有效尺寸以及几何放大倍数等参数来确定系统的最高空间分辨力。如果空间分辨力指标不重要，用户应选择最大有效射束宽度，然后选择应用需求的最小对比灵敏度对应的扫描参数。如果对比灵敏度指标也不重要，那么用户应选择扫描时间最小的 CT 系统。

——通常，最大像素尺寸为有效射线束宽的一半。从有效射线束宽，可以很容易地确定给定视场的最小矩阵尺寸，这样可以最大限度减少扫描时间。

——选择三代扫描方式进行扫描通常比选择二代扫描方式效率要高得多。

——在成本允许的情况下，选择更多的探测器和采集速度更快的电子学系统，可提高扫描效率。

——在成本允许与运动精度可得到保证的情况下，选择移动速度更快的机械系统，可提高扫描效率。

7 子系统选择

7.1 射线源系统选择

7.1.1 射线源系统

射线源系统为工业CT系统提供稳定、可靠的射线束。工业CT系统的射线源通常有X射线源、放射性同位素源以及同步放射源等几种。

7.1.2 X射线源

X射线源是目前工业CT中使用最广泛的射线源。工业CT中通常采用X射线机或电子直线加速器作为X射线源。电子回旋加速器由于射线强度低,实际应用少。X射线机具有射线等效能量和强度连续可调的优点,通常可从几十keV到几百keV。电子直线加速器射线等效能量通常不可调,实际应用范围通常在一MeV到十几MeV范围,其强度可通过改变触发频率进行调节。X射线机与电子直线加速器均具有断电即无射线产生的优点,有利于辐射安全防护。X射线源的焦点尺寸为几百个纳米到几个毫米。减小焦点大小可以降低几何不清晰度,提高系统对细节的分辨能力,但同时会降低X射线强度。降低X射线强度意味着只能检测更小或更低密度的物体。X射线源产生X射线时,只有小部分能量转换成了X射线,大部分能量转换为热能,焦点尺寸越小,阳极靶的局部功率越大,局部温度也越高。因此,在选择X射线源时应考虑与之相匹配的冷却系统。冷却系统通常有水冷、油冷以及风冷方式。冷却方式需根据实际使用需要进行选择。X射线源的缺点是射线能谱的多色性导致图像上产生杯状伪影。

7.1.3 放射性同位素源

放射性同位素源具有设备外形尺寸小、单色性好和输出稳定等优点。缺点是射线峰值能量受限制,且辐射安全防护成本高。目前在工业CT系统中应用较少。

7.1.4 同步辐射源

同步辐射源产生的是连续谱射线,但是通过采用单色光谱器后就能产生近似单色的射线。同时,同步辐射源射线强度较大。然而,基于当前技术,实用的同步辐射源能量严格限制在20 keV～30 keV,受穿透能力的限制,同步辐射系统通常只能检测小尺寸(1 mm～5 mm)的物体,目前在工业CT系统中应用很少。

7.2 探测器系统选择

7.2.1 探测器系统

探测器将穿透后的射线转换为电信号。工业CT中通常采用的探测器是由闪烁晶体耦合光电二极管或者光电倍增管组成。另外,也有一些系统使用其他类型的探测器,如气体探测器等。探测器尺寸大小由空间分辨力要求确定。

7.2.2 单探测器系统

单探测器系统效率最低,但复杂度最小,不受相邻探测器间散射和探测器不一致性影响,准直和屏蔽很容易做到。

7.2.3 面阵探测器系统

面阵探测器系统数据采集速度高，但需较高的传输带宽和存储容量。同时面阵探测器的探测效率较低，可探测信号动态范围小，准直和屏蔽难以实现。

7.2.4 线阵探测器系统

线阵探测器系统较好地综合了上述两种探测器的优点。其扫描速度较快，探测器单元之间的散射和探测器的不一致性在可接受的范围内，同时，其准直和屏蔽可以较好实现。

7.3 数据采集传输系统选择

数据采集传输系统用于获取和收集信号，它将探测器获得的信号转换、收集、处理和存贮后，供图像重建用。数据采集传输系统主要包括信号调理与转换单元、数据采集控制单元和数据传输控制单元。信号调理与转换单元对探测器输出的信号进行放大、滤波、A/D 转换等处理，获得大动态范围、高信噪比的数字信号；数据采集控制单元负责控制信号调理与转换单元进行数据采集，并进行数据缓存；数据传输控制单元将各通道数据信号收集处理后传送到图像重建处理计算机。数据采集传输系统的主要性能指标有信噪比、稳定性、动态范围、采集速度及一致性等。

7.4 机械扫描系统选择

7.4.1 机械扫描系统

CT 机械扫描系统提供 CT 系统相关功能部件的安装、支撑，以及扫描运动的传动等功能，部分系统需满足工件装夹需求。机械扫描系统由控制系统控制完成 DR/CT 扫描精确运动，同时系统的装配几何精度应满足 CT 系统性能指标相应要求。

7.4.2 机械扫描系统布局结构

通常，CT 系统结构分为立式、卧式结构，通常由检测对象特征确定。例如，检测细而长的工件适宜采用卧式布局 CT 系统，检测短而粗的工件适宜采用立式布局 CT 系统。

7.4.3 机械扫描系统精度

机械扫描系统精度对 CT 系统空间分辨力、图像伪影程度等影响较大。通常，机械扫描系统精度分为扫描运动精度和装配几何精度。例如，CT 系统扫描直线运动的定位精度为 0.005 mm，直线运动导轨平直度要求 0.008 mm。其中，前者即系统扫描运动精度指标，后者为该运动的装配几何精度指标。系统扫描运动精度由机械传动部件精度、控制系统控制精度共同确定，通过选择高精度传动零部件、精密数字控制系统、以及合适的误差补偿措施等能够满足扫描运动精度需求；系统装配几何精度通过精密零件加工、精密装配调试保证。通常，CT 系统难以通过误差补偿方法减小系统装配几何精度的影响，因而机械扫描系统的装配几何精度尤为关键。

7.5 控制系统选择

7.5.1 控制系统

控制系统实现对扫描检测过程中机械运动的精确定位控制、系统的逻辑控制、时序控制及检测工作流程的顺序控制和系统各部分协调，并负责系统的安全防护控制。

7.5.2 控制系统软件

工业 CT 系统中控制类软件通常包括 CT 系统的控制软件、数据采集与传输软件等。控制软件是 CT 系统的核心软件之一，用于控制机械子系统、控制子系统、射线源子系统、探测器子系统等有序的完成 CT 扫描运动、运动位置测量、出束、数据采集等。控制软件是影响工业 CT 系统运动精度、同步精度以及采样精度的关键因素之一。

7.5.3 人机交互界面

7.5.3.1 概述

人机交互界面用于操作人员对 CT 系统进行控制，以完成工件装夹、参数设置、扫描检测以及故障诊断等功能。人机交互界面的友好程度决定了工业 CT 系统的可操作性。一般来说，操作控制软件、图像处理软件以及数据交换等功能都集成到人机交互界面。通常，紧急制动、安全联锁以及状态指示也应集成在人机交互界面上。人机交互界面常有程序操作界面、专用控制台或面板、图形用户界面等三类。

7.5.3.2 程序操作界面

通常从键盘输入指令。功能较强大，但友好程度不够。

7.5.3.3 专用控制台或面板

设有特殊功能按钮和状态指示，并具有严格的数据格式和操作要求。

7.5.3.4 图形用户界面

采用图形方式显示的计算机操作环境用户界面。可通过窗口、菜单、按键等方式来方便地进行操作。这种方法具有其他两种类型界面的最优特性。也是目前工业 CT 中应用最多的人机交互界面。

7.6 图像处理系统选择

7.6.1 图像处理系统

图像处理系统主要实现由投影数据重建生成图像，对图像进行处理、分析和测量，并可根据实际应用开发专业的后处理软件，例如缺陷自动识别软件、逆向 CAD 软件等。系统通常由图像处理工作站、图像处理软件、图像显示设备、图像输出设备以及其他相关部件构成。

7.6.2 图像软件

工业 CT 系统中图像软件通常包括数据处理软件、图像重建软件、图像分析软件等。数据处理软件通常用于对扫描原始数据进行重排、校正等处理，处理完的数据作为图像重建软件的输入。因此，处理效果的好坏直接影响重建以及后续应用的效果。图像重建软件用于重建 CT 图像，其主要性能指标就是图像重建速度与质量。图像重建速度与质量取决于供应商所采用的重建算法、编程方法以及加速技术，而这些通常被视为商业秘密。图像分析软件通常是为了实现特定需求在 CT 图像上进行的处理过程，如高精度几何尺寸测量、绝对密度测量、逆向工程应用等。图像分析软件是供应商在工业 CT 系统性能指标基础上结合用户需求设计的具有一定定制特点的软件，常被视为供应商技术水平和竞争力的象征。

7.6.3 计算资源

计算资源用于满足对图像数据进行数学运算尤其是反投影计算的需求。图像重建过程中运算量超

过 10^9，运算过程可由阵列处理器或是专门的反投影硬件实现。随着计算机技术的快速发展，可能还会出现其他的计算设备，但是拥有强大的计算能力是这些设备应满足的基本条件。目前，通常采用图像工作站完成相关计算。

7.6.4 存储资源

存储资源用于满足图像及档案存储巨大存储量的需求。商用工业 CT 系统每天可产生几百兆甚至几万兆的图像数据。因此，工业 CT 系统中应具有超大容量、稳定可靠的存储器。目前，通常配备海量存储硬盘和其他存储介质。

7.7 辐射安全防护系统选择

辐射安全防护系统包括辐射防护与报警系统、现场监视系统，也可根据情况选配语音通讯装置。辐射防护与报警系统是指门联锁装置、急停按钮、专用钥匙及声光报警等，必要时可以配备红外和微波双鉴探测装置。现场监视系统包括摄像机、监视器，应尽量保证检测室内无监控盲区。语音通讯装置是指对讲通讯设备，实现检测室操作人员与控制室操作人员的双向语音通讯。

8 成本

8.1 采购成本

工业 CT 系统采购成本主要体现在工业 CT 系统硬件成本、软件开发费用以及为达到辐射安全防护要求的工房等产生的费用。

8.2 使用成本

工业 CT 系统使用成本主要体现在日常的使用消耗、保持系统使用条件所产生的费用、系统寿命周期成本、系统维护成本、人力成本、人员资格认证与培训成本等。

8.3 成本分析

成本分析参考如下：

——采购工业 CT 系统时宜使用价格明细单的方法，同时对需求进行筛选，可较好控制系统的总成本。根据需求在预算范围内针对工业 CT 系统的基本配置选择增强性能。需要 CT 扫描服务时，在选择检测系统之前，最好先对各种不同 CT 系统进行研究。这样就可以使扫描服务的需求首先从空间分辨力、对比灵敏度、检测报告和检测费用等方面达到最优。

——设计变更或需求变更可能导致显性成本较大变化。如果计算机系统及外设的花费与常用系统相当，那么由设计变更或需求变更引起的主要成本变化将集中在在射线源、探测器以及机械系统上。

示例 6：假设系统扫描对象为金属材料多层卷制并粘接的金属零件，直径为 300 mm，空间分辨力为像素尺寸大小，并假设探测通道数为 512，扫描视场直径为 400 mm，如果要求能够识别在 1 mm 卷制层之间的脱粘裂纹，那么设计的系统除了能容易检测出裂纹之外，还可识别其所在层的位置。如果现在将检测要求改为识别更薄卷制层之间的粘接裂纹，如 0.5 mm，那么具有 512 分辨力的系统将无法区分裂纹在层的哪一边。为满足这种需求，系统应做如下改动：

- 机械系统的精度提高到现有精度的 2 倍以上；
- 扫描时间增加为原来的 4 倍左右；
- 增加采样矩阵，图像存储能力提高为原来的 4 倍；
- 重建计算量增至原来的 8 倍。

这些额外要求增加的支出可能与扫描系统本身差不多。最终，最大的成本似乎是为减少扫描时间而使整个项目进度减慢。故每一需求的变更都可能会产生这样的结果。

——选择工业CT系统时，用户应认识到某些选择会对隐性成本产生较大影响，如扫描方式、质量保证、系统升级、售后服务等。

示例7：设采用电子直线加速器工业CT系统进行扫描，工件旋转直径 $\phi=600$ mm，加速器触发频率 $f=200$ Hz，每个视角下采样脉冲个数 $n=3$，扇束角度 $\theta=15°$，射线源到旋转中心距离 SOD=2 500 mm，线阵探测器通道数为 $M=512$，扫描矩阵大小 $N\times N=1\ 024\times1\ 024$。二代扫描的时间 T_{II}，三代扫描时间为 T_{III}。T_{III} 和 T_{II} 的计算分别如式(4)和式(5)所示，两者的比值如式(6)所示。

$$T_{\text{III}}=\frac{n}{f}\times N\times\frac{N}{M}=\frac{3}{200}\times1\ 024\times\frac{1\ 024}{512}=30.72(\text{s}) \quad\cdots\cdots(4)$$

$$\begin{aligned}T_{\text{II}}&=\frac{n}{f}\times N\times\frac{360}{\theta}\times\left(1+\frac{2\times\text{SOD}\times\tan(\theta/2)}{\phi}\right)\\&=\frac{3}{200}\times1\ 024\times\left(1+\frac{2\times2\ 500\times\tan(7.5°)}{600}\right)=588.8(\text{s})\end{aligned} \quad\cdots\cdots(5)$$

所以

$$\frac{T_{\text{III}}}{T_{\text{II}}}=\frac{30.7}{588.8}\approx\frac{1}{20} \quad\cdots\cdots(6)$$

显然，这种情况下，二代扫描的加速器的使用成本是三代扫描的20倍左右。

9 采购建议

CT系统的采购参考如下：

——采购过程中关键之一就是起草需求说明。在准备系统需求说明之前，最重要的是定义系统用途，比如是用于研究还是用于生产，是通用的还是定制的系统。如果可能，还应确定检测对象的尺寸范围、预期数量、扫描效率等要求。为了避免在需求说明中提出不切实际的或者过高的要求，用户应尽早与供应商讨论。通过权衡各种因素，提出一份切实可行的需求说明。

——需求说明应将重点集中在特定检测的应用需求上。主要因素包括检测对象的尺寸和组成、缺陷极限尺寸、特征大小、不同成分的密度差异、扫描效率及报告要求等。需求说明不宜详细规定硬件的配置，也不宜在空间分辨力、对比灵敏度、图像矩阵大小以及类似的技术细节上要求过于详尽。这些要根据性能和协议的价格确定。但在性能要求中应详细说明兼容性需求，包括特殊的硬件或是软件的约定。

——参与采购的人员宜进行必要的CT知识学习，有必要了解这种无损质量评价方法的知识。可阅读相关标准和文献，与供应商讨论，与其他CT用户交流。

——可成立和培训一个小组来参与整个购买过程。一旦购买，从系统的设计到安装，小组都应与供应商紧密协作。这样，小组在设备的生产过程中就可以积累基本的经验知识。一旦交货，就能很快使设备投入运行中。

——在需求说明书起草准备和评估阶段，由CT领域的专家来确定一份合理的需求说明书。

——应成立一个监督小组，小组中宜包含来自不同背景的成员，如无损检测工程师、系统工程师、计算机专家、生产工程师、设备工程师、质量人员和管理人员。监督小组应建立一套系统评定与打分标准，考虑如下因素：

- 射线源系统；
- 机械扫描系统；
- 探测系统；
- 数据采集传输系统；
- 控制系统；
- 图像处理系统；

- 辐射安全防护系统；
- 空间分辨力；
- 对比灵敏度；
- 检测效率；
- 伪影程度；
- 数据存档；
- 与其他交货系统的一致性；
- 可选功能与升级；
- 技术资料；
- 环境及工房要求；
- 备件与附件；
- 培训；
- 质保；
- 行业影响力；
- 价格。

——用户通常希望采购的是设计成熟或已经进行过设计改进的CT系统。但常常很难避免引入新技术或子系统。新技术或子系统自身的问题也许都得到了解决，但是将其集成到一个已有系统中却要花较长时间，同时可能大幅度增加成本。所以，适当时可稍微降低CT系统性能要求，尽可能地采用标准设计、现有软件和标准部件。

——当确实需要购买新技术时，尤其是计划用作生产设备时，要从可靠性和可维护性两方面选择一个风险最小的。如果应用大大偏离了预先的设计，那将性能需求说明当作目标而不是要求可减少购买成本和风险。

——CT系统的技术资料应包含详细的硬件和软件资料，这样任何一个不熟悉CT系统但熟悉该领域的工程师或专家，都能检修故障、分析或维修设备。文件的格式或形式与供应商有关，不宜指定应满足某些规范，但文件所包含细节水平宜在采购合同中详细指明。

ICS 19.100
J 04

中华人民共和国国家标准

GB/T 29069—2012

无损检测　工业计算机层析成像(CT)系统性能测试方法

Non-destructive testing—Test method for measurement of industrial computed tomography (CT) system performance

2012-12-31 发布　　2013-10-01 实施

中华人民共和国国家质量监督检验检疫总局
中国国家标准化管理委员会　发布

前　言

本标准按照 GB/T 1.1—2009 给出的规则起草。

本标准由全国无损检测标准化技术委员会(SAC/TC 56)提出并归口。

本标准起草单位:中国人民解放军重庆通信学院、重庆大学 ICT 研究中心、中国兵器科学研究院宁波分院、重庆真测科技股份有限公司、山东机器集团、上海航天动力技术研究所。

本标准主要起草人:刘荣、蔡玉芳、王珏、张维国、郭智敏、俞翔、高富强、刘丰林、翟玉兰、黄建淞、李正勇。

无损检测　工业计算机层析成像(CT)系统性能测试方法

1　范围

本标准规定了工业计算机层析成像(CT)系统性能测试方法，包括测试卡的制作要求、测试要求、测试方法、测试记录及报告。

本标准适用于工业CT系统空间分辨力、密度分辨力的测试。

2　规范性引用文件

下列文件对于本文件的应用是必不可少的。凡是注日期的引用文件，仅注日期的版本适用于本文件。凡是不注日期的引用文件，其最新版本(包括所有的修改单)适用于本文件。

GB/T 12604.2　无损检测　术语　射线照相检测

3　术语和定义

GB/T 12604.2界定的术语和定义适用于本文件。

4　方法概要

4.1　概述

工业CT系统主要性能包括：

a)　空间分辨力；

b)　密度分辨力。

4.2　空间分辨力

空间分辨力的测试通常有线对卡法、圆盘卡法、圆孔卡法，可根据实际情况选择具体的方法。线对卡制作要求高，测试过程简单，测试结果直观。圆盘卡制作较简单，测试过程复杂，测试结果需要繁复的计算。圆孔卡制作要求高，测试过程简单，测试结果处理较困难。线对卡、圆孔卡、圆盘卡等标准试件的设计与制作要求分别见附录A的A.1、A.2、A.3。

4.3　密度分辨力

密度分辨力的测试通常有空气间隙法、圆盘卡法、密度差法，可根据实际情况选择具体的方法。空气间隙卡制作要求较高，测试过程简单，测试结果直观。圆盘卡制作较简单，测试过程复杂，测试结果需要繁复的计算。密度差法分液体密度差法和固体密度差法两种；液体密度标准试件制作困难，易受温度影响，密度差别小的固体密度标准试件难于获得，通常采用空气间隙卡替代；密度差法测试过程简单，测试结果直观。空气间隙卡、液体密度差标准试件、固体密度差标准试件的设计与制作要求分别见附录A的A.4、A.5、A.6。

4.4 测试要求

根据 CT 系统的配置，选择适宜的标准试件和扫描参数、重建参数及显示参数。安装标准试件时，标准试件的几何中心应与 CT 系统的回转中心基本重合，标准试件的基准面与扫描切片平面平行，切片位置应与标准试件上指定的检测位置一致。如无特殊要求，标准试件图像宜占据一幅图像的 2/3。

5 空间分辨力的测试

5.1 线对卡法

5.1.1 概述

用线对卡测试 CT 系统对空间频率的响应，从 CT 图像上分别测得不同宽度的线对组的最大和最小 CT 值的差值，用最大的差值对各线对组的 CT 值差值进行归一化处理，绘制出 MTF 曲线，并给出所要求调制度下的空间分辨力。

5.1.2 MTF 曲线的绘制

5.1.2.1 调制度的计算

在线对卡的 CT 图像上，选择线条最宽的线对组，得到垂直于线条方向上 CT 值的分布曲线，该曲线应有明显的上下矩形平台，线对组最大和最小 CT 值的差值可近似表示实际对比度($\Delta\mu$)。依次计算其他线对组最大和最小 CT 值的差值，这个差值表示有效对比度$(\Delta\mu)_e$。如图 1 所示，由此计算出各线对组对应的调制度$[(\Delta\mu)_e/(\Delta\mu)]$。

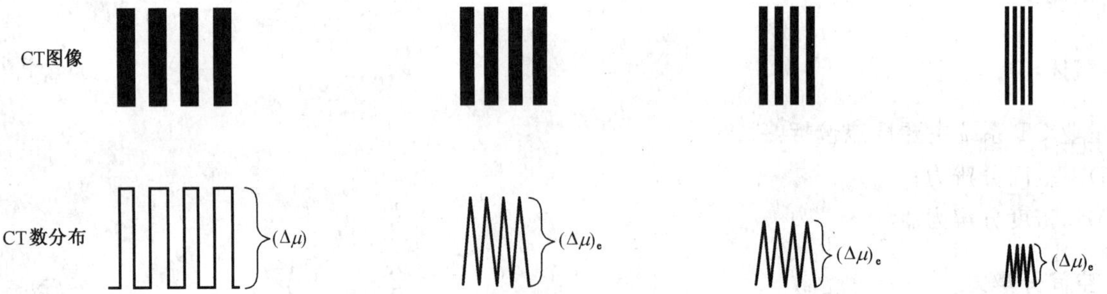

图 1 线对卡 CT 图像的 CT 值分布关系

5.1.2.2 MTF 曲线

以空间分辨力线对数为横坐标(单位为 LP/mm)、调制度$[(\Delta\mu)_e/(\Delta\mu)]$为纵坐标，根据 5.1.2.1 的计算结果绘制出 MTF 曲线，并在曲线上标示出调制度为 10%时对应的分辨力，此即系统的空间分辨力。典型的 MTF 曲线如图 2 所示。

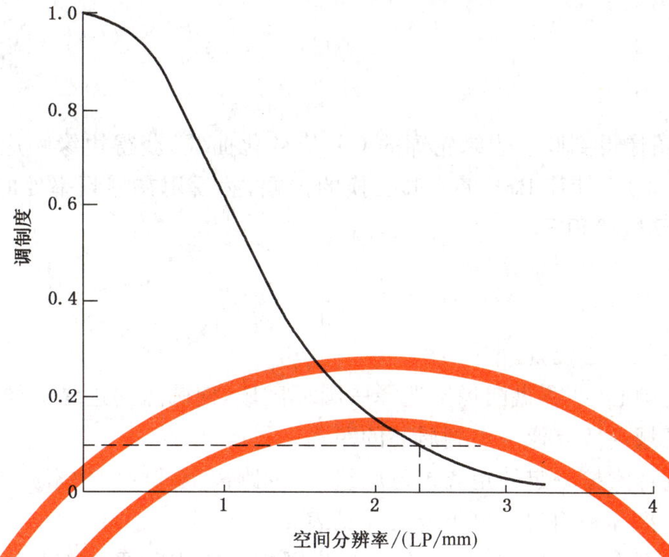

图 2　典型的 MTF 曲线

5.1.3　空间分辨力的计算

按式(1)计算系统的空间分辨力 R：

$$R=\frac{1}{2}\times\frac{1}{T_{\min}} \qquad \cdots\cdots(1)$$

式中：

R ——空间分辨力，单位为线对每毫米(LP/mm)；

$T_{\min}$ ——MTF 曲线上与 10%调制度对应的线对组中线条的宽度，单位为毫米(mm)。

5.1.4　测试结果

CT 系统的空间分辨力是调制度为 10%时对应的线对数。

5.2　圆孔卡法

5.2.1　MTF 曲线绘制

用孔径代替线条宽度，参照 5.1.2 绘制 MTF 曲线。

5.2.2　空间分辨力的计算

根据圆孔卡的 CT 图像，按式(2)计算空间分辨力 R。

$$R=\frac{1}{2}\times\frac{1}{D_{\min}} \qquad \cdots\cdots(2)$$

式中：

R ——空间分辨力，单位为线对每毫米(LP/mm)；

$D_{\min}$ ——CT 图像上能够分辨的最小孔径(指调制度为 10%时分辨出的孔径大小)，单位为毫米(mm)。

5.2.3　测试结果

CT 系统的空间分辨力是调制度为 10%时对应的孔径大小。

5.3 圆盘卡法

5.3.1 概述

通过圆盘卡的CT图像得到圆盘边缘轮廓的CT值变化曲线，获得边缘响应函数(ERF)。对ERF求导得到点扩展函数(PSF)。计算PSF傅立叶变换的振幅，然后用在零频率处的振幅将所得结果归一化后即可得到调制传递函数(MTF)。

5.3.2 ERF的生成

5.3.2.1 计算圆盘图像的质心位置。

5.3.2.2 以质心位置为圆心，在圆盘图像上选择一圆环区域，使圆盘的边缘图像包含在该圆环区域中。

5.3.2.3 计算出圆环区域内所有像素点到质心的距离。

5.3.2.4 将圆环区域内像素按一定的距离单位归组，同一距离范围内的像素归为一组。距离单位的大小根据图像矩阵来选择，推荐采用的距离单位尺寸见表1。

5.3.2.5 依照距离从小到大的顺序，计算每个距离范围内像素点的平均CT值，得到距离和平均CT值之间的关系表。

5.3.2.6 依照距离从小到大的顺序，按照表1中推荐的拟合点数，依次选取相应的点数组合。第二个组合的第一个点应是第一个组合中的第二个点，以此类推可得到一组合序列。例如对于图像尺寸为512的情况，所选取的每个组合应包含21个点(即21个距离和平均CT值的关系)，第11个点为中间点。

表1 推荐适用的各项参数

单位为像素

图像尺寸	圆盘图像直径	方块最大尺寸	像素距离单位	拟合点数
256	235	12	0.100	11
512	470	24	0.050	21
1 024	940	48	0.025	41
2 048	1 880	96	0.012 5	81

5.3.2.7 对每个组合的平均CT值进行最小二乘拟合，用拟合所得的中间点的CT值替代原中间点的CT值，依次重复操作，计算出全部拟合后的CT值，从而得到距离和拟合CT值之间的关系。

5.3.2.8 删除开始端和结束端的多余数据，根据距离和拟合CT值的关系得到ERF。

5.3.3 PSF的生成

5.3.3.1 对于ERF生成的结果做类似于5.3.2的分段拟合，并对每一组拟合得到的多项式求导，再由每个导数解析式计算中间点的导数值，得到距离和导数值之间的关系。

5.3.3.2 用最大导数值对所有导数值进行归一化处理得到PSF。

5.3.4 MTF的生成

5.3.4.1 计算PSF的傅立叶变换。图像矩阵的截止频率定义为0.5线对/像素(LP/pixel)，傅立叶变换后的最高频率应不低于图像矩阵截止频率的4倍(2 LP/pixel)。按照采样定理，PSF的采样间隔不大于0.25像素，为了获得光滑的MTF曲线，频域内的采样间隔应小于0.01 LP/pixel(亦即对于PSF的采样范围应大于100个像素)。

5.3.4.2 计算傅立叶变换的振幅。对振幅随频率的变化曲线在零频率处进行归一化处理，得到MTF

曲线。

5.3.5 测试结果

除非用户与供应商之间达成其他协议，否则 MTF 应以可视化的方式显示或绘制成图形，并标出调制度为 10%处的频率值，该频率值即为 CT 系统的空间分辨力。同时，也应绘制出 ERF 曲线和 PSF 曲线，并标出后者半高宽值。

6 密度分辨力的测试

6.1 空气间隙法

6.1.1 概述

用空气间隙卡测试不同间隙高度对应的 CT 值，获得不同间隙高度对应的对比度，从而得到一定置信水平下 CT 系统的最大密度分辨力。

6.1.2 测试步骤

6.1.2.1 扫描时，空气间隙应包含在切片厚度范围之内，且位于切片厚度的中心。

6.1.2.2 在 CT 图像上，选择直径相同或相近的圆形测试范围(不少于 100 个像素且不大于间隙区域的 2/3)，分别测试有空气间隙部位和无空气间隙部位的 CT 值平均值。无空气间隙部位的 CT 值平均值的测试不少于 5 个。

6.1.2.3 有空气间隙部位的 CT 值平均值作为其平均 CT 值，用各无空气间隙部位的 CT 值平均值计算均值和标准差作为无空气间隙部位的平均 CT 值和标准差。

6.1.2.4 若有空气间隙部位的平均 CT 值与无空气间隙部位的平均 CT 值差值的绝对值大于无空气间隙部位平均 CT 值标准差的 3 倍，则认为此空气间隙部位的密度与无空气间隙部位(基体)的密度差可分辨。由满足此条件的最小空气间隙计算出的密度分辨力代表了工业 CT 系统的密度分辨能力。

6.1.2.5 密度分辨力 C 按式(3)计算：

$$C=\frac{h}{t}\times 100\% \qquad \cdots\cdots(3)$$

式中：

h ——空气间隙高度，单位为毫米(mm)；

t ——切片厚度，单位为毫米(mm)。

6.1.3 测试结果

密度分辨力为一定测试范围(不少于 100 个像素且不大于间隙区域的 2/3)及一定置信水平(99.7%)下的测试结果。

6.2 密度差法

6.2.1 概述

用介质溶液(或密度块)标准试件测试不同密度溶液(或密度块)对应的 CT 值，获得不同密度的介质溶液(或密度块)相对于基体的对比度，从而得到一定置信水平下 CT 系统的最大密度分辨力。

6.2.2 测试步骤

6.2.2.1 在密度差标准试件的 CT 图像上，选取直径相同或相近的圆形测试范围(如 ϕ10 mm 直径范围），分别测试介质溶液（或密度块）和基体的 CT 值平均值。基体的 CT 值平均值的测试部位不少于 5 个。

6.2.2.2 介质溶液（或密度块）的 CT 值平均值作为其平均 CT 值，用基体几个测试部位的 CT 值平均值计算均值和标准差作为基体的平均 CT 值和标准差。

6.2.2.3 若介质溶液（或密度块）的平均 CT 值与密度变化呈线性关系，且与基体的平均 CT 值的差值的绝对值大于基体平均 CT 值标准差的 3 倍，则认为此介质溶液（或密度块）和基体的密度差可分辨。最小可分辨的密度差代表了工业 CT 系统的密度分辨能力。

6.2.2.4 密度分辨力按式(4)计算：

$$C=\frac{|\rho_1-\rho_2|}{\rho_2}\times 100\% \qquad \cdots\cdots(4)$$

式中：

C——密度分辨力；

ρ_1——介质溶液（或密度块）的密度值，单位为克每立方厘米(g/cm^3)；

ρ_2——基体的密度值，单位为克每立方厘米(g/cm^3)。

6.2.3 测试结果

密度分辨力为一定测试范围及一定置信水平(99.7%)下的测试结果。

6.3 圆盘卡法

6.3.1 概述

在圆盘卡 CT 图像中心区域特定范围内选择不同尺寸的一系列方块模型。对于每种方块模型，计算每个方块的 CT 值平均值，得到这一方块模型的总体 CT 值平均值和标准差。随着方块尺寸的增加，建立方块尺寸和标准差之间的关系表，将标准差表示为占各自总体 CT 值平均值的百分比，乘以 3 得到 CDF。由此计算出系统在一定尺寸范围下的密度分辨力。

6.3.2 测定区范围

测定区范围一般应选择位于圆盘卡 CT 图像中心、直径约为圆盘直径 1/3 的圆形区域，如图 3 所示。

6.3.3 方块的规定

将测定区分成大小相等、互不重叠的多个方块，如图 3 所示。方块的大小以像素数量为单位。方块大小的选取从一个像素到多个像素尺寸，从而形成了一系列方块模型。方块的最大尺寸应符合表 1 的规定。每种方块模型中方块的数量应不少于 25。

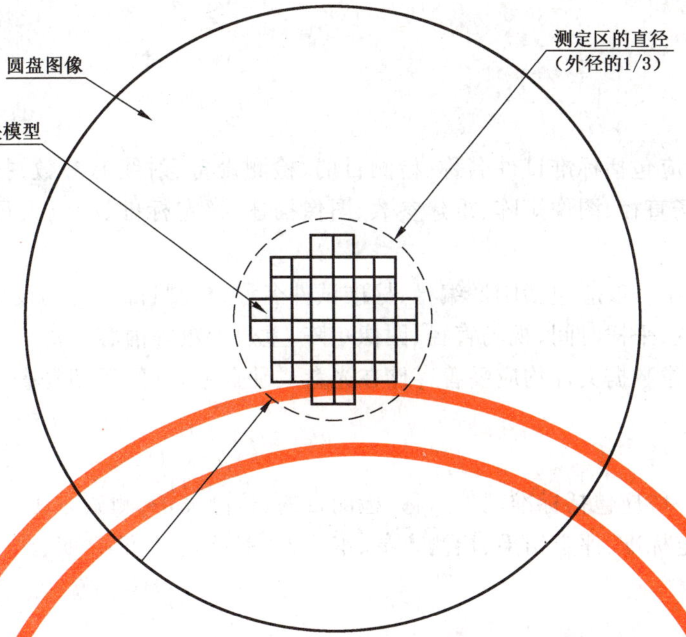

图 3 测定区和方块区

6.3.4 方块模型标准差的计算

6.3.4.1 对于每种方块模型,计算每个方块的 CT 值平均值(对于一个像素的情况,其 CT 值即为平均值),按式(5)计算方块模型的总体 CT 值平均值:

$$\bar{\mu}=\frac{1}{m}\sum_{i=1}^{m}\mu_i \quad \cdots\cdots(5)$$

式中:

$\bar{\mu}$——方块模型的总体 CT 值平均值;

m——该方块模型的方块数量;

μ_i——单个方块的 CT 值平均值(其中 $i=1,2,3,\cdots,m$)。

6.3.4.2 根据单个方块的 CT 值平均值和方块模型的总体 CT 值平均值,按式(6)获得方块模型的标准差(对于一个像素的情况,方块模型的标准差等于测定区的标准差):

$$\sigma=\left[\frac{\sum_{i=1}^{m}(\mu_i-\bar{\mu})^2}{m-1}\right]^{\frac{1}{2}} \quad \cdots\cdots(6)$$

式中:

σ——方块模型的标准差;

$\bar{\mu}$——方块模型的总体 CT 值平均值;

m——该方块模型的方块数量;

μ_i——单个方块的 CT 值平均值(其中 $i=1,2,3,\cdots,m$)。

6.3.5 CDF 曲线生成

6.3.5.1 按照方块尺寸从小到大的顺序,建立方块尺寸和方块模型标准差之间的关系表。

6.3.5.2 将方块模型的标准差表示为占各自方块模型总体 CT 值平均值的百分比,乘以 3 得到方块尺寸和密度分辨力的关系,即 CDF 曲线。

6.3.5.3 将 CDF 曲线绘制在对数坐标系上,由此可以读出在不同方块尺寸范围下的密度分辨力。

7 测试记录和报告

7.1 测试记录

7.1.1 测试记录一般应包括标准试件名称、检测目的、检测设备、射线源参数、扫描模式、切片厚度、切片位置、采样时间、视场直径、图像矩阵、重建参数、图像描述、评定标准、检测人员、审核人、检测日期以及扫描时间等详细记录。

7.1.2 图像数据文件中一般应包括图像编号、标准试件名称、检测目的、检测设备、射线源参数、扫描模式、切片厚度、切片位置、采样时间、视场直径、图像矩阵、重建参数等内容。

7.1.3 测试记录和图像数据文件均应妥善存储在光盘或硬盘上，方便后期复查。

7.2 测试报告

测试报告的内容一般应包括标准试件名称、检测目的、检测设备、测试方法、切片厚度、切片位置、图像矩阵、测试图像、评定标准、评定结果、检测人员、审核人、审批人、检测日期、报告日期等。

附 录 A
（规范性附录）
标准试件的设计与制作要求

A.1 线对卡

A.1.1 线对卡是用来测试工业 CT 系统空间分辨力的一种标准试件，它是由铝、钢、铜或其他由供需双方商定的材料制作的薄片构成的线对组，每个线对组由 4 块规格尺寸相同的薄片平行排列构成，其三维结构如图 A.1、正视图如图 A.2 所示。

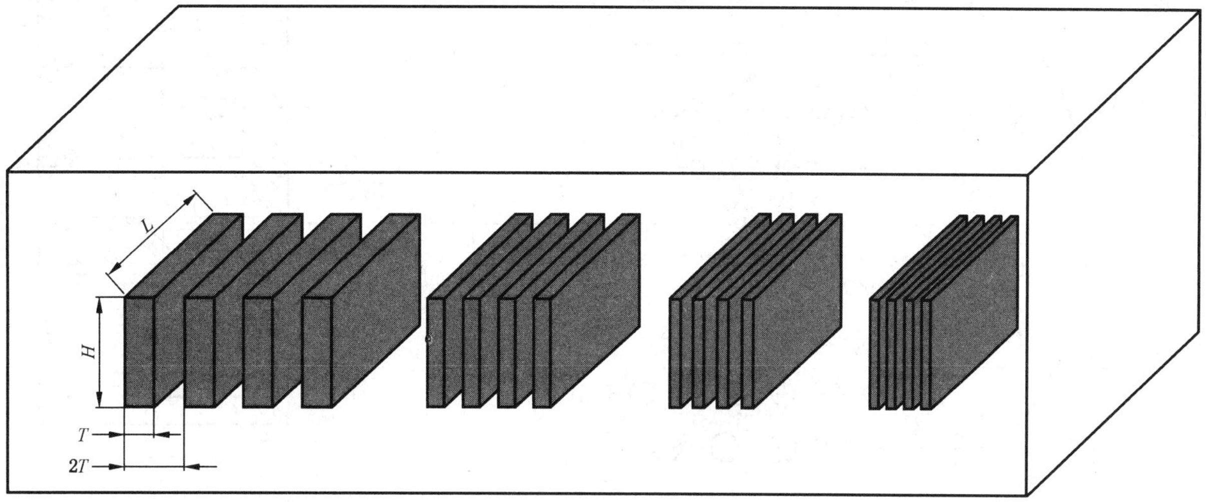

图 A.1 线对卡三维结构图

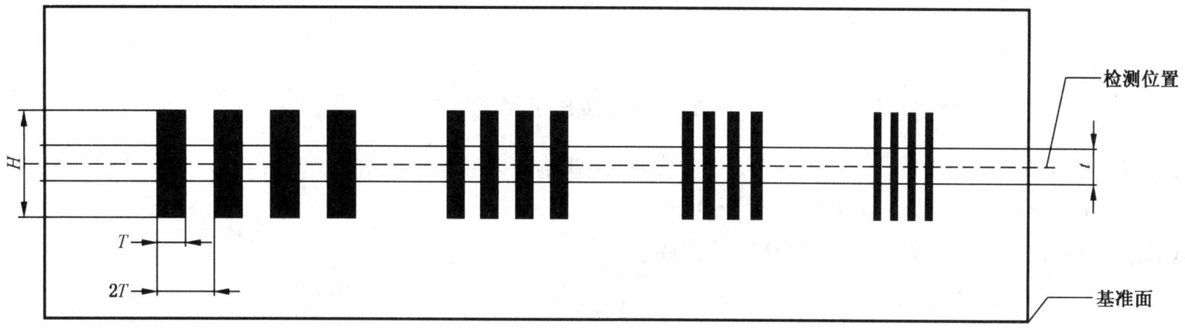

图 A.2 线对卡正视图

A.1.2 每个线对组中的薄片厚度为 T，相邻片中心间距为 $2T$。T 可以根据实际情况加以选择，一般可包括 0.125 mm、0.15 mm、0.2 mm、0.25 mm、0.5 mm、1.0 mm。

A.1.3 每个线对组中的薄片长度 L 为 10 mm～15 mm。适宜的长度可根据 CT 系统的射线能量确定或由 CT 系统供应商与用户之间协商确定。

A.1.4 每个线对组中的薄片高度 H 至少为切片厚度 t 的 3 倍。

A.2 圆孔卡

A.2.1 圆孔卡是在均质高密度圆柱形基体(一般为钢或铜)上,加工一系列直径不同的圆形孔,圆孔按行有序排列。其结构如图 A.3 所示。

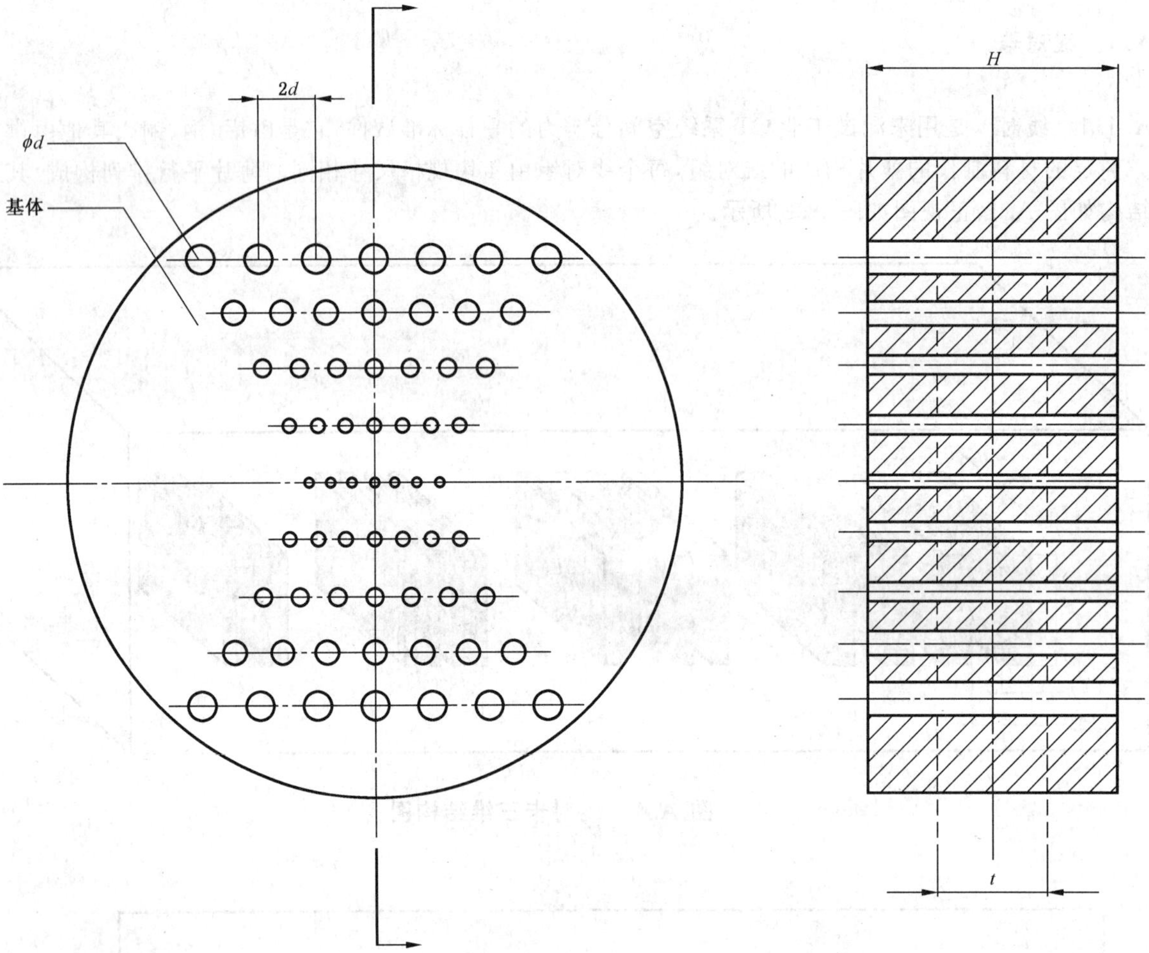

图 A.3 圆孔卡结构

A.2.2 圆孔卡的孔径为 d,孔间距为 2 d。孔径一般在 0.1 mm～2 mm 之间,孔深至少是切片厚度 t 的 3 倍,孔的行间隔应大于相邻行的最大孔径。

A.2.3 圆孔卡的直径 D 可以根据具体情况设计。

A.3 圆盘卡

A.3.1 圆盘卡是由均质的刚性材料制作的圆柱体,其结构如图 A.4。

A.3.2 圆盘卡材质应与被检测物体的射线吸收特性相同或相近,推荐使用钢、铝或塑料。

A.3.3 圆盘卡的直径 D 应与被检测物体尺寸或对射线的吸收相近。

A.3.4 圆盘卡的厚度 H 至少为切片厚度 t 的 3 倍。

A.3.5 圆盘上下表面的平行度、圆盘圆柱度和圆柱侧面的粗糙度应与检测要求相适应。

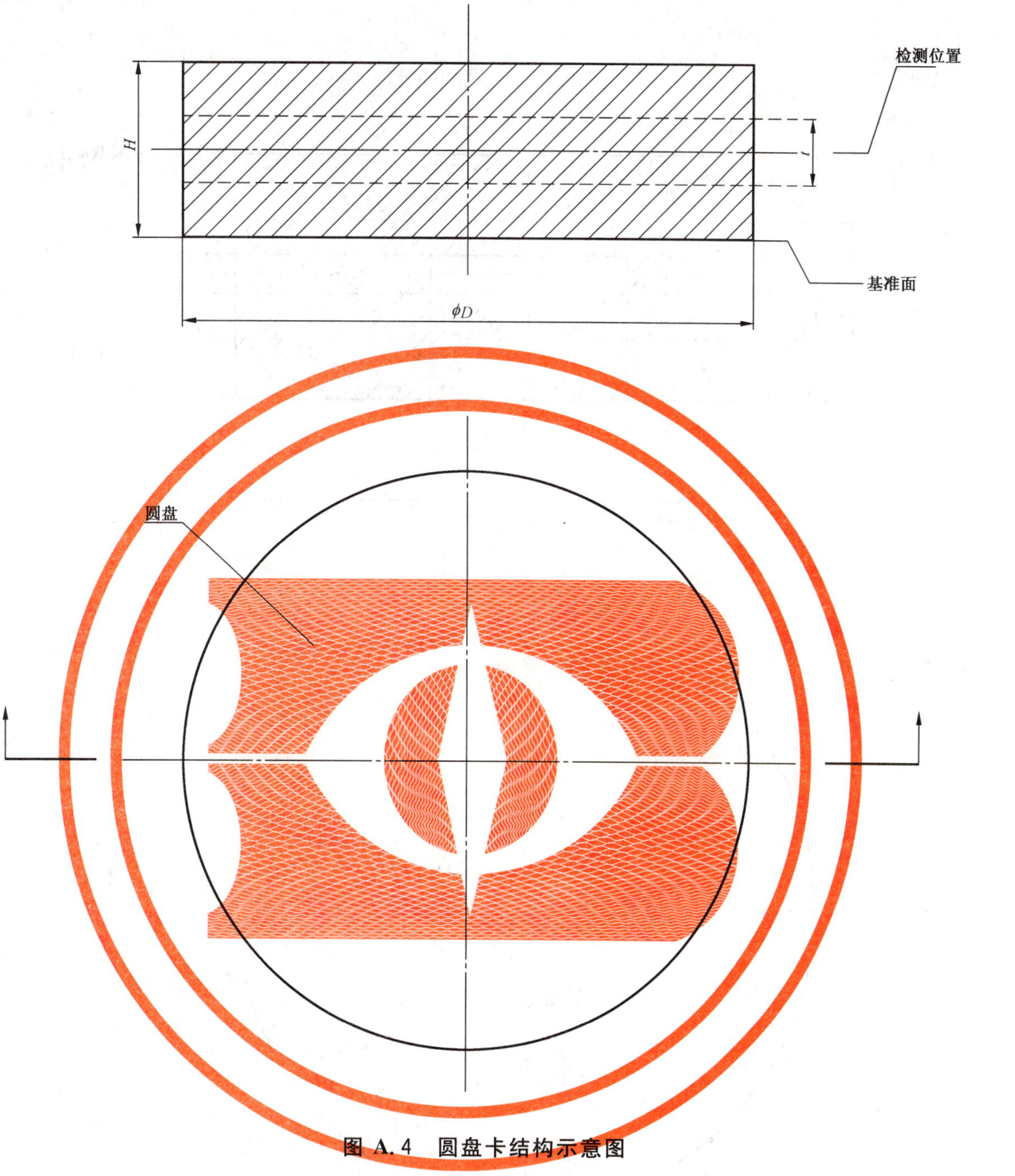

图 A.4 圆盘卡结构示意图

A.4 空气间隙卡

A.4.1 空气间隙卡是用来测试工业 CT 系统密度分辨力的一种标准试件，它是在均质的圆柱形刚性基体材料（一般为钢、铝或塑料等）中人工制造的具有一定直径和高度的空气间隙，使得切片厚度范围内的局部等效密度发生变化。其结构如图 A.5 所示。

A.4.2 基体直径 D 大于空气间隙直径 d 的 3 倍且不大于工业 CT 系统最大穿透等效厚度的 1/3。

A.4.3 空气间隙高度 h 根据工业 CT 系统可设定的切片厚度 t 确定，尽可能使用较大的切片厚度。

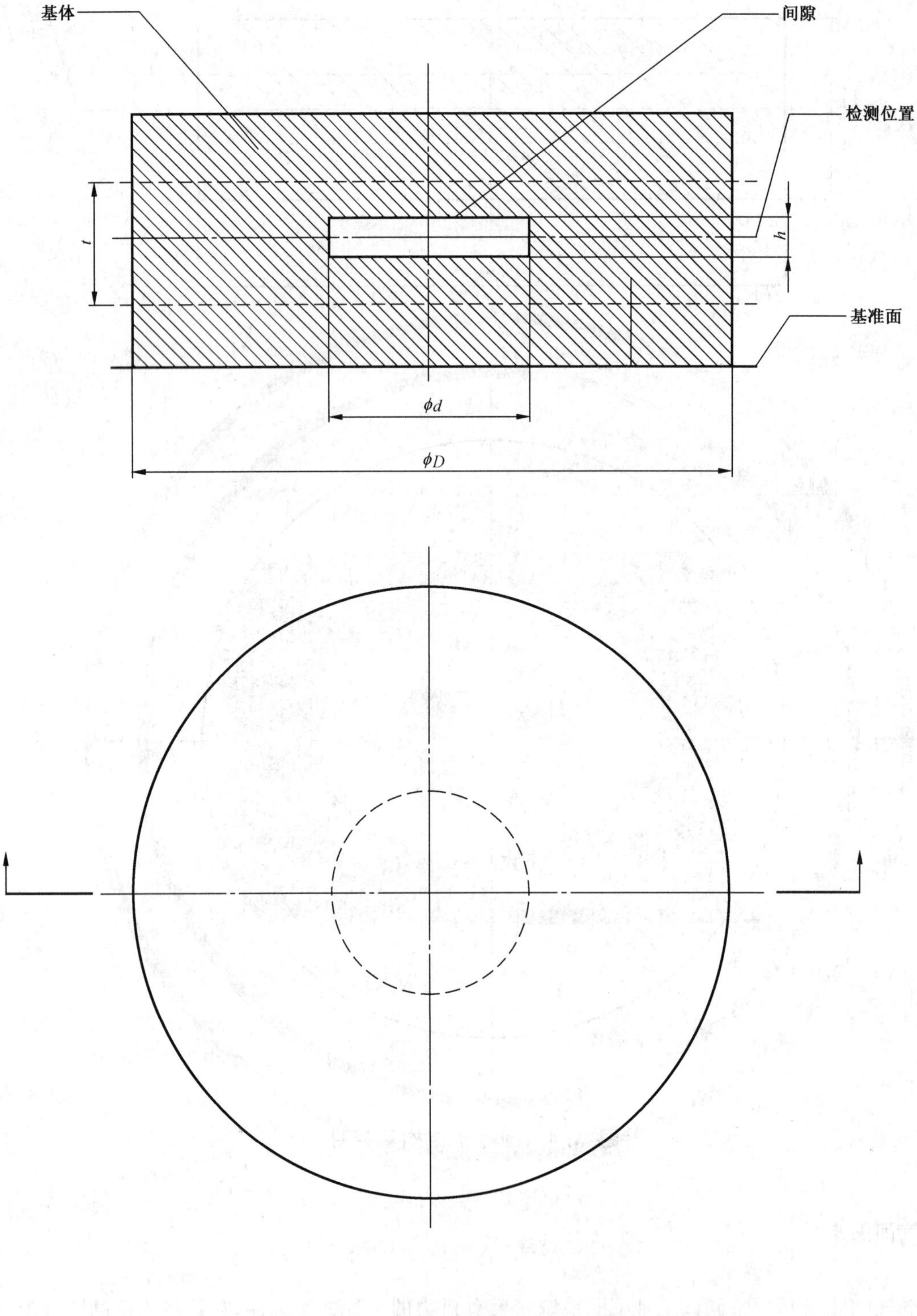

图 A.5　空气间隙卡剖面图

A.5　液体密度差标准试件

A.5.1　液体密度差标准试件是在纯水的特定范围内加入可溶性介质(一般选用氯化钠),使介质溶液和纯水形成一定的密度差。液体密度差标准试件的结构如图 A.6 所示。

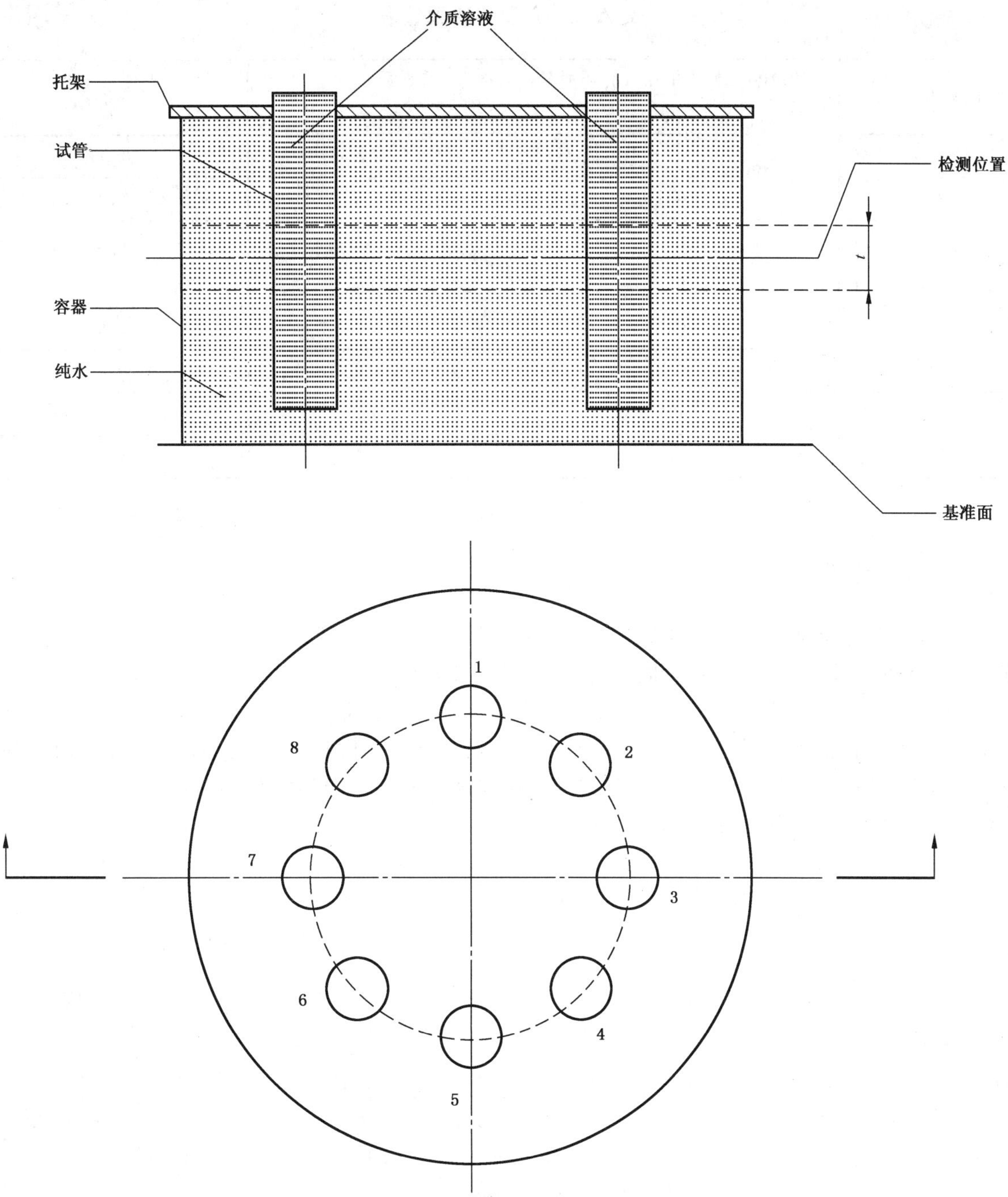

图 A.6 液体密度差标准试件结构图

A.5.2 容器(一般选用塑料)的直径可根据实际情况规定。

A.5.3 试管用玻璃或塑料制成,内径、高度和数量根据实际应用情况确定。试管数量不少于5个。

A.5.4 托架可用塑料制作,加工相应数量的圆孔以固定试管,圆孔按圆周分布。

A.5.5 试管高度至少为切片厚度 t 的 3 倍。

A.5.6 试管中介质溶液密度按编号依次增加,具体要求见表 A.1。

表 A.1 介质溶液配置表

试管编号	每 100 mL 水中加入介质质量 g	介质密度 g/cm³	密度对比度 %
1	0.05	1.000 5	0.05
2	0.1	1.001	0.1
3	0.2	1.002	0.2
4	0.4	1.004	0.4
5	0.5	1.005	0.5
6	0.8	1.008	0.8
7	1.0	1.01	1.0
8	1.5	1.015	1.5

A.6 固体密度差标准试件

A.6.1 固体密度差标准试件是在均质的圆柱形刚性基体材料(一般为钢、铝或塑料等)的特定部位、按密度大小插入的一系列与基体密度不同的密度块,其结构如图 A.7 所示。

A.6.2 基体为已知密度的圆柱体,高度和直径可根据实际情况确定。

A.6.3 密度块为圆柱体,由化学成分固定、质地均匀、易加工、易复制的固体材料制成。密度块在基体上按圆周分布,且数量应不少于 5 个。密度块和基体材料之间的相对密度差根据具体应用确定,一般应覆盖待测试的工业 CT 系统设计的密度分辨力。

A.6.4　密度块的高度至少为切片厚度 t 的 3 倍。

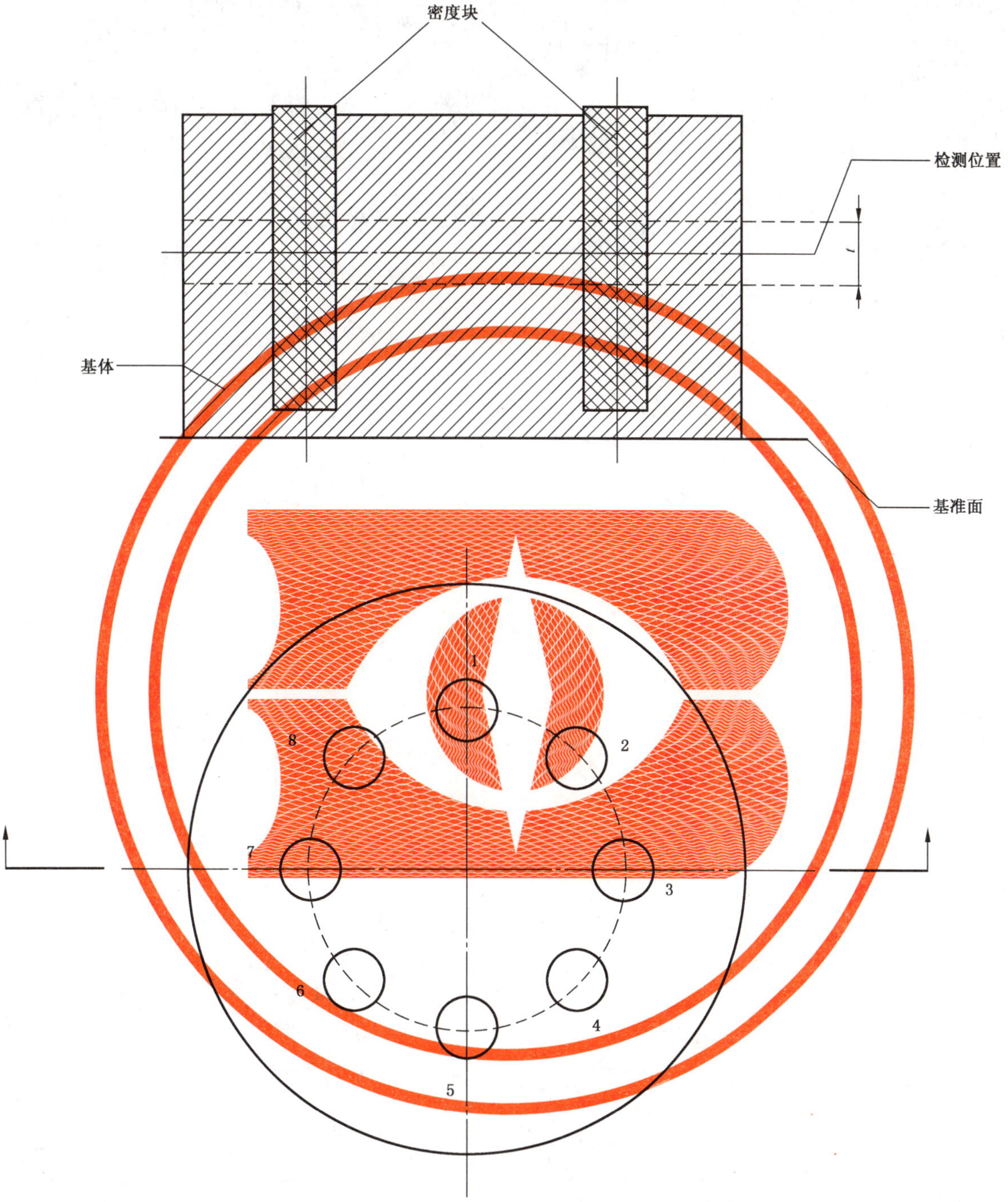

图 A.7　固体密度差标准试件

ICS 19.100
J 04

中华人民共和国国家标准

GB/T 29070—2012

无损检测　工业计算机层析成像（CT）检测　通用要求

Non-destructive testing—Industrial computed tomography (CT) testing—General requirements

2012-12-31 发布　　2013-10-01 实施

中华人民共和国国家质量监督检验检疫总局
中国国家标准化管理委员会　发布

前言

本标准按照 GB/T 1.1—2009 给出的规则起草。

本标准由全国无损检测标准化技术委员会(SAC/TC 56)提出并归口。

本标准起草单位:重庆大学 ICT 研究中心、中国兵器科学研究院宁波分院、齐齐哈尔轨道交通装备有限责任公司、铁道科学研究院金属及化学研究所、天瑞集团铸造有限公司、重庆市机械工程学会无损检测分会、重庆真测科技股份有限公司。

本标准主要起草人:卢艳平、倪培君、谭辉、段晓礁、徐向群、高金生、黄永巍、李卫兵、鞠青龙、王珏。

无损检测　工业计算机层析成像(CT)检测　通用要求

1　范围

本标准规定了X射线和伽马射线工业计算机层析成像(CT)无损检测的人员、环境、设备、检测过程控制、记录、报告和档案等通用要求。

本标准适用于金属、非金属和复合材料构件及零部组件(大多数材料例如焊接件、铸件、电子组件、装药结构、火工产品等)的工业CT检测。其他应用领域或其他类型射线的工业CT检测可参照使用。

2　规范性引用文件

下列文件对于本文件的应用是必不可少的。凡是注日期的引用文件,仅注日期的版本适用于本文件。凡是不注日期的引用文件,其最新版本(包括所有的修改单)适用于本文件。

GBZ 98　放射工作人员健康标准

GBZ 117　工业X射线探伤放射卫生防护标准

GBZ 175　γ射线工业CT放射卫生防护标准

GB/T 9445　无损检测　人员资格鉴定与认证

GB/T 12604.2　无损检测　术语　射线照相检测

GB/T 12604.11　无损检测　术语　工业计算机层析成像(CT)检测

GB 18871　电离辐射防护与辐射源安全基本标准

GB/T 29069　无损检测　工业计算机层析成像(CT)系统性能测试方法

3　术语和定义

GB/T 12604.2、GB/T 12604.11和GBZ 175界定的术语和定义适用于本文件。

4　一般要求

4.1　检测人员要求

4.1.1　检测人员应具备计算机软、硬件的基本知识,熟悉计算机的操作和日常维护。

4.1.2　从事工业CT检测的人员应按GB/T 9445或其他相应标准要求接受培训和考核,并取得相应的资格证书,持有不同级别资格的人员只能从事与其资格相应的技术工作。

4.1.3　检测人员的健康状况应符合GBZ 98的有关规定,检测人员的吸收剂量限值应满足GB 18871的有关规定。

4.1.4　检测人员在实施检测工作时应佩带个人剂量计,个人剂量计应定期送当地有关部门进行检测。

4.2　环境条件要求

4.2.1　工业CT检测场所通常应具有检测室和控制室,检测室为辐射区,控制室为非辐射区。

4.2.2 检测室应干净、整洁，具有良好的通风及照明设施或条件，通风换气置换量每小时不少于两次。

4.2.3 检测室辐射防护条件应符合 GB 18871 和 GBZ 117(或 GBZ 175)的有关规定。

4.2.4 检测室应安装监视装置，并将监视终端安装在控制室，以便从控制室观察检测室的情况。

4.2.5 检测室应有专门的接地设施，接地电阻应小于 1 Ω 或满足设备使用条件要求。

4.2.6 控制室应干净、整洁，噪声低，光线柔和。

4.2.7 检测室和控制室应配备安全连锁装置和声光报警装置。

4.2.8 检测室和控制室的面积、电源、温度和湿度应符合设备使用条件要求。

4.2.9 检测室和控制室的其他要求由设备供需双方合同确定。

5 设备要求

5.1 系统组成

5.1.1 概述

工业 CT 系统通常由射线源系统、探测系统、数据采集传输系统、机械系统、控制系统、图像处理系统和辐射安全防护系统等组成。

5.1.2 射线源系统

5.1.2.1 工业 CT 系统宜采用伽马射线或 X 射线作为射线源。常用的伽马射线源有 60Co 和 137Cs，常用的 X 射线源有 X 射线机和电子直线加速器。

5.1.2.2 射线源的主要性能包括射线能量、射线强度、焦点尺寸、剂量率稳定性等。射线能量决定了射线的穿透能力，即决定了适于检测的物体的材料及尺寸范围；射线强度直接影响系统的密度分辨能力和扫描效率，强度越高，则越有利于提高密度分辨能力、提高扫描效率；射线焦点尺寸影响系统的空间分辨能力，焦点尺寸越小，则越有利于提高空间分辨能力，但射线强度会降低；剂量率稳定性影响图像质量，输出不稳定将引起伪影。

5.1.2.3 在相同焦点尺寸条件下，X 射线源比伽马射线源的强度高几个数量级。X 射线源断电时不产生射线，有利于辐射安全防护。X 射线源的能谱多色性会导致图像产生杯状伪影。

5.1.2.4 伽马射线源具有物理尺寸小、轻便、结构简单、输出稳定、单色性好、价格便宜等优点。缺点是强度和峰值能量受到限制，此外安全管理难度大。

5.1.3 探测系统

5.1.3.1 探测系统用来接收透射过被测物体的光子信号，并将其转换成电信号。

5.1.3.2 根据不同的探测原理，探测器可分为气体电离探测器和闪烁探测器。气体电离探测器中，入射射线电离气态或液态的稀有元素，这些电离电子通过电场加速后运动到阳极，在阳极产生与入射信号成比例的电荷量。闪烁探测器利用特殊材料制成，这种材料暴露在射线中时能产生可见的荧光，荧光通过光电转换器件转化为电信号。

5.1.3.3 根据不同的结构形式，探测器可分为单探头探测器、线阵探测器和面阵探测器。

5.1.3.4 探测器的主要性能参数包括晶体尺寸、通道数量、串扰等。晶体尺寸决定有效空间内探测器的通道数量，在没有准直器的系统中，晶体尺寸也影响成像的空间分辨力；晶体尺寸越小，有效空间内的探测通道越多，数据采集速度越快，但信噪比和抗串扰能力也越差。

5.1.4 数据采集传输系统

5.1.4.1 数据采集传输系统用于获取和收集信号，它将探测器获得的信号转换、收集、处理和存贮，供图像重建用。

5.1.4.2 数据采集传输系统的主要性能指标包括信噪比、稳定性、动态范围、采集速度及一致性等。

5.1.4.3 数据采集传输系统主要包括信号调理与转换单元、数据采集控制单元和数据传输控制单元。信号调理与转换单元对探测器输出的微弱信号进行放大、滤波、A/D 转换等处理，获得大动态范围、高信噪比的数字信号；数据采集控制单元负责控制信号调理与转换单元进行数据采集，并进行数据的缓存；数据传输控制单元将各通道数据信号收集处理后传送到上位机。

5.1.4.4 在一些高集成度的系统中，数据采集传输系统也通常和探测系统集成在一起。

5.1.5 机械系统

5.1.5.1 机械系统提供 CT 的基础结构，提供射线源系统、探测系统及被测物体的安装载体及空间位置，并为 CT 系统提供所需扫描检测的多自由度高精度的运动功能。

5.1.5.2 根据机械结构的布局，常见的工业 CT 系统分为立式和卧式布局。

5.1.5.3 常用的机械系统提供的运动包括分层运动、分度运动、平移运动、径向运动、层厚调节运动、探测插值运动等，根据检测对象和技术方案的差异，这些运动会有不同程度的增减。

5.1.5.4 平移旋转运动模式(也称二代扫描模式或 RT 模式)中，被测物截面在射线束平面内沿垂直于中心射线方向相对平移，然后再旋转，直到至少旋转 180°，就能得到足够的数据。该模式的优点是探测通道响应不一致性对图像质量影响较小、适用的被测物尺寸范围较宽(如射束不能完全包含的被测物截面)；缺点是扫描时间太长、设备运行成本高。

5.1.5.5 只旋转运动模式(也称三代扫描模式或 RO 模式)，被测物截面在射线束平面内旋转。三代扫描比二代扫描有更低的运动复杂度，而且当被测物完全被包含在扇束范围内时具有相当高的检测效率。缺点是容易由于探测通道响应不一致性而产生环状伪影，但可以通过校正来减弱或消除这种伪影。

5.1.6 控制系统

5.1.6.1 控制系统决定了 CT 系统的控制功能，它实现对扫描过程中机械运动的精确定位控制、系统的逻辑控制、时序控制及检测工作流程的顺序控制和系统各部分协调，并负责系统的安全保护。

5.1.6.2 工业 CT 扫描运动最主要有两种类型：二代(或Ⅱ代)扫描模式和三代(或Ⅲ代)扫描模式。其他类型的一些扫描模式也已被应用，如局部扫描、锥束扫描和螺旋扫描等。

5.1.6.3 控制系统应包括操作控制台、工业控制计算机或控制器、操作人机界面计算机及软件、控制机柜及必要的精密测量系统等。在一些特殊情况下，操作人机界面计算机可与图像系统计算机合并为一台。

5.1.6.4 控制软件应包括扫描参数设置、扫描控制、运动保护、系统校准等功能。部分 CT 系统的控制系统还具有故障诊断等功能。

5.1.7 图像系统

5.1.7.1 工业 CT 系统需配置充足的计算机资源，当前主流计算机配置均能满足图像存储、运算处理要求。计算速度能够通过特殊硬件来提高，通常采用一个单独的工作站用于图像重建与处理。

5.1.7.2 图像软件至少应具有图像重建、图像显示、图像处理、图像测量、图像分析、可视化等基本功能，并可根据实际应用开发专业的后处理软件，例如缺陷自动识别软件、逆向 CAD 软件等。

5.1.8 辐射安全防护系统

5.1.8.1 辐射安全防护系统包括辐射防护与报警系统、现场监视系统，也可根据情况选配语音通讯装置。

5.1.8.2 辐射防护与报警系统是指门连锁装置、急停按钮、专用钥匙及声光报警等，必要时可以配备红外和微波双鉴探测装置。

5.1.8.3 现场监视系统包括摄像机、监视器，应尽量保证检测室内无监控盲区。

5.1.8.4 语音通讯装置是指对讲通讯设备，实现检测室操作人员与控制室操作人员的双向语音通讯。有易燃易爆物品的CT系统现场不宜采用无线方式的对讲系统。

5.2 系统性能

5.2.1 适检对象参数

5.2.1.1 适检对象参数包括对象最大回转直径、最大长度(或高度)、最大重量、最大等效钢厚度等。

5.2.1.2 适检对象最大回转直径由系统最大视场直径、射线扇面分布、扫描方式等因素决定。

5.2.1.3 适检对象最大长度(或高度)由立式系统的最大升降行程或卧式系统的最大平移行程决定。

5.2.1.4 适检对象最大重量由系统运动部件及机械结构综合承载能力决定。

5.2.1.5 适检对象最大等效钢厚度主要由系统射线源能量决定。

5.2.2 空间分辨力

5.2.2.1 空间分辨力指工业CT系统在足够信噪比条件下辨别物体空间几何细节特征的能力。

5.2.2.2 空间分辨力通常要满足一定的调制度要求。

5.2.2.3 在实际应用中，空间分辨力通常采用线对卡法进行测试，线对卡法可直接确定空间分辨力及其调制度。

5.2.3 密度分辨力

5.2.3.1 密度分辨力描述了工业CT系统在足够信噪比条件下辨别物体中指定大小区域与周边区域密度差异的能力。

5.2.3.2 密度分辨力的测试要满足一定的置信度要求。

5.2.3.3 在实际应用中，密度分辨力通常采用空气间隙卡法进行测试，空气间隙卡法可以直接确定指定区域的密度分辨力及置信度。

5.2.4 检测时间

5.2.4.1 检测时间包括装卸时间、扫描时间和重建时间。

5.2.4.2 装卸时间与工件装夹的复杂程度有关。

5.2.4.3 扫描时间是指获得一幅CT图像所需要的数据采集时间，由扫描模式、采样时间、图像尺寸、探测器通道数等因素综合决定。同等条件下，二代扫描模式所需扫描时间是三代扫描模式的5～10倍；采样时间是指单次采样所需要的时间，采样时间过短可能导致穿透射线信息量不足从而影响图像质量，具体采样时间设置应考虑被测物体等效钢厚度、射线源剂量率等因素；同等条件下，图像尺寸越大，所需扫描时间越长；探测器通道数量越多，越有利于缩短扫描时间。

5.2.4.4 重建时间由图像尺寸、计算机运算能力、图像重建算法等因素综合决定。同等条件下，图像尺寸越大,重建时间越长;图像重建算法及其加速算法对重建速度影响显著。

5.2.5 缺陷检出能力

5.2.5.1 缺陷检出能力可由用户根据其检测应用需求来提出。

5.2.5.2 缺陷检出能力常用可分辨的最小气孔直径、最小裂纹尺寸等来描述。

5.2.6 伪影

5.2.6.1 伪影是指工业CT图像中与物体真实物理特征不相符的影像。伪影无法进行量化描述,但可通过图像进行观察。

5.2.6.2 在工业CT图像中,某些伪影是CT的物理特性和数学特性中所固有的,不能被消除,如边缘条纹伪影和部分体积伪影。某些伪影来源于硬件或软件的设计缺陷,在工程上是可以消除的,如射线散射伪影、环状伪影和电子噪声。另一些伪影可能是两种类型的结合,如杯状伪影。

5.2.6.3 在其他参数相同的条件下,伪影的种类和严重性是比较不同CT系统性能指标的两个重要因素。用户需要理解各种伪影的差异和对测量的影响。例如,未校正的杯状伪影会对绝对密度的测量产生严重影响;条状伪影会对尺寸测量精度产生严重影响;环状伪影会对环状结构产品的分层缺陷判断准确性产生严重影响。

5.3 设备检定

5.3.1 工业CT系统的空间分辨力、密度分辨力等主要性能指标要进行定期检定,每年不应少于一次,推荐采用GB/T 29069进行空间分辨力和密度分辨力的测试。

5.3.2 在设备安装调试、维修或更换部件后,应对主要性能指标进行测试,并记录测试结果。

6 检测过程控制

6.1 检测准备

6.1.1 了解被测物的结构、尺寸、状态、质量及密度特性、待检缺陷主要类型及其分布,明确检测需达到的空间或密度分辨力、尺寸或密度测量精度、切片厚度、切片数量、检测时间及评判标准等要求。

6.1.2 检测前应根据检测要求,按相关标准编制工艺规程,至少包括:检测要求、被测物装夹方式、射线源参数、切片位置、切片数量、切片厚度、系统校准、扫描视场、采样时间、图像矩阵、扫描方式、重建参数、图像显示及分析方法、图像评定标准等。

6.1.3 必要时,用标准试件对检测规程进行试验验证,得到的图像符合质量要求后实施检测。

6.2 系统校准

6.2.1 每次开机时按工业CT系统使用说明书进行暗场和空气校准。

6.2.2 在准直器参数调整后,应对工业CT系统进行空气校准。

6.2.3 在射线参数调整后,应对工业CT系统进行空气校准。

6.3 工艺参数选择

6.3.1 射线控制

6.3.1.1 射线源的能量应保证穿透被测物。对于单一材料或密度差异很大的材料组成的被测物,宜选择偏高的射线能量,以提高信噪比;对于密度差异小的材料组成的被测物,宜选择偏低的射线能量,以增加对比度。

6.3.1.2 在条件许可的情况下,宜选用高的管电流或射线出束频率,提高射线强度,增加信噪比。对于X射线机,在管电压一定时,增大管电流可提高射线强度;对于电子直线加速器,在能量一定时,增加其出束频率可提高射线强度;对于同位素源,选用比活度大的射线源可提高射线强度。

6.3.1.3 在射线能量和强度允许的条件下,宜选用小的焦点尺寸,提高空间分辨力。

6.3.1.4 提高射线强度,有利于缩短扫描时间。

6.3.1.5 在满足空间分辨力要求前提下,宜选用大的后准直器孔或晶体尺寸,提高密度分辨力。

6.3.1.6 采用前准直器控制射线束的形状,以减少散射。

6.3.1.7 在条件许可的情况下,宜采用后准直器控制射线束的路径,以改善分辨力、降低散射。

6.3.1.8 将滤波片放在射线源侧可减少X射线能谱中的低能成分,降低射束硬化的影响。

6.3.1.9 将滤波片放在探测器侧比放在射线源侧更能有效降低射线散射的影响。

6.3.2 选择切片厚度

6.3.2.1 增大切片厚度有利于增加信噪比、提高扫描效率。切片越厚,增加了贯通切片的特征的对比灵敏度,同时减少了未贯通切片异物的缺陷检出灵敏度。

6.3.2.2 对于线阵探测系统,切片厚度通常可通过切片厚度调节机构来设置。

6.3.2.3 对于面阵探测系统,探测器纵向排列密度和软件设置决定切片厚度。

6.3.3 选择扫描视场直径

6.3.3.1 为了改善图像视觉效果,不宜用大视场直径来检测小直径被测物。

6.3.3.2 选择扫描视场直径时,被测物在图像中宜占视场的2/3。

6.3.4 提高空间分辨力

6.3.4.1 选用的射线源焦点尺寸越小,越有利于提高空间分辨力。

6.3.4.2 减小探测器(单探头探测器或弧线型线阵探测器)后准直孔的宽度,有利于提高空间分辨力。

6.3.4.3 增大射线源焦点到探测器距离,有利于提高空间分辨力。

6.3.4.4 一定范围内,增大扫描图像矩阵,有利于提高检测空间分辨能力。

6.3.4.5 如果射线源焦点到探测器距离一定,当射线源焦点尺寸小于后准直孔宽度时,源焦点到被测物的距离越小,越有利于提高空间分辨力;当射线源焦点尺寸大于后准直孔宽度时,被测物到探测器的距离越小,越有利于提高空间分辨力。

6.3.5 提高密度分辨力

6.3.5.1 提高射线强度,有利于提高密度分辨力,增强信噪比。

6.3.5.2 增加采样时间,有利于提高密度分辨力,增强信噪比。

6.3.5.3 对于单探头探测器或弧线型线阵探测器,增大后准直孔的有效截面,有利于提高密度分辨力,增强信噪比。

6.3.5.4 缩短射线源到探测器之间的距离,可增加入射到探测器单位面积内的射线强度,有利于提高密度分辨力,增强信噪比。

6.3.6 减轻或消除图像伪影

6.3.6.1 可通过适当的硬件和软件校正方法来消除或减轻图像伪影。

6.3.6.2 射束硬化伪影可通过提高射线能量或过滤入射射线中的低能成分来减弱，或同时使用这两种方法。

6.3.6.3 金属伪影可通过减少边界处变化率或特殊软件校正等方法得到减轻。降低对比度的方法包括将被测物埋在第二介质(如水或沙子)中进行扫描，或者是提高射线源的能量。使用特殊软件校正方法通常需要具备一定的局部先验知识，并采用数据非线性校正方法。

6.3.6.4 对探测器信道响应不一致性进行校正，有利于消除或降低三代扫描中的环状伪影。

6.3.7 提高扫描效率

6.3.7.1 在密度分辨能力、信噪比允许条件下，减小采样时间，可提高扫描效率。

6.3.7.2 提高射线强度，有利于提高扫描效率。

6.3.7.3 在精度允许的条件下，图像矩阵越小，采集投影数据越少，扫描效率越高。

6.4 图像重建、处理、分析和评判

6.4.1 图像重建

根据检测需求，如优先考虑空间分辨能力、密度分辨能力、重建效率，或综合考虑以上因素，选择重建参数。

6.4.2 图像处理

6.4.2.1 根据需要，选取灰度、伪彩色、放大或二维、三维等图像显示方式。

6.4.2.2 通过全局或局部的对比度、亮度调整等，使得图像便于观察。

6.4.3 图像分析和评判

根据图像上细节特征的像素值、形状、尺寸、灰度等情况，采用相关测量分析软件功能，结合有关评判标准，对图像进行分析和评判。

7 记录、报告和档案

7.1 检测记录

检测记录通常应包括检测目的、被测物名称和材料、被测物编号、检测设备、射线源参数、扫描模式、标定方法、断层厚度、断层位置、采样时间、视场直径、重建参数、图像描述以及检测人、审核人、检测日期等详细记录。部分用于生产质量控制的工业CT检测还应包括被测物批次号等信息。

7.2 检测报告

检测报告通常应包括检测目的、被测物名称和材料、被测物编号、检测设备、射线源参数、扫描模式、标定方法、断层厚度、断层位置、采样时间、视场直径、重建参数、图像描述以及检测人、审核人、检测日期等详细内容。部分用于生产质量控制的工业CT检测还应包括被测物批次号等信息。检测报告还应包括评判标准、评判结果。

7.3 检测档案

定期或单次对工业CT检测的原始图像数据及处理分析的图像备份在光盘或硬盘上，并统一存档保存，保存期限可根据供需双方合同约定来具体确定。同期存档的应有检测记录和检测报告，并且使三者标记唯一对应。存档图像数据应具有重复评判的价值。

ICS 19.100
J 04

中华人民共和国国家标准

GB/T 29071—2012

无损检测　火工装置工业计算机层析成像（CT）检测方法

Non-destructive testing—Test method for industrial computed tomography (CT) examination of initiating explosive device

2012-12-31 发布　　2013-10-01 实施

中华人民共和国国家质量监督检验检疫总局
中国国家标准化管理委员会　发布

前　言

本标准按照 GB/T 1.1—2009 给出的规则起草。

本标准由全国无损检测标准化技术委员会(SAC/TC 56)提出并归口。

本标准起草单位:重庆大学 ICT 研究中心、中国航天科技集团川南机械厂、重庆真测科技股份有限公司、山东机器集团、重庆市机械工程学会无损检测分会、上海航天动力技术研究所。

本标准主要起草人:周日峰、张政、安林东、高富强、张平、安康、先武、俞翔、程森林、刘丰林、李正勇、沈伟民、王珏。

无损检测 火工装置工业计算机层析成像(CT)检测方法

1 范围

本标准规定了火工装置工业计算机层析成像(CT)检测的方法。

本标准适用于检测火工装置的内部装药、结构和缺欠等。

2 规范性引用文件

下列文件对于本文件的应用是必不可少的。凡是注日期的引用文件，仅注日期的版本适用于本文件。凡是不注日期的引用文件，其最新版本(包括所有的修改单)适用于本文件。

GBZ 117 工业X射线探伤放射卫生防护标准

GBZ 175 γ射线工业CT放射卫生防护标准

GB/T 12604.11 无损检测 术语 工业计算机层析成像(CT)检测

GB/T 20129 无损检测用电子直线加速器

GB/T 29034 无损检测 工业计算机层析成像(CT)指南

GB/T 29069 无损检测 工业计算机层析成像(CT)系统性能测试方法

WJ 2565 火药、炸药生产安全规程

3 术语与定义

GB/T 12604.11和GBZ 175界定的术语和定义适用于本文件。

4 一般要求

4.1 检测人员

从事检测火工装置的工业CT系统的操作人员，应具备必要的CT及计算机软硬件知识，并经过辐射安全防护、火工装置安全操作及工业CT无损检测专业培训，考核合格取得相应资质。

4.2 工作场所

用于检测火工装置的工业CT系统的工作场所，一般应设置满足辐射防护要求的检测室、控制室及其他的辅助用房，并合理布局。工业CT系统的主机(含射线源装置等)置于检测室，工业CT系统的控制台、计算机等设备应放置在控制室中。

4.3 检测室

检测室应保持清洁、干燥、无火源，有良好的通风及照明，温度、湿度应满足火工装置安全存放、检验的技术条件并控制在工业CT系统使用说明书所要求的范围内。检测室的防爆设计与施工应符合WJ 2565的要求，并应满足GBZ 117、GBZ 175的辐射防护要求。

4.4 控制室

控制室宜与检测室相邻，应具备符合辐射防护安全要求的连锁装置及声光报警装置；应有专门的接地设施，以及防静电和避雷设施。接地电阻应小于1 Ω或满足工业CT系统使用要求，防静电和避雷设施应满足火工装置安全生产的要求。

4.5 工业CT系统

4.5.1 概述

用于检测火工装置的工业CT系统，除了满足和实现以下指标要求和功能外，还应符合WJ 2565关于火工装置安全的相关要求和规定。对某些特殊检测要求所确定的指标、检测方法或功能要求可参考GB/T 29034，或由工业CT系统供求双方按合同方式规定。

工业CT系统的性能指标按GB/T 29069进行测试。

4.5.2 空间分辨力与密度分辨力

在不考虑检测效率的情况下，用于检测火工装置的工业CT系统的空间分辨力应优于2 LP/mm，密度分辨力应优于0.5%。

4.5.3 断层厚度

用于检测火工装置的工业CT系统的断层厚度应能在一定范围内连续可调，以满足不同的检测需要。

4.5.4 断层定位精度

用于检测火工装置的工业CT系统的断层定位精度应优于0.05 mm。

4.5.5 图像矩阵

用于检测火工装置的工业CT系统的图像矩阵及像素尺寸应能满足被检产品分辨能力的要求。

4.5.6 图像处理

工业CT图像是数字化的图像。为改善图像视觉效果，通常需要对原始图像及相应的投影数据文件(如未进行灰度量化的浮点数文件)进行处理。图像处理功能包括图像灰度变换、噪声抑制(如滤波等)、图像输入、存贮及输出等。

4.5.7 图像分析

对图像全部、局部、像素的灰度值及分布进行分析。包括像素值分析、直方图分析、线段上像素的灰度变化曲线分析、灰度等高线、灰度分段显示以及伪彩色显示等。

4.5.8 图像测量

对被检物体的密度与空间几何尺寸进行测量。

4.5.9 报表输出

通过报表的形式输出火工装置的检测图像、检测条件及检测结果等。

5 安全防护要求

5.1 辐射防护要求

5.1.1 用于检测火工装置的工业CT系统的射线源的性能应满足GBZ 117、GBZ 175、GB/T 20129的辐射防护性能要求。射线源系统应具有专用开源钥匙、门机联锁、紧急停束开关、出束预警及出束声光报警等辐射安全防护装置。

5.1.2 检测人员从事火工装置工业CT检测时,应配置辐射剂量报警仪及个人累计剂量仪,这些剂量仪器应按国家相关规定定期进行校验。

5.1.3 射线源及防护门上应有明显的电离辐射标志牌。检测室内应安装摄像监控系统,摄像头安装应保证检测室内无盲区,对检测室人员及设备进行监控。必要时主机室与控制室之间配置专用通讯设备。

5.2 防静电防爆要求

5.2.1 工业CT系统的外壳应有良好的接地点或接地板,接地电阻应小于1 Ω,其接地点不少于两处。

5.2.2 进行火工装置工业CT检测操作时,检测人员应穿戴防静电的工作服及手套、帽子和鞋袜,工作服及手套、帽子和鞋袜应是防静电制品或纯棉制品。

5.2.3 检测人员穿戴工作服装后应经人体接地电阻检测仪检测合格,方准进入工房操作。离开工房再进入时,应重新检测。

5.2.4 对火工装置进行工业CT检测的装卸过程中应有防止静电放电和电气火花的措施。

5.2.5 检测室、控制室内应按WJ 2565的要求配备必要的灭火设施。

6 检测

6.1 检测准备

6.1.1 应了解被检火工装置的材料、结构、尺寸、质量、不同成分的密度差异,以及可能存在不连续的分布和类型、极限尺寸等特性,确认工业CT系统的空间分辨力、密度分辨力等指标能满足检测要求。

6.1.2 应根据本标准的要求制定详细的检测工艺规程和检测工艺流程卡。

6.1.3 检测工艺流程卡内容可参考附录A。

6.1.4 作业指导书内容至少包括适用范围、火工装置参数、人员资质要求、检测要求、扫描参数、火工装置装夹方式、图像处理及分析方法和图像评定标准、记录和报告。

6.1.5 应按设备操作规程进行开机前的安全检查。

6.1.6 按设备操作规程开启工业CT系统,并按要求对射线源系统进行训机。

6.2 系统校准

调整工业CT系统参数后或用户认为需要时,应按工业CT说明书要求进行校准。

6.3 被检产品安装

6.3.1 根据作业指导书对火工装置进行装夹,保证被检火工装置的待检区域包容在有效检测视场内,待检区域宜位于旋转中心。

6.3.2 通过位置标定仪确定火工装置所需扫描的断层位置,或通过DR图像来自动确定断层扫描位置。

6.4 参数设置

6.4.1 概述

根据作业指导书对射线源参数、扫描模式、扫描视场、图像矩阵、采样时间、准直器和断层厚度等进行设置。

6.4.2 射线源参数

用于检测火工装置的工业CT系统的射线源应根据被检火工装置的尺寸、材料密度以及检测效率等要求，选择射线源能量(管电压)、强度(管电流)或加速器出束脉冲频率等射线源参数。射线源的参数选择按GB/T 29034。

6.4.3 扫描模式

根据火工装置尺寸、检测精度和检测效率等要求选择二代、三代CT扫描模式。

6.4.4 扫描视场

火工装置图像宜占据整幅CT图像的2/3左右。

6.4.5 图像矩阵

根据空间分辨力、检测效率等要求选择图像矩阵(如512×512,1 024×1 024,2 048×2 048等)。

6.4.6 采样时间

根据扫描火工装置大小、材质成分、密度分辨力、空间分辨力的要求决定扫描采样时间。工业CT的采样时间一般都有较大的变化范围(可变化几十倍)。选择采样时间主要考虑采样信号的信噪比SNR,射线源强度A,探测器到源的距离L,准直器(孔型)窗口面积S等因素。密度分辨力、空间分辨力要求高时，宜增大采样时间，但扫描时间也相应延长。

6.4.7 准直器尺寸及断层厚度

根据火工装置检测的空间分辨力和密度分辨力的要求，选择准直器尺寸及断层厚度。对空间分辨力要求高时选择小尺寸准直器；对密度分辨力要求高时选择大尺寸准直器和较大的断层厚度。

6.5 检测扫描

开启射线源，进行检测扫描。

6.6 图像重建

选择合适的重建参数进行图像重建。

6.7 图像处理

必要时，采用合适的图像处理方法改善图像对比度和清晰度。

6.8 检测记录与结果评定

6.8.1 检测记录

检测记录可以是检测工艺流程卡，也可以另行编制，但至少应包括以下内容：

a) 检测系统名称、检测日期、检测人；
b) 检测工艺参数：扫描方式、图像矩阵、采样时间、断层厚度、断层位置、准直器、射线源参数、检测部位、扫描视场等；
c) 火工装置名称、代号、批次、顺序号以及检测要求等；
d) 所发现的缺陷及评定记录，根据需要附上原始图像文件或处理后的局部（或全部）图像；
e) 检测人签名。

6.8.2 检测评定

以火工装置的技术文件、图样和工艺条件为依据，并按火工装置相关检验标准要求，对检测图像进行评估和判定，并给出判定结果。为了提高评判的置信度，对大批量检测的样品，在相同的工艺参数条件下，建议建立标准试件的图像数据库，以便对照分析，得出接收与拒绝的判据。

6.8.3 检测结论

将评判结果与接收、拒绝判据对照，作出检测结论。

6.8.4 检测报告

检测报告至少应包括以下内容：
a) 检测工艺参数：工业 CT 系统型号、扫描参数、检测时间、检测人员、检测顺序、其他与检测有关的工艺参数以及检测中所使用的附加装置（如夹具）和用户数据等；
b) 检测产品参数：火工装置名称、代号、批次、序列号及有关检测的目的要求等；
c) 检测部位信息：利用系统坐标或参考火工装置产品本身的特征给出被检部位的描述；
d) 检测结论：评定标准、判定结果及检测人、审核人、审批人签字。

6.9 档案管理

6.9.1 资料存档

检测记录、原始图像文件、分析处理后的图像文件及检测报告均应按要求编号存档备查。

6.9.2 档案保存周期

可以根据产品的性质或合同要求确定档案保存周期。

附 录 A
（资料性附录）
火工装置工业 CT 检测工艺流程卡

<table>
<tr><td>试件名称</td><td></td><td>试件图号</td><td></td><td>检测序号</td><td></td></tr>
<tr><td>检验标准</td><td colspan="2"></td><td>检测文件名</td><td colspan="2"></td></tr>
<tr><td>设备型号</td><td colspan="2"></td><td>校验时间</td><td colspan="2"></td></tr>
<tr><td>扫描部位（范围）</td><td></td><td colspan="4" rowspan="6">记录和标记要求：</td></tr>
<tr><td>断层数量</td><td></td></tr>
<tr><td>试件材质</td><td></td></tr>
<tr><td>最大等效钢厚度</td><td></td></tr>
<tr><td>射线能量/MeV
或管电压/kV</td><td></td></tr>
<tr><td>出束频率/Hz
或管电流/mA</td><td></td></tr>
<tr><td>射线源焦点尺寸</td><td></td><td colspan="4" rowspan="7">扫描检测示意图：</td></tr>
<tr><td>采样时间
或采样脉冲数</td><td></td></tr>
<tr><td>后准直器</td><td></td></tr>
<tr><td>视场直径</td><td></td></tr>
<tr><td>断层位置</td><td></td></tr>
<tr><td>断层厚度</td><td></td></tr>
<tr><td>断层间距</td><td></td></tr>
<tr><td>重建范围</td><td></td><td colspan="2" rowspan="4">注意事项：</td><td>编制</td><td></td></tr>
<tr><td>重建矩阵</td><td></td><td>审核</td><td></td></tr>
<tr><td>图像处理</td><td></td><td>批准</td><td></td></tr>
<tr><td>存储方式</td><td></td><td>日期</td><td></td></tr>
</table>

ICS 49.020
V 00

中华人民共和国国家标准

GB/T 29072—2012

航天器研制技术流程编写规则

Drafting rules of technical network for spacecraft development

2012-12-31 发布

2013-07-01 实施

中华人民共和国国家质量监督检验检疫总局
中国国家标准化管理委员会 发布

前　言

本标准按照GB/T 1.1—2009给出的规则起草。

本标准由中国航天科技集团公司提出。

本标准由全国宇航技术及其应用标准化技术委员会(SAC/TC 425)归口。

本标准起草单位:航天东方红卫星有限公司、中国空间技术研究院总体部、北京空间科技信息研究所。

本标准主要起草人:吴开林、唐伯昶、邱楠。

引　言

本标准属于中国航天国家标准体系。中国航天国家标准体系适用于航天领域国家标准的制修订和管理，覆盖航天管理、航天技术、航天应用与服务三大领域，是指导航天器和运载火箭项目管理、工程研制、航天发射服务、卫星在轨应用等活动的依据。

航天器项目研制是复杂的系统工程，研制周期长，关键的工作项目和任务节点多，因此需要一份技术流程指导航天器研制全过程工作的开展。航天器研制技术流程编写不到位，可能造成航天器研制过程中工作的漏项，最终影响航天器产品质量。为了规范国内航天器项目研制技术流程的编写，对航天器项目研制任务的完成起到积极的作用，特制定本标准。

航天器研制技术流程编写规则

1 范围

本标准规定了航天器研制技术流程(以下简称技术流程)的相关术语、编写原则、编写依据、技术流程分类、编写要求和内容、编写步骤和编写方法。

本标准适用于航天器系统、分系统工作项目技术流程的编写。设备研制技术流程的编写可参照使用。

2 术语和定义

下列术语和定义适用于本文件。

2.1

技术流程 technical network

航天器研制工作中的所有技术活动按顺序安排的程序。

2.2

技术流程图 technical network diagram

以图示表达的技术流程。

2.3

工作项目 work item

按时间和内容划定的某一阶段的工作。

3 编写原则

编写原则如下:

a) 技术流程的编写应使航天器设计、制造和试验的质量得到充分的保证;

b) 技术流程的编写应综合体现研制工作的科学性、合理性、经济性;

c) 在保证质量的前提下,技术流程的编写应符合目标总进度要求;

d) 技术流程应与航天器研制各阶段内容相协调。

4 编写依据

编写依据如下:

a) 航天器总体方案;

b) 航天器系统级地面试验项目;

c) 初样研制阶段确定需要研制的初样系统级模型(电性星、热控星和结构星);

d) 工作分解结构;

e) 合同及其附加条款。

5 技术流程分类

5.1 按航天器分解结构分类

按航天器分解结构分类，技术流程包括：

a) 系统级技术流程(各研制阶段的系统级技术流程)；

b) 分系统级技术流程(各研制阶段分系统级的技术流程)；

c) 设备级技术流程。

5.2 按航天器研制过程分类

按航天器研制过程分类，技术流程包括：

a) 全过程技术流程(从方案设计开始直至在轨交付的全过程所编制的技术流程)；

b) 研制阶段技术流程(系统级、分系统级及设备级在各研制阶段所编制的技术流程)；

c) 工作项目技术流程(系统或分系统按照项目分解结构确定的工作项目所编制的技术流程)。

6 编写要求和内容

编写要求和内容如下：

a) 技术流程应分层次、分阶段进行编写，顶层技术流程是系统研制全过程的技术流程，由此派生出各层次研制技术流程，全部技术流程构成航天器研制技术流程体系；

b) 技术流程体系的起始点为方案设计阶段，终止点为在轨交付使用；

c) 技术流程应确定各研制阶段的节点，其中关键节点作为技术流程的里程碑；应制定出完成每个工作节点的保证条件；

d) 技术流程的技术工作内容应全面，不应有遗漏项目，项目次序的更改应纳入技术状态控制；

e) 技术流程由流程图和文字说明两部分组成，文字说明包括技术流程图说明和工作项目说明，所用的术语应规范、统一。

7 编写步骤

编写步骤如下：

a) 根据航天器研制各阶段的内容，确定各研制阶段的工作项目；

b) 合理、科学地将确定的工作项目按研制顺序进行编排；

c) 对每一个工作项目进行细化，规定工作内容、所需条件和应达到的目的。

8 编写方法

8.1 技术流程图的绘制

绘制方法如下：

a) 技术流程图由表示工作项目的方框、技术工作流向的箭头和各方框之间的节点组成。

b) 技术流程图分为主线和辅线两种形式。技术流程图组成示意图见图 1(每个方框内应写工作项目名称，示意图中未给出)。

c) 技术流程图主线以 M 表示，各工作项目方框以粗实线画出，各方框的代号以 M 加上序号表示，如主线从 Mi 框后的某个节点往后分成几个分支平行地工作，则平行的各分支可以用 a，b，c 等加以区别。每一分支上的方框的代号可按以下规定构成：

Mi＋1 加 a（或 b，c）再加序号（1，2，3…等），技术流程图主线组成示意图见图 2。技术流程图主线组成详细示例参见附录 A 中图 A.1。

示例：

图 A.1 中在 M4 之后主线分为三支，则：

第一分支各流程框图的代号依次为 M5a1，M5a2；

第二分支各流程框图的代号依次为 M5b1，M5b2，M5b3；

第三分支各流程框图的代号依次为 M5c1，M5c2，M5c3。

这几个分支重新汇合到一个节点后，下一方框的代号再从 Mi＋2 往后排，按图 A.1 则为 M6。

d) 技术流程图辅线以 Ai（i 为第几条辅线）表示，各工作项目方框以细实线画出。辅线上各方框的代号以 Ai 加上方框的序号表示，见图 1 中 A1.1，A1.2，A2.1，A2.2。

e) 技术流程图中两方框直接用带箭头的细实线表示流向。

f) 有两个以上箭头指向的节点用空心圆表示，两个方框之间的关键节点用实心圆表示，其他方框之间的节点不必表示出来。关键节点以 Ci（i 为第几个关键节点）表示。

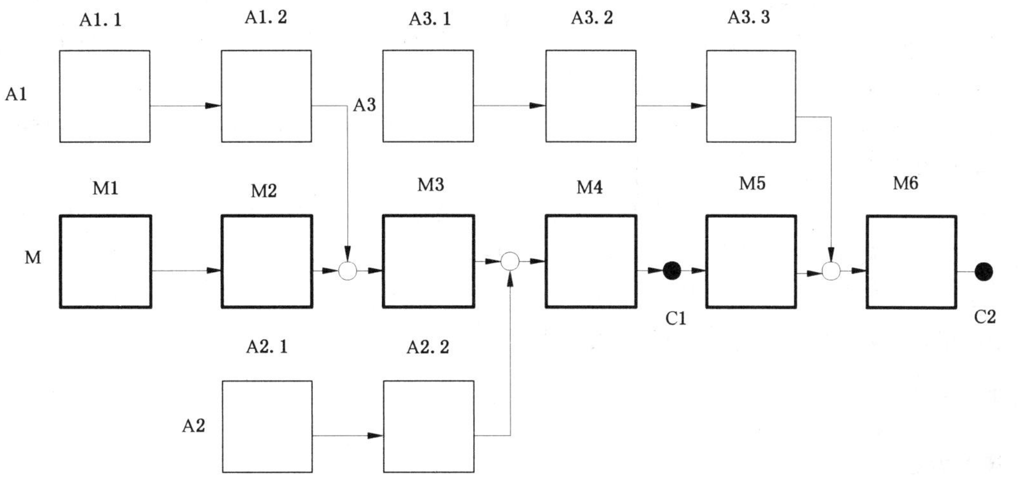

图 1　技术流程图组成示意图

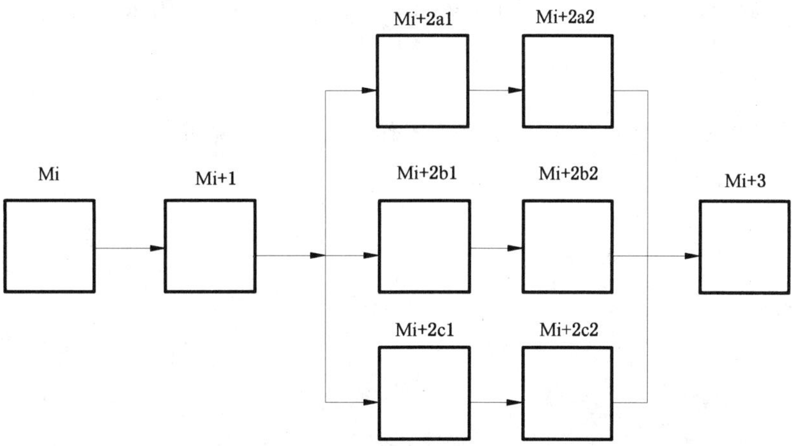

图 2　技术流程图主线组成示意图

8.2 技术流程的文字说明

8.2.1 技术流程说明如下：

a) 说明本技术流程目标是阶段目标还是总目标，以及达到目标的具体要求；

b) 说明技术流程图中的关键节点；

c) 明确技术流程图中的控制点，重要阶段的评审；

d) 其他说明。

8.2.2 工作项目说明如下：

a) 研制技术流程图的每一个方框应有相应的工作项目说明，内容可以是技术文件的编写，图样的绘制，硬件设备的研制，软件的研制，工程计算与分析、试验的各种操作等；

b) 编写格式为标题加内容；

c) 明确本项工作内容的输入条件，即必须在哪些项目完成之后，可以开始本项目工作；

d) 说明顺序一般按先主线后辅线的内容，按 M1，M2，… 和 A1.1，A1.2，…A2.1，A2.2…等顺序依次进行；

e) 方案阶段或全过程的技术流程，其内容可以提纲性地进行描述，而初样、正样设计阶段的技术流程，则应进行详细的说明；

f) 操作性明显的项目，可以按照“做什么，为什么做，怎样做，谁来做，达到什么目的”等比较具体的方式来说明；

g) 说明该工作项目完成所需的条件，如配合的单位、工作场地、所需的设备及经费支持等；

h) 给出估算的工作日(时)；

i) 说明某些无箭头联系的方框之间可能存在的关系，在实施时进行相关工作项目的协调；

j) 有的工作项目可以按技术文件进行，亦可说明见下一级技术流程；

k) 列出完成本工作项目所使用的文件；

l) 说明完成本工作项目应注意的质量事项和安全事项。

8.3 技术流程示例

8.3.1 技术流程图示例

根据技术流程层次和阶段，两个技术流程图示例如下：

a) 系统全过程技术流程图，反映航天器研制过程的全貌，参见附录 A 中图 A.1；

b) 分系统全过程技术流程图，反映分系统研制过程的全貌，参见附录 A 中图 A.2。

8.3.2 文字说明示例

文字说明示例参见附录 A 中表 A.1(示例为工作项目的文字说明)。

附 录 A
（资料性附录）
航天器研制技术流程示例

A.1 系统全过程简化技术流程图示例

图 A.1 所示为××航天器系统全过程简化研制技术流程图。

A.2 分系统全过程简化技术流程图示例

图 A.2 所示为××航天器总体电路分系统全过程简化研制技术流程图。

A.3 文字说明示例

表 A.1 给出了图 A.1 中 M13 航天器发射工作项目的文字说明。

表 A.1 M13 航天器发射工作项目文字说明

序 号	项目内容
1	保证条件 a) 航天器已经完成发射区的电测； b) 航天器推进分系统已完成推进剂加注； c) 航天器与运载火箭已完成了总检查； d) 运载火箭已完成发射前各种准备； e) 发射场已做好发射前的各种准备。 航天器测控中心已准备就绪
2	工作内容 按航天器发射场实施大纲、电性能测试细则、射前故障对策等文件，开展以下工作： a) 进行航天器射前控温； b) 进行航天器射前加电测试； c) 进行航天器射前状态设置，将航天器射前的相关数据报测控中心； d) 进行射前航天器上状态的遥测监视； e) 按射前故障对策开展有关的工作。 完成发射后的撤场工作
3	注意事项 a) 航天器上设备和电路已按飞行状态设置，严格按操作规程执行射前操作； b) 高度注意射前的安全注意事项。 航天器加电后密切监视星上状态，发现问题及时报告
4	参加单位 航天器研制各单位
5	工作项目完成时间 1 天

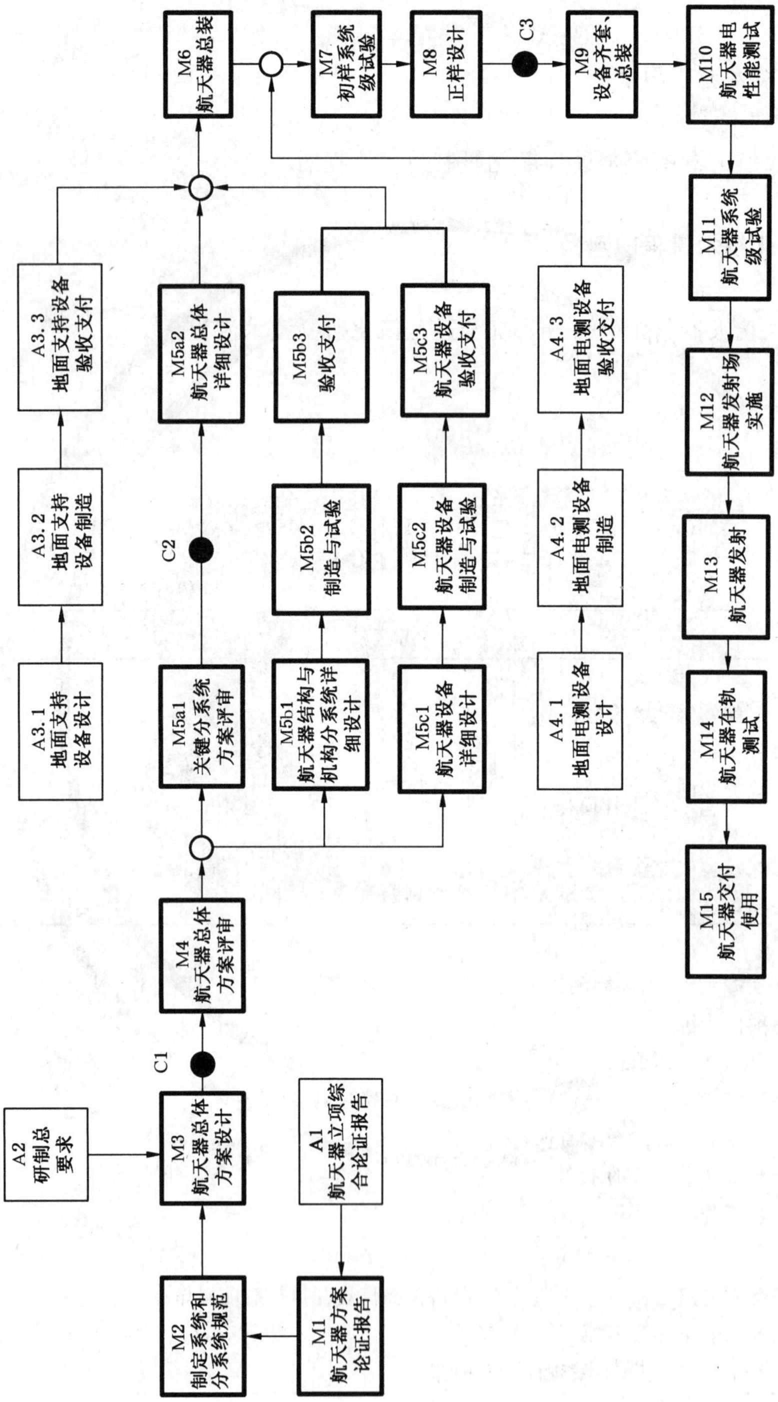

图 A.1 ××航天器系统全过程简化研制技术流程图

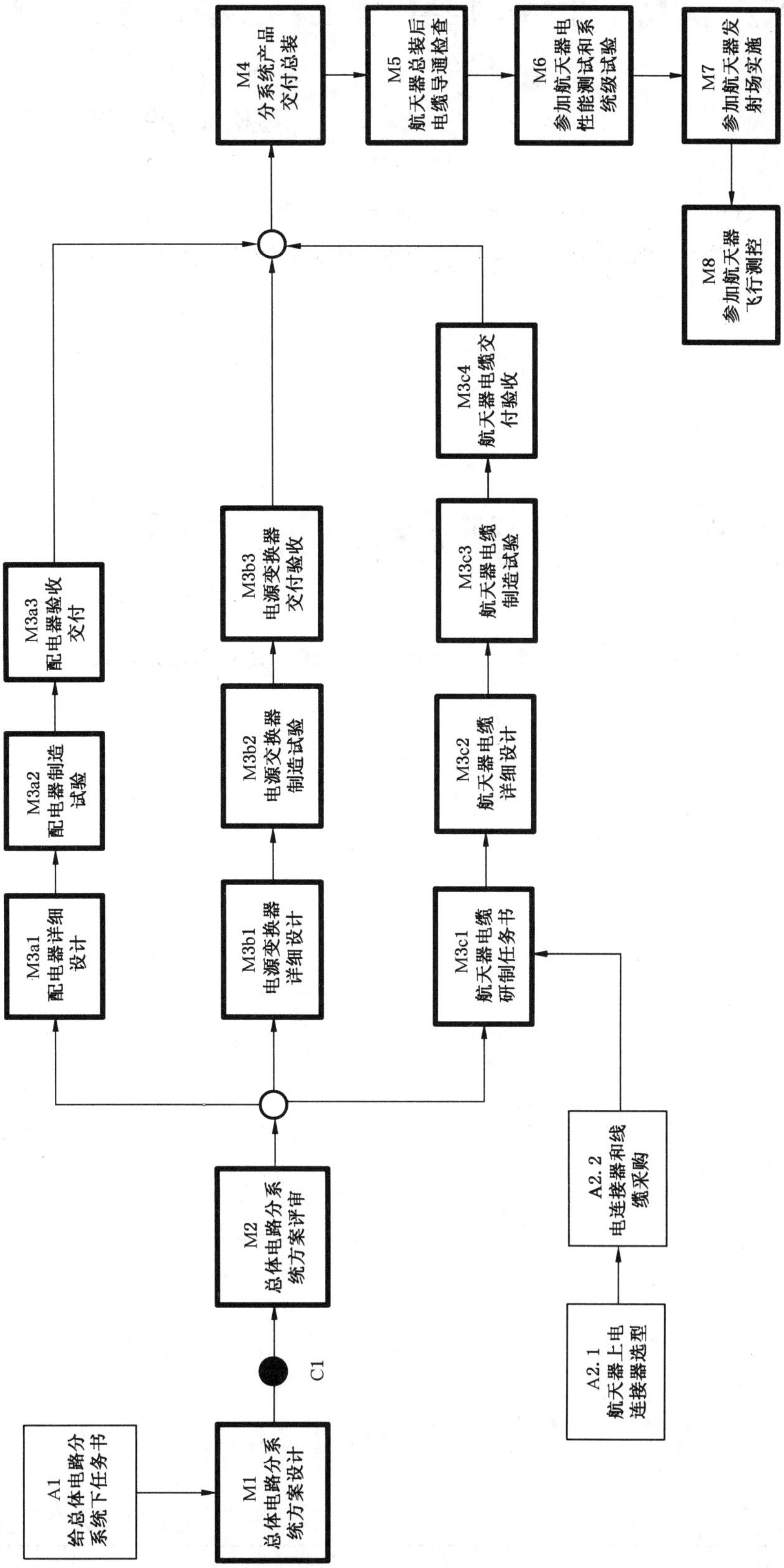

图 A.2 ××航天器总体电路分系统全过程简化研制技术流程图

ICS 49.020
V 00

中华人民共和国国家标准

GB/T 29073—2012

航天器研制计划流程编写规则

Drafting rules of schedule network for spacecraft development

2012-12-31 发布　　2013-07-01 实施

中华人民共和国国家质量监督检验检疫总局
中国国家标准化管理委员会 发布

前　言

本标准按照 GB/T 1.1—2009 给出的规则起草。

本标准由中国航天科技集团公司提出。

本标准由全国宇航技术及其应用标准化技术委员会(SAC/TC 425)归口。

本标准起草单位:中国空间技术研究院总体部。

本标准主要起草人:乐群星、戴维序、韩凤宇、陆中。

引　言

本标准属于中国航天国家标准体系。中国航天国家标准体系适用于航天领域国家标准的制修订和管理，覆盖航天管理、航天技术、航天应用与服务三大领域，是指导航天器和运载火箭项目管理、工程研制、航天发射服务、卫星在轨应用等活动的依据。

计划流程是航天器研制进度计划管理最重要的核心和抓手之一，是所有研制技术和管理活动（设计、分析、制造、试验、产品验收以及项目管理等）进度协调和控制的执行程序。为了规范和指导航天器型号研制计划流程的编写和进度管理工作，保证航天器型号按进度要求完成研制任务起到积极的作用，特制定本标准。

航天器研制计划流程编写规则

1 范围

本标准规定了航天器研制计划流程(以下简称计划流程)的相关术语、编写原则、编写依据、计划流程体系、内容及编写步骤等要求。

本标准适用于按层次划分的航天器系统级、分系统级、设备级和工作项目(含软件)计划流程的编写,也适用于按时间划分的航天器研制全过程、阶段和年度等计划流程的编写。

2 规范性引用文件

下列文件对于本文件的应用是必不可少的。凡是注日期的引用文件,仅注日期的版本适用于本文件,凡是不注日期的引用文件,其最新版本(包括所有的修改单)适用于本文件。

GB/T 29072 航天器研制技术流程编写规则

3 术语和定义

GB/T 29072 界定的以及下列术语和定义适用于本文件。

3.1

计划流程 schedule network

航天器所有研制活动(技术活动和管理活动)中进度协调的执行程序。

3.2

计划流程图 schedule network diagram

以图示表达的计划流程。

4 编写原则

4.1 计划流程的编写应以用户要求为目标。

4.2 计划流程应以技术流程为基础,在综合考虑进度、质量、风险等项目管理要素要求和人员配置、设备能力、场地限制、经费投入强度、外购件、外协件等制约条件的基础上编写。计划流程可对技术流程做出一定的调整和优化。

4.3 计划流程应分层次、分时段编写,各级计划流程应符合上一级计划流程规定的时限。

4.4 计划流程中工作项目的工期一般在保留一定裕度基础上科学合理地确定。

4.5 计划流程的编写应尽可能减少主线上的串联工作项目,缩短主线工作周期。在资源允许的情况下,尽量考虑辅线工作提前开工,等待主线工作。

4.6 所用的术语、符号、代号、方法和工具应规范统一。

5 编写依据

编写依据如下:

a) 型号研制总要求或合同中的进度要求；

b) 由总目标分解的分目标是下一级计划流程的编写依据；

c) 计划流程所对应的技术流程；

d) 型号研制管理要求；

e) 历史经验数据；

f) 资源约束条件。

6 计划流程体系

6.1 概述

计划流程体系由按工作分解结构层次划分和时间划分的全部计划流程构成。计划流程体系的起点为方案论证，终点为航天器入轨后交付使用(如通信卫星、气象卫星等)或返回地面后有效载荷等项目交付用户(如返回式卫星、载人飞船等)。顶层计划流程是系统级研制全过程计划流程，由此可派生出各级、各类计划流程。计划流程体系见表1。

表1 计划流程体系

层次	时间	名 称
系统级	全过程	系统级研制全过程计划流程、系统级软件计划流程、系统级地面试验计划流程、系统级地面支持设备计划流程
	阶段	方案阶段计划流程、初样阶段计划流程、正样阶段计划流程
	年度	年计划流程
	月度	月计划流程
分系统级	全过程	分系统研制全过程计划流程、分系统级软件计划流程、分系统级地面试验计划流程、分系统级地面支持设备计划流程
	阶段	方案阶段计划流程、初样阶段计划流程、正样阶段计划流程
	年度	年计划流程
	月度	月计划流程
设备级	全过程	单机研制计划流程、设备级软件计划流程、设备级地面试验计划流程、单检设备计划流程
	阶段	方案阶段计划流程、初样阶段计划流程、正样阶段计划流程
	年度	年计划流程
	月度	月计划流程
注1：根据需要可在各层次上编写周计划流程和日计划流程。 注2：根据需要可在各层次上编写工作项目计划流程。		

6.2 按航天器分解结构层次分类

6.2.1 系统级计划流程：描述航天器系统研制及系统与其他有关系统、系统与分系统之间关系的计划流程。系统级计划流程一般包括系统级研制全过程计划流程、系统级软件计划流程、地面试验等工作项目计划流程。

6.2.2 分系统级计划流程：描述航天器分系统研制及分系统与系统、分系统与设备之间关系的计划流程。分系统级计划流程一般包括分系统级研制全过程计划流程、分系统级软件计划流程、分系统地面试验计划流程等。

6.2.3 设备级计划流程：描述航天器设备研制的计划流程。设备级计划流程一般包括单机研制计划流程、设备级软件计划流程、设备级地面试验计划流程、单检设备计划流程等。

6.2.4 工作项目计划流程：描述航天器研制过程中某一工作项目的计划流程。工作项目计划流程可视需要在上述各层次进行编写。

6.3 按时间分类

6.3.1 研制全过程计划流程：描述航天器研制全过程的计划流程。

6.3.2 阶段计划流程：描述航天器某个研制阶段(如初样阶段等)研制过程的计划流程。

6.3.3 年计划流程：描述航天器某年度研制过程的计划流程。

6.3.4 月计划流程：描述航天器某一个月份研制过程的计划流程。

6.3.5 周、日计划流程：在月计划流程基础上，可视需要编写周计划流程和日计划流程。

7 计划流程内容

7.1 概述

计划流程由计划流程图和文字说明两部分组成。计划流程包括本计划流程规定范围内的全部工作和节点，以及逻辑关系、保障条件和责任单位等信息。

7.2 计划流程图

根据工作需要计划流程图可采用甘特图或网络图的方式，编写工具原则上要统一。计划流程图示例参见附录A。

7.3 文字说明

7.3.1 计划流程的文字说明包括计划流程标题和计划流程内容。

7.3.2 计划流程标题由型号名称(含航天器序号)、范围名称(如：分系统名称、设备名称)、时段名称(如：××阶段、××年度)或工作项目名称组成。需要时，后面加版本号。

示例1：嫦娥一号控制分系统2006年度计划流程(06-2版)。

示例2：神舟八号正样阶段热真空试验计划流程。

7.3.3 计划流程内容如下：

a) 目标：
   1) 说明本计划流程需实现的各项目标，实现目标的主要工作项目，达到目标的具体要求；
   2) 说明编写本计划流程的依据(文件名称、编号)；
   3) 说明本计划流程对应的生产配套表和文件配套表。
b) 关键项目和短线项目：识别计划流程的关键路径，进行必要的分析和采取应对措施。
c) 主要里程碑：对于工作项目较多的计划流程，应设置若干个里程碑，形成若干个分目标。一般是多项目并行工作的起点或交点，设计、制造、试验的交界点。
d) 控制点：根据产品保证管理文件要求，设置评审点或检验点。
e) 保障条件：说明尚未落实的或在研的保障条件，可根据人员、设备、材料、方法、环境五个因素加以详细说明。
f) 管理措施：为保证计划流程的实施在管理方面的规定与办法，按照计划、组织、指挥、协调、控制诸方面加以说明。
g) 其他：如计划流程对技术流程的调整说明。

7.3.4 计划流程文字说明示例参见附录B。

7.4 “文件编写计划流程”可采用表格形式，表中至少包含：序号、文件名称、交付时间、份数、文件用于工作项目名称(如用于力学试验)、编写单位。

8 编写步骤

计划流程编写步骤如下：

a) 将项目总目标分解成相应的工作目标。

b) 分析与计划流程对应的技术流程：

1) 根据技术流程的工作项目组合或分解确定适合计划流程的工作项目；

2) 增加计划流程应列入的管理工作项目。

c) 确定每一个工作项目的最可能完成周期。

d) 根据技术流程给定的技术工作规律，优化各工作项目的输入、输出关系。

e) 输入工作项目名称、计划周期、工作项目逻辑关系等数据，自动生成初步计划流程图。

f) 对初步生成的计划流程图进行分析：

1) 对照上一级计划流程给出的目标，分析符合性；

2) 考虑人员、设备、场地、其他型号任务安排、经费支持等因素，在不违背技术规律的情况下，采取调整工作项目次序、分流、增加条件等措施；

3) 调整输入数据，生成新的计划流程图；

4) 报告存在的问题，调查、研究解决办法；

5) 完成计划流程图的编写。

g) 完成文字说明的编写。

h) 进行协调和评估，根据协调和评估结果，调整、确定最终的计划流程。

i) 评审与报批。

j) 按照有关规定履行相关审批手续后进行计划流程的变更。

附　录　A
（资料性附录）
计划流程图示例

A.1　系统级研制全过程计划流程示例

图 A.1 所示为××卫星系统级研制全过程计划流程。

标识号	任务名称	工期
1	××卫星	1705 工作日
2	方案设计阶段	305 工作日
3	与用户协调技术指标	277 工作日
4	星箭耦合初步分析	126 工作日
5	签订工程研制合同	305 工作日
6	卫星方案设计	137 工作日
7	卫星总体方案评审	21 工作日
8	确定国际合作项目	148 工作日
9	引进合同谈判及签订引进合同	180 工作日
10	引进部件研制、监造、验收	450 工作日
11	初样研制阶段	745 工作日
12	卫星设计规范文件编制	30 工作日
13	下达分系统工程研制任务书	35 工作日
14	卫星平台部分初样设计及评审	65 工作日
15	平台部分电性星产品研制	180 工作日
16	平台部分电性星产品分系统试验	90 工作日
17	有效载荷分系统方案设计及评审	45.5 工作日
18	有效载荷分系统电性星产品研制	105 工作日
19	提出鉴定件、正样件电子元器件采购清单	60 工作日
20	天线、高频箱方案设计及评审	16 工作日
21	天线、高频箱初样设计及评审	60 工作日
22	天线、高频箱研制	180 工作日
23	天线的组装及试验	37 工作日
24	天线运抵北京	3 工作日
25	承力筒设计及评审	50 工作日
26	承力筒研制	120 工作日
27	承力筒静力试验	60 工作日
28	承力筒动力试验	61 工作日
29	承力筒和天线高频箱力学试验	30 工作日
30	通信舱板及热模拟件研制	180 工作日
31	通信舱板热试验	40 工作日
32	天线及高频箱热模拟件研制	231 工作日
33	天线及高频箱热试验	60 工作日
34	天线鉴定试验	322 工作日
35	整星地面测试方案设计及评审	30 工作日
36	地面测试设备研制	300 工作日
37	工艺通信舱研制、交付、运抵××	212 工作日
38	电性星通信舱总装	20 工作日
39	有效载荷分系统联试	90 工作日
40	通信舱和捕获跟踪分系统联试	30 工作日
41	卫星闭环的星-星-地联试	30 工作日
42	天线、高频箱和捕获跟踪、控制系统联试	30 工作日
43	通信舱运抵北京	3 工作日
44	电性星结构件研制及部装	212 工作日
45	平台部分电性星产品验收和交付	20 工作日
46	服务舱总装、联试	150 工作日
47	两舱对接、电性星总装	20 工作日
48	电性星联试	60 工作日
49	星地测控对接	30 工作日
50	初样电性星EMC、ESD试验	5 工作日
51	星-星-地试验	20 工作日
52	靶场合练	40 工作日
53	正样电子元器件订货、验收、筛选	450 工作日
54	平台部分鉴定产品研制	300 工作日
55	有效载荷鉴定产品研制	300 工作日
56	初样研制总结	10 工作日
57	初样转正样设计评审	14 工作日
58	正样研制阶段	904 工作日
59	下达正样研制任务书	30 工作日
60	分系统及单机正样设计评审	30 工作日
61	服务舱分系统研制、试验	270 工作日
62	服务舱分系统产品交付	10 工作日
63	有效载荷分系统产品研制	210 工作日
64	有效载荷舱研制、交付、运抵××	200 工作日
65	正样星结构部装	60 工作日
66	通信舱总装、联试	150 工作日
67	服务舱总装、联试	60 工作日
68	两舱对接及整星总装	20 工作日
69	整星测试	80 工作日
70	星地测控对接	30 工作日
71	整星EMC、ESD试验	5 工作日
72	星-星-地联合试验	30 工作日
73	整星力学环境试验	10 工作日
74	整星真空热试验	20 工作日
75	整星检漏、精测、质量特性测量	15 工作日
76	整星老炼试验	30 工作日
77	分系统、整星出厂评审	15 工作日
78	出厂准备及待命出厂	3 工作日

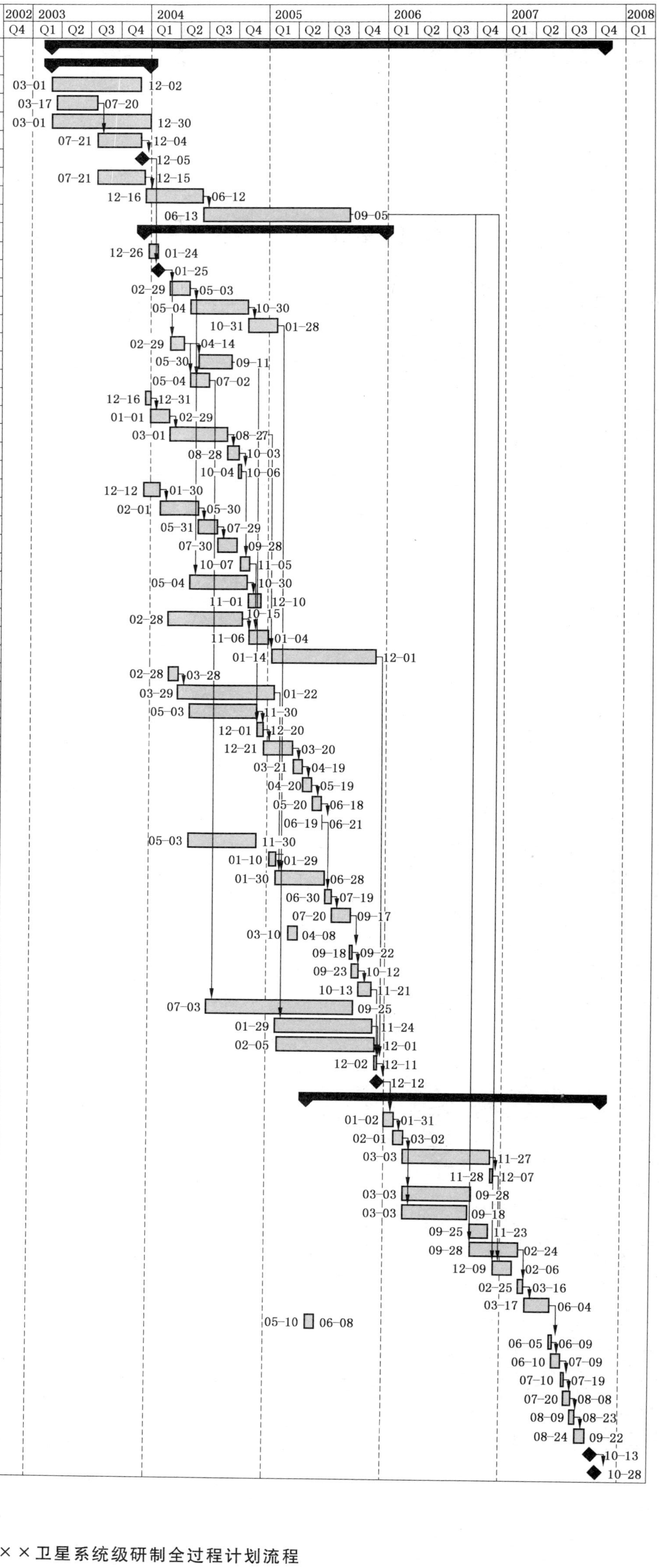

图 A.1　××卫星系统级研制全过程计划流程

A.2 正样阶段计划流程示例

图 A.2 所示为××卫星正样阶段计划流程。

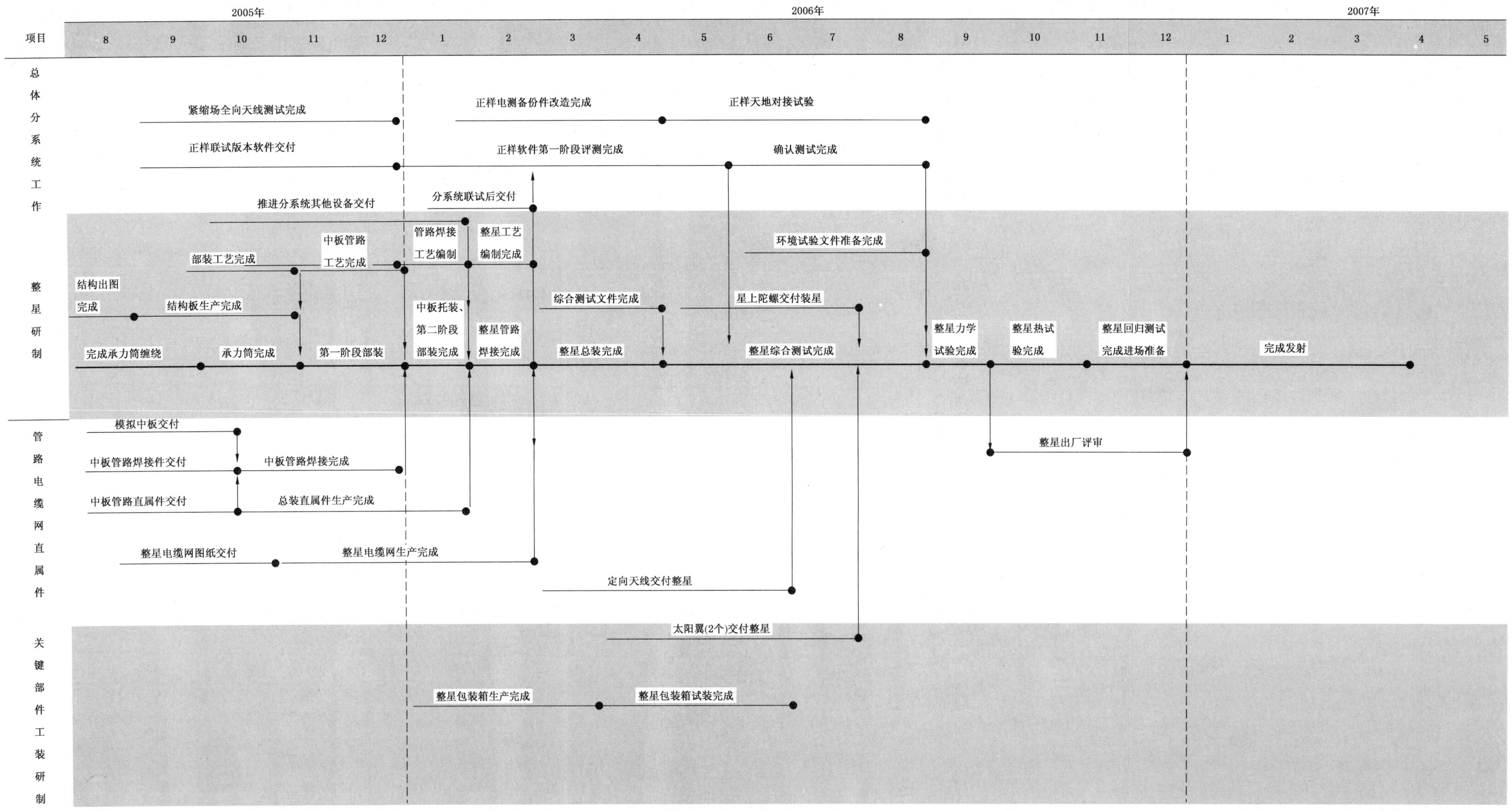

图 A.2 ××卫星正样阶段计划流程

A.3 分系统正样阶段计划流程示例

图 A.3 所示为××卫星××分系统正样阶段计划流程。

任务名称	工期
××卫星××分系统正样阶段	587 工作日
××分系统	587 工作日
分系统转正样设计报告编写	15 工作日
分系统转正样设计评审	2 工作日
单机研制	580 工作日
S波段测控天线	165 工作日
整机设计(无源)	48 工作日
整机设计评审	24 工作日
元器件、原材料采购	57 工作日
生产文件、图纸下发	11 工作日
生产准备和零部件加工	82 工作日
天线电性能测试	10 工作日
整机环境试验	5 工作日
整机验收	10 工作日
C波段应答机1、2	181 工作日
任务书下发	2 工作日
整机设计	34 工作日
整机设计评审	30 工作日
元器件、原材料采购	46 工作日
生产文件、图纸下发	10 工作日
生产准备和零部件加工	31 工作日
整机装配集成(有源)	49 工作日
整机调试	12 工作日
整机环境试验	22 工作日
EMC试验、整机测试、数据整理判读	2 工作日
整机验收	8 工作日
分路滤波器	580 工作日
整机设计(无源)	61 工作日
整机设计评审	24 工作日
元器件、原材料采购	6 工作日
生产文件、图纸下发	11 工作日
生产准备和零部件加工	25 工作日
整机调试(无源)	20 工作日
整机环境试验	9 工作日
EMC试验、整机测试、数据整理判读	2 工作日
整机验收	9 工作日
合成器	580 工作日
整机设计(无源)	61 工作日
整机设计评审	24 工作日
元器件、原材料采购	6 工作日
生产文件、图纸下发	11 工作日
生产准备和零部件加工	20 工作日
整机调试(无源)	17 工作日
整机环境试验	9 工作日
EMC试验、整机测试、数据整理判读	2 工作日
整机验收	8 工作日
分系统AIT	464 工作日
分系统联试文件编写	15 工作日
设备验收装舱	3 工作日
高频电缆取样制作	4 工作日
分系统链路测试	2 工作日
分系统验收测试	3 工作日
分系统验收文件编写	32 工作日
分系统出所质量评审	1 工作日
分系统验收交付	2 工作日

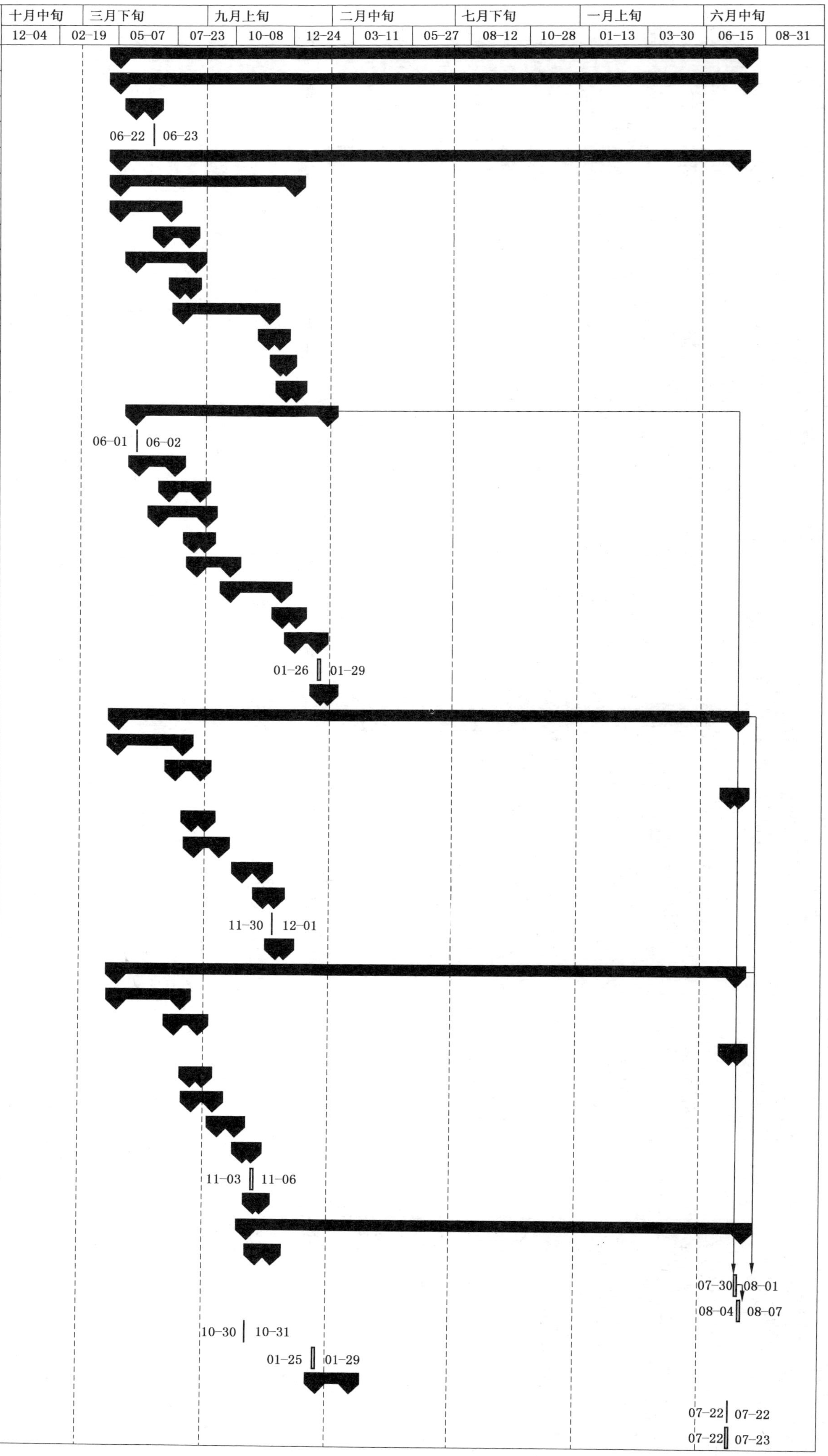

图 A.3 ××卫星××分系统正样阶段计划流程

A.4 分系统级工作项目计划流程示例

图 A.4 所示为××卫星分系统级工作项目计划流程。

标识号	任务名称	工期
0	××卫星天线联合振动试验工作项目计划流程图	22.3工作日
1	××卫星中心承力筒和天线联合振动试验专题计划	22.3工作日
2	天线运到试验大厅、天线吊具及支架车就位	0 工作日
3	天线和承力筒试装配	1 工作日
4	天线的加速度传感器粘贴	0.5 工作日
5	承力筒交接	0.2 工作日
6	承力筒上振动台	0.3 工作日
7	天线安装	0.5 工作日
8	试验技术状态确认	2 工作日
9	*X*向振动试验、结果评估及试验确认	1 工作日
10	*Z*向振动试验准备	1 工作日
11	天线的拆除	0.2 工作日
12	承力筒下台、台体转向	0.5 工作日
13	承力筒上台和天线安装	0.3 工作日
14	*Z*向振动试验、结果评估及试验确认	1 工作日
15	*Y*振动试验准备	1 工作日
16	天线的拆除	0.2 工作日
17	承力筒下台、台体转向	0.5 工作日
18	承力筒上台和天线安装	0.3 工作日
19	*Y*向振动试验、结果评估及试验确认	1 工作日
20	天线拆除	0.3 工作日
21	天线和高频箱分解	0.7 工作日
22	承力筒下台	0.5 工作日
23	配重块拆除	3 工作日
24	承力筒交接及运回生产厂	0.5 工作日
25	承力筒探伤	5 工作日

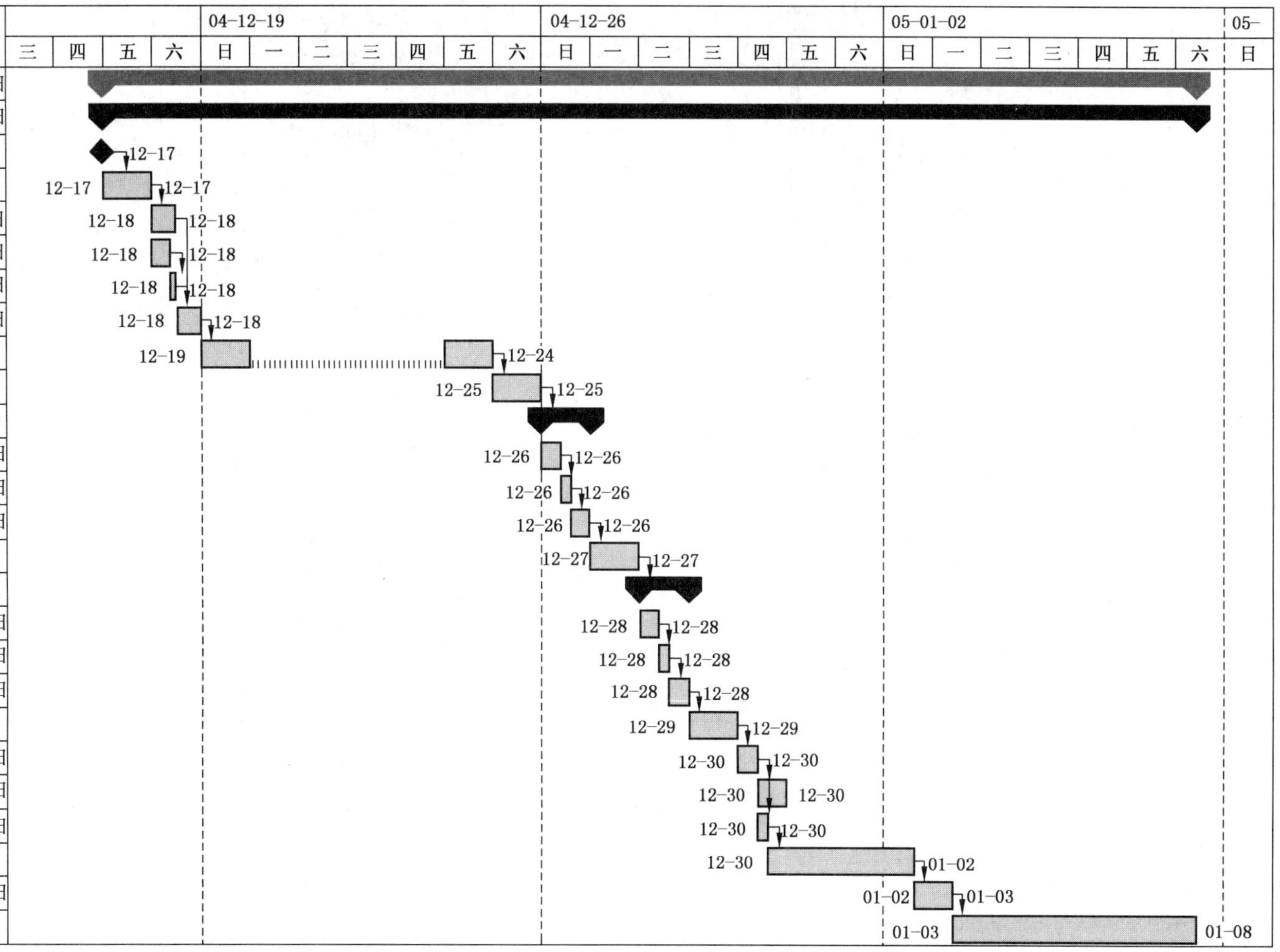

图 A.4 ××卫星分系统级工作项目计划流程

附　录　B
（资料性附录）
计划流程文字说明示例

B.1　目标

本计划流程以完成××卫星太阳翼研制，提供质量合格的太阳翼为目标。

本计划流程的编写依据包括：

a)　卫星总体对太阳翼机械部分技术要求；

b)　卫星研制计划流程编写规定；

c)　××卫星太阳翼机械部分设计报告；

d)　××卫星太阳翼机械部分部装技术要求。

完成太阳翼研制和交付的产品配套表。

B.2　关键（短线）项目

本计划流程关键（短线）项目如下：

a)　基板和连接架任务书和出图；

b)　生产；

c)　部装；

d)　试验及评估；

e)　展开测试；

f)　交付。

B.3　主要里程碑

根据计划要求，太阳翼需在20××年××月××日完成环境试验和交付。因此，作为太阳翼研制有关人员的首要职责就是确保考核计划节点按要求完成。其研制计划里程碑见表B.1。

表B.1　太阳翼研制计划里程碑

序号	工作项目	完成日期	说明
1	图样下发	20××-××-××	—
2	机构验收	20××-××-××	—
3	基板和连接架验收	20××-××-××	—
4	部装验收	20××-××-××	—
5	力学环境试验	20××-××-××	—
6	出厂交付评审	20××-××-××	—

B.4 控制点

根据设计文件和以往研制经验教训，设立以下强制检验点和质量控制点，设计人员应进行跟产控制以保证太阳翼生产过程的质量控制。

a) 设计文件和图样审签(质量控制点)；

b) 太阳翼力学试验(质量控制点)；

c) 交付评审(质量控制点)。

B.5 保障条件

B.5.1 场地和工装

根据太阳翼研制计划，场地工装已经协调落实。

B.5.2 人员冲突

根据太阳翼研制计划，在××时段，骨干研制人员A和B同时还承担其他研制任务，在本任务投入精力不足。已经向研究室提出人员需求申请，将于××月××日再次向研究室确认。

B.5.3 技术风险

该太阳翼属于成熟产品，研制没有技术风险。

B.6 管理措施

B.6.1 编写可操作、可检查、可控制的计划流程。

B.6.2 加强沟通。应使参与此工作所有人员都知道计划要求和条件保障，防止参加研制的各单位在接口工作中出现工作疏忽。

B.6.3 超前管理。根据计划流程，提前检查落实人员、设备、材料、方法、环境要素的准备落实情况，特别是部装工装、场地、人员条件落实，如了解外协或物资订货周期，按计划要求提前订货或投产。

ICS 49.045
V 25

中华人民共和国国家标准

GB/T 29074—2012

宇航元器件鉴定要求

Requirements for qualification of space components

2012-12-31 发布 2013-07-01 实施

中华人民共和国国家质量监督检验检疫总局
中国国家标准化管理委员会 发布

前　言

本标准按照 GB/T 1.1—2009 给出的规则起草。

本标准由中国航天科技集团公司提出。

本标准由全国宇航技术及其应用标准化技术委员会(SAC/TC 425)归口。

本标准起草单位:中国空间技术研究院。

本标准主要起草人:王建国、夏泓、张红旗、朱恒静、韩水珍、李海燕。

引　　言

本标准属于中国航天国家标准体系。中国航天国家标准体系适用于航天领域国家标准的制修订和管理，覆盖航天管理、航天技术、航天应用与服务三大领域，是指导航天器和运载火箭项目管理、工程研制、航天发射服务、卫星在轨应用等活动的依据。

航天型号电子系统性能的提升是以元器件性能指标的提升为基础的，其质量等级确定和长期稳定供应是宇航用元器件管理必须解决的重要问题。随着元器件技术发展的日新月异，高集成度、高性能、高指标的元器件层出不穷，但其是否符合宇航应用要求，需要按照相应准则开展鉴定工作。同时，国际空间合作的日益广泛，在元器件选用认证方面也需要有规范统一的鉴定准则。因此，为进一步指导和规范宇航用元器件的鉴定，保证产品质量，特制定本标准。

宇航元器件鉴定要求

1 范围

本标准规定了宇航元器件的鉴定条件、评估要求、鉴定试验及鉴定全过程的管理和技术要求。

本标准适用于宇航元器件鉴定机构对国产宇航元器件的鉴定，其他情况下的元器件需要进行鉴定时可参照执行。

2 规范性引用文件

下列文件对于本文件的应用是必不可少的。凡是注日期的引用文件，仅注日期的版本适用于本文件，凡是不注日期的引用文件，其最新版本(包括所有的修改单)适用于本文件。

GB/T 19000 质量管理体系 基础和术语

GB/T 19001 质量管理体系 要求

GB/T 19011 质量和(或)环境管理体系审核指南

3 术语和定义

GB/T 19000 界定的以及下列术语和定义适用于本文件。

3.1

过程确认文件 process identification document

与特定元器件生产过程控制有关的所有文件，包括：

a) 生产流程图；

b) 工艺规范；

c) 检验程序；

d) 元器件的结构(含图片)；

e) 试验程序；

f) 生产厂相关的质量管理文件。

3.2

不一致 non-conformance

与元器件所适用的文件中的某一特性的偏离。

4 缩略语

下列缩略语适用于本文件。

CA —— construction analysis，结构分析；

DPA —— destructive physical analysis，破坏性物理分析；

PID —— process identification document，过程确认文件；

QDSC—— qualification department for space components，宇航元器件鉴定机构；

QPLS——qualified parts lists for space，宇航鉴定合格元器件目录。

5 鉴定的一般要求

5.1 需要鉴定的条件

下列条件下应开展鉴定活动：

a) 拟用于宇航型号的新型元器件；

b) QPLS 内 2 年(含)以上未生产的元器件；

c) 元器件因设计、工艺、结构等技术状态发生重大改变的；

d) 出现严重批次性本质失效质量问题；

e) 其他有鉴定需求的情况。

5.2 鉴定程序

为了选择满足要求的宇航元器件，应严格按照本标准规定的程序进行鉴定，分为三个阶段：

a) 初步评估阶段，包括生产厂提出申请，QPLS 对资料进行审查，对元器件进行 CA 等；

b) 详细评估阶段，包括 QPLS 对元器件生产厂进行审查、进行元器件的验证评价等；

c) 鉴定试验阶段，包括元器件生产厂进行鉴定样品的生产，进行鉴定试验等。

鉴定流程见图 1。初始鉴定资格获得的判定流程见图 2，鉴定资格延续的判定流程见图 3，鉴定终止后恢复的判定流程见图 4。

6 初步评估

6.1 鉴定活动的提出

鉴定活动应在生产厂向 QDSC 提交正式申请报告后进行，提出单位可以是具体使用方、元器件生产厂或 QDSC。

6.2 申请报告的要求

申请报告的内容应包含生产厂组织结构的信息、元器件信息、生产和质量控制方法、适用的元器件通用规范和详细规范、关键工序和工艺、重要的生产和试验活动、产品工艺流程、质量保证大纲、PID 等。

生产厂应提供用户使用经历的证明，证明元器件的生产有一定的年份，并且生产厂应提供愿意按照本标准的规定，进行元器件的评估和鉴定以及相关活动的书面承诺。

6.3 申请报告的审查

QDSC 应对申请报告及相关资料进行审查，必要时，可要求生产厂补充提供文件资料和信息或到生产厂进行现场调研。

6.4 结构分析(CA)

申请资料审查通过后，QDSC 对生产厂提供的样品进行 CA。必要时，可要求生产厂补充提供样品。

6.5 初步评估结论

CA 的结果满足 QDSC 要求时通过初步评审，按第 7 章要求开展详细评估。

7 详细评估

7.1 生产厂审查

生产厂的审查由QDSC按GB/T 19001、GB/T 19011、元器件PID文件及其他文件的要求进行。审查内容应至少包括以下方面：

a) 整个生产厂设施及其组织和管理；
b) 生产厂的质量管理体系运行情况；
c) 待鉴定元器件的生产线控制情况；
d) 待鉴定的元器件工艺控制情况。

7.2 元器件验证

验证试验应由QDSC组织，生产厂完成。验证内容应至少包括以下方面：

a) 制定元器件的验证试验方案；
b) 进行元器件的验证试验；
c) 生产厂对验证结果进行分析，改进设计或生产过程控制；
d) 生产厂完善PID。

7.3 生产厂改进

生产厂应根据评估结果，制定整改计划，采取必要纠正措施，完成验证过程中提出的问题的整改工作，固化PID及相应的配套文件。

7.4 评估结论

QDSC对生产厂的整改结果进行检查，并对PID文件进行确认，结果满足要求时，通过详细评估，按第8章要求开展鉴定试验阶段相关工作。

8 鉴定试验

8.1 鉴定样品准备

生产厂应按PID进行鉴定样品的生产制造和质量控制，并提供生产计划，内容应包括生产和试验的所有关键工序和工艺、重要的生产和试验活动的开始日期，QDSC应对制造过程进行监督。生产厂应按相应元器件通用规范的规定完成鉴定样品的筛选和最终测试。

8.2 鉴定试验实施

鉴定试验应按相应的现行有效的通用规范的规定进行抽样。试验可以由QDSC完成，或在QDSC监督下由生产厂完成，或由QDSC和生产厂认可的国家第三方试验机构完成。

8.3 鉴定试验结论

8.3.1 鉴定试验结束后，鉴定试验实施单位对鉴定试验资料和数据进行分析，完成鉴定试验报告，给出鉴定试验结论。

8.3.2 如果未通过鉴定试验，生产厂应对未通过的原因进行分析，采取必要的纠正措施，经过QDSC审查确认后，按8.1、8.2的要求重新进行鉴定。

9 初始鉴定资格审批

QDSC 对鉴定试验报告和整个鉴定过程中形成的报告和文件进行审查，如果满足要求，QDSC 将正式批准鉴定通过，将被鉴定的元器件列入 QPLS，并正式颁发鉴定合格证书。鉴定资格有效期为 2 年，自鉴定被正式批准起计算。初始鉴定资格获得的判定见图 2。

10 鉴定合格资格的维持

10.1 维持的要求

生产厂应按照本标准及适用的通用规范进行鉴定维持，任何可能影响鉴定有效性的信息都应通报给 QDSC。对于维持过程中的不一致问题，生产厂应按照相应的文件要求处理。鉴定维持的要求如下：

a) 应严格执行 PID；

b) 生产厂对每一生产批产品都应留有记录；

c) 与 PID 不一致的问题，生产厂按照相应的文件要求进行处理；

d) 生产厂收到使用方质量问题反馈报警信息时，应立即进行必要的调查，提出处理意见，如果涉及 PID 的更改，应报 QDSC。

10.2 鉴定合格资格延续的审批

在合格资质期满前 3 个月，生产厂应提交包括按 PID 生产的产品质量一致性试验报告、不一致处理报告在内的记录文件，以证明在合格有效期间，生产厂按 PID 执行，满足 10.1 的要求。QDSC 审查通过后，正式批准生产厂鉴定资格延续，更换鉴定合格证书，并修订 QPLS。鉴定资格延续的判定流程见图 3。新的鉴定合格证书采用在原合格证书序号增加字母的形式，如 A(表示第一次更新)、B(表示第二次更新)等，但不应使用 I、O、X。

11 鉴定合格资格的终止

11.1 鉴定合格资格的终止条件

如果鉴定合格证书的延续没有批准，那么自现行证书期满之日起，鉴定合格资格被终止。

11.2 鉴定合格资格终止后的通报

11.2.1 鉴定合格资格终止的 6 个月内，QDSC 应及时更新 QPLS，并进行解释说明，说明的内容应至少包括鉴定终止的产品型号，终止的日期。

11.2.2 鉴定合格资格终止的 12 个月内，QDSC 将检查并决定是否需要进行鉴定的延续或重新鉴定。

11.2.3 鉴定合格资格终止超过 18 个月，QDSC 将从 QPLS 中删除其鉴定资格。

11.3 恢复鉴定合格资格的审批

11.3.1 鉴定资格终止之后，可在 11.2 规定的时间内恢复鉴定合格资质。生产厂应提供报告能够证明元器件的原有评估依然有效，然后进行抽样 DPA、生产厂审查以及终止期内的试验记录的检查，如果该检查通过，QDSC 恢复其鉴定合格资格。如果 DPA 不通过，则需要按通用规范的要求进行质量一致性试验。

11.3.2 如果以上审查和评价未通过，生产厂需要按照本标准重新进行初始鉴定。

11.3.3 鉴定资格终止后恢复鉴定资格的判定见图 4。

11.4 鉴定合格资格的取消

当生产厂不能满足初始鉴定的要求或有下列情况出现时，生产厂的鉴定合格资格将被取消：

a) 生产厂 2 年未生产通过鉴定的元器件；

b) 元器件的设计、工艺、结构等技术状态发生重大改变，未经过 QDSC 认可；

c) 在一个鉴定有效期内，交付用户后的产品在使用中出现严重批次性本质失效质量问题。

12 系列元器件鉴定

系列元器件是使用不同电路，但源于相同的设计、技术和组装程序的一些元器件。可以按照相应的通用规范和详细规范对该系列元器件进行评估，并抽取代表元器件进行鉴定试验，代表元器件鉴定通过后，则认可该系列元器件通过鉴定。

13 鉴定资格合格证要求

应及时颁发通过鉴定的元器件鉴定合格证，以证明其具备供货的能力，鉴定资格合格证应包括以下的信息：

a) 公司名称；

b) 产品型号；

c) 主要技术参数概要；

d) 质量等级；

e) 通用规范和详细规范号以及版本号；

f) PID 编号以及版本号；

g) 证书颁发日期以及有效期；

h) 证书颁发单位及盖章。

14 文件和记录要求

14.1 文件

14.1.1 待鉴定元器件的 PID 应由生产厂编制和批准，由 QDSC 确认。PID 应按照相应的文件要求进行编制。

14.1.2 与产品相关的所有配套文件，在鉴定样品投产之前，应进行固化，并且经过 QDSC 确认。

14.2 记录

14.2.1 生产厂应保留通过鉴定的元器件所有记录，尤其是试验中发现的有缺陷元器件的相关记录。必要时，生产厂应进行必要的失效分析，以确认失效的原因，并采取措施予以改进。

14.2.2 与交付产品有关的筛选试验报告和数据、质量一致性或例行试验报告和数据、X 射线照片、DPA 报告和样品以及其他特殊试验数据应在生产厂保存至少 20 年。

15 信息通报要求

15.1 应建立生产厂、QDSC 之间的信息交换渠道，保证产品的质量信息能及时进行交换。

15.2 元器件在设计、材料、生产、试验或过程控制中出现任何影响产品初始鉴定状态的情况，或在生产中出现任何重复失效，生产厂应该立即调查并采取必要的行动，并将该问题的信息以及生产厂的应对措施通报给 QDSC，否则，鉴定合格资格将被取消。

15.3 当出现不一致问题后，生产厂应按照相应的文件要求启动不一致控制程序。

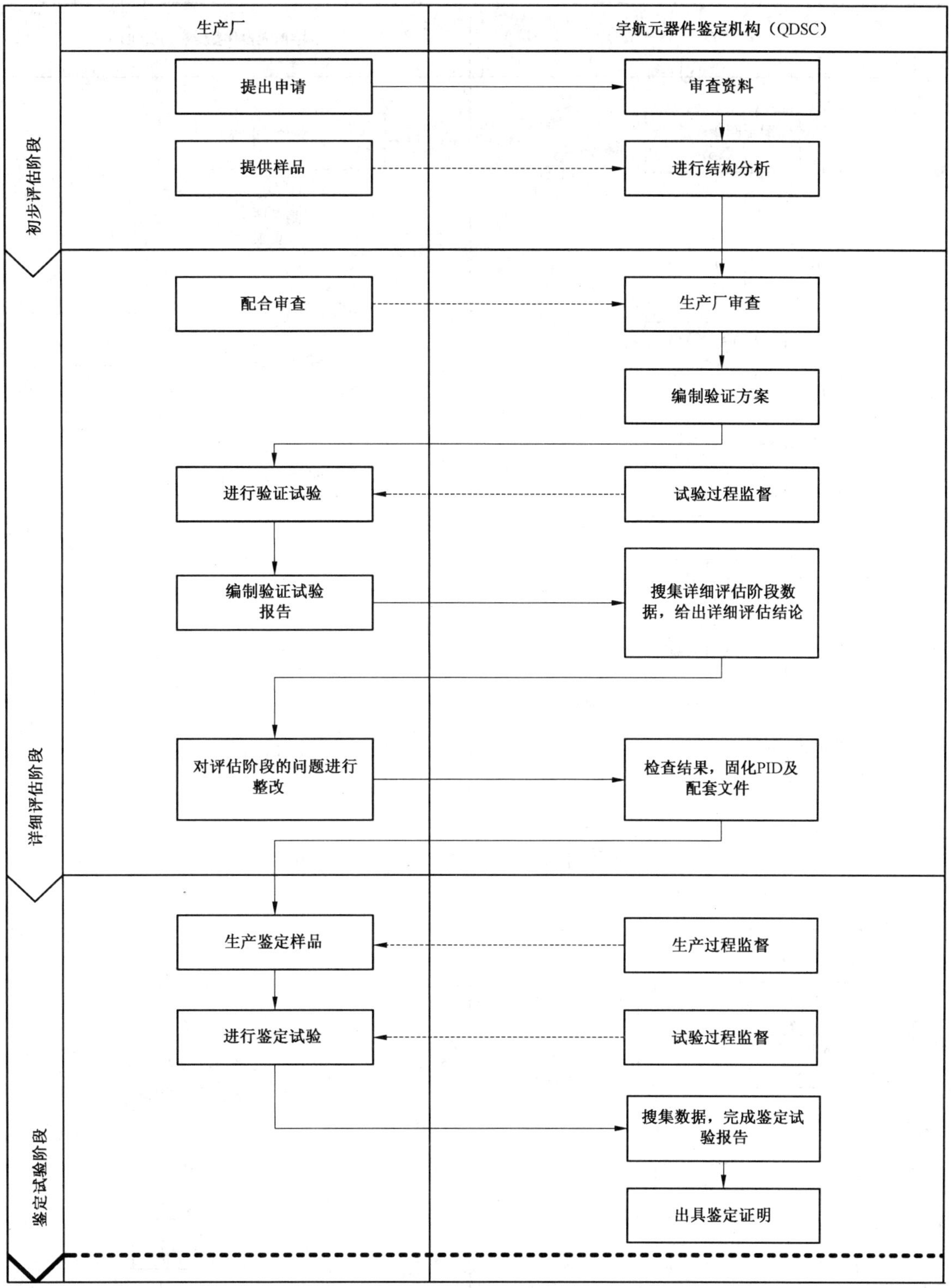

生产厂
宇航元器件鉴定机构（QDSC）
初步评估阶段
提出申请
审查资料
提供样品
进行结构分析
详细评估阶段
配合审查
生产厂审查
编制验证方案
进行验证试验
试验过程监督
编制验证试验报告
搜集详细评估阶段数据，给出详细评估结论
对评估阶段的问题进行整改
检查结果，固化PID及配套文件
鉴定试验阶段
生产鉴定样品
生产过程监督
进行鉴定试验
试验过程监督
搜集数据，完成鉴定试验报告
出具鉴定证明

图 1　鉴定流程

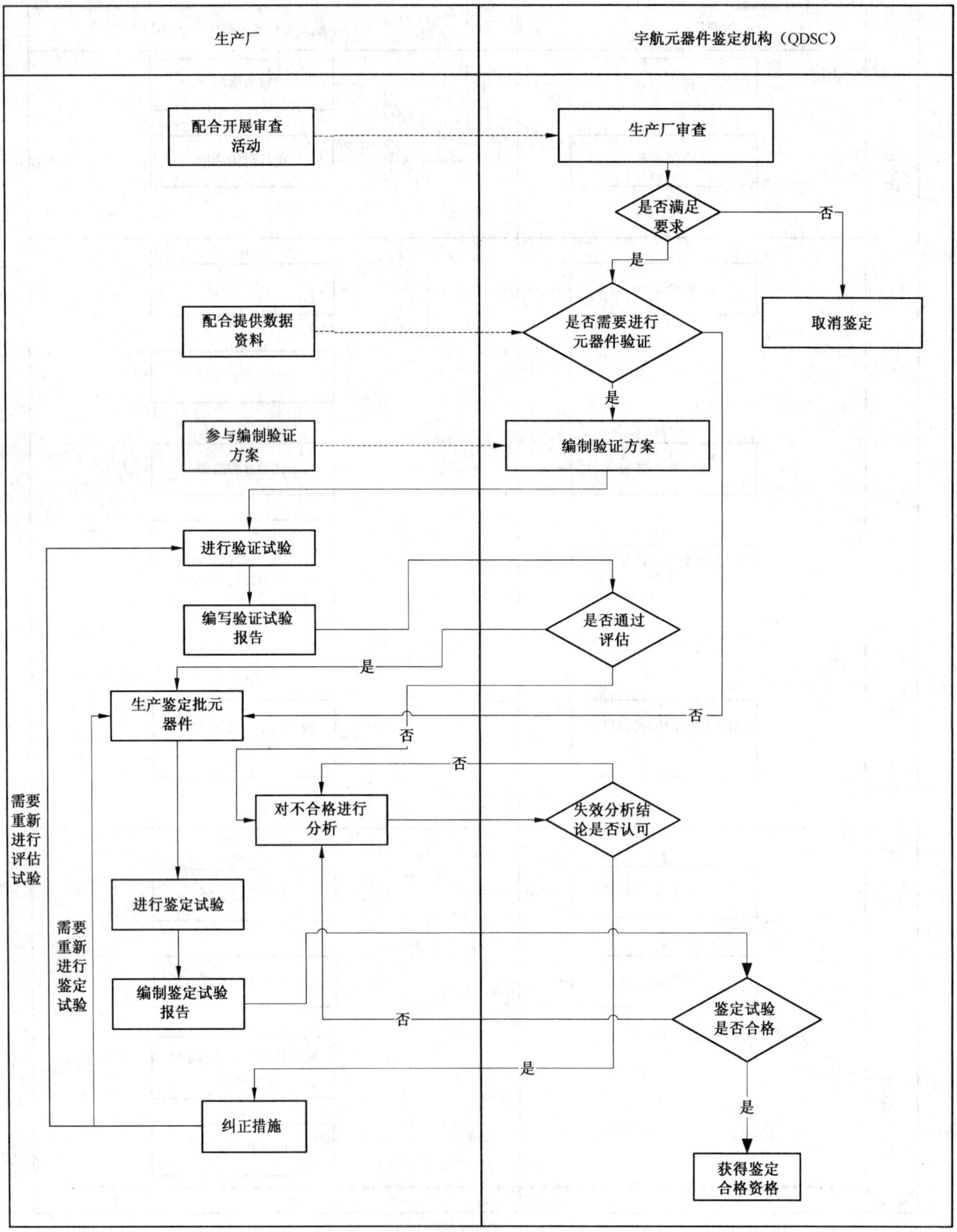

图 2　初始鉴定资格获得的判定流程

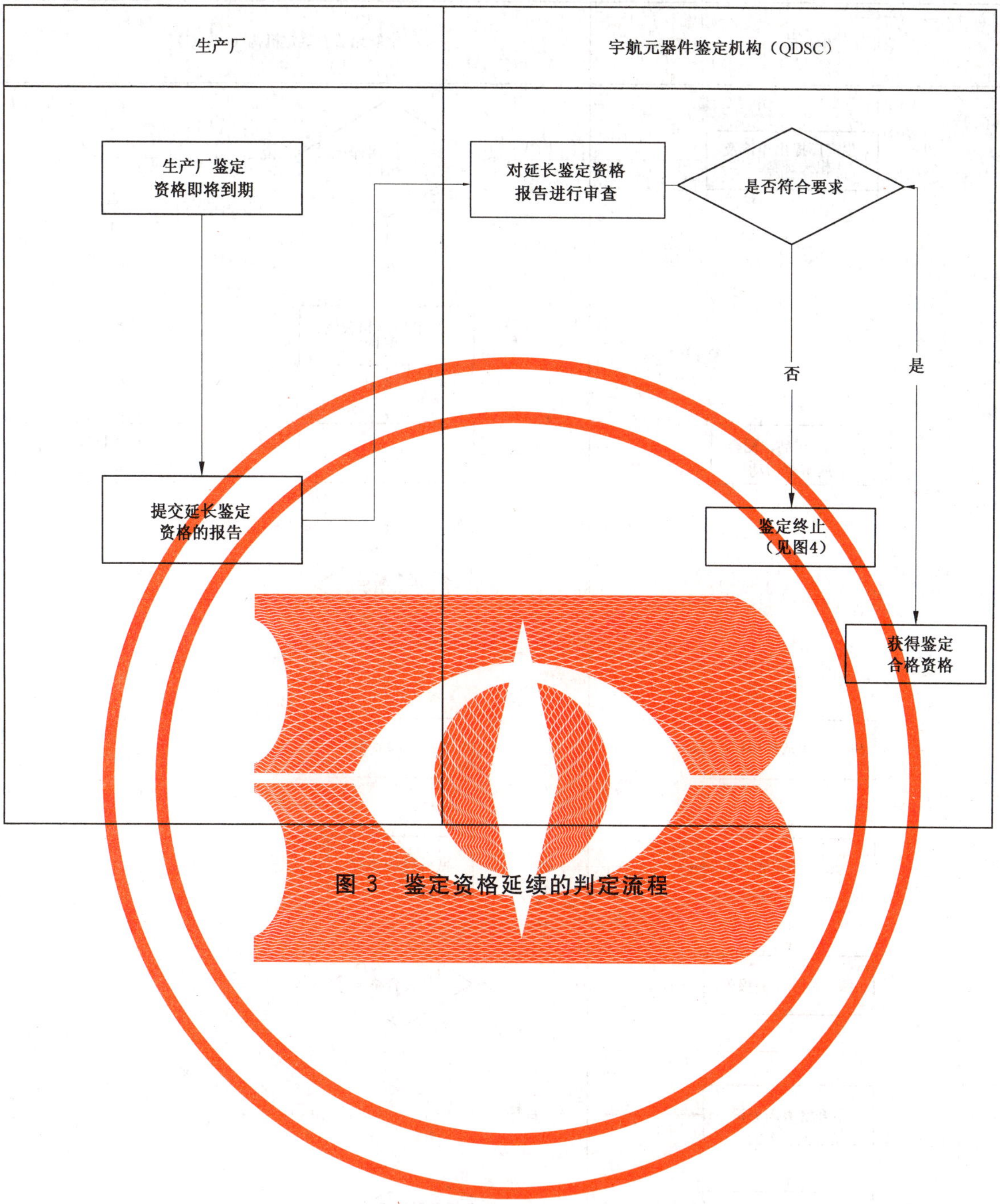

图3 鉴定资格延续的判定流程

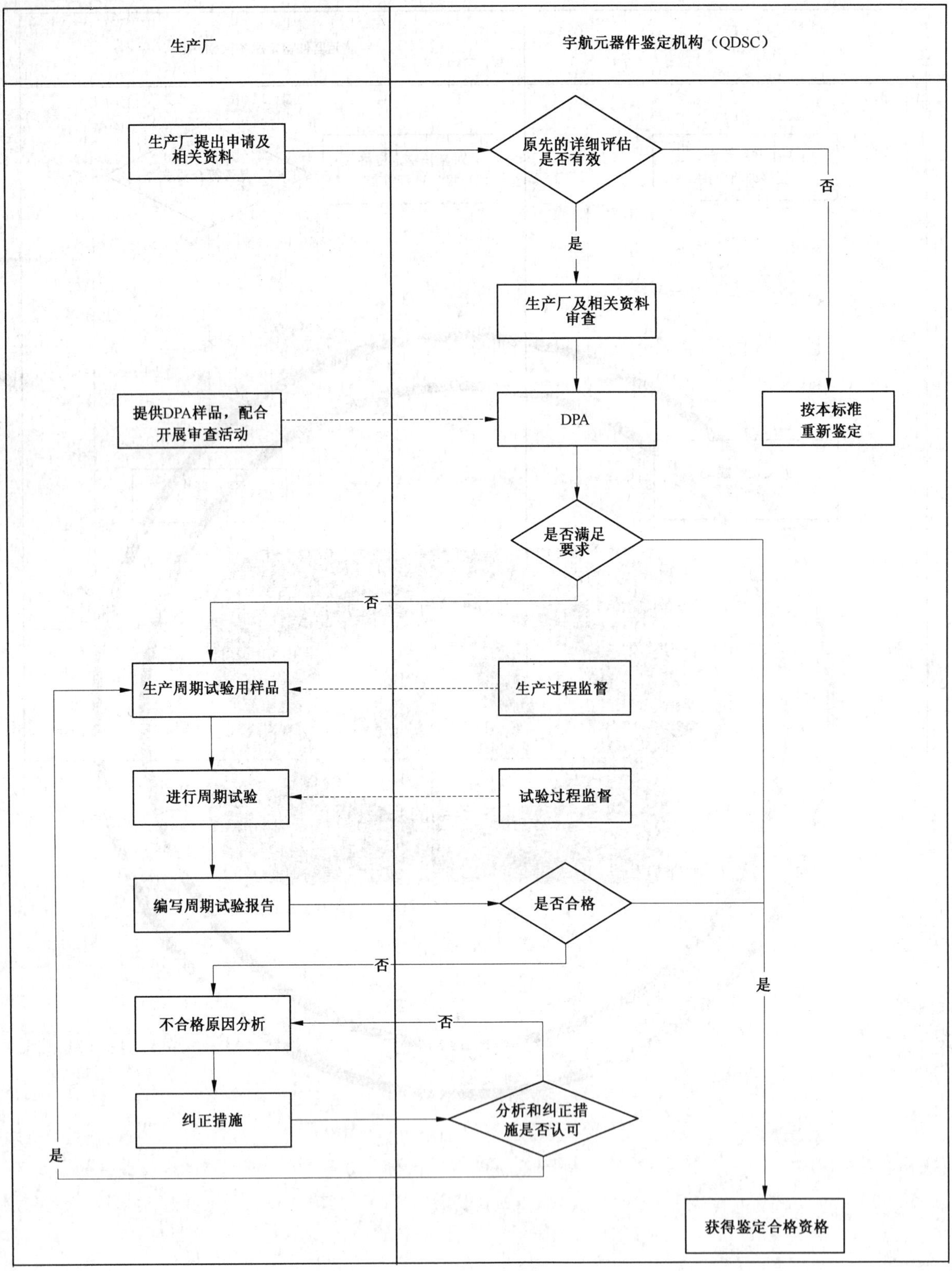

图 4　鉴定终止后恢复的判定流程

ICS 49.140
V 05

中华人民共和国国家标准

GB/T 29075—2012

航天器概率风险评估程序

Probabilistic risk assessment procedure for spacecrafts

2012-12-31 发布 2013-07-01 实施

中华人民共和国国家质量监督检验检疫总局
中国国家标准化管理委员会 发布

前　言

本标准按照 GB/T 1.1—2009 给出的规则起草。

本标准由中国航天科技集团公司提出。

本标准由全国宇航技术及其应用标准化技术委员会(SAC/TC 425)归口。

本标准起草单位:中国航天标准化研究所、中国航天运载火箭技术研究院、中国航天空间技术研究院、上海航天技术研究院、中国航天科工集团第二研究院、中国航天科工集团第三研究院。

本标准主要起草人:郑恒、刘春雷、遇今、卿寿松、顾长鸿、任立明、陈凤熹、周海京、李福秋、刘金燕、周倜、邵德生、肖名鑫、刘志全、谷岩、王静、郑云青、刘志、饶枝建、刘婷、王晶燕、李文钊、赵海涛。

引　　言

本标准属于中国航天国家标准体系。中国航天国家标准体系适用于航天领域国家标准的制修订和管理，覆盖航天管理、航天技术、航天应用与服务三大领域，是指导航天器和运载火箭项目管理、工程研制、航天发射服务、卫星在轨应用等活动的依据。

航天器系统复杂、技术密集，在其研制和运行过程中存在很高的安全风险和任务风险。作为最具系统性的定量风险评估方法，概率风险评估技术可以定量评估航天器的安全风险和任务风险，识别系统、分系统和设备的薄弱环节，为设计方案优化权衡、可靠性安全性关键项目确定、风险控制策略制定及风险跟踪提供量化依据和决策支持。为进一步推广和规范概率风险评估技术在航天领域及其相关行业的应用实践，提升我国技术风险量化分析与控制水平，特制定本标准。

航天器概率风险评估程序

1 范围

本标准规定了航天器概率风险评估(PRA)的一般要求、总体流程和实施程序。

本标准适用于定量评估航天器的系统、分系统及设备的安全风险或任务风险。

2 规范性引用文件

下列文件对于本文件的应用是必不可少的。凡是注日期的引用文件,仅注日期的版本适用于本文件。凡是不注日期的引用文件,其最新版本(包括所有的修改单)适用于本文件。

GB/T 2900.13 电工术语 可信性与服务质量

GB/T 4888 故障树名词术语和符号

GB/T 7826 系统可靠性分析技术 失效模式和效应分析(FMEA)程序

GB/T 7829 故障树分析程序

3 术语和定义

GB/T 2900.13 和 GB/T 4888 界定的以及下列术语和定义适用于本文件。

3.1

概率风险评估 probabilistic risk assessment

一种综合运用多种事件链建模和不确定性分析技术,识别与定量评估复杂系统风险,为系统全寿命周期风险管理决策提供支持的结构化、集成化的逻辑分析方法。

4 缩略语

下列缩略语适用于本文件。

ESD ——event sequence diagram,事件序列图;

FMEA ——fault modes and effects analysis,故障模式与影响分析;

FRACAS——failure reporting,analysis and corrective action system,故障报告、分析和纠正措施系统;

IE ——initiating event,初因事件;

MLD ——master logic diagram,主逻辑图;

PRA ——probabilistic risk assessment,概率风险评估。

5 一般要求

实施 PRA 的一般要求包括:

a) 在航天器研制和使用不同阶段的 PRA 实施重点见表 1。

b) 在可靠性安全性策划过程中应考虑 PRA 工作的深度和广度,并制定实施计划,协调工作进展。

c) PRA 评审可与产品的可靠性安全性评审同步进行，必要时应组织专项评审；PRA 评审重点是实施过程中采用的方法、信息、数据来源、工程判断以及假设等的正确性、适用性及与评估目标的符合性等。

d) PRA 工作需要的及产生的各种数据应该利用产品的危险跟踪系统或故障报告、分析和纠正措施系统(FRACAS)进行传递和交流。

表 1 研制和使用不同阶段 PRA 实施重点

阶　段	实施重点
方案阶段	评估各设计方案的风险，进行方案权衡；识别主要的风险因素，提出降低风险的设计改进措施
初样阶段	综合利用仿真数据、部分试验数据和专家判断数据，评估产品的安全风险和任务风险及其对安全性和可靠性要求的满足程度；识别风险因素，提出降低风险的措施
正样阶段	主要利用试验数据，并结合其他数据来评估产品的安全风险和任务风险，判别产品技术状态是否满足可靠性和安全性要求，支持发射、部署等工程决策
使用阶段	利用使用过程的观测数据进行风险计算和自动风险监控；评估常规或应急的操作、维修程序对安全风险和任务风险的影响，提出降低风险的操作或维修策略；评估不同的技术升级方案的风险，提出风险最小、效益最高的技术升级方案

6 PRA 总体流程

PRA 总体流程如图 1 所示，具体包括以下九个步骤：

a) 步骤一：定义目标和范围。确定出应用目标、分析的深度和广度、所关注的后果状态，以及所需的信息来源。

b) 步骤二：熟悉系统。全面熟悉所要分析的系统，包括任务剖面及系统配置、任务及系统成功准则、操作规程及工程经验等。

c) 步骤三：识别初因事件。在系统功能分析的基础上，针对所关注的后果状态，利用主逻辑图和 FMEA 等方法识别初因事件，并进行整理分类，得出初因事件列表。

d) 步骤四：事件链建模。针对每一初因事件，在考虑后续事件发生的先后次序，以及后果状态的多样性的情况下，利用事件序列图或等价的事件树，构建出事件链模型。

e) 步骤五：故障建模。对于事件链上复杂的初因事件或中间事件的故障(失效)，需要进一步建模，故障建模通常采用故障树方法，也可采用可靠性框图、马尔科夫链、物理模型等其他方法，初因事件识别、事件链建模以及故障建模这三个步骤，都要充分利用 FMEA 报告、危险分析报告、可靠性安全性建模与分析报告以及前期的风险评估报告等资料。

f) 步骤六：数据收集与分析。为故障树底事件或事件链基本事件，提供故障(失效)概率分布，需要充分利用 FRACAS、现场和试验数据、仿真分析数据、通用数据库、专家判断等数据和信息。

g) 步骤七：模型量化与集成。在以上模型和数据的基础上进行综合，得到对后果风险的点估计值。

h) 步骤八：不确定性分析。利用蒙特卡罗仿真等方法，将基本事件的不确定性传播为后果的不确定性，并进行灵敏度分析。

i) 步骤九：结果分析与重要度排序。以适当的方式(如图表形式)表达评估结果，包括所关注的后果状态的风险，以及风险影响因素与不确定性影响因素的重要度排序等。根据这些评估结果，可以进行基于风险的工程决策和方案权衡。

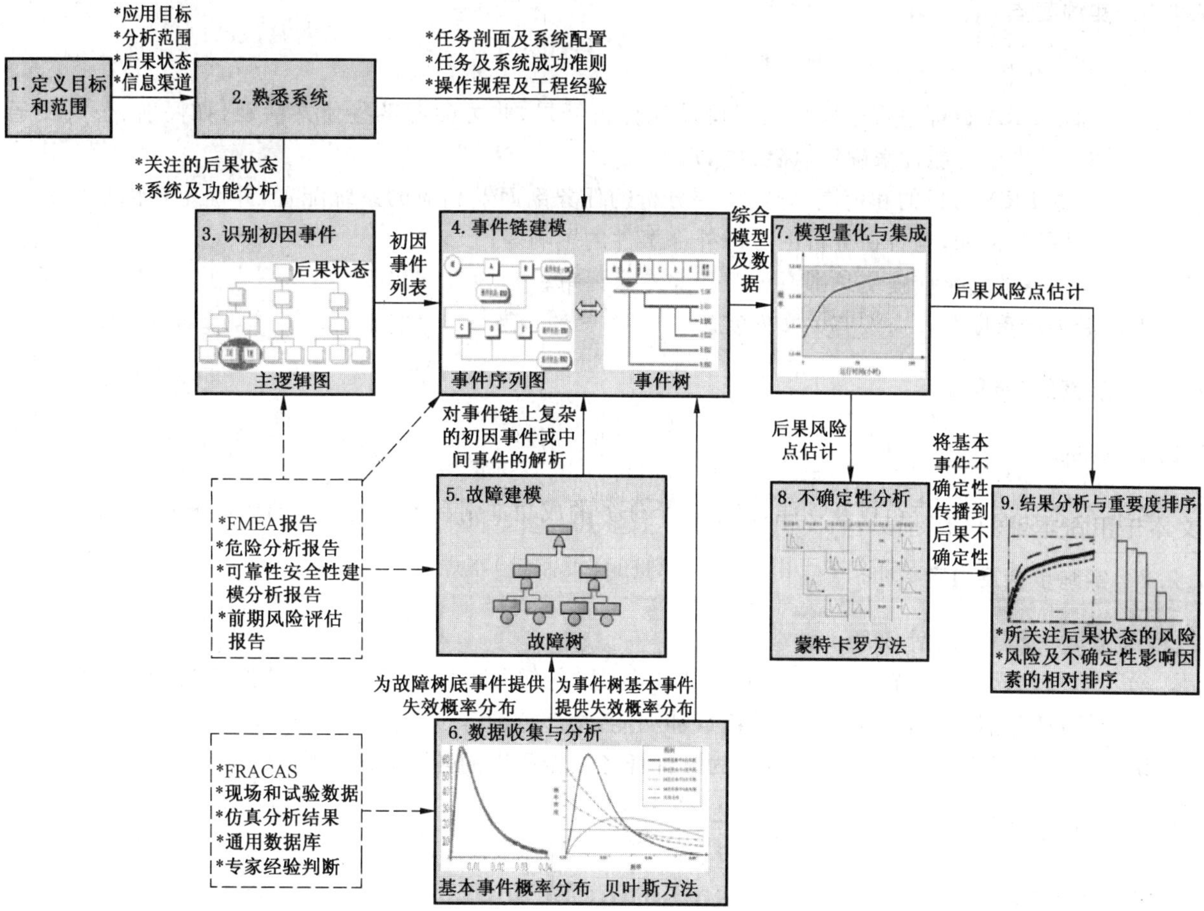

图 1　PRA 总体流程图

7　PRA 实施程序

7.1　定义目标和范围(步骤一)

7.1.1　目的

定义、分析目标和范围,描述评估结果的用途。依据目标和范围,确定分析中所涉及的任务剖面和各分系统,确定不期望发生的最终后果,如人员伤亡或疾病、任务失败或降级、财产损失等。

7.1.2　实施步骤及内容

实施步骤及内容包括:

a)　明确实施 PRA 目的,例如:评估系统寿命周期内各任务阶段的安全性和可靠性水平等。

b)　定义任务范围及系统边界,确定事件链及相关分析的详细程度,从而确定分析的范围和深度。

c)　确定所需开展分析的后果类型和严重度,如任务失败或机毁人亡等,包括:

　　1)　明确所采用的基于后果严重度和发生可能性等级的风险矩阵;

　　2)　基于特定后果的概率目标和准则,确定总的风险目标或可接受准则。

d)　识别出可利用的信息和数据来源。

7.1.3 实施要点

实施要点包括：

a) 确定PRA目标过程中应综合利用其他分析结果，并可参考某些公共活动（如民航、公共交通等）的发生可能性来确定风险目标；

b) 依据PRA的目的和范围，确定所要分析的任务剖面及相应的系统配置，并确定初因事件的选取原则，例如，是否在分析中考虑外部事件的影响等；

c) 本工作的结果应提交总师系统及相关专家评审；

d) 后果严重度分类应按有关文件实施。

7.2 熟悉系统（步骤二）

7.2.1 目的

全面熟悉任务和系统组成及功能，确定整个任务的成功准则和各相关系统的成功准则。

7.2.2 实施步骤及内容

实施步骤及内容包括：

a) 识别和描述分析范围、系统配置与工作状况（各任务阶段上系统的功能组合和物理配置），包括：任务剖面与运行配置，系统组成和功能，物理范围等；

b) 明确整个任务的成功准则，以及为保证任务成功所需的各个系统的成功准则。

7.2.3 实施要点

实施要点包括：

a) 应与研制人员深入交流，充分利用系统设计和运行的相关信息，包括系统设计报告、试验报告、可靠性安全性分析报告、工程原理图、流程图、操作规程及应急预案等；

b) 可利用功能相关矩阵，分析各系统间的功能依赖关系；

c) 系统分析中应重点考虑系统运行过程、系统内各种接口关系及人在系统运行中的作用（指挥、控制及维护活动等），同时应考虑不同任务阶段系统功能组合和物理配置的变化。

7.3 识别初因事件（步骤三）

7.3.1 目的

利用各种分析技术，确定激发事件链发生的初因事件。

7.3.2 实施步骤及内容

实施步骤及内容包括：

a) 利用经验数据以及主逻辑图、FMEA、危险分析等系统分析方法，识别初因事件；

b) 初步评估初因事件发生概率，剔除发生概率相对较低的初因事件；

c) 将对系统影响相似的初因事件进行分组与合并，并确定其发生概率或频率。

7.3.3 实施要点

实施要点包括：

a) 对于现有系统，可根据历史事故或相关运行经验来识别初因事件；对于新研系统，可利用相似环境、相似任务剖面、相似系统的经验来识别初因事件；

b) 主逻辑图是一个分层的、自上而下的树状图,顶层为不期望事件类型,较低层次描述功能和相关部件,最底层是初因事件;
c) 应记录并保存完整的初因事件集合;
d) 应在细节和整体准确性方面进行权衡。

7.4 事件链建模(步骤四)

7.4.1 目的

通过建立事件树模型,推演从初因事件通过一系列中间事件最终导致后果事件的过程。

7.4.2 实施步骤及内容

实施步骤及内容包括:
a) 针对每个初因事件,对其后续事件的先后次序和成败响应进行建模,这些事件即事件链的中间事件(如结构、系统、部件、人的行为等),包含了阻碍初因事件发展为潜在不良后果的预防性控制措施;
b) 对那些导致不良后果的事件序列,估计其后果的物理响应特性和严重度(如爆炸、爆燃、失控或失氧等)。

7.4.3 实施要点

实施要点包括:
a) 事件链建模是一个归纳过程,可利用事件序列图和事件树进行。事件序列图易于理解,便于分析人员与工程设计人员之间的交流。事件序列图是一张流程图,不同的路径延伸至不同后果状态,流程图每条路径都是一条事件链。沿任何一条路径,识别出中间事件的发生与否。
b) 事件树从初因事件开始,经由一系列表示成功或失败的中间事件(也称关键事件或顶事件),直至最终后果。事件树通常考虑事件链中间事件的时间次序。事件树与事件序列图在逻辑上等价,但事件序列图应转化成事件树后才能进行量化计算。
c) 事件链建模的另一种有效工具是可靠性框图。

7.5 故障建模(步骤五)

7.5.1 目的

利用故障树或其他适用方法,对事件链的初因事件和中间事件的故障(或成功)进行建模。

7.5.2 实施步骤及内容

实施步骤及内容包括:
a) 对于事件链上需要进一步分析的各个中间事件,记录其前面的中间事件和对应的初因事件,以确定事件评估的初始边界条件;
b) 利用故障树等方法对事件链上需要进一步分析的各个中间事件的故障进行建模。根据所建模系统或功能的不同,故障树可能有多个层次;
c) 在顶事件的初始边界条件约束下,识别出故障树的底事件;
d) 把故障树顶事件与事件树上相应的事件进行关联。

7.5.3 实施要点

实施要点包括:

a) 对于事件链上可直接获得发生概率的简单中间事件，不需要进行故障树建模；
b) 对于无法直接获得发生概率的复杂中间事件，除利用故障树进行建模外，还可以利用马尔科夫链、可靠性框图等进行建模，并计算其发生概率；
c) 建模过程应考虑基础数据类型、数量及可信度；
d) 多数情况下，事件链上的中间事件之间(或中间事件与初因事件之间)并不相互独立，建模时应充分考虑这些约束条件；
e) 故障树建模与分析可按照 GB/T 7826 和 GB/T 7829 实施。

7.6 数据收集与分析(步骤六)

7.6.1 目的

收集并分析各种数据和信息，以估计 PRA 模型中各基本事件的参数。

7.6.2 实施步骤及内容

实施步骤及内容包括：
a) 针对 PRA 模型中各基本事件的特点，选择对数正态分布、负指数分布等合适的概率模型，识别所需的基本数据；
b) 收集有关各基本事件发生可能性的数据和信息，包括：客观数据(现场数据和试验数据)，半客观数据(通用数据库、相似产品数据、物理模型或仿真模型得到的数据)，以及主观数据(领域专家的经验判断数据)；
c) 使用统计方法估计事件的发生概率，并给出不确定性分布；
d) 建立 PRA 数据库，分类存储收集的信息、数据、参数估计结果以及概率分布等。

7.6.3 实施要点

实施要点包括：
a) 应采用各种渠道收集基本事件所需的数据和信息。包括：
   1) 硬件和软件的基础数据类型
      ——设备相同部件在相同及不同环境条件和应力下的成功和故障的历史记录；
      ——设备相似部件或相似类别，在相同或不同的条件下的成功和故障的历史记录；
      ——关于该设备的设计、制造及操作运行的一般工程或科学知识，或是专家对该设备的经验判断数据。
   2) 标准和手册的失效率数据
      ——电子设备可靠性预计手册；
      ——非电产品可靠性设计手册；
      ——失效模式数据库；
      ——相关应用软件及数据库等。
   3) 现场和试验数据
      ——故障报告、分析和纠正措施系统(FRACAS)；
      ——测试及飞行试验报告；
      ——飞行异常报告；
      ——质量问题技术归零报告；
      ——故障启示录和事故案例库等。
b) 数据收集与分析，可以与 PRA 实施程序的其他步骤并行进行，或结合到其他步骤中去。

c) PRA 数据库中应包含产品的失效概率、初因事件发生频率、人为差错概率、共因失效概率及软件失效概率等。

7.7 模型量化与集成(步骤七)

7.7.1 目的

估计事件链发生不期望后果的频率以及该后果的严重度。

7.7.2 实施步骤及内容

事件链可用初因事件及一系列中间事件来表示，而初因事件及中间事件又可以用基本事件(底事件)的形式进行表示，因此可用基本事件(底事件)表示事件链，并可以利用基本事件(底事件)量化事件链，即确定其概率。同时，可把导致相同结果的所有事件链合并，形成以基本事件(底事件)表达的“发生所关注的特定后果”的定量表达式。实施步骤及内容包括：

a) 为每个初因事件的事件序列(事件树)和故障模型(如故障树)实施布尔计算，得到导致不期望后果发生的最小割集；
b) 在获得各初因事件发生频率和相关基本事件的失效概率后，估计各最小割集的发生频率；
c) 估计事件链的后果类型和严重度；
d) 对导致相同后果的事件序列进行分组，并对其概率进行求和，计算各最终后果发生的总概率。

7.7.3 实施要点

实施要点包括：

a) 通常应采用集成化的计算机程序进行 PRA 量化计算；
b) 事件树各最终后果的发生概率是“初因事件”与“连接初因事件及最终后果的事件链路径上的中间事件”的条件概率的乘积。

7.8 不确定性分析(步骤八)

7.8.1 目的

对风险评估量化结果的可信程度进行分析，评估不确定性对最终后果的影响。

7.8.2 实施步骤及内容

实施步骤及内容包括：

a) 建立基本事件的不确定性分布，在评估各最小割集发生概率时，考虑数据不确定性；
b) 采用蒙特卡罗仿真或其他分析方法，对各基本事件的失效概率的不确定性分布进行综合，计算出各不期望后果的不确定性；
c) 评估各个基本事件的不确定性变化对最终后果不确定性的影响，并排序记录。

7.8.3 实施要点

实施要点包括：

a) 不确定性对风险值计算结果(如均值)影响很大，应充分考虑数据和模型中的不确定性，使工程决策更加准确；
b) PRA 不确定性主要来源于模型选择、失效模式的完备性，以及输入参数的不确定性三个方面。

7.9 结果分析与重要度排序(步骤九)

7.9.1 目的

对风险影响因素进行重要度排序,以适当形式表达风险评估结果,促进风险的沟通和交流。

7.9.2 实施步骤及内容

实施步骤及内容包括:

a) 识别主要的风险影响因素(基本事件或事件链);

b) 选择合适的方法计算这些风险影响因素的重要度,并进行排序;

c) 以适当的图表形式表达风险评估结果;

d) 需要时,提出降低风险的措施。

7.9.3 实施要点

实施要点包括:

a) 常用的风险重要度计算方法参见附录 A;

b) 重要度排序通常按降序排列;

c) 评估结果通常以图表形式给出,便于风险交流。

7.10 应用示例

PRA 应用示例参见附录 B。

8 PRA 结论及报告要求

PRA 结论的详细程度和表达形式取决于风险评估的目标。可通过图表等形式清晰地描述 PRA 结果,及其满足风险评估目标的程度。PRA 报告应包括以下信息:

a) 总的任务风险或安全风险,及其与可靠性或安全性目标的比较;

b) 各分系统/设备在总风险中所占百分比;

c) 各分系统/设备在不同飞行阶段中所占的风险百分比;

d) 各风险影响因素的重要度排序结果;

e) 各不确定性影响因素的排序结果。

附 录 A
（资料性附录）
常用的风险重要度计算方法

A.1 概述

风险重要度计算方法，用以评估风险值对基本事件概率变化的灵敏度。设风险表达式为公式(A.1)：

$$R=f(x_1,x_2,\cdots,x_i,x_j,\cdots,x_n) \quad \cdots\cdots (A.1)$$

式中：

R 风险；

x_i——基本事件 i，其概率为 p_i。

常用的风险重要度计算方法包括 Fussell-Vesely 法、风险降低当量法、风险增加当量法等。

A.2 Fussell-Vesely 法

Fussell-Vesely 法用于计算含有基本事件 x_i 的最小割集在总风险中的重要度。

事件 x_i 的 Fussell-Vesely 法可按公式(A.2)计算：

$$I_{x_i}^{\mathrm{FV}}=\frac{\Pr(\bigcup_j MCS_j^{x_i})}{\Pr(\bigcup_j MCS_j)}=\frac{\Pr(\bigcup_j MCS_j^{x_i})}{R_0} \quad \cdots\cdots (A.2)$$

式中：

$I_{x_i}^{\mathrm{FV}}$ ——事件 x_i 的 F-V 重要性量度；

$\Pr(\bigcup_j MCS_j^{x_i})$ ——包含事件 x_i 的最小割集的并集的概率；

$\Pr(\bigcup_j MCS_j)=R_0$——期望的风险基线。

A.3 风险降低当量(RRW)法

RRW 法用于计算当基本事件 x_i 设为 0 时的总的风险变化值。它度量了当事件一定不发生时总风险的降低值。RRW 法可按公式(A.3)计算：

$$I_{x_i}^{\mathrm{RRW}}=\frac{R_0}{R\,|\,\Pr(x_i)=0} \quad \cdots\cdots (A.3)$$

式中：

$I_{x_i}^{\mathrm{RRW}}$ ——事件 x_i 的 RRW 重要性量度；

R_0 ——期望的风险基线；

$R\,|\,\Pr(x_i)=0$ ——在事件 x_i 确定不发生条件下的风险。

RRW 法与 Fussell-Vesely 法的关系如公式(A.4)所示：

$$I_{x_i}^{\mathrm{FV}}=1-\frac{1}{I_{x_i}^{\mathrm{RRW}}} \quad \cdots\cdots (A.4)$$

式中：

$I_{x_i}^{\mathrm{RRW}}$——事件 x_i 的 RRW 重要性量度；

$I_{x_i}^{\mathrm{FV}}$ ——事件 x_i 的 F-V 重要性量度。

Fussell-Vesely 法和 RRW 法用于识别出哪个部件可靠性的提高，对于降低系统风险的效果最为明显。

A.4 风险增加当量(RAW)法

RAW 法用于计算当基本事件 x_i 设为 1 时的总的风险变化值。它度量了当事件一定发生时总风险的增加值。RAW 法可按公式(A.5)计算：

$$I_{x_i}^{\mathrm{RAW}} = \frac{R|\Pr(x_i)=1}{R_0} \qquad \text{(A.5)}$$

式中：

$I_{x_i}^{\mathrm{RAW}}$ ——事件 x_i 的 RAW 重要性量度；

R_0 ——期望的风险基线；

$R|\Pr(x_i)=1$ ——在事件 x_i 确定发生条件下的风险。

RAW 法用于评估风险模型中哪个基本事件对于系统风险的影响最大，当 RAW 值最高的部件发生故障时，其产生的负面影响最大。

附 录 B
(资料性附录)
某航天器泵动力系统 PRA 示例

B.1 建模与分析工具

以下将以某航天器泵动力系统 PRA 为例,具体说明 PRA 程序的实施过程。其中建模与分析过程可运用专门的 PRA 软件(QRAS)来进行。

B.2 定义目标和范围(步骤 1)

根据任务要求,需在某航天器中设计一个泵动力系统(Pump Power System,PPS)。作为该航天器的应急动力装置,可以在航天器正常动力系统失效的情况下,提供应急液压等动力。因此,要求该系统是相对独立的非电动力源,并能够驱动一个高压泵,其任务时间要求为 100 h。

对该泵动力系统实施 PRA 的主要目的,是评估该系统在寿命周期内的安全性和可靠性水平。经研究,PRA 项目组确定了以下分析目标:

a) 计算系统风险;
b) 找出导致风险的最重要因素;
c) 了解评估结果的不确定性;
d) 提出降低风险的策略。

同时,项目组还确定出 PRA 的后果状态和分析范围。后果状态包括:PPS 系统内失效和 PPS 系统外失效两种。因此,该系统的风险可以定义为:PPS 系统内失效的概率,以及 PPS 系统外的关键设备失效的概率。确定的分析范围包括:构建并量化出导致这些后果状态的事件链,它们是运行时间的函数,为简单起见,假定系统不可维修。识别系统的不确定性并进行量化。需要时,提出降低风险的策略。

B.3 熟悉系统(步骤 2)

充分熟悉所要分析的系统,并确定出任务阶段和任务成功准则。PRA 是一种"模拟风险"的技术,分析过程中需要详细了解系统对各种扰动的响应。因此,首先要了解系统是如何工作的,其后才能正确理解系统是如何失效的。PRA 分析人员应广泛收集系统信息,并与相关人员(如设计师、操作人员等)进行充分的研讨,以深入了解所分析的系统的工作原理。这对于 PRA 后续工作的顺利开展具有十分重要的作用。

该泵动力系统由两个泵动力单元组成,其中 1 个正常工作即可满足任务要求。其原理图如图 B.1 所示。该系统以肼为燃料,包括一个贮箱、若干阀门、一个高热高压气体发生器以及一个涡轮机。气体发生器将肼转化为高温高压气体来驱动涡轮。在肼贮箱和气体发生器之间设置一个常规泵,用来产生足够的流量,以维持涡轮的能量需求。PPS 常规泵、涡轮润滑油泵以及高压泵为同轴结构。

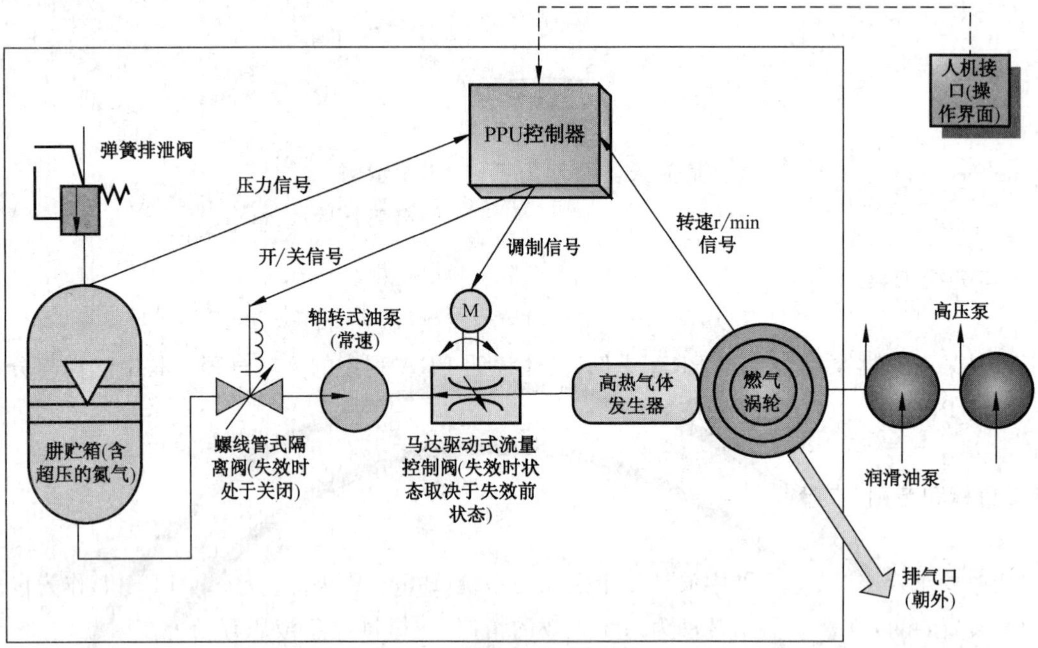

图 B.1 泵动力单元原理图

根据系统原理图,画出该系统的功能相关矩阵,如表 B.1 所示。

表 B.1 功能相关矩阵

下层次的系统	需要的系统			
	电气动力系统	人机接口	润滑油系统	泵动力系统
电气动力系统	—	Ⅰ	Ⅱ	☆
人机接口	×	—	Ⅲ	☆
润滑油系统	×	×	—	☆
泵动力系统	×	×	☆	—

Ⅰ——表示到控制器的开或关信号。
Ⅱ——表示整理数据(例如:压力、温度)。
Ⅲ——通过泵动力系统间接作用。
☆——表示该系统在没有另一个系统支持下将无法工作。
×——表示没有明显的相关性。

该航天器舱内的系统包括:电气动力系统、人机接口(操作界面)、润滑油系统等功能接口系统、液压系统、舱内电子设备、姿控推进模块等空间接口系统。

有关运行方面的信息包括:操作者控制系统的开与关;当压力小于 P_{min} 时关闭隔离阀;涡轮速度大约在 72 000 r/min 左右,超速+29%时或者速度不足-20%时关闭,在启动涡轮时在 9.5 s 内达到额定转速的 80%,否则关闭;控制器发出的调控指令使涡轮速度保持在±8%;装置泄压阀,以防过度加热或增压错误,出口置于舱外;航天器舱内具有均衡压力的出口;控制器信号的丧失将导致阀关闭。

关于肼(N_2H_4)的信息包括:易爆炸;在 5%~100%之间易燃;分解反应不需要氧气;在催化剂作用下,门限能量降低;其化学式为:$N_2H_4 \rightarrow N_2(64\%) + H_2(8\%) + NH_3(28\%)$+热(气体发生器释放温度约为 1 500 F),空气中的排气点燃温度为海平面 1 075 F,海平面以上 115 000 ft 为 700 F;排气温度约为 1 100 F;能够使电线的绝缘体(如 Kapton)剥离;自燃温度(空气中)=518 F。

航天器舱内设备众多,主要包括:肼贮箱和输送管道、其他泵动力单元(PPU)、束线、控制器、飞行关键电子设备、姿控推进模块(带油箱)、液压管路和贮箱。

经分析，确定 PPS 成功准则有两个，即：

a） 2 个 PPU 中有 1 个 PPU 驱动涡轮机转速为 72 000(1±8%)r/m；

b） 能够保持其完整性，使得舱室内的关键设备不受 PPS 失效的损害。

B.4 识别初因事件(步骤 3)

初因事件通常有多个，例如：易燃物质泄漏、泄漏大小、泄漏位置、航天器航向等。因此，可行的方法是将事件进行分组，使设备有类似的响应。通常对于整个类别的事件来说，数据是可获得或可计算的。例如，可以获得各类阀门的失效率数据，但通常无法获得特定阀门(制造商/序列号)的失效数据。

在识别和确定初因事件的过程中，应注意"详细和准确"之间的权衡。将事件分得过细，可能产生不准确的结果，也增大了不确定性。其结果，可能是没注意到整个系统的响应，或者使建模的难度增大。由于数据缺乏，也将造成统计不确定性的增大。

在获取初因事件类别的方法中，推荐采用主逻辑图。主逻辑图是一种自上而下的方法，始于每个后果状态。顶层是功能层，中间层识别出各子系统，低层识别出部件组合和初因事件类别。当进一步细分仍然产生相同的系统响应时，主逻辑图即告终止。PPS 系统外失效的主逻辑图如图 B.2 所示。

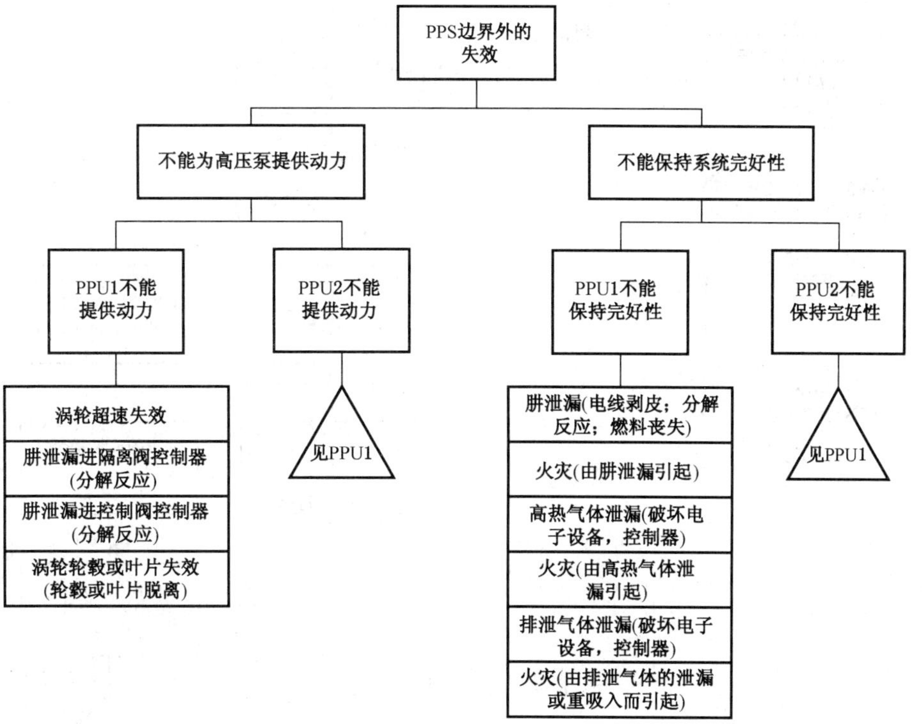

图 B.2 泵动力系统外失效的主逻辑图

在应用主逻辑图的过程中，应注意以下几点：

a） 避免将主逻辑图做得过细；

b） 不要将部件的失效模式与事件链的初因事件混淆起来；

c） 整个过程是重复进行的，即：从主逻辑图开始来获得假定的初因事件；

d） 开始构建事件链，注意相似的和不同的系统响应；

e） 进一步更新主逻辑图和事件链。

B.5 事件链建模(步骤 4)

事件链建模中最常使用的方法是事件序列图(ESD)和事件树(ET)。为主逻辑图中的每一类初因事件构建出一个事件序列图或事件树(或两者都做)。由于ESD直观、易于理解,可作为PRA分析人员与项目工程师之间的沟通工具。在事件序列图中,事件的序号反映了相关性,也就是说,排在后面的事件依赖于前面的事件。如果导致最严重后果状态的事件较早出现在ESD中,则可简化ESD结果。同时,要考虑那些导致的后果不太严重的事件。不能简单地认为如果不导致严重后果,结果就一定是没问题的。若存在相似的系统响应,则可将不同的初因事件合并,合并的方法可以是故障树方法。事件树的信息量与事件序列图的相同,但其结构更为紧凑,且大部分PRA计算机程序都支持事件树分析。事件树顶层描述初因事件、中间事件和后果状态。其下面的"树"状结构,揭示了由初因事件引起的可能事件链,以中间事件的发生与否表达出来。这个树中每个路径代表了不同的事件链。

在PPS系统外失效的主逻辑图(图B.2)中,选择"涡轮超速失效"这个初因事件来构建事件链,得到涡轮超速的事件序列图,如图B.3所示。根据涡轮超速事件序列图,可以画出对应的涡轮超速事件树,如图B.4所示。

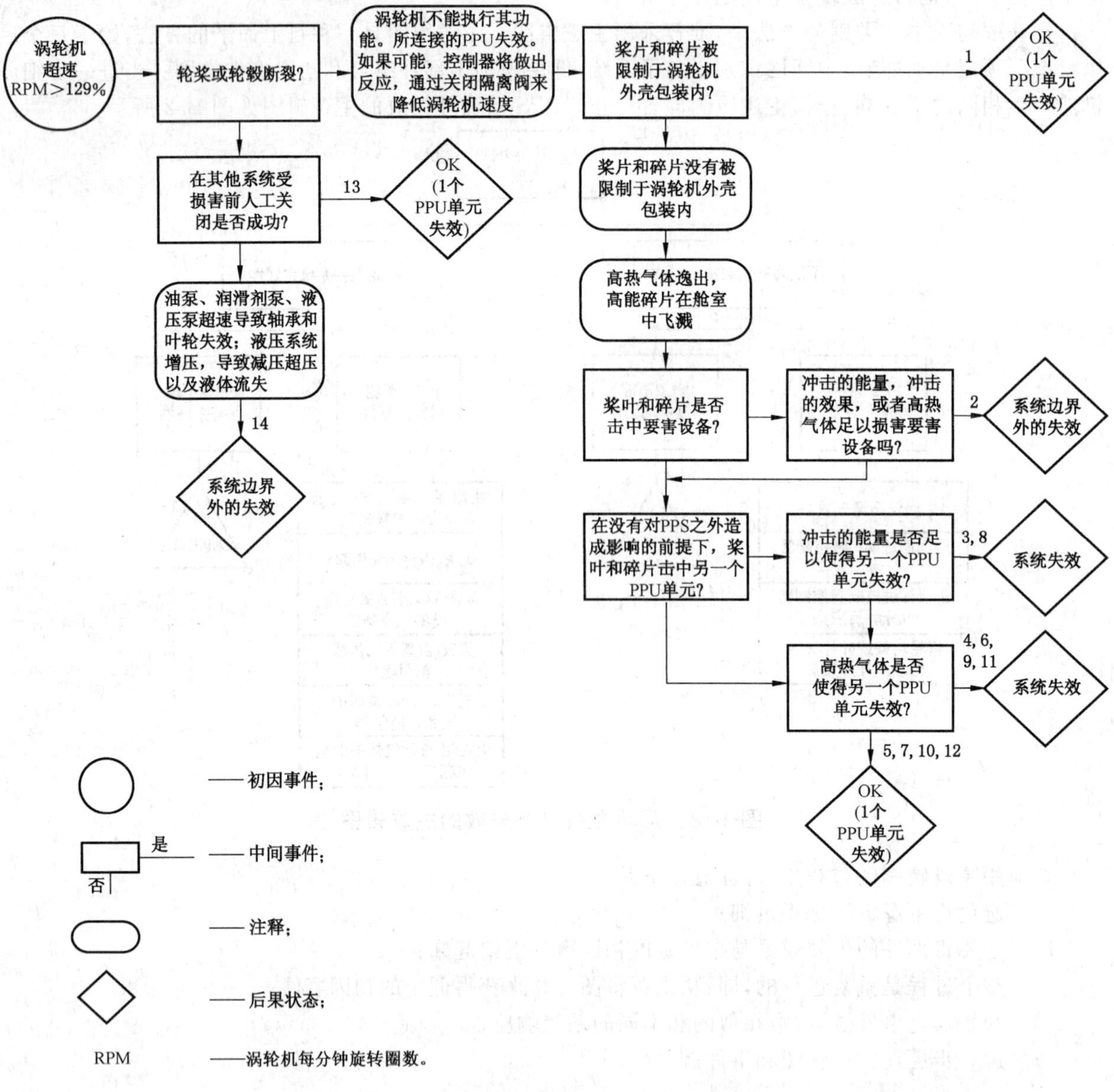

图B.3 涡轮超速的事件序列图

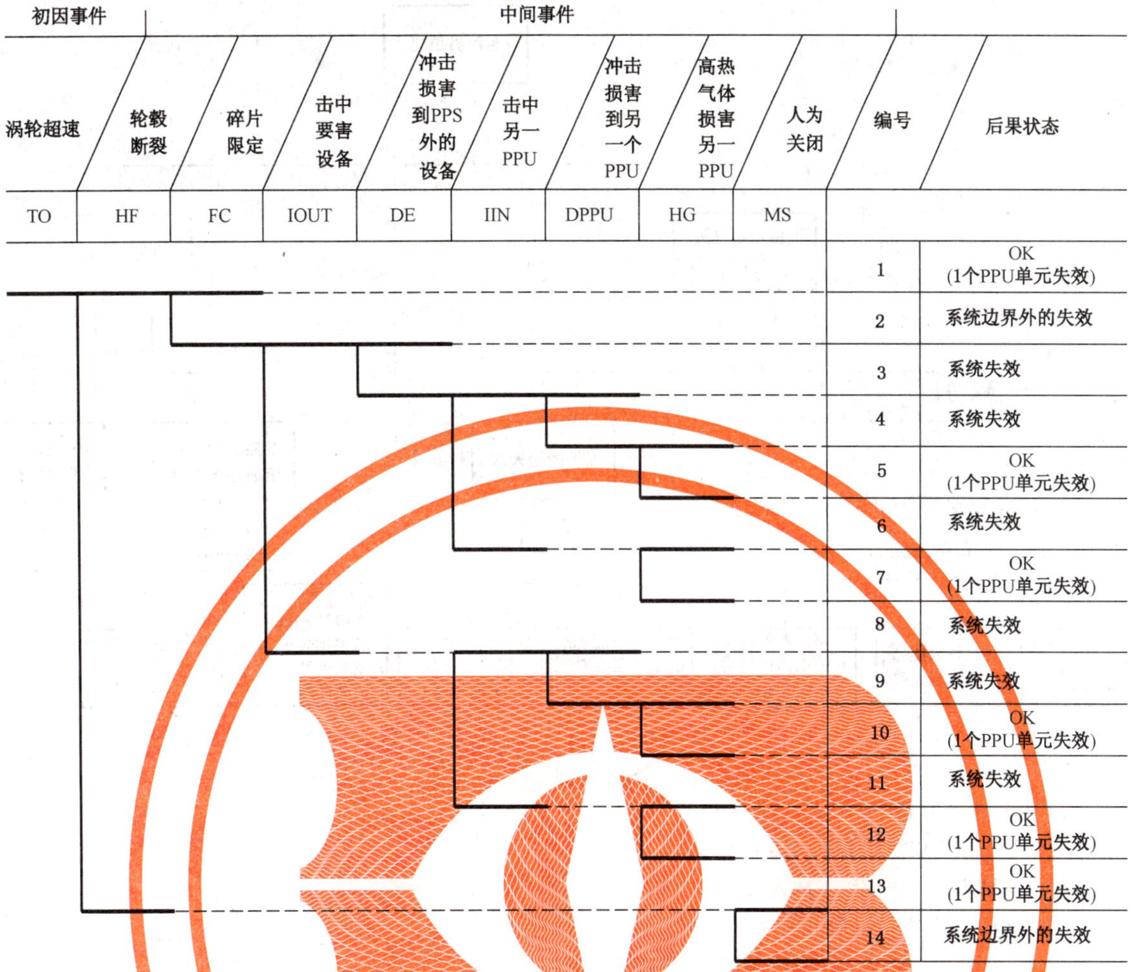

图 B.4 涡轮超速事件树

B.6 故障建模(步骤 5)

对于事件链上的初因事件和中间事件,可以采用故障树进行失效建模。故障树是将“部件层次”的失效信息与“系统层次”的失效信息挂钩的最常用的方法,它可将初因事件或事件链的中间事件细分为更多的原因事件来进行分析。故障树往下分解到满足下面两个条件之一即可停止,这两个条件分别是:

a) 可获得数据进行量化计算;

b) 工作的范围表明分析将难以为继,通常最低层次(也称为底事件层次)是组件最多的层次,其数据较易获得。

对于涡轮超速事件树的初因事件,可以构建出如图 B.5 所示的涡轮超速故障树。

对于涡轮超速事件链的中间事件,可以采用现象学模型来分析。通常,事件链上的中间事件描述了一系列的物理、化学或生物反应事件,这些事件也被称为现象学事件。对现象学事件的分析包括以下步骤:

a) 对系统在发生故障后引发的物理、化学、生物行为进行试验。这些行为通常是随机性的,例如火灾或爆炸所造成的伤害,在不同的试验中结果往往不同。

b) 对系统在发生故障后引发的物理、化学、生物行为进行数学建模。例如,采用 CFD、爆炸流体动力学模型、毒性模型等进行数学建模,建模过程也应考虑这些行为的随机性。

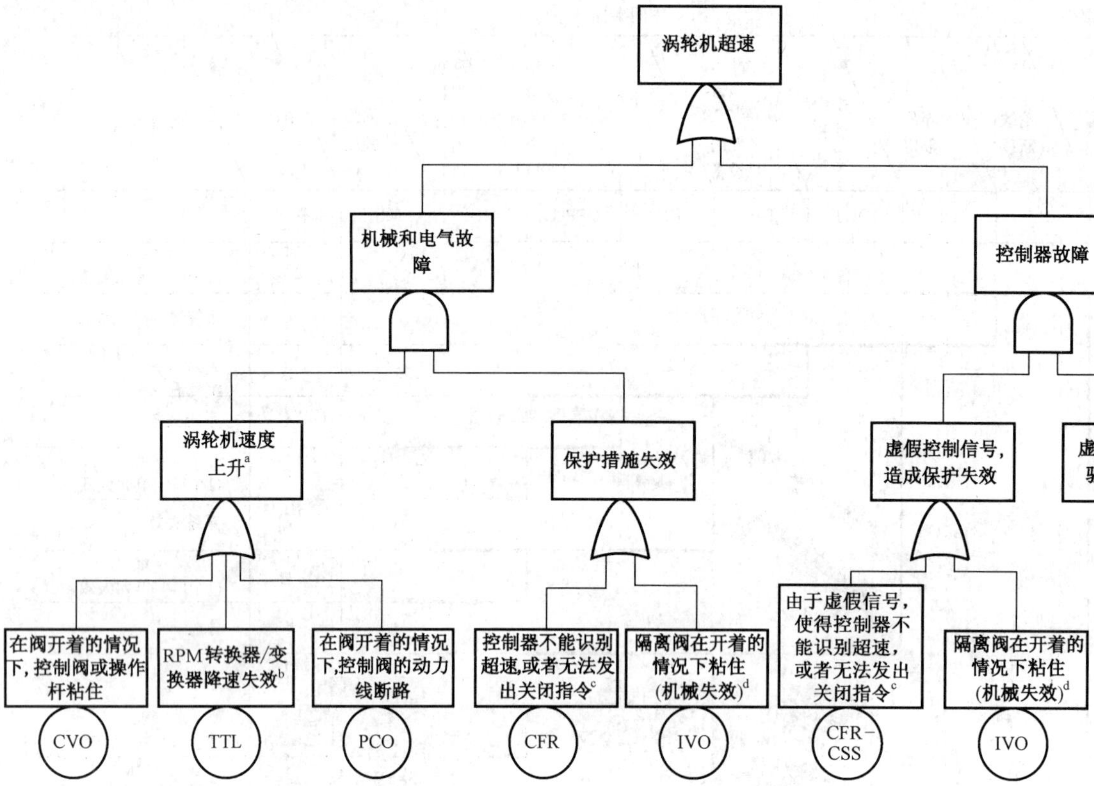

[a] 仅由 PPU 失效造成。

[b] 完全信号失效造成控制器关闭隔离阀。

[c] 涡轮机速度上升太快以致无法人为干预。

[d] 到隔离阀的信号失效，导致其关闭。

图 B.5　涡轮超速故障树

c)　在试验和数学模型的基础上进行专家判断。

在涡轮机超速事件树中，选择图 B.4 中第 2 条事件链（如图 B.6 和图 B.7 所示）的中间事件进行分析。这些中间事件包括：轮毂断裂（HF），碎片限定（FC），击中要害设备（IOUT），以及冲击损坏 PPS 外的设备（DE）等。

首先，分析总结出有关涡轮机碎片的信息，即：限定圈仅安置在旋转平面上，其设计强度不超过速度的 135%；轮毂断裂通常为 3 块，每块大概重 0.9 lb；断片的飞溅模式是 360°的圆扇面都有可能，且在旋转面的正负 15°范围内。

对于事件链的中间事件 HF“轮毂断裂”进行了四个物理试验，以分析各种转速下出现轮毂碎（断）片的可能性。试验结果分别是：

a)　在超速 56%时，出现无裂痕（凹痕）断片；

b)　在超速 49%时，出现无裂痕（凹痕）断片；

c)　在超速 39%时，出现钻孔断片；

d)　在超速 17%时，出现有裂痕（凹痕）断片。

在出现轮毂断片的概率，不同专家有不同意见，这就使得在对试验的估计上出现了不确定性，如图 B.8 所示。

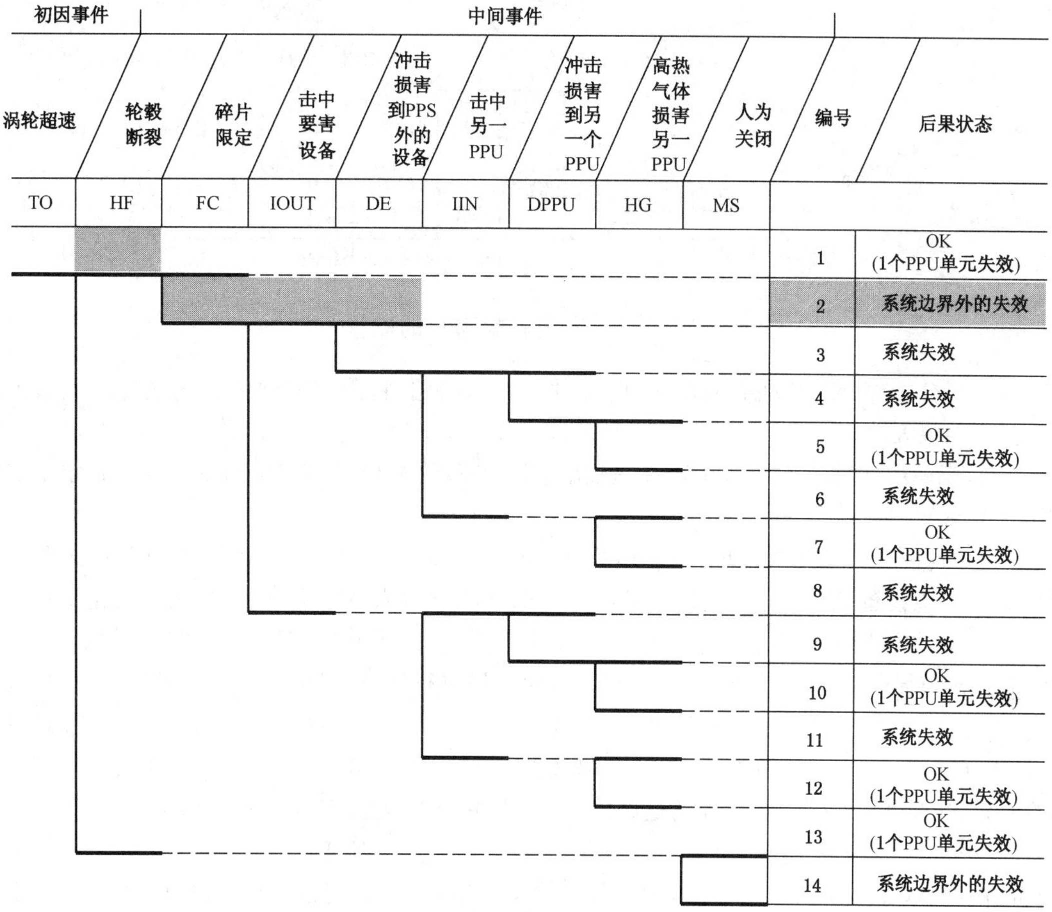

图 B.6 事件树中的第 2 条事件链涉及的中间事件

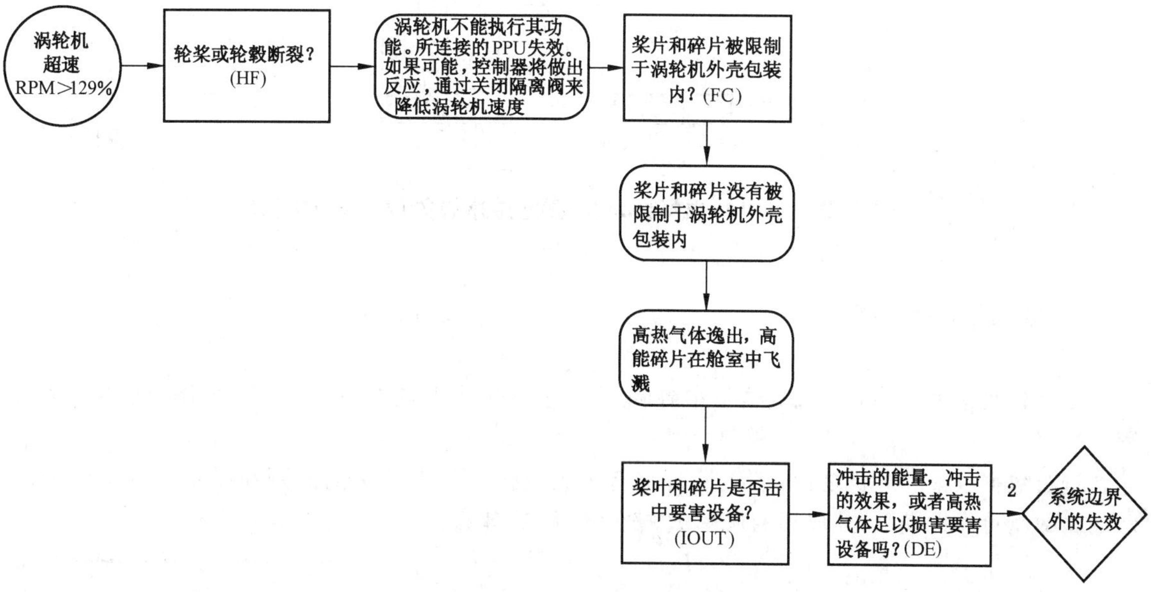

图 B.7 事件序列图中的第 2 条事件链涉及的中间事件

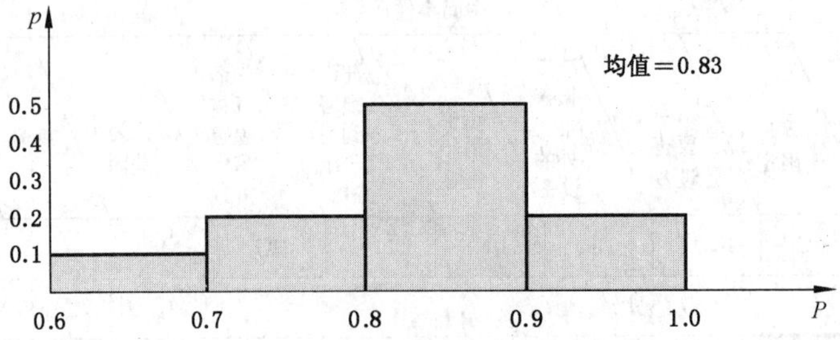

图 B.8 出现轮毂断片的概率

其次,为了分析碎(断)片能否被限定住(事件 FC)的问题,将限定圈强度与超速轮毂断裂产生的冲击力相比较,结果表明,限定圈能够限定断片的能力上限,仅为超速 35%。另一方面,专家们判定在超速 35%以内,涡轮机实际上不会产生断片;也就是说,当涡轮机超速 35%以上时,可以断定限定圈无法限定断片(概率为 1)。

随后,分析事件链上的中间事件 IOUT 和 DE,也就是考察碎片是否击中 PPS 外的关键设备(IOUT)并损坏该设备(DE),分析提出 IOUT 和 DE 的概率分布。为此,考虑是否有可能进行蒙特卡罗仿真,来模拟不同的条件下(飞溅角度、能量,以及限定圈强度)的断裂事件。该方法的缺点是代价较高。经过仔细研究,确定了一种高费效比的可行估计,而不用进行复杂、昂贵的试验。前面已提到,在航天器舱内存在众多设备,包括:液氢/液氧管路、肼贮箱和输送管道、其他泵动力单元(PPU)、束线、控制器、飞行关键电子设备、姿控推进模块(带油箱),以及液压管路和贮箱等。专家们在仔细考察舱内的设备配置后,给出定论,即击中关键设备,特别是肼贮箱、推进箱、液压管路,以及液氢/液氧管路,几乎是确定无疑的。经过强度计算,表明超速 40%将击穿或损坏舱内关键设备的任何部位。这些评估包括了击中 PPS 设备(例如肼贮箱)所引发的事件(例如肼的分解反应)导致关键设备的损坏。最后,得出击中 PPS 外的关键设备(IOUT)并损坏该设备(DE)的概率分布,如图 B.9 所示。

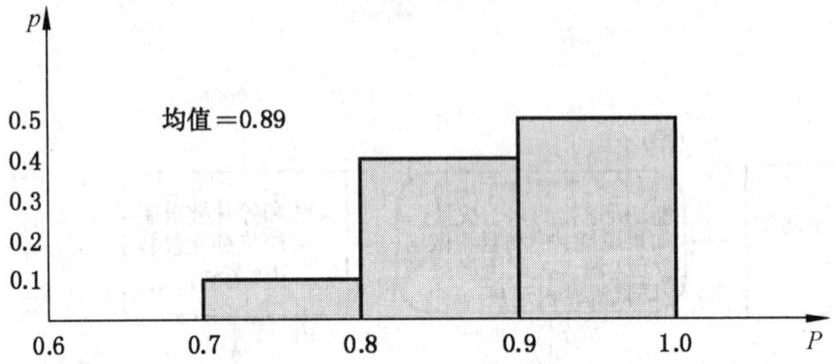

图 B.9 击中并损坏泵动力系统界外的关键设备的概率

B.7 数据收集与分析(步骤 6)

数据分析是指为了估计 PRA 模型中各初因事件和基本事件的参数,收集并分析信息和数据的过程。

在进行数据收集和分析之前,应正确理解有关失效概率和失效率的区别和联系。对于如图 B.10 所示的指数型可靠性模型,其成功的概率 P_s 按公式(B.1)计算:

$$P_s(t)=e^{-t/\mathrm{MTBF}}=e^{-\lambda t} \qquad \text{(B.1)}$$

式中:

P_s ——成功概率;

t ——任务时间;

MTBF——平均故障间隔时间；

λ ——失效率，$\lambda=1/\mathrm{MTBF}$。

对于指数分布型失效概率，其模型是：$U=1-P_s=1-e^{-\lambda t}$，U 为失效概率（不可靠度），对于小概率事件，有 $U<0.1$，此时，$U\cong\lambda t$。

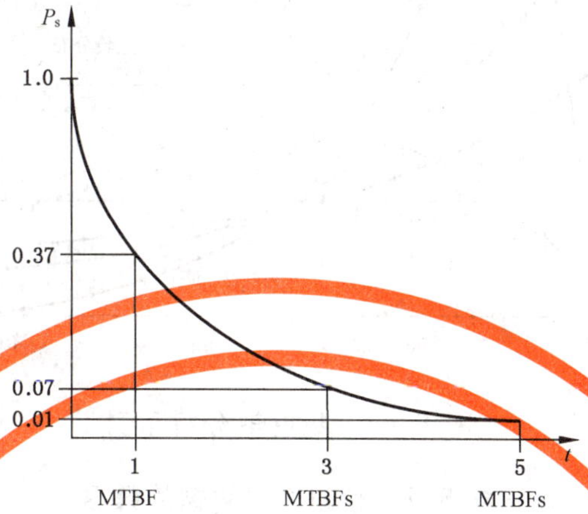

图 B.10 指数型可靠性模型

在正确理解失效率和失效概率的基础上，考察硬件和软件的失效率的数据类型和数据来源。硬件和软件的失效率的数据类型，包括以下几种：

a) 设备相同部件在相同环境条件和应力下的成功和失败的历史记录(例如：相同的运行经历)；

b) 设备相同部件在不同的条件下(如测试数据)的成功和失败的历史记录；

c) 设备相似部件或相似的类别，在相同或不同的条件下(例如：另一个项目的测试数据或者是手册及出版物的数据)的成功和失败的历史记录；

d) 关于该设备的设计、制造及操作运行的一般的工程或科学知识，或者是专家对该设备的经验判断。

失效率的数据来源有多种，包括：标准手册及其数据处理结果，专家判断及其数据处理结果，试验与现场的直接数据及其处理结果，物理学模型或仿真模型的数据等。来自标准手册的例子包括：非电部件可靠性数据、故障模式数据库、电子产品可靠性预计程序、机械产品可靠性预计程序手册等。其中，故障模式数据库提供了有关每种模式或机制的故障信息，而其他手册提供了直接的或公式化的失效率的估计。试验和现场运行经验也是失效率数据的重要来源，例如，NASA 提供了以下数据源，如：问题报告和纠正措施数据库、未满足条件报告、飞行异常报告、相关失败案例库。这些数据来源提供了对失效的描述、所使用的相似部件的数目、运行时间、设计更改以及其他信息。这些信息是推算失效率所必需的。

在数据分析工作中，往往需要从多个数据来源中，融合各种不同类型的数据。同时，应考虑数据中的不确定性。由于我们所考察的对象只是某类部件的某个样本，所以从同一数据类别或样本中得到的只是对失效率的估计范围。贝叶斯定理是数据融合的基础性方法，它能够将先验知识和追加的观测证据巧妙地结合起来，并考虑数据的不确定性，从而实现了定性与定量信息的有机融合。图 B.11 是贝叶斯分析的一个示例。其先验分布为均匀分布，在不断获得证据并对先验分布进行修正后，得到后验概率分布。

经过了数据收集和分析，得到了如表 B.2 所示的涡轮超速故障树的失效数据表，列出了各部件的名称、失效模式、先验估计的上下界、测试数据、经贝叶斯分析方法处理的后验分布的均值，同时还标明先验分布的数据来源。表 B.2 可用于后续计算过程。

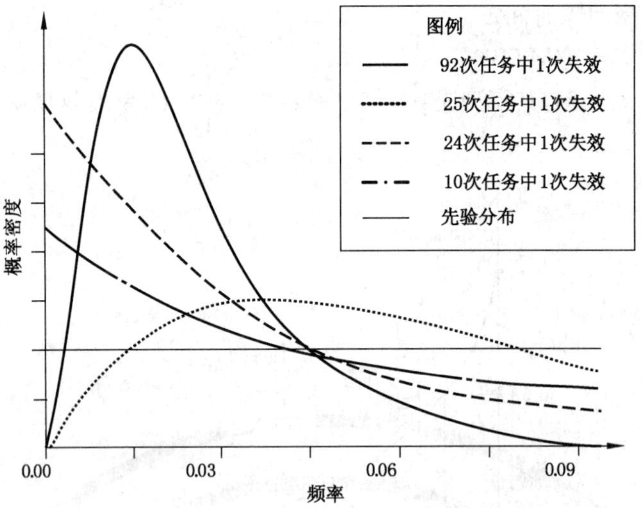

图 B.11 贝叶斯分析示例

表 B.2 轮超速故障树的数据

部件	失效模式	先验分布估计（下界）	先验分布估计（上界）	量化的测试数据	后验分布均值	先验分布的来源
		失效数/h		×小时中的失效数		
隔离阀、螺线管	在开着的状态下失效	1E−06	6E−05	500 中有 0	1E−05	××
控制阀、马达	在开着的状态下失效	1E−05	2E−04	500 中有 0	6E−05	××
控制器	假信号	4E−07	5E−06	500 中有 0	2E−06	××
控制器	不能响应	4E−06	2E−05	500 中有 0	1E−05	××
转速转换器/转送器	在指示“低值”的状态下失效	5E−05	5E−03	500 中有 1	1E−03	××
电线	开路	1E−07	1E−06	5 000 中有 0	4E−07	××

B.8 模型量化与集成(步骤 7)

模型量化集成，是估计事件链发生不期望后果状态的频率以及该后果的严重度。由于事件树和故障树的风险模型有等价的布尔(逻辑)表达式，因此可以进行模型集成。将布尔表达式中的事件与代数表达式联系起来，并将失效率赋值于代数表达式中。这样，就可以将对后果状态的布尔逻辑表示，逐步地分解到各部件的失效率上去。

在涡轮超速例子中，涡轮超速造成的 PPS 界外失效，在布尔逻辑上等价于事件链 2,14 的并集，而涡轮超速造成的 PPS 系统内失效，逻辑上等价于事件链 3,4,6,8,9,11 的并集。下面以图 B.6 中的第 2 条事件链为例，说明如何进行模型的量化集成。用初因事件和中间事件将事件链 2 的“PPS 界外失效”表示为：“事件链 2 的 PPS 界外失效＝(涡轮超速)与(轮毂断裂)与(碎片未能限定)与(击中 PPS 外的要害设备)与(损坏该设备)”。对于其中的初因事件 TO，即涡轮超速事件，利用故障树进行分析(如图 B.5 所示)；而对于中间事件 HF,FC,IOUT,DE 利用中间事件模型进行分析(参见步骤 5)。

在涡轮超速故障树中，可以看出，“涡轮超速”是由于“机械和电气的原因”或“控制器的原因”造成的。进一步可将“涡轮超速”表示为底事件的逻辑组合，即：

涡轮超速＝{(CVO OR TTL OR PCO) AND(CFR OR IVO)} OR{(CSS) AND(CFR-CSS OR IVO)}。

分析得到割集(一组共同发生后能导致顶事件发生的事件)为:

CVO∩CFR;

CVO∩IVO;

TTL∩CFR;

TTL∩IVO;

PCO∩CFR;

PCO∩IVO∪CSS∩CFR-CSS∪CSS∩IVO

进而,应用布尔约减法则的幂等率和吸收率,可以分析得到最小割集。一个最小割集是导致顶事件的唯一的事件(例如失效模式)组合,若删去最小割集中的任一事件,则顶事件不会发生。最小割集所提供的信息,对于了解系统如何失效很有帮助。在进行概率计算前,应求出最小割集,否则会造成概率的重复计算。

利用表 B.2 的数据,在故障树的底事件上指定失效率,如图 B.12 所示。在失效率基础上,计算出部件×在时间 t 内的失效概率,$P(X)=1-e^{-\lambda t}$。将该式应用于本例的最小割集中那些独立于其他事件的底事件。如果一个事件与另一个事件相关,则使用条件概率来表达。例如,P(CFR-CSS)＝1,因为如果虚假控制信号(CSS)发生,意味着控制器失效,于是控制器无法识别出涡轮超速(CFR)。

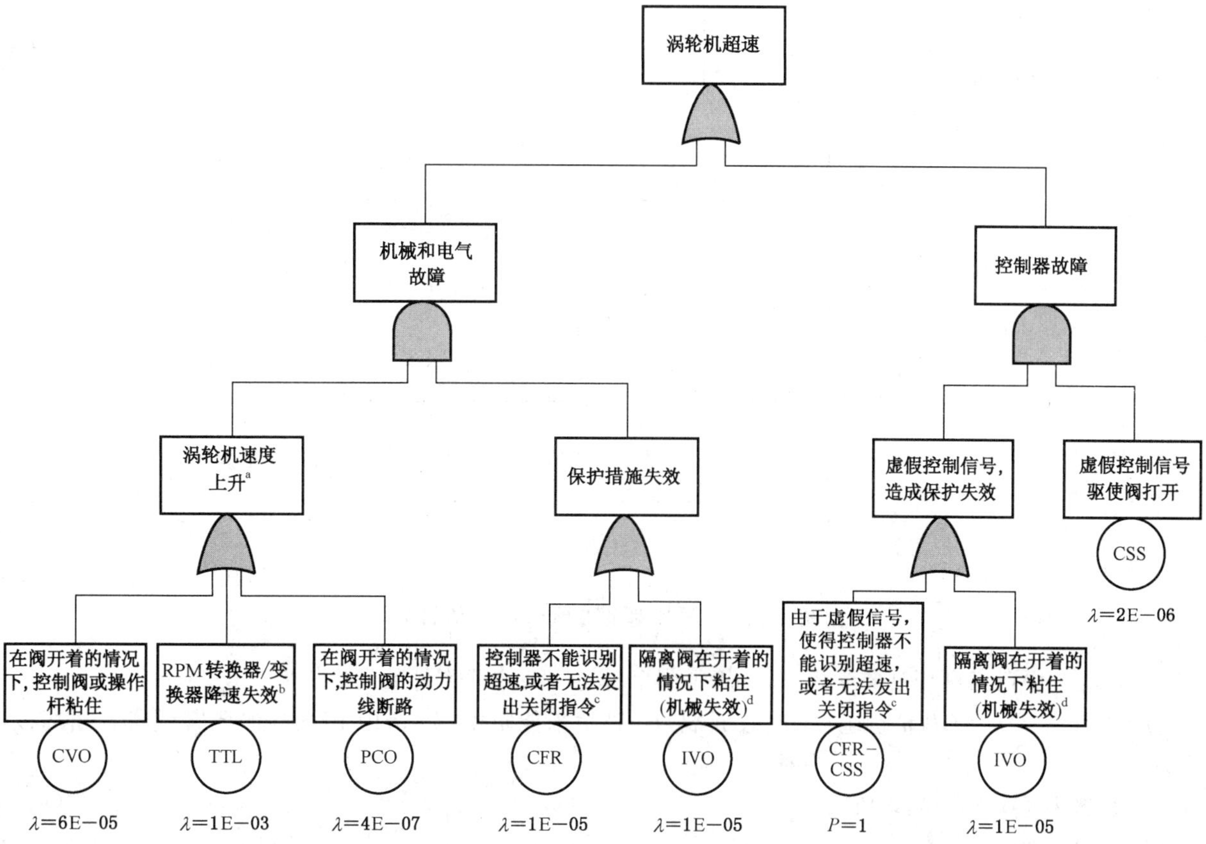

[a] 仅由 PPU 失效造成。

[b] 完全信号失效造成控制器关闭隔离阀。

[c] 涡轮机速度上升太快,以致无法人为干预。

[d] 到隔离阀的信号失效,导致其关闭。

图 B.12 底事件上指定了失效率的涡轮超速故障树

计算得到的割集的点估计值，并进一步计算得到初因事件“涡轮超速”的概率点估计值，如表 B.3 和图 B.13 所示。

表 B.3　割集计算结果(点估计)

最小割集	涡轮超速概率的相对比重			
	运行时间/h			
	1	25	50	100
P(CVO)×P(CFR)	0.0%	0.6%	1%	1%
P(CVO)×P(IVO)	0.0%	0.6%	1%	1%
P(TTL)×P(CFR)	0.5%	10%	16%	24%
P(TTL)×P(IVO)	0.5%	10%	16%	24%
P(PCO)×P(CFR)	0.0%	0.0%	0.0%	0.0%
P(PCO)×P(IVO)	0.0%	0.0%	0.0%	0.0%
P(CSS)×P(CFR-CSS)	99%	79%	66%	50%
P(CSS)×P(IVO)	0.0%	0.0%	0.0%	0.0%
PPS 涡轮超速的概率	4E－06	1E－04	3E－04	8E－04

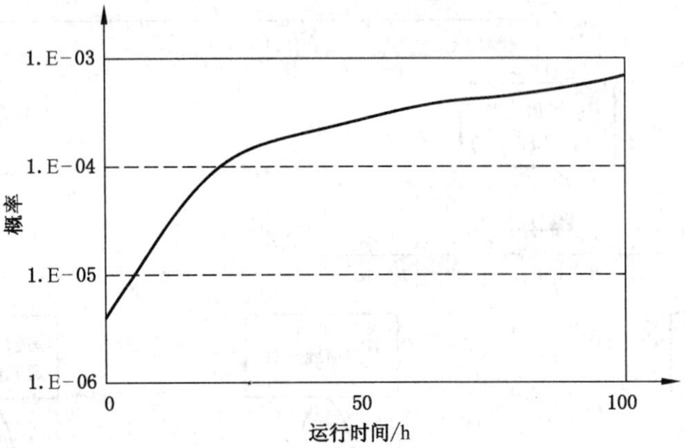

图 B.13　涡轮超速的概率(点估计)

在步骤 5 中已经利用现象学模型，计算得到事件链 2 各中间事件的发生概率：

P(事件链 2)＝P(涡轮超速)P(轮毂断裂)P(碎片未能限定)P(击中 PPS 外的要害设备且损坏该设备)；

P(轮毂断裂)＝0.83(均值)；

P(碎片未能限定)＝1；

P(击中 PPS 外的要害设备且损坏该设备)＝0.89(均值)。

因此，计算得到事件链 2 造成的“PPS 界外失效”的发生概率的点估计值为：

P(由事件链 2 造成的 PPS 界外失效)＝P(涡轮超速)×P(轮毂断裂)×P(碎片未能限定)×P(击中 PPS 外的要害设备且损坏该设备)＝P(TO|时间)×0.83×1.0×0.89。

图 B.14 是其计算结果示意。

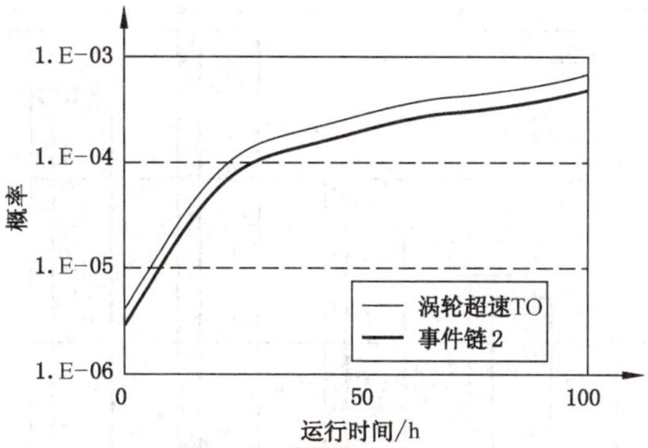

图 B.14　事件链 2 的发生概率的点估计

这里只分析了一个 ESD 中的一条事件链(事件链 2)，而实际上，可能有多条事件链导致相同的后果状态，应把这些事件链的发生概率求和。模型的量化集成，最终要对所有的事件序列图和事件链进行分析计算。

B.9　不确定性分析(步骤 8)

由于未来事件是不确定的，因此在试图运用过去的或当前的知识来预估未来事件的发生概率时，这种预估就带有不确定性。应估计这种不确定性的大小，才能使分析评估结果更好地支持风险管理决策。通常，不确定性与下列因素有关：

a)　对于部件失效率的认识不够准确；

b)　在估计物理过程概率时专家意见不一致，或者估计不够准确，例如，涡轮机轮毂断裂过程；

c)　对现象学模型中参数的认识不够准确；

d)　随机过程本质的变动性，例如：气候、爆炸区域、火灾产生的热等。

通常采用概率分布来表达事件的不确定性，这些概率分布可以是连续型的(如图 B.15 所示)，也可以是离散型的(如图 B.16 所示)，例如在某些时候，专家知识用离散分布来表示更为合适。

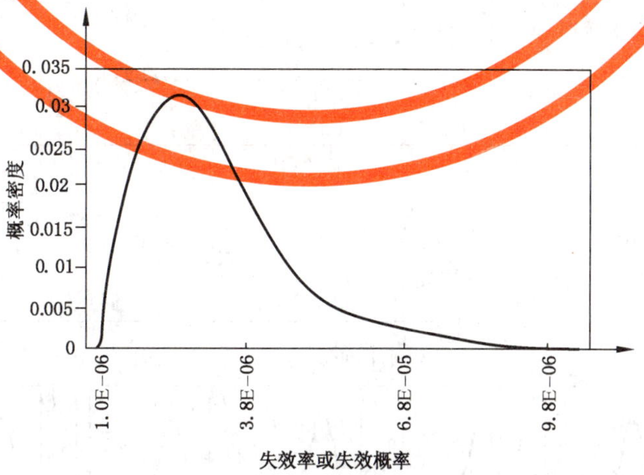

图 B.15　以连续型概率分布表示的不确定性

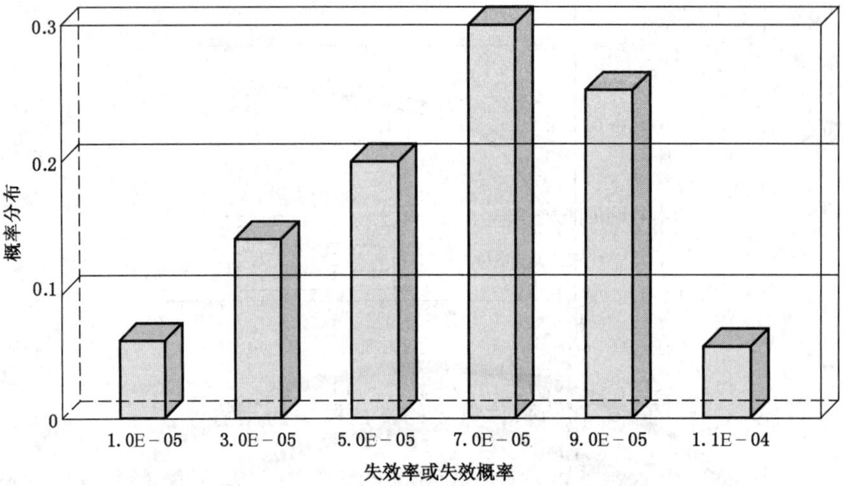

图 B.16 以离散型概率分布表示的不确定性

PPS 案例中涉及的不确定性包括：

a) 轮毂断裂概率的不确定性。原因是没有足够的试验来计算出准确的概率，而且专家判断意见不一致。

b) 轮毂断片击中并毁坏关键设备的概率的不确定性。原因是试验和计算不足，难以获得准确结果；而损坏程度依赖于轮毂与设备之间的精确向量，以及轮毂断裂时的角速度。

c) 对部件失效率的掌握上的不确定性。因为估计中既使用了相似系统数据，又使用了定性的试验和经验，并试图预测未来飞行事件所产生的残余不确定性。

在步骤 6 中提到，利用贝叶斯分析可以处理故障树底事件的失效率上的不确定性。于是，每个底事件 X 的发生概率都是带有不确定性的。借助不确定性传播技术，可以把底事件的不确定性往上传播到初因事件或事件链中间事件上（如图 B.17 和图 B.18 所示）；进而沿事件链传播，得到后果状态的不确定性（如图 B.19 所示）。常用的不确定性传播技术包括分析方法和蒙特卡罗仿真方法。

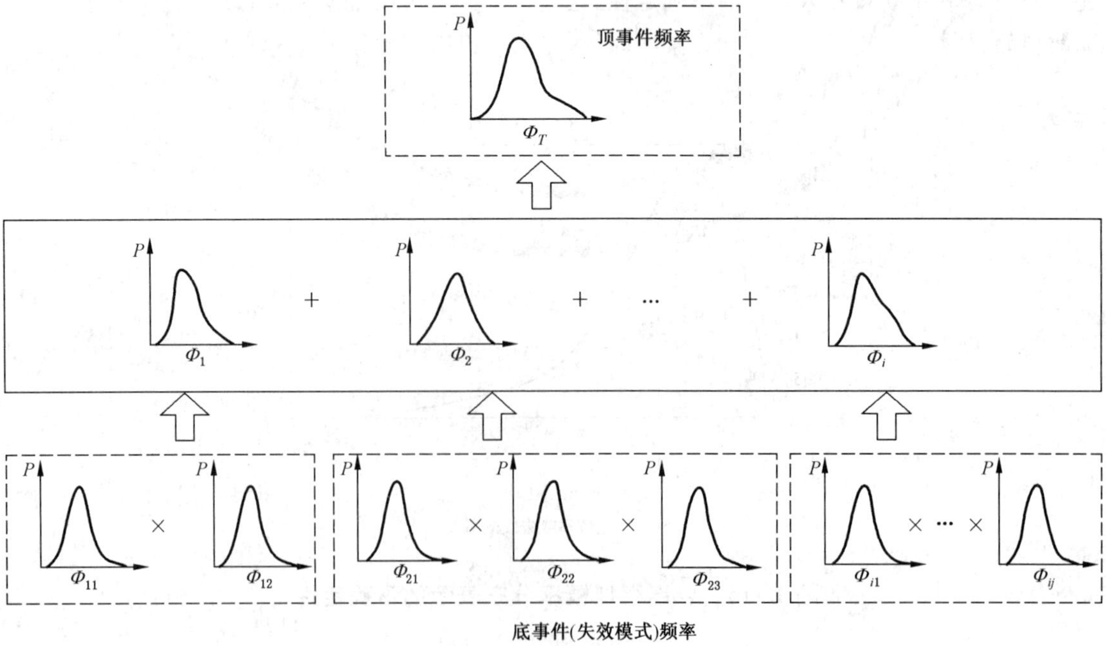

图 B.17 涡轮超速故障树上的不确定性传播

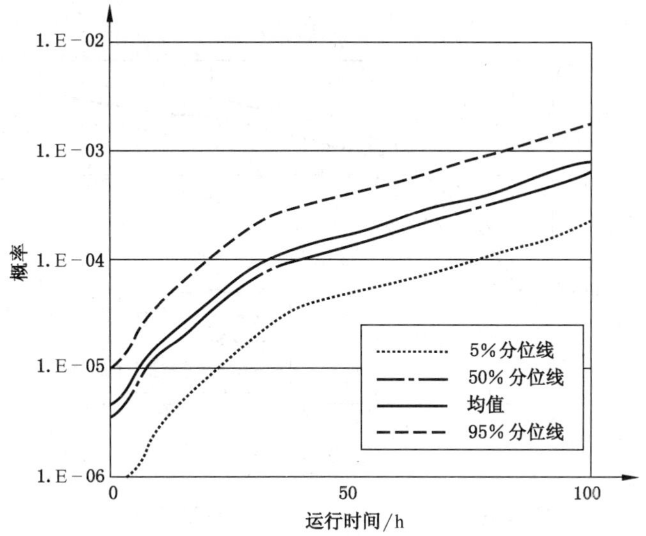

图 B.18 初因事件“涡轮超速”的发生概率(带不确定性)

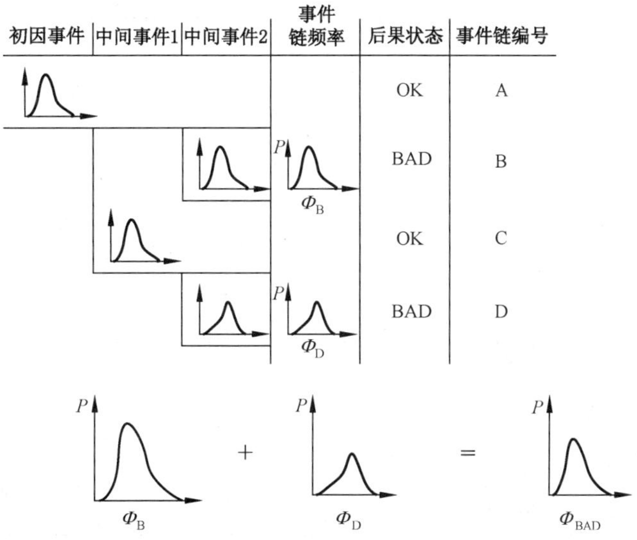

图 B.19 不确定性沿事件链的传播

为了获得底事件、初因事件和中间事件的不确定性概率分布，往往需要花费很多时间和精力。因此，通常首先计算出点估计值。然后，根据点估计值重新检查各条事件链，挑出那些后果状态发生概率高的事件链，以及那些尽管发生概率不高但是不确定性很大的事件链。

B.10 结果分析与重要度排序(步骤9)

PRA实施的最后一个步骤，是以图表等形式表达风险分析与评估的结果，并进行基本事件的重要度排序，在此基础上，推荐降低风险的措施。

经计算，泵动力系统边界外失效(事件链2)的结果如图B.20所示。选择Fussell-Vesely法(简称F-V法)对事件链2的各基本事件进行重要度计算，结果如表B.4所示。

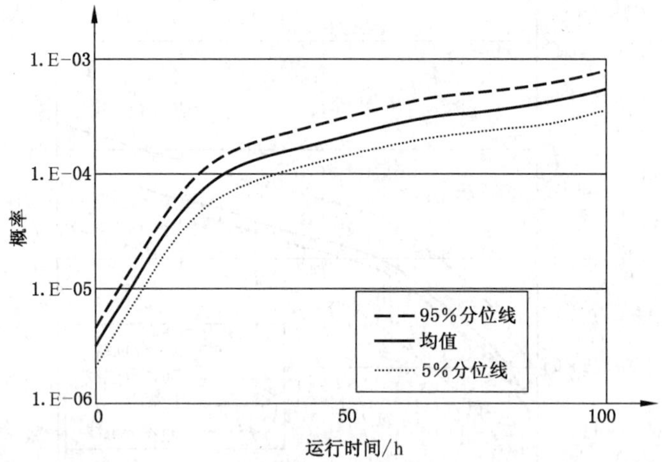

图 B.20 事件链 2 的概率(带不确定性)

表 B.4 事件链 2 中各基本事件的重要度计算结果

基本事件	事件描述	F-V 重要度算法	排序(降序)
HF	轮毂断裂	1	1
IOUT-DE	击中并毁坏 PPS 系统外要害设备	1	2
CFR-CSS	由于虚假信号,使得控制器不能识别超速,或者无法发出关闭指令	1	3
CSS	虚假控制信号驱使阀打开	0.989	4
TTL	RPM 转换器/变换器降速失效	0.010 8	5
FC	碎片限定	0.007 12	6
CFR	控制器不能识别超速,或者无法发出关闭指令	0.005 25	7
IVO	隔离阀在开着的情况下粘住(机械失效)	0.005 25	8
CVO	在阀开着的情况下,控制阀或操作杆粘住	0.000 653	9
PCO	在阀开着的情况下,控制阀的动力线断路	0.000 004 35	10

经过以上分析,可以得出泵动力系统 PRA 的一些重要结论:

a) 第二条事件链(对 PPS 边界外产生破坏)的发生概率随时间推移迅速增大;不过,在任务结束时(即第 100 h),发生的概率并不显著,除非是同时运行成百个这样的 PPS 系统。

b) 在任务结束时,涡轮机超速的发生概率是 0.002 或以下,置信度 95%。如果运行时间大大超过 100 h,或者有超过 100 个 PPS 同时使用,则失效概率将大幅提高。

在 PRA 的基础上,推荐以下措施以降低系统风险:

a) 由于主要的基本事件与控制器失效及涡轮超速传感器有关,因此,应消除阀门控制逻辑与涡轮速度解读器之间的相关性,这样即使误发控制指令导致超速,控制器也能够识别并控制隔离阀关闭。同时,要对涡轮速度变换器/传送器进行冗余设计。

b) 设法降低涡轮超速导致 PPS 界外失效的概率。可采取的措施包括:加强涡轮限定圈的强度;在涡轮周围安置容器,以吸纳飞溅出来的涡轮碎片。

ICS 03.120.10
V 00

中华人民共和国国家标准

GB/T 29076—2012

航天产品质量问题归零实施要求

Execution requirements for quality problem close loop of aerospace product

2012-12-31 发布　　2013-07-01 实施

中华人民共和国国家质量监督检验检疫总局
中国国家标准化管理委员会　发布

前　　言

本标准按照 GB/T 1.1—2009 给出的规则起草。

本标准由中国航天科技集团公司提出。

本标准由全国宇航技术及其应用标准化技术委员会(SAC/TC 425)归口。

本标准起草单位:中国航天科技集团公司、中国航天标准化研究所、中国运载火箭技术研究院。

本标准主要起草人:师宏耕、贾成武、卿寿松、贾纯锋、卢欣、李胜、浦万合、肖名鑫、米凯。

引　言

本标准属于中国航天国家标准体系。中国航天国家标准体系适用于航天领域国家标准的制修订和管理，覆盖航天管理、航天技术、航天应用与服务三大领域，是指导航天器和运载火箭项目管理、工程研制、航天发射服务、卫星在轨应用等活动的依据。

质量问题归零是在航天工程的实践中总结形成的具有中国航天特色的质量问题闭环管理方法，为彻底消除质量隐患、解决质量问题和避免问题的重复发生提供了一套比较系统、科学的程序、方法。质量问题归零已经在航天得到了成功实践。通过质量问题归零的实施可以准确定位问题，深入剖析问题的原因和机理，有效识别质量体系的薄弱环节，改进管理，优化流程，完善规章制度，提升管理能力。为进一步总结和推广航天产品质量问题归零经验，使参与航天产品研制生产的企业都能够有效实施这一质量改进方法，丰富和完善自身的质量管理工作，不断提升质量管理水平，特制定本标准。

航天产品质量问题归零实施要求

1 范围

本标准规定了航天产品质量问题归零的实施要求。质量问题归零包括了质量问题技术归零和质量问题管理归零。

本标准适用于航天产品从初样阶段开始各阶段的质量问题技术归零和管理归零。

2 规范性引用文件

下列文件对于本文件的应用是必不可少的。凡是注日期的引用文件，仅注日期的版本适用于本文件。凡是不注日期的引用文件，其最新版本(包括所有的修改单)适用于本文件。

GB/T 19000 质量管理体系 基础和术语

3 术语和定义

GB/T 19000 界定的以及下列术语和定义适用于本文件。

3.1

质量问题归零 quality problem close loop

对在设计、生产、试验、服务中出现的故障、事故、缺陷和不合格等问题，从技术上、管理上分析产生的原因、机理，并采取纠正措施、预防措施，以从根本上消除问题，避免问题重复发生的闭环活动。

3.2

技术归零 technology close loop

针对发生的质量问题，从技术上按"定位准确、机理清楚、问题复现、措施有效、举一反三"的五条要求逐项落实，并形成技术归零报告、技术文件和相关证明材料的活动。

3.3

定位准确 exact location

确定质量问题发生的准确部位。

注：定位准确是要找到问题发生在哪个环节、哪个产品、哪个部件、哪个零件或哪个电子元器件，确定解决质量问题发生的最低一级故障产品的异常状态及其基本原因。

3.4

机理清楚 clear location

通过分析、计算或试验等手段，确定质量问题发生的根本原因。

注：机理清楚是确保质量问题归零彻底的关键，梳理问题和原因的因果关系，支持并证明发生问题原因的正确性，为制定措施提供依据。

3.5

问题复现 problem repetition

通过试验或其他验证方法，复现发生的质量问题，证实定位的准确性和机理分析的正确性。

注：对某些显而易见的失误而造成的产品损伤等问题，可无需进行复现试验；对于无法进行问题复现的故障模式

（或者破坏性的故障模式），可以通过分析或者仿真来证实故障发生的现象。

3.6

措施有效　effective action

针对发生的质量问题，制定并实施纠正和纠正措施，并经过验证，确保质量问题得到解决。

3.7

举一反三　learn by analogy

把发生质量问题的信息反馈给本组织、本型号并通报其他组织、其他型号，检查有无可能发生类似模式或机理的问题，并采取预防措施。

注：通过举一反三，把解决本产品本次发生问题的纠正措施，落实到同批次、同样机理设计生产的其他产品上，使具有类似原理设计生产的产品都能避免同类问题的发生，对还未发生问题的产品，是一种预防措施的落实。

3.8

管理归零　management close loop

针对发生的质量问题，从管理上按"过程清楚、责任明确、措施落实、严肃处理、完善规章"的五条要求逐项落实，并形成管理归零报告、相关文件和证明材料的活动。

3.9

过程清楚　clear process

查明质量问题发生和发展的全过程，分析产生问题的原因，查找管理上的薄弱环节或漏洞。

注：过程清楚就是要清楚发生问题的时间、地点、工作工况、运行程序、问题现象和结果，清楚产生问题的管理环节、岗位和管理原因，清楚管理工作程序或制度中的漏洞、薄弱环节。

3.10

责任明确　distinct responsibility

分清造成质量问题的责任单位和责任人，分清责任的主次和大小。

注：责任明确就是要依据问题发生的过程和岗位职责，明确问题涉及的相关责任单位、相关人员及责任，明确直接责任和间接责任，主要责任和次要责任，领导责任和执行责任等。

3.11

措施落实　action fulfillment

针对管理上的薄弱环节或漏洞，制定并落实有效的纠正措施和预防措施。

3.12

严肃处理　deal with seriously

对由于管理原因造成的质量问题应严肃对待，从中吸取教训，达到教育人员和改进管理工作的目的；对重复性和人为责任质量问题的责任单位和责任人，应根据情节和后果，按规定给予处罚。

注：严肃处理重在严肃对待，最终目的是教育人和改进工作，只有对重复性质量问题和人为责任质量问题的责任单位和责任人，才给予一定的行政处罚和经济处罚，这种处罚的目的依然是加强教育，预防质量问题的再次发生。

3.13

完善规章　consummate rules

针对管理上的薄弱环节或漏洞，健全和完善规章制度，从制度上避免质量问题的发生。

注：完善规章是把质量问题归零的有关措施固化到相关的规章制度、作业指导文件、标准或规范中。

3.14

重复性质量问题　repeated quality problem

本组织已发生过的质量问题或上级组织已通报过的质量问题，在本组织再次发生同类质量问题。

3.15

人为责任质量问题　quality problem by personal

由于有章不循、违章操作等人为因素造成的质量问题。

4 一般要求

4.1 质量问题归零工作应从技术和管理两个方面进行，符合附录A规定范围内的质量问题，应按技术归零五条要求或管理归零五条要求进行质量问题归零，并完成质量问题归零报告。对既属技术归零范围，又属管理归零范围的质量问题，既要进行技术归零，又要进行管理归零。

4.2 质量问题归零可按问题的严重程度和产生的后果、产品级别、管理层次分级进行。

4.3 组织的最高管理者对本组织质量问题归零工作全面负责。型号指挥系统负责组织、检查本型号的质量问题归零工作。型号试验队队长负责组织大型试验或发射任务的质量问题归零工作。

4.4 技术归零应满足“定位准确、机理清楚、问题复现、措施有效、举一反三”五条要求；管理归零应满足“过程清楚、责任明确、措施落实、严肃处理、完善规章”五条要求。

4.5 组织的质量管理部门是质量问题归零的主管部门，负责拟订质量问题归零工作计划，对质量问题归零报告的符合性进行检查，组织质量问题归零报告的审查或评审，跟踪监督检查质量问题归零工作和措施的落实情况，保留质量问题归零的相关证据。

4.6 质量问题的责任单位具体实施质量问题归零工作。质量问题归零以完成质量问题归零报告，并经过签署、审查或评审，改进措施闭环落实作为结束的标志。

5 技术归零的工作程序

5.1 故障定位

故障定位的主要工作包括：

a) 质量问题发生后，在不影响人员、产品和设备安全的情况下，应保护好现场和产品状态，做好现场记录；
b) 组织有关方面的技术人员确认质量问题的现象和部位，制定排查方案，及时开展故障排查工作；
c) 检查产品、相关设备及工作状态与要求是否一致，确认是产品(设备)问题，还是测试试验设备与操作方法等方面的问题；
d) 在可能和必要的情况下，经各方确认，更换可疑的故障产品，尽可能证实故障仅存于所更换下的产品中；
e) 测试、检查故障产品。

5.2 故障机理分析

制定故障机理分析方案，查找故障原因及机理。故障机理分析的主要工作包括：

a) 梳理和确认所有故障现象，确定主要故障；
b) 根据主要故障，建立故障树，开展排查工作；
c) 开展问题的机理分析，采用工程分析、失效分析和统计分析等方法，从理论和技术上分析阐述由引起质量问题的最低单元产品及异常因素发展到质量问题的模式的物理或化学过程；
d) 必要时应由专业机构提供鉴定结果作为旁证，分析、判断问题发生的原因。

5.3 进行复现试验

原则上都应进行复现试验，确保质量问题定位的准确性和机理分析的正确性。难以进行复现试验时，应进行理论分析，并尽可能用仿真分析或模拟方式进行验证，同时应在技术归零报告中加以说明。复现试验的主要工作包括：

a) 编写试验方案,并经有关方签字认可;
b) 按试验方案进行试验,并做好试验记录;
c) 编写试验结果分析报告,并进行审查确认。

5.4 制定并落实纠正措施

按以下要求制定措施并予以落实:
a) 采取措施,实施纠正,消除已发生的质量问题;
b) 针对产生质量问题的原因制定具体、量化、可操作、可验证的纠正措施,并有明确的实施计划;
c) 对纠正措施的有效性进行试验验证,验证试验前编写程序文件,试验过程中做好原始记录,试验结束完成试验报告;
d) 经验证确认或批准的纠正措施应落实到技术文件或相关的标准规范中。

5.5 开展举一反三工作

按以下要求开展举一反三工作:
a) 质量问题归零后应总结经验教训,提炼明确质量问题深层次的警示;同时,对照技术标准,查找不完善的具体条款,提出补充完善的相关建议,并将有关情况纳入技术归零报告中;
b) 根据发生质量问题的机理和警示,检查相关产品有无可能发生类似模式或机理的问题,采取纠正措施,并将有关情况纳入技术归零报告中;
c) 将质量问题归零信息报上级质量管理部门。上级质量管理部门应明确举一反三要求,并反馈给相关组织和相关型号。

5.6 完成技术归零报告

按以下要求完成技术归零报告:
a) 技术归零报告由质量问题责任单位编写,报告编写内容见附录 B;
b) 技术归零报告应按要求签署完整,试(正)样产品交付后或弹、箭、星(船)系统试验中的技术归零报告应报上一级设计师会签,外购、外协产品的技术归零报告应经订货组织和任务书提出组织会签;
c) 无法完全质量问题归零的,应进行技术风险分析,按照附录 B 的要求编写质量问题分析报告,报告中应详细说明不能完全质量问题归零的理由,并签署完整。

6 管理归零的工作程序

6.1 查明质量问题的发生过程

质量问题发生后,在不影响人员、产品和设备安全的情况下,应保护好现场和产品状态,做好现场记录。组织有关方面的人员及时从管理上查明质量问题的发生过程:
a) 查明形成问题产品的过程和发现问题的过程,并检查上述过程中涉及管理和过程控制的文件规定、执行和记录情况等;
b) 分析造成异常因素的过程管理和控制过程的文件规定、执行方面的原因,查找管理上的薄弱环节或漏洞。

6.2 明确责任单位和责任人

在过程明确的基础上,依据过程管理和控制文件的规定、执行和记录情况,确定相关组织和相关人员应承担的责任,明确责任的主次与大小。

6.3 采取措施和完善规章

按以下要求采取措施，完善规章：

a) 针对造成质量问题的管理上的薄弱环节或漏洞，采取纠正措施和预防措施；

b) 措施应具体、细化、可操作、可检查，措施中的每一项工作应明确责任部门和责任人，对于中长期措施应有明确的计划和资源保障；

c) 措施应通过完善质量管理体系文件、规章制度、标准等形式进行固化；

d) 凡属规章制度不健全的问题，需明确完成规章制度的制(修)定时间和具体内容；

e) 总结经验教训，提炼明确质量问题深层次的警示，并将有关情况纳入管理归零报告中。

6.4 对问题的处理

按以下要求对问题进行处理：

a) 对由于管理原因造成质量问题应在思想和态度上严肃对待，从中吸取教训，特别应加强人员的思想教育和制度的宣贯与培训；

b) 对预先发现规章制度或流程不完善、不健全等管理薄弱环节，并能够主动开展质量问题归零，提出可操作、可落实、可检查措施的部门和人员，组织应根据情况给予奖励；

c) 对确属重复性质量问题和人为责任质量问题的责任单位和责任人，以及弄虚作假、隐瞒不报的有关责任人，应按照责任和影响的大小，按规定给予处罚。

6.5 完成管理归零报告

按以下要求完成管理归零报告：

a) 管理归零报告由责任单位组织编写，报告主要内容见附录 B；

b) 管理归零报告应经组织的质量管理部门和相关部门会签，组织的最高管理者批准；

c) 对于同一类管理问题，可编写一份管理归零报告，但在报告中应说明是发生在哪些产品上。

7 大型试验或发射任务的质量问题归零工作程序

大型试验或发射任务的质量问题归零工作原则上按第 5 章和第 6 章的规定进行，鉴于大型试验或发射任务工作的特殊性，各组织应根据实际情况制定具体的实施要求或细则，内容一般包括：

a) 大型试验或发射任务归零工作的职责分工；

b) 现场归零工作程序；

c) 现场以外(如返回本组织或返回外协组织)归零工作程序；

d) 不能完全归零时的工作要求；

e) 试验任务完成后的归零后续工作要求。

附　录　A
（规范性附录）
质量问题归零范围

A.1　技术归零的范围

技术归零的范围主要包括：

a）影响研制进度、造成与其他单位的接口设计修改、造成性能指标下降、造成生产返工的设计质量问题；
b）造成重大经济损失的设计和生产质量问题；
c）因技术原因，造成批次性和重复性的生产质量问题；
d）因技术原因，造成批次性电子元器件、原材料质量问题；
e）造成试验失败或损坏产品的试验技术问题；
f）单机、系统（分系统）交付后出现的因技术原因造成的质量问题；
g）产品在靶场或外场出现的因技术原因造成的质量问题；
h）因技术原因造成的武器装备交付后影响使用的质量问题；
i）卫星、飞船在轨运行和回收中的故障或影响任务完成的因技术原因造成的质量问题；
j）型号指挥系统和设计师系统确定需技术归零的质量问题。

A.2　管理归零的范围

管理归零的范围主要包括：

a）重复性质量问题；
b）人为责任质量问题；
c）无章可循、规章制度不健全造成的质量问题；
d）技术状态管理问题；
e）型号指挥系统确定的需要管理归零的质量问题。

附 录 B
（规范性附录）
质量问题归零报告内容

B.1 技术归零报告的主要内容

B.1.1 问题概述

对发生质量问题的时间、地点，问题产品（如产品名称、批次及编号、设计生产阶段）及其工作状态，问题产品的设计单位、生产单位及问题现象等进行描述。

B.1.2 问题定位

定位过程、定位依据、定位结果（如某一单机、部件、零件、元器件、材料或软件的某一运行状态，某一特定接口等出了问题）及问题原因和责任单位。

B.1.3 机理分析

机理分析工作的过程和方法，分析结果（理论分析结果、试验结果），根据机理分析和（或）试验过程，找出发生问题的原因和故障模式。如果原因是多方面的，则都应说明，但应尽可能说明主要原因，原因一般归纳为：设计、工艺、操作、管理、器材、软件、设备、环境等原因。

B.1.4 问题复现

所进行的复现试验情况，复现试验结果，是否验证了定位的准确性和机理分析的正确性，无法或无需进行复现试验时，应说明原因，并给出理论分析结果。

B.1.5 采取的措施及验证

所采取的纠正情况，纠正措施的确认和实施情况，进行验证试验的结果及有效性，纠正措施在文件上的落实情况等。

B.1.6 举一反三情况

在本组织、本型号范围内的举一反三工作内容及应吸取的经验教训等。

B.1.7 结论

是否完成质量问题归零，还有什么遗留问题或建议以及结论意见。

B.1.8 技术归零的证明资料清单

证明资料一般应包括：

a） 试验报告名称和编号（包括测试数据）；

b） 验证旁证材料名称和编号；

c） 落实性文件（技术通知单、更改单、质疑单、技术问题处理单等）名称和编号；

d） 其他证明资料名称和编号。

B.2 管理归零报告的主要内容

B.2.1 过程概述

对质量问题发生的时间、地点、产品的技术状态、问题现象及发展的全过程进行描述。

B.2.2 原因分析

按管理环节和职责，分析管理上的原因；明确有关人员和部门的责任。

B.2.3 措施及落实情况

采取的纠正措施及措施落实情况。

B.2.4 处理情况

对责任单位和责任人的处理方法和结果。

B.2.5 完善规章情况

涉及到组织哪些规章制度要进一步完善或建立，是否落实，未落实的应有明确要求。

B.2.6 结论

是否完成质量问题归零的结论意见。

B.2.7 管理归零的证明资料清单

证明资料一般应包括：

a) 双归零质量问题的技术归零报告名称和编号；
b) 进行技术归零评审问题的评审结论报告名称和编号；
c) 落实性文件（技术通知单、更改单、质疑单、技术问题处理单等）名称和编号；
d) 修订的规章制度名称和编号；
e) 奖惩文件名称和编号；
f) 其他证明资料名称和编号。

ICS 49.020
V 70

中华人民共和国国家标准

GB/T 29077—2012

星箭界面飞行环境遥测数据处理要求

Launch-vehicle-to-spacecraft flight environments telemetry data processing requirement

2012-12-31 发布　　2013-07-01 实施

中华人民共和国国家质量监督检验检疫总局
中国国家标准化管理委员会　发布

前言

本标准按照GB/T 1.1—2009给出的规则起草。

本标准由中国航天科技集团公司提出。

本标准由全国宇航技术及其应用标准化技术委员会(SAC/TC 425)归口。

本标准起草单位:中国航天科技集团公司第一研究院第一设计部。

本标准主要起草人:李国爱、潘忠文、吴彦森、董锴、苏虹、徐珊姝、王旭、何巍、谢萱、雷式松。

引　言

本标准属于中国航天国家标准体系。中国航天国家标准体系适用于航天领域国家标准的制修订和管理，覆盖航天管理、航天技术、航天应用与服务三大领域，是指导航天器和运载火箭项目管理、工程研制、航天发射服务、卫星在轨应用等活动的依据。

航天器的飞行环境测量是获取运载火箭飞行过程中过载、振动、冲击、噪声、温度、热流、压力等力、热环境最有效、最直接的方法，是力、热环境设计验证的基础和依据。有效载荷界面的环境条件是重要的星箭接口条件之一，星箭界面飞行环境测量的充分性、有效性，数据处理的合理性、正确性，对航天器(上升段即火箭发射)飞行环境适应性分析具有重要意义。通过对飞行遥测参数的测量和数据处理进行规范和统一，可以保证飞行测量结果的有效性和准确度，检验制定的环境条件的合理性，尤其对于我国商用运载火箭的发射和国际合作具有重要作用。

星箭界面飞行环境遥测数据处理要求

1 范围

本标准规定了运载火箭(以下简称火箭)主动段飞行过程中星箭界面飞行环境测量、遥测数据处理、分析报告格式等基本要求。

本标准适用于星箭界面飞行环境遥测结果数据处理和分析。

2 规范性引用文件

下列文件对于本文件的应用是必不可少的。凡是注日期的引用文件,仅注日期的版本适用于本文件。凡是不注日期的引用文件,其最新版本(包括所有的修改单)适用于本文件。

ISO 15862 星箭界面飞行环境遥测数据处理(SC/LV Flight environments telemetry data processing)

3 术语和定义

ISO 15862 界定的术语和定义适用于本文件。

4 飞行环境类型

4.1 准静态载荷

准静态载荷是除重力外所有加在火箭上的外力载荷。

4.2 低频振动

低频振动主要是火箭在点火和关机过程中由发动机脉动推力产生的结构响应,或者在跨音速飞行段由气体脉动压力产生的结构响应,或者在级间分离过程中产生的瞬态载荷。

4.3 高频振动

高频振动主要由火箭发动机喷流噪声和气动噪声产生的结构响应。高频振动在起飞段、上升段、跨音速段达到最大。

4.4 声学噪声

声学噪声主要由火箭发动机噪声和气动噪声产生的声压。整流罩内噪声在起飞段、上升段、跨音速段达到最大。

4.5 冲击

冲击环境主要是由整流罩分离、级间分离、星箭分离等分离动作产生的瞬态响应。

4.6 稳态压力

稳态压力包括火箭外部和火箭内部的瞬时压力。火箭上升过程中,由于泄压导致整流罩内部气体压力逐渐降低。整流罩内部压力和飞行弹道、整流罩形状、泄压口形状等因素有关。

4.7 热

飞行热环境依赖于气动加热、上面级发动机羽流、太阳辐射、地球反照、地球红外辐射和宇宙空间低温环境。

5 测量参数范围及测量要求

5.1 测量参数范围

测量参数范围应由火箭方和卫星方协调确定。除额外要求外，应包含下列测量参数并提供相应测量结果：

a） 过载；

b） 低频振动；

c） 高频振动；

d） 声学噪声；

e） 冲击加速度；

f） 稳态压力；

g） 温度。

5.2 测量要求

5.2.1 测量参数数量和测点位置

5.2.1.1 过载

至少测量火箭一点三向（纵向、法向、横向）过载，测点位置应靠近星箭界面。

5.2.1.2 低频振动

至少测量火箭一点三向（纵向、法向、横向）低频振动，测点位置应靠近星箭界面。

5.2.1.3 高频振动

至少测量火箭一点三向（纵向、法向、横向）高频振动，测点位置应靠近星箭界面。

5.2.1.4 声学噪声

至少测量火箭两点声学噪声，测点位置应在整流罩内具有代表性声场的位置。

5.2.1.5 冲击加速度

在至少测量火箭一点两向（纵向、法向或横向）冲击加速度，测点位置应靠近星箭界面。

5.2.1.6 稳态压力

至少测量火箭一点稳态压力，测点位置应选择在整流罩内能测到周围压力的位置。

5.2.1.7 温度

至少测量火箭一点温度，测点位置应靠近星箭界面。

5.2.2 测量参数的量程选择

测量参数的量程由火箭方根据以往飞行遥测结果或理论预示结果确定，既要保证测量精度，又不要出现限幅现象。

5.2.3 频率范围和最小采样频率

频率范围和最小采样频率应满足以下要求：

a) 应选择为能够反映飞行环境特征并能提供代表性测量结果的频率范围和最小采样频率；

b) 频率范围的确定依据相应的测量工具参数和最小采样频率，应防止出现频率混叠现象；

c) 在技术规范的基础上，确定频率范围和最小采样频率。

6 数据处理和方法

6.1 数据预处理程序

6.1.1 数据质量检查

时间历程遥测数据需要检查数据质量。若时间历程信号与参数物理过程实质不一致，该参数可视为无效。遥测故障段需要标识出来，并且不予处理。

6.1.2 过载、稳态压力和温度

因为过载、稳态压力和温度随时间变化缓慢，某一时刻信号的突然增大或减小应视为干扰信号，应被剔除或根据相邻时刻信号的大小为该时刻信号做适当处理。

6.1.3 低频振动、高频振动、声学噪声和冲击加速度

6.1.3.1 数据质量鉴定

通过时间历程曲线检查数据质量。通过信号振幅变化情况是否合理判断信号是否正常。

6.1.3.2 伪信号识别

随机信号在某一时刻其瞬时值远远大于信号均方根值时称其为伪信号，应被剔除或根据其相邻时刻信号的大小对伪信号做适当处理。

6.1.3.3 趋势项去除

在对低频振动、高频振动、声学噪声和冲击参数进行快速傅里叶变换（FFT）分析或冲击响应谱（SRS）分析时对应去除不应有的趋势项。

6.1.3.4 中心化处理

正弦振动、随机振动、噪声参数当其平均值不为零时，应进行中心化处理。

6.2 数据处理要求

6.2.1 过载

过载数据应包含起飞到星箭分离时刻的时间历程曲线。

6.2.2 低频加速度

6.2.2.1 概述

低频加速度数据应包含起飞到星箭分离时刻的时间历程曲线。

6.2.2.2 处理方法

低频振动信号应处理成冲击响应谱。SRS应转换成等效的正弦振动量级。

6.2.2.3 处理时段

发射任务剖面中的下列典型时段需要进行数据处理：起飞、跨音速段、最大动压段、级间分离、整流罩分离、星箭分离和其他较大振动时段。

6.2.3 高频振动

6.2.3.1 处理方法

高频振动信号应进行频谱分析。高频振动信号应处理成功率谱密度(PSD)。

6.2.3.2 处理时段

发射任务剖面中的下列典型时段需要进行数据处理：起飞、跨音速段、最大动压段和其他较大振动时段。

6.2.4 声学噪声

6.2.4.1 处理方法

声学噪声信号应进行频谱分析。声学噪声信号应处理成1/3倍频程或倍频程声压级(SPL)。

6.2.4.2 处理时段

发射任务剖面中的下列典型时段需要进行数据处理：起飞、跨音速段、最大动压段。

6.2.5 冲击加速度

6.2.5.1 处理方法

冲击信号应进行频谱分析。冲击信号应处理成SRS，阻尼比(ξ)一般取$\xi=0.05$，即放大倍数$Q=10$。

6.2.5.2 处理时段

发射任务剖面中的下列典型时段需要进行数据处理：级间分离、整流罩分离、星箭分离时段。

6.2.5.3 稳态压力

稳态压力数据应包含起飞到整流罩分离时刻的时间历程曲线。

6.2.6 温度

温度数据应包含从火箭起飞到整流罩分离时刻的时间历程曲线。

6.3 交付数据格式

6.3.1 交付形式

以电子文件或硬拷贝交付数据。

6.3.2 过载

至少以表格形式提供处理时段内卫星界面处的纵向、横向过载最大值。

火箭方应提供线性坐标的时间历程曲线，横坐标为时间，单位为 s，纵坐标为过载，单位为 m/s^2。

6.3.3 低频振动

至少以表格形式提供处理时段内卫星界面处的纵向、横向低频加速度最大值。

火箭方应提供线性坐标的加速度时间历程曲线，横坐标为时间，单位为 s，纵坐标为加速度，单位为 m/s^2。

火箭方应以表格形式或曲线形式提供处理时段内的等效正弦振动量级，曲线在线性或对数坐标系内，横坐标为频率，单位为 Hz，纵坐标为加速度，单位为 m/s^2。

6.3.4 高频振动

至少以表格形式提供处理时段内卫星界面处的纵向、横向 PSD 和均方根(RMS)包络。

火箭方应提供对数坐标的 PSD 和 RMS 曲线，横坐标为频率，单位为 Hz，纵坐标为加速度 PSD，单位为 $m^2/s^4/Hz$。

6.3.5 声学噪声

至少以表格形式提供处理时段内卫星界面处的 SPL。

SPL 横坐标为倍频程或 1/3 倍频程，纵坐标为 SPL，单位为 dB。

6.3.6 冲击加速度

至少以表格形式提供处理时段内卫星界面处的纵向、横向最大值。

火箭方应提供对数坐标的 SRS 曲线，横坐标为频率，单位为 Hz，纵坐标为加速度 SRS，单位为 m/s^2。时间间隔不大于 1/6 倍频程。

6.3.7 稳态压力

至少以表格形式提供处理时段内卫星界面处的稳态压力最大值、最大泄压速率。

火箭方应提供线性坐标时间历程曲线，横坐标为时间，单位为 s，纵坐标为压力，单位为 Pa。

6.3.8 温度

至少以表格形式提供处理时段内卫星界面处的最大、最小温度。

火箭方应提供线性坐标时间历程曲线，横坐标为时间，单位为 s，纵坐标为温度，单位为℃。

7 飞行环境结果分析报告

7.1 概述

火箭方提供的表格和曲线格式要求见 6.3。

7.2 过载

火箭方应证明飞行过程过载小于指定条件，并提供分析结果。

7.3 低频振动

火箭方应进行飞行环境预示结果和卫星试验条件比较，证明飞行过程低频振动小于指定条件，并提供分析结果。

7.4 高频振动

火箭方应进行飞行环境预示结果和卫星试验条件比较，证明飞行过程高频振动小于指定条件，并提供分析结果。

7.5 声学噪声

火箭方应证明飞行过程噪声小于指定条件，并提供分析结果。

7.6 冲击加速度

火箭方应进行飞行环境预示结果和卫星试验条件比较，证明飞行过程冲击加速度小于指定条件，并提供分析结果。

7.7 稳态压力

火箭方应证明飞行过程稳态压力小于指定条件，并提供分析结果。

7.8 温度

火箭方应证明飞行过程温度小于指定条件，并提供分析结果。

ICS 49.020
V 71

中华人民共和国国家标准

GB/T 29078—2012

航天器发射窗口设计指南

Design guidelines for spacecraft launch window

2012-12-31 发布　　　　2013-07-01 实施

中华人民共和国国家质量监督检验检疫总局
中国国家标准化管理委员会　发布

前　　言

本标准按照 GB/T 1.1—2009 给出的规则起草。

本标准由中国航天科技集团公司提出。

本标准由全国宇航技术及其应用标准化技术委员会(SAC/TC 425)归口。

本标准起草单位:中国空间技术研究院总体部。

本标准主要起草人:向开恒、张云彤、杨维廉。

引　　言

本标准属于中国航天国家标准体系。中国航天国家标准体系适用于航天领域国家标准的制修订和管理，覆盖航天管理、航天技术、航天应用与服务三大领域，是指导航天器和运载火箭项目管理、工程研制、航天发射服务、卫星在轨应用等活动的依据。

随着我国航天任务的激增和高强密度发射，对航天发射窗口的要求越来越高，选择适当的发射时段可以节省发射能量。发射窗口的选择是一个系统综合问题，通过总结国内大量航天器型号研制经验，设计和选择合适的发射窗口，可以为航天器的发射提供规范的技术依据，同时也可以为航天器总体和分系统设计提供可信的参数。

航天器发射窗口设计指南

1 范围

本标准规定了航天器发射窗口设计任务、设计方法和相关要求。

本标准适用于各类人造地球卫星、飞船、空间站以及深空探测器等航天器的发射窗口设计。

2 术语和定义

下列术语和定义适用于本文件。

2.1

发射窗口 launch window

满足预定飞行条件和任务要求，允许发射航天器的时间范围。

2.2

轨道机动 orbital maneuver

将航天器从某一轨道转移到另一预定轨道的轨道控制。

2.3

姿态机动 attitude maneuver

将航天器从某一姿态调整到另一预定姿态的姿态控制。

2.4

地影时间 ecliptic time

航天器在地球阴影中运行的时间。

2.5

星下点 sub-satellite point

航天器与地心连线在地球参考椭球面上的交点。

2.6

升交点 ascending node

航天器由南向北穿过赤道平面的交点。

2.7

太阳高度角 sun elevation

太阳在某地的地面仰角。

2.8

凌日 transit

观测点、航天器和太阳位于同一直线的现象。

3 发射窗口设计任务

根据航天器使命以及航天器与地面各系统的工作条件，按照航天器及有关天体的运行规律，结合运载火箭飞行时间和入轨参数，确定航天器可发射的时间范围(一般以北京时间表示)。发射窗口设计为航天器发射提供依据，同时为航天器总体和分系统设计提供有关参数。

4 发射窗口设计方法

4.1 发射窗口限制条件分析

分析航天器承担的使命和工作环境要求，给出发射窗口设计的限制条件。需要考虑的条件主要有：

a) 太阳照射地面目标的光照条件的要求；
b) 航天器太阳电池阵正常供电对太阳光照射航天器的方向的要求；
c) 航天器姿态控制对地球、航天器、太阳之间的几何关系的要求；
d) 航天器热控对太阳光照射航天器的方向的要求；
e) 航天器某些特殊部件对太阳光、地球反射光、月球反射光照射方向的要求；
f) 航天器处于地球阴影内时间长短的限制；
g) 航天器进、出地影时所处的轨道位置的要求；
h) 航天器和太阳相对观测站的几何关系要求；
i) 可返回航天器的回收时间要求；
j) 航天器空间交会对接的要求；
k) 航天器空间组网的要求；
l) 深空探测器捕获目标轨道的相关要求；
m) 其他有关条件。

针对具体的飞行任务，以系统工程的方法分析发射窗口各限制条件的必要性和合理性，协调互相矛盾的因素，确定用于发射窗口计算的限制条件。

4.2 发射窗口计算

4.2.1 概述

根据发射窗口计算的限制条件，建立有关条件和发射时间之间的计算公式，计算发射窗口。分别计算每个限制条件对应的允许发射时间范围，取其共同部分作为发射窗口。

发射窗口计算涉及到4.2.2～4.2.9的量的计算，根据具体飞行任务选择。

根据具体飞行任务情况，发射窗口的计算中还应考虑以下因素：

a) 轨道机动引起的轨道参数变化；
b) 姿态机动引起的姿态变化；
c) 轨道误差；
d) 姿态误差；
e) 运行期间太阳及月球位置的变化；
f) 运载火箭发射段运行时间及其误差。

4.2.2 太阳、月球位置计算

太阳、月球的位置可按照天文年历列出的位置计算，或采用经过验证满足精度要求的计算方法计算。

4.2.3 航天器位置和星下点位置计算

航天器位置可按航天器轨道摄动运动方程计算，计算精度应满足任务要求。

星下点位置可先计算出航天器在地球固连坐标系中的坐标，然后根据该坐标求出对应的地心经纬度即为星下点的地心经纬度。

航天器位置和星下点位置也可采用经过验证满足精度要求的其他计算方法计算。

4.2.4 航天器地影计算

航天器地影计算，主要包括地影时间以及航天器进、出地影时所处的轨道位置的计算。可采用经过验证满足精度要求的计算方法计算。

4.2.5 航天器星下点太阳高度角计算

航天器星下点太阳高度角计算，一般用公式(1)计算。

$$\sin E=\sin\delta_{S}\sin\delta+\cos\delta_{S}\cos\delta\cos(\alpha_{S}-\alpha) \qquad (1)$$

式中：

E ——太阳高度角，单位为弧度(rad)；

δ_{S} ——太阳赤纬，单位为弧度(rad)；

δ ——航天器赤纬，单位为弧度(rad)；

α_{S} ——太阳赤经，单位为弧度(rad)；

α ——航天器赤经，单位为弧度(rad)。

4.2.6 航天器与太阳对地面站的张角计算

航天器与太阳对地面测控站的张角用公式(2)计算。

$$\cos\theta=\frac{U_{S}\cdot(r-p)}{|r-p|} \qquad (2)$$

式中：

θ ——航天器与太阳对地面站的张角，单位为弧度(rad)；

U_{S} ——从地心指向太阳的单位矢量，单位为千米(km)；

r ——从地心到航天器的矢量，单位为千米(km)；

p ——从地心到地面站的矢量，单位为千米(km)。

当 θ 接近于 0 时，出现凌日现象，可能影响地面站的正常工作。

4.2.7 空间交会对接、组网情况下发射时刻的计算

在航天器要实施空间交会对接或组网的情况下，除了按单颗航天器的发射情况进行发射窗口分析计算，还应考虑对轨道平面的要求。在确定轨道倾角和升交点赤经的情况下，发射时刻用公式(3)计算。

$$t=\frac{\Omega_{0}-\alpha_{G0}-\lambda_{N}+2n\pi}{\omega_{e}-\Omega}-T_{L} \qquad (3)$$

式中：

t ——从参考时刻 t_0 起算的发射时间，单位为秒(s)；

Ω_0 ——参考时刻(t_0)的轨道升交点赤经，单位为弧度(rad)；

α_{G0} ——参考时刻(t_0)的格林威治赤经，单位为弧度(rad)；

λ_N ——入轨时刻的升交点经度，根据公式(4)或公式(5)计算，单位为弧度(rad)；

n ——整数，取不同值对应不同发射时刻；

ω_e ——地球自转速率，$7.292\,115\,8\times10^{-5}$ rad/s；

Ω ——升交点赤经变化率，rad/s；

T_L ——发射段飞行时间，单位为秒(s)。

入轨点在升轨段时，见公式(4)。

$$\lambda_{N}=\lambda-\arcsin(\tan\phi/\tan i) \qquad (4)$$

入轨点在降轨段时，见公式(5)。

$$\lambda_{N}=\lambda+\arcsin(\tan\phi/\tan i)-\pi \qquad (5)$$

式中：

λ ——入轨点经度，单位为弧度(rad)；

ϕ ——入轨点地心纬度，单位为弧度(rad)；

i ——轨道倾角，单位为弧度(rad)。

在空间交会或组网的情况下，航天器一般需要经过一段时间的相位调整才能到达目标轨道。在相位调整的过程中，航天器轨道平面与目标轨道平面还会发生升交点赤经的相对漂移。升交点赤经的相

对漂移与相位调整量存在关系，见公式(6)。

$$\Delta\Omega = -\frac{7}{2}J_2\left(\frac{R_e}{a}\right)^2\frac{\cos i}{(1-e^2)^2}\Delta u \quad \cdots\cdots(6)$$

式中：

$\Delta\Omega$ ——升交点赤经的相对漂移量，单位为弧度(rad)；

J_2 ——地球引力势的二阶带谐系数，其值为 $1.082\ 63\times10^{-3}$；

R_e ——地球赤道半径，单位为千米(km)；

a ——目标轨道半长轴，单位为千米(km)；

e ——目标轨道偏心率；

i ——轨道倾角，单位为弧度(rad)；

Δu ——相位调整量，单位为弧度(rad)。

可根据航天器的相位调整要求计算升交点赤经的相对漂移量，对升交点赤经进行预偏置，从而确定航天器的发射时刻。

4.2.8 深空探测器发射时机的计算

广义上，深空探测器捕获目标轨道问题与空间交会问题类似。在入轨时的轨道倾角和升交点赤经确定的情况下，发射时刻的计算可参考 4.2.7。

当深空探测器用于对地球以外天体进行探测时(如月球探测、火星探测等)，一般需要与目标天体实施轨道交会，存在最省能量的最优交会点，工程上一般选用在这些点附近实施轨道交会。因而要考虑航天器从地球到目标天体的转移轨道运行时间和目标天体运行周期及相位的关系，选定工程上可行的发射时间段。在此基础上再根据初始轨道平面捕获以及航天器的其他工程约束条件进行具体发射窗口分析计算。

4.2.9 航天器本体某特征轴方向的计算

描述航天器本体某特征轴，采用地心赤道惯性坐标系的球坐标。轴的方向用其指向的赤经、赤纬定义。航天器本体特征轴方向与姿态稳定方式有关。对于自旋稳定航天器，其自旋轴在惯性空间定向，赤经、赤纬为常数。对于三轴稳定航天器，特征轴的赤经、赤纬满足一定规律。

5 发射窗口设计文件编写

在航天器的各个研制阶段，应提供发射窗口分析计算技术报告。

技术报告包括限制条件的分析，计算公式和计算结果，计算结果应给出可发射日期中可发射(火箭起飞)的开始和结束时间。必要时，应给出相应参数。

ICS 01.040.49
V 04

中华人民共和国国家标准

GB/T 29079—2012

航天器轨道分类及常用参数符号

Classification and parameter symbols for orbits and trajectories of spacecraft

2012-12-31 发布　　2013-07-01 实施

中华人民共和国国家质量监督检验检疫总局
中国国家标准化管理委员会 发布

前　言

本标准按照 GB/T 1.1—2009 给出的规则起草。

本标准由中国航天科技集团公司提出。

本标准由全国宇航技术及其应用标准化技术委员会(SAC/TC 425)归口。

本标准起草单位:中国空间技术研究院总体部。

本标准主要起草人:向开恒、陈克威、张荣保、张婉扬。

引　言

本标准属于中国航天国家标准体系。中国航天国家标准体系适用于航天领域国家标准的制修订和管理，覆盖航天管理、航天技术、航天应用与服务三大领域，是指导航天器和运载火箭项目管理、工程研制、航天发射服务、卫星在轨应用等活动的依据。

在我国航天器研制过程中，经常涉及各种轨道的概念，使用到大量的参数符号。而不同研制单位对于轨道概念以及参数符号的使用并不统一，给航天器研制带来许多重复工作和交流障碍。通过严格定义和规范航天器轨道分类及相关参数，有利于统一轨道分类和参数符号的使用，能进一步提高航天器工程研制协调和学术交流的一致性和有效性。

航天器轨道分类及常用参数符号

1 范围

本标准规定了航天器的轨道分类及航天器轨道的常用参数符号。

本标准适用于人造地球卫星、飞船、空间站以及深空探测器等航天器的总体设计、轨道设计及相关技术活动。对于中心引力体为地球以外其他天体的深空探测器可参照使用。

2 航天器轨道分类

2.1 运行轨道分类

2.1.1 按轨道偏心率分类

2.1.1.1 圆轨道

偏心率 e 满足条件 $e=0$ 的轨道。轨道偏心率接近于零的近似圆轨道,工程上有时也称为圆轨道。

2.1.1.2 椭圆轨道

偏心率 e 满足条件 $0<e<1$ 的轨道。

2.1.1.3 抛物线轨道

偏心率 e 满足条件 $e=1$ 的轨道。

2.1.1.4 双曲线轨道

偏心率 e 满足条件 $e>1$ 的轨道。

2.1.2 按轨道倾角分类

2.1.2.1 顺行轨道

倾角 i 满足条件 $0°\leqslant i<90°$的轨道。

2.1.2.2 逆行轨道

倾角 i 满足条件 $90°<i\leqslant 180°$的轨道。

2.1.2.3 极地轨道

倾角 i 满足条件 $i=90°$的轨道。通常倾角接近 90°的轨道也称极地轨道。极地轨道简称为极轨道。

2.1.3 按轨道高度分类

2.1.3.1 低轨道

轨道高度较低的轨道,通常轨道高度低于 2 000 km。

2.1.3.2 高轨道

轨道高度较高的轨道，通常轨道高度高于30 000 km。远地点高度高于30 000 km的椭圆轨道通常归入高轨道。

2.1.3.3 中轨道

轨道高度介于低轨道和高轨道之间的轨道。

2.1.4 按轨道面进动方向分类

2.1.4.1 东进轨道

升交点赤经变化率Ω满足条件$\Omega>0$的轨道。此类轨道的倾角范围为$90°<i<180°$。

2.1.4.2 西退轨道

升交点赤经变化率Ω满足条件$\Omega<0$的轨道。此类轨道的倾角范围为$0°<i<90°$。

2.1.5 按航天器在不同运行阶段的轨道分类

2.1.5.1 初始轨道

航天器从运载火箭分离后进入的轨道。

2.1.5.2 停泊轨道

航天器为转移到另一条轨道而暂时停留的轨道，又称驻留轨道。

2.1.5.3 转移轨道

航天器从一条轨道转移到另一条轨道时所经过的轨道，又称过渡轨道。

2.1.5.4 目标轨道

航天器执行某一预定任务的运行轨道。

2.1.5.5 弃置轨道

航天器完成预定任务或由于故障终止任务后进入的最终轨道。

2.1.6 特殊分类的重要轨道

2.1.6.1 赤道轨道

倾角i满足条件$i=0°$或$i=180°$，即轨道面与地球赤道面重合的轨道。

2.1.6.2 临界倾角轨道

倾角i满足条件$i=63.435°$或$i=116.565°$的轨道。对此类轨道，地球引力J_2项摄动引起的近地点幅角长期摄动为零。

2.1.6.3 **太阳同步轨道**

轨道面进动角速率和太阳在黄道上运动的平均角速率相等的东进轨道。

2.1.6.4 **地球同步轨道**

轨道周期和地球自转周期相等的顺行轨道。

2.1.6.5 **地球静止轨道**

轨道倾角和偏心率都等于零的地球同步轨道。

2.1.6.6 **回归轨道**

星下点轨迹周期性重复的轨道,又称重复轨道。

2.1.6.7 **冻结轨道**

当近地点(近心点)幅角的平均值为 90°或 270°,且偏心率的平均值为某一特定值时,使这两个要素的平均值保持不变的轨道。

2.1.6.8 **晕轨道**

航天器在限制性三体问题的平动点(拉格朗日点)附近围绕平动点作周期运动的轨道。

2.2 返回轨道分类

2.2.1 **弹道式返回轨道**

再入地球稠密大气层后,航天器只产生阻力不产生升力,或虽有升力但不加以控制的返回轨道。

2.2.2 **升力式返回轨道**

再入地球稠密大气层后,航天器的升阻比大于 0.5,通过控制倾侧角来控制升力方向从而调整轨迹的返回轨道。

2.2.3 **半弹道式返回轨道**

再入地球稠密大气层后,航天器的升阻比不大于 0.5,但可通过控制倾侧角来控制升力方向从而调整轨迹的返回轨道。

3 航天器轨道常用参数符号

3.1 概述

航天器轨道常用参数符号包括地球物理参数、运行轨道参数、地球站参数等符号。

3.2 符号表示方法

3.2.1 符号构成

通常由一个或两个拉丁字母或希腊字母构成基本符号,需要时带有角标等说明性辅助符号,其构成如图 1 所示。

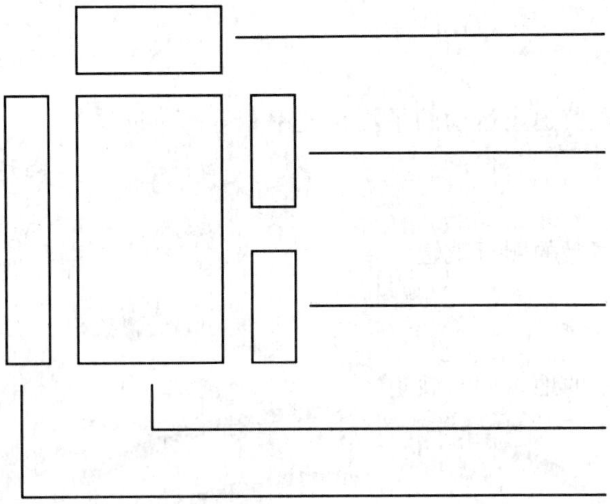

图1 符号构成示意图

3.2.2 基本符号

基本符号用来表示参数的基本含义。

示例：v 表示速度。

3.2.3 辅助符号

3.2.3.1 下角标

3.2.3.1.1 下角标是对基本符号的补充，进一步说明参数的含义、特征或条件。

示例：v_0 表示初始速度。

3.2.3.1.2 表示坐标系特征的下角标通常列于下角标符号的末尾。

示例：v_{0x} 表示初始速度在坐标系 X 轴上的投影。

3.2.3.1.3 在不致引起误解的情况下，允许缺省。

3.2.3.1.4 常用下角标见表1。

表1

序号	符号	说明
1	0	初始值
2	p	近地点
3	a	远地点
4	T	地球站
5	e	地球
6	s	太阳
7	m	月亮

3.2.3.2 顶标

顶标用来表示平均值、相对量、矢量及变化率等含义。

示例：$\dot{\Omega}$ 表示升交点赤经变化率。

3.2.3.3 上角标

上角标用来表示归一化值、无量纲值等含义。

3.2.3.4 侧标

侧标表示物理量的增量或差值等含义。

示例：符号 Δv 表示速度增量。

3.3 地球物理参数符号

地球物理参数符号见表 2。

表 2

序号	参数名称	符号	说明
1	地球椭球体赤道半经	R_e	
2	地球椭球体几何扁率	α_e	标准地球半长轴、半短轴之差与半长轴之比值
3	地球偏心率	e_e	标准地球的焦距与其长轴之比值
4	带谐系数	J_n	
5	田谐系数	C_{nm}、S_{nm}	
6	地球引力常数	GM	也常用 μ
7	地球平均半径	R_m	与地球体积相同的圆球半径
8	地球自转角速度	ω_e	地球绕其自转轴自西向东旋转的角速度

3.4 运行轨道参数符号

3.4.1 轨道要素(或称轨道根数)符号

轨道要素符号见表 3。

表 3

序号	参数名称	符号	说明
1	半长轴	a	椭圆轨道长轴的一半
2	偏心率	e	椭圆轨道两焦点之间的距离和椭圆长轴之比
3	轨道倾角	i	轨道平面正法向和地球北天极方向之间的夹角
4	升交点赤经	Ω	在地心赤道坐标系中从春分点到升交点的地心张角，从春分点向东度量
5	近地点幅角	ω	在轨道平面内升交点至近地点的地心张角，从升交点沿航天器运动方向度量
6	过近地点时刻	τ	

3.4.2 运行轨道基本参数符号

运行轨道基本参数符号见表 4。

表 4

序号	参数名称	符号	说明
1	时间	t	
2	高度	h	航天器至星下点的距离
3	赤经	α	过春分点的赤经圈为始圈，从北天极看按逆时针方向度量到天体(或航天器)赤经圈的天赤道弧长
4	赤纬	δ	天体(或航天器)到天赤道之间的赤经圈弧长，由天赤道起算，向北天极方向为正
5	大地经度	L	格林尼治子午面与过天体(或航天器)的子午面的夹角，由格林尼治子午面向东度量
6	大地纬度	B	过天体(或航天器)的参考椭球面法线与赤道面的夹角，向北为正
7	地心纬度	φ	天体(或航天器)与地心的连线与赤道面的夹角，向北为正
8	速度	v	
9	加速度	a	

3.4.3 运行轨道其他参数符号

运行轨道其他参数符号见表 5。

表 5

序号	参数名称	符号	说明
1	轨道周期	T	航天器在轨道上运行一圈所需的时间
2	平均运动角速度	n	$n=2\pi/T$
3	纬度幅角	u	在轨道平面上航天器与升交点的地心角距，从升交点沿航天器运动方向度量
4	真近点角	f	在轨道平面上航天器与近地点的地心角距，从近地点沿航天器运动方向度量
5	偏近点角	E	航天器对椭圆轨道长轴垂线的反向延长线与椭圆外切圆的交点与近地点的地心角距，从近地点沿航天器运动方向度量
6	半通径	p	通过焦点且垂直于椭圆长轴的弦长的一半
7	半短轴	b	椭圆轨道短轴的一半
8	地心距	r	地心至航天器的距离
9	近地点地心距	r_p	地心至近地点的距离
10	远地点地心距	r_a	地心至远地点的距离
11	星下点地心距	R_s	地心至星下点的距离
12	平近点角	M	$M=n(t-\tau)$

3.5 地球站参数符号

地球站参数符号见表6。

表6

序号	参数名称	符号	说明
1	地球站大地经度	L_T	
2	地球站大地纬度	B_T	
3	地球站地心纬度	φ_T	
4	仰角	E	地球站至航天器的连线与该站水平面的夹角,向上为正
5	方位角	A	地球站至航天器的连线在该站水平面内的投影与正北向之夹角,从正北方向顺时针度量
6	斜距	ρ	地球站至航天器的距离

ICS 49.020
V 70

中华人民共和国国家标准

GB/T 29080—2012

地球同步轨道通信卫星飞行结果评定

Evaluation for flight results of geosynchronous communications satellite

2012-12-31 发布 2013-07-01 实施

中华人民共和国国家质量监督检验检疫总局
中国国家标准化管理委员会 发布

前　言

本标准按照 GB/T 1.1—2009 给出的规则起草。

本标准由中国航天科技集团公司提出。

本标准由全国宇航技术及其应用标准化技术委员会(SAC/TC 425)归口。

本标准起草单位:中国空间技术研究院通信卫星事业部。

本标准主要起草人:经姚翔、李杨、张云彤、范陆海。

引 言

本标准属于中国航天国家标准体系。中国航天国家标准体系适用于航天领域国家标准的制修订和管理,覆盖航天管理、航天技术、航天应用与服务三大领域,是指导航天器和运载火箭项目管理、工程研制、航天发射服务、卫星在轨应用等活动的依据。

地球同步轨道通信卫星发射入轨后,一般都要经历一段时间的在轨测试,对卫星平台和有效载荷的各项功能与性能指标进行测试,利用相关测试数据对卫星的在轨飞行情况进行评定,当用户与承制方共同确认通信卫星的在轨飞行评定结果满足合同规定的要求时,才能将卫星交付给用户。为确保地球同步轨道通信卫星的飞行结果评定客观公正,并能被承制方和用户共同认可,有必要明确和规范相关评定依据、原则、评定项目和方法等,这对地球同步轨道通信卫星的研制和交付工作具有十分重要的意义。

地球同步轨道通信卫星飞行结果评定

1 范围

本标准规定了地球同步轨道通信卫星飞行结果评定的原则、依据、等级划分、项目、方法及等级判定。

本标准适用于卫星研制部门对地球同步轨道通信卫星自星箭分离后至交付用户前，根据在轨测试数据给出飞行结果的评定。

2 术语和定义

下列术语和定义适用于本文件。

2.1

通信卫星 communications satellite

用于中继无线电通信信息的人造地球卫星。

2.2

地球同步轨道 geosynchronous orbit

轨道周期和地球自转周期相等的顺行轨道。

2.3

地球同步轨道通信卫星 geosynchronous communications satellite

轨道周期与地球自转周期相同的通信卫星。

2.4

地球静止轨道通信卫星 geostationary communications satellite

轨道倾角和轨道偏心率为零的地球同步轨道通信卫星。卫星相对于地面静止。

2.5

等效全向辐射功率 equivalent isotropic radiated power

EIRP

施加到天线的功率与给定方向天线的绝对增益的乘积。

2.6

品质因数 G/T ratio

天线增益与系统噪声温度的比值。

2.7

饱和通量密度 saturation flux density

SFD

使卫星上一个转发器频道输出功率达到饱和所需输入的通量密度。

2.8

带外抑制 out-band suppression

电信系统对频带以外电信号的抑制程度。

2.9

定点精度 station accuracy

地球静止轨道卫星在定点捕获后轨道位置保持的精度。

2.10

压力-体积-温度法　pressure-volume-temperature (PVT) method

基于带压缩因子的气体状态方程,根据增压气体质量守恒计算贮箱内剩余推进剂的方法。

3　评定原则

3.1　评定级别应按地球同步轨道通信卫星(以下简称卫星)完成任务的程度划分。

3.2　星上采用冗余设计的部件失效,不影响整星任务时,不影响评定级别。

3.3　非直接故障,另行评定。非直接故障主要包括:

a)　运载火箭故障引起的卫星故障或工作寿命的减少;

b)　卫星间干扰超过国际规定的额定值,引起通信质量下降;

c)　通信上行信号原因引起的卫星转发器故障;

d)　地面测控站操作失误造成的卫星故障;

e)　其他非卫星产品本身原因造成的无法实现任务目标的故障或情况。

3.4　飞行结果的评定应在完成了在轨测试后交付用户使用前进行。必要时可增加评定次数。

4　评定依据

4.1　文件

文件包括:

a)　用户提出的使用要求、性能规范、合同要求、合同附件中的相关要求等;

b)　卫星飞行试验大纲;

c)　卫星在轨测试大纲。

4.2　在轨测试结果

在轨测试结果包括:

a)　卫星平台工作状态和性能的评定,以卫星遥测参数为依据;

b)　卫星通信功能及性能的评定,以卫星在轨测试结果为依据;

c)　对卫星星上测控实施的评定,以地面测控中心的测控效果为依据。

5　等级划分

根据卫星工作情况,评定等级划分如下:

a)　成功;

b)　基本成功;

c)　部分成功;

d)　不成功。

6　评定项目

6.1　有效载荷

有效载荷的主要评定内容如下:

a） 等效全向辐射功率；

b） 品质因数；

c） 饱和通量密度；

d） 幅频特性；

e） 频率精度和稳定度；

f） 工作频率、带宽；

g） 覆盖区；

h） 极化隔离度；

i） 用户提出的其他要求；

j） 正常工作的转发器路数。

6.2 卫星平台

卫星平台的主要评定内容如下：

a） 定点精度(仅针对地球静止轨道通信卫星)；

b） 姿态精度；

c） 电源功率及蓄电池状态；

d） 剩余推进剂；

e） 卫星服务寿命；

f） 遥控灵敏度；

g） 遥控指令功能；

h） 遥测下行的等效全向辐射功率；

i） 用户提出的其他要求。

7 评定方法

7.1 有效载荷

按有关规定进行在轨测试，根据在轨测试数据评定卫星有效载荷性能，主要包括：

a） 根据每个功率放大器对应的等效全向辐射功率的在轨测试结果，评定等效全向辐射功率；

b） 根据每个上行波束对应的品质因数的在轨测试结果，评定品质因数；

c） 根据各个接收机及功率放大器通路饱和通量密度值的在轨测试结果，评定饱和通量密度；

d） 根据幅频特性的在轨测试数据，评定幅频特性；

e） 根据接收机、变频器等频率转换精度、稳定度等指标的在轨测试结果，评定频率精度和稳定度；

f） 根据幅频特性、带外抑制等指标的在轨测试结果，评定工作频率、带宽；

g） 根据天线方向图验证的在轨测试结果，评定覆盖区；

h） 根据每个波束交叉极化隔离度的在轨测试结果，评定极化隔离度；

i） 根据用户提出的其他要求对应的在轨测试结果，评定其他指标；

j） 根据上述各项指标的评定结果，确定正常工作的转发器路数。

7.2 卫星平台

7.2.1 根据轨道测量结果评定卫星定点精度，主要包括：

a) 根据轨道半长轴、偏心率、平经度的测定结果，评定卫星东西方向定点位置的精度；

b) 根据轨道倾角的测定结果，评定卫星南北方向定点位置的精度。

7.2.2 根据卫星遥测参数处理结果评定卫星姿态精度，主要包括：

a) 根据卫星进入地球同步轨道（或定点）前飞行过程中各个转移轨道控制模式下的姿态遥测数据，评定转移轨道控制模式姿态控制精度；

b) 根据卫星进入地球同步轨道（或定点）后运行过程中各个同步轨道控制模式下的姿态遥测数据，评定同步轨道控制模式姿态控制精度。

7.2.3 根据卫星遥测参数处理结果评定电源功率及蓄电池状态，主要包括：

a) 根据卫星飞行过程中及进入地球同步轨道（或定点）后太阳翼电流输出遥测或星上各功率消耗项目对应的电流遥测，评定卫星太阳电池阵输出功率；

b) 根据卫星进出地影前后或发生充放电过程中，蓄电池电压、充电电流、放电电流等遥测数据，确认蓄电池参数和充、放电功能和放电深度，评定蓄电池工作状态。

7.2.4 根据卫星进入地球同步轨道（或定点）后推进分系统遥测数据，采用相关方法（如 PVT 法等）评定卫星剩余推进剂。

7.2.5 根据电源功率和剩余推进剂等评定卫星服务寿命。

7.2.6 根据卫星测控实施结果评定卫星测控的性能指标，主要包括：

a) 根据卫星地球同步轨道（或定点）后卫星可译出和执行遥控指令时地面站的最小上行功率，评定卫星遥控灵敏度；

b) 根据飞行过程中卫星发送过遥控指令的情况，评定卫星指令功能；

c) 根据卫星地球同步轨道（或定点）后星上遥测下行增益档的地面信号接收效果，评定卫星的等效遥测全向辐射功率。

7.2.7 根据卫星遥测参数及其处理结果，综合判断卫星平台的性能指标及需要评定的其他项目。

8 等级的判定

8.1 成功

同时满足下列要求时，判定为成功：

a) 6.1 规定的有效载荷评定项目的性能指标均满足要求；

b) 6.2 规定的卫星平台评定项目的性能指标均满足要求；

c) 卫星平台工作正常（包括出现异常，经应急处置后，仍能满足任务要求）。

8.2 基本成功

只出现下列条件之一且其余性能指标都满足“成功”的要求时，判定为基本成功：

a) 轨道（位置）保持的时间可维持服务寿命要求的 75%；

b) 覆盖区不少于指标的 90%；

c) 通信容量不少于指标的 75%。

8.3 部分成功

判定结果未达到“基本成功”且满足以下全部要求时，判定为部分成功：

a) 卫星进入地球同步轨道，轨道（位置）保持的时间可维持服务寿命要求的50％以上；

b) 卫星平台能够维持整星最低限度工作；

c) 覆盖区不少于指标的50％；

d) 通信容量不少于指标的50％。

8.4 不成功

判定结果未达到“部分成功”则判定为不成功。

ICS 49.020
V 70

中华人民共和国国家标准

GB/T 29081—2012

航天器模态计算方法

Modal analysis for spacecraft

2012-12-31 发布 2013-07-01 实施

中华人民共和国国家质量监督检验检疫总局
中国国家标准化管理委员会 发布

前　　言

本标准按照 GB/T 1.1—2009 给出的规则起草。

本标准由中国航天科技集团公司提出。

本标准由全国宇航技术及其应用标准化技术委员会(SAC/TC 425)归口。

本标准起草单位:中国空间技术研究院总体部。

本标准主要起草人:柴洪友、钱志英。

引　言

本标准属于中国航天国家标准体系。中国航天国家标准体系适用于航天领域国家标准的制修订和管理，覆盖航天管理、航天技术、航天应用与服务三大领域，是指导航天器和运载火箭项目管理、工程研制、航天发射服务、卫星在轨应用等活动的依据。

随着我国航天事业的迅猛发展，长寿命、高可靠性、功能复杂的航天器不断涌现。在航天器结构设计和验证过程中，对航天器模态的要求(固有频率的要求)是大多数航天器结构设计的重要要求。航天器结构模态分析是航天器结构分析的重要内容之一，在航天器结构研制过程中具有重要的作用。

本标准为获取合理、准确、可靠的航天器模态计算结果提供依据和指导，对航天器模态分析的模型建立、模型检查以及模态特性分析等方面进行统一的规范，目的是保证工程研制过程中航天器模态分析的准确性。航天器模态计算在航天器研制过程中具有重要作用，如对避免频率耦合引起的共振、航天器构型方案选择、结构故障诊断、仪器设备的动力学环境预示等都有着重要的影响。当前国内外航天事业迅猛发展，各类型号的航天器都在紧密的研制开发过程中，因而有必要将航天器模态计算的过程进行统一规定，确保计算、分析过程的规范化和结果的有效性。

航天器模态计算方法

1 范围

本标准规定了航天器的模态计算方法。

本标准适用于航天器的模态计算和航天器界面广义刚度矩阵和广义质量矩阵的计算。舱段、组件的模态计算可参照使用。

2 术语和定义

下列术语和定义适用于本文件。

2.1

静定界面 statically determinate interface

在结构运动时可视为刚体的界面。

注：结构通过界面与其他结构相连，对于静定界面只需通过某个参考点的自由度就能表示出所有界面自由度的运动。

2.2

结构理想化 structural idealization

把实际结构转化成一种能够表现结构的几何特征和连接关系、并能有效反映结构的力学特性和进行力学分析的形式的过程。

注：如将具有一定几何特征的构件抽象为点、线、面或体，进而简化为结构力学中的质点、弹簧、杆、梁、板、壳、体等。

3 航天器模态计算步骤

航天器模态计算一般步骤如图1所示。

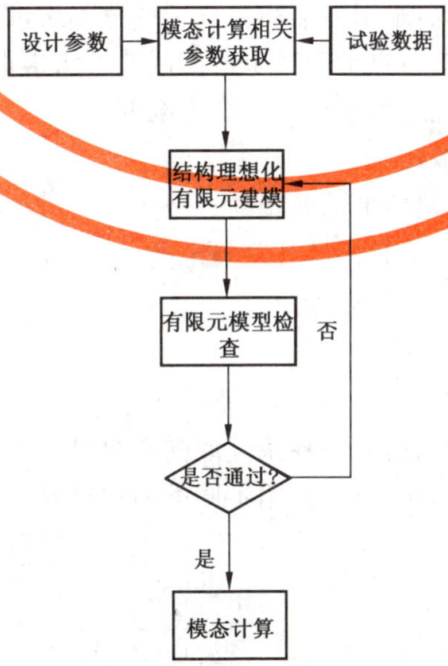

图 1 航天器模态计算步骤

4 航天器模态计算相关参数获取

航天器模态计算结果主要取决于以下物理参数：

a） 航天器系统的质量和惯量分布；

b） 航天器结构的刚度特性；

c） 航天器结构的边界条件。

其中，刚度特性和边界条件的确定除考虑设计参数外，还应参考试验结果不断修正。

5 航天器有限元模型的建模

5.1 结构理想化

5.1.1 概述

由于航天器系统的质量分布相对于结构刚度更容易准确地反映在模型中，因此在建模时，应当充分关注结构刚度的模拟。对于影响结构刚度较大的因素，不应过分简化。

5.1.2 有限单元类型的确定

单元类型根据结构的几何特征、受力情况及分析软件确定，主要应用的单元类型包括质点单元、弹簧元、杆单元、梁单元、板壳单元、体单元等。在选择单元时，以下内容将有助于建立合理的计算模型：

a） 桁架结构采用杆单元，构架结构采用梁单元，板和壳结构采用板壳元；

b） 当连接结构刚度很大而无必要细化时，采用刚性单元模拟；

c） 接头和特殊连接处用弹簧元或多点约束模拟；

d） 包带连接解锁机构用弹簧元模拟；

e） 胶接、铆接和焊接一般理想化为刚性连接；

f） 连接形式要视具体情况而定，有时理想化为刚性连接（限制 6 个自由度），有时理想化为限制 5 个自由度的连接或限制 3 个平移自由度的铰接；

g） 较大的设备用质点单元模拟，并用多点约束或刚性单元连接到结构板的安装位置上，有较多固定点的设备作为均布的非结构质量定义于适当区域的结构板单元上；

h） 某些仪器参与结构承力时应适当模拟仪器结构刚度；

i） 液体质量可用等效质量模拟；

j） 单元之间的位移应当协调，包括平动和转动；

k） 对于不易进行简化或者进行了简化但难以确定参数的局部结构，可进行局部试验，根据试验数据进行建模。

5.1.3 位移边界条件的确定

根据具体情况采用固支边界条件、简支边界条件或弹性边界条件。

为了解简化程度对分析结果的影响，可以采用不同类型的边界条件进行分析，比较后最终确定合适的边界条件。

5.2 坐标系选择

坐标系选择应遵从以下原则：

a） 航天器有限元模型的整体坐标系一般应采用航天器总体定义的机械总体坐标系；

b） 根据航天器具体的结构形式建立局部坐标系以方便计算。

5.3 单位制选择

采用千克、米、秒作为基本单位。

5.4 单元网格划分

按照结构理想化选定的单元，将结构离散为有限个单元的集合体。单元网格划分应考虑以下因素：

a） 单元划分的疏密应能够有效描述所关心频率对应的结构振型；

b） 单元的几何形状应满足一定的要求，在划分三角形单元时，三条边应尽量相等，一般不应出现钝角三角形；在划分四边形单元时，应尽量接近于正方形，通常情况下，四边形的内角不小于45°、不大于135°；

c） 对于几何特性（如尺寸和截面等）或物理特性（如弹性系数等）有突变之处，在划分单元时应作为单元的边线，必要时还应对这些部位的单元进行细化处理；

d） 单元形状比例应符合软件使用说明书的要求。

5.5 单元特性确定

5.5.1 物理特性确定

定义材料的密度、弹性性能（或刚度性能），非结构质量等物理特性参数。

5.5.2 几何特性确定

根据所选单元定义截面几何特性参数。

在应用杆单元时，需要定义截面面积（对于抗扭杆还应定义抗扭截面系数）。

在应用梁单元时，需要定义梁截面的参考坐标系和截面形状、大小，也可直接输入截面面积、抗弯和抗扭截面系数、剪切修正系数等。

在应用板单元时，普通金属薄板只需定义厚度；对于夹层板或层合复合材料板可按铺层进行定义，也可以利用试验或分析结果直接定义整个夹层板或层合复合材料板的刚度系数。

当板单元或梁单元的节点与自身中性面不重合时，需要定义中性面的偏置。

当采用梁单元来模拟加强筋时，需要定义加强筋中性面的偏置位置。

6 航天器有限元模型检查

6.1 几何检查

利用建模软件的前处理功能检查有限元模型：

a） 几何形状检查；

b） 单元雅克比（Jacobi）行列式检查；

c） 自由边检查和单元重叠检查。

6.2 质量特性检查

计算有限元模型的质量、质心位置和转动惯量，检查模型的质量特性（主要是质量、质心）是否符合设计值或测试值。一般情况下，模型的质量误差应小于0.3%。当航天器结构本体尺寸不大于1 m时，质心位置误差应小于3 mm；当航天器结构本体尺寸大于1 m时，质心位置误差应小于0.3%。

为了掌握更准确的质量分布，通常要对模型各结构部件、大型天线、太阳翼、相机、舱段等分别进行质量特性检查。

6.3 协调性检查

下列情况可能造成计算中断,需调整节点、单元或约束条件予以解决:

a) 单元间位移不协调;

b) 单元比例失调;

c) 不符合单元形成规则;

d) 结构刚度矩阵病态或奇异;

e) 节点约束不符合所选用的单元类型等。

6.4 刚体模态检查

在无位移约束边界条件下(去掉所有位移边界条件),计算得到前六阶模态应满足固有频率均小于静定结构最小固有频率的0.1%,并且六个模态的有效质量比之和在六个方向上均大于99.9%。否则,应查找原因,修改模型后再调试,直到满足要求。

6.5 力平衡检查

给定边界约束条件,分别在三个方向上施加1 g 的加速度载荷,确认支反力仅产生在被约束的节点上,每方向的支反力相加后应该等于模型的总重量,否则检查结构间是否应用了不适当的弹簧元或刚性元等。

7 航天器模态计算内容

7.1 模态计算

7.1.1 固有频率及振型

7.1.1.1 计算公式

以节点位移为未知变量,将结构离散成具有 n 个自由度的系统,则结构的自由振动方程见公式(1),结构的特征方程见公式(2)。模态计算就是通过结构建模计算得到刚度矩阵 K 和质量矩阵 M,然后求解特征方程(2)得到 ω 和与之对应的 φ,并分析 φ 的特征。

$$M\ddot{x}+Kx=0 \qquad \cdots\cdots(1)$$

式中:

M ——质量矩阵,$n\times n$ 阶;

$\ddot{x}$ ——加速度向量,$n\times 1$ 阶;

K ——刚度矩阵,$n\times n$ 阶;

x ——位移向量,$n\times 1$ 阶。

$$(K-\omega^2 M)\varphi=0 \qquad \cdots\cdots(2)$$

式中:

ω ——特征值,工程上称为固有圆频率;

φ ——特征向量,$n\times 1$ 阶,工程上称为振型。

解特征方程(2)的广义特征值,得到第 k 阶固有圆频率 ω_k 及其对应的振型 $\varphi_k(k=1,2,\cdots,m;m\leqslant n)$。$\varphi_k$ 为正则化模态(质量归一)。

第 k 阶固有频率 f_k 按公式(3)计算。

$$f_k = \frac{\omega_k}{2\pi} \quad \cdots\cdots(3)$$

式中：

f_k——第 k 阶固有频率；

ω_k——第 k 阶固有圆频率。

7.1.1.2 计算要求

计算航天器前 m 个模态的固有频率和振型，m 一般为 100 Hz 之内的所有模态阶数。如果每个方向上模态有效质量的总和都大于 80%，可认为主要模态均已算出，否则，需追加模态计算阶数。

对于装有大型部件(如大型天线、太阳翼、相机、贮箱等)或由多舱段组成的航天器，可以将航天器本体、大型部件、舱段等分别作为子结构，应用模态综合法计算模态。推荐采用固定界面模态综合法进行模态计算。固定界面模态综合法的相关内容见附录 A。

7.1.2 有效模态质量比

7.1.2.1 计算公式

第 k 阶模态的有效质量按公式(4)计算。

$$M_{rr}^k = \mu_{kr}^{\mathrm{T}} \mu_{kr} \quad \cdots\cdots(4)$$

式中：

M_{rr}^k——第 k 阶模态的有效质量矩阵，6×6 阶。

其中 μ_{kr}(1×6 阶)按公式(5)计算

$$\mu_{kr}^{\mathrm{T}} = T_r^{\mathrm{T}} M \varphi_k \quad \cdots\cdots(5)$$

式中：

T_r——结构刚体运动变换矩阵，n×6 阶。

φ_k——第 k 阶模态向量，n×1 阶。

结构内部自由度刚体质量矩阵按公式(6)计算。

$$M_{rr} = T_r^{\mathrm{T}} M T_r = \sum_{k=1}^{n} M_{rr}^k \quad \cdots\cdots(6)$$

式中：

M_{rr}——结构内部自由度刚体总质量矩阵，6×6 阶。

第 k 阶模态第 l 个自由度的有效质量比 η_l^k 按公式(7)计算。

$$\eta_l^k = m_{ll}^k / m_{ll} \ (k=1,2,\cdots,m\ ;l=1,2,\cdots,6) \quad \cdots\cdots(7)$$

式中：

η_l^k ——第 k 阶模态在第 l 个自由度上的模态有效质量相对刚体质量贡献的百分比；

m_{ll}^k——第 k 阶模态有效质量矩阵第 l 个自由度的有效质量，是有效质量矩阵的第 l 个对角线元素；

m_{ll}——刚体总质量矩阵第 l 个自由度的质量，是刚体总质量矩阵中第 l 个对角线元素。

7.1.2.2 计算要求

当需要定性判断一个模态的运动特征时，应开展模态的有效质量比的计算。如果某阶模态在某方向上的有效模态质量比大于 10%，则可定性认为此阶模态是主要模态。

模态的有效质量计算还可以作为模态截断的一种判定方法。当所得到的前 m 阶模态的模态有效质量之和占总质量的比例很大时(在航天器模态计算中一般为 80%)，就可以认为主要模态已包含在前 m 阶模态中。

7.1.3 模态动能比

7.1.3.1 计算公式

第 k 个正则化模态 φ_k 的总动能 T_k 按公式(8)计算。

$$T_k = \frac{1}{2}\varphi_k^{\mathrm{T}} M \varphi_k = \frac{1}{2}\omega_k^2 \qquad \cdots\cdots(8)$$

该模态中第 l 个自由度的位移为 ψ_{lk}，其对应的广义质量为 m_l，则在该模态中，该自由度的模态动能 t_{lk} 按公式(9)计算。

$$t_{lk} = \frac{1}{2} m_l \omega_k^2 \Psi_{lk}^2 \qquad \cdots\cdots(9)$$

在计算时，可以把节点分别归并于若干个部件(或部位)，对各部件进行模态动能计算，得到部件的模态动能。部件的模态动能就是该部件所包含的节点模态动能的和。

在实际计算中，通常按公式(10)计算模态动能比 $\xi_{t_{lk}}$。

$$\xi_{t_{lk}} = \frac{t_{lk}}{T_k} = m_l \Psi_{lk}{}^2 \qquad \cdots\cdots(10)$$

7.1.3.2 计算要求

当需要判定结构的哪些节点在模态运动中起主导作用时，需要开展模态动能比的计算。

7.1.4 模态势能比

7.1.4.1 计算公式

第 k 个正则化模态 φ_k 的总势能 V_k 按公式(11)计算。

$$V_k = \frac{1}{2}\varphi_k^{\mathrm{T}} K \varphi_k = \frac{1}{2}\omega_k^2 \qquad \cdots\cdots(11)$$

若某个单元在总体坐标系中的单元刚度矩阵为 k^e，该模态中该单元各节点的位移列阵为 φ_k^e，则在该模态中，该单元的模态势能 v_k^e 按公式(12)计算。

$$v_k^e = \frac{1}{2}\varphi_k^{e\,\mathrm{T}} k^e \varphi_k^e \qquad \cdots\cdots(12)$$

在计算时，可以把单元分别归并为若干个部件(或部位)，对各部件进行模态势能计算。部件的模态势能是该部件所包含单元模态势能的和。

在实际计算中，通常按公式(13)计算模态势能比 $\xi_{v_k^e}$。

$$\xi_{v_k^e} = \frac{v_k^e}{V_k} = \frac{\varphi_k^{e\,\mathrm{T}} k^e \varphi_k^e}{\omega_k^2} \qquad \cdots\cdots(13)$$

7.1.4.2 计算要求

当需要判定在某阶模态下结构的哪些部位在模态运动中变形更严重时，应开展模态势能比的计算。

7.2 广义刚度矩阵和广义质量矩阵计算

7.2.1 计算公式

对无阻尼系统，结构的振动方程按照内部自由度 x_i(n 个自由度)和界面自由度 x_j(b 个自由度)可写为公式(14)。

$$\begin{bmatrix} m_{ii} & m_{ij} \\ m_{ji} & m_{jj} \end{bmatrix} \begin{Bmatrix} \ddot{x}_i \\ \ddot{x}_j \end{Bmatrix} + \begin{bmatrix} k_{ii} & k_{ij} \\ k_{ji} & k_{jj} \end{bmatrix} \begin{Bmatrix} x_i \\ x_j \end{Bmatrix} = \begin{Bmatrix} 0 \\ f_j \end{Bmatrix} \qquad \cdots\cdots(14)$$

式中：

m_{ii} ——内部自由度对应的质量矩阵；

m_{ij}，m_{ji} ——内部自由度与边界自由度耦合的质量矩阵，其中 m_{ij} 是 m_{ji} 的转置；

m_{jj} ——边界自由度对应的质量矩阵；

k_{ii} ——内部自由度对应的刚度矩阵；

k_{ij}，k_{ji} ——内部自由度与边界自由度耦合的刚度矩阵，其中 k_{ij} 是 k_{ji} 的转置；

k_{jj} ——边界自由度对应的刚度矩阵；

f_j ——界面力。

航天器界面一般视为静定界面，由静定界面的定义，所有界面自由度 x_j 可以用一个参考点的自由度 x_r 来表示，见公式(15)。

$$x_j = T_{jr} x_r \quad \cdots\cdots (15)$$

式中：

T_{jr}——界面自由度的刚体位移变换矩阵，$r=1,2,\cdots\cdots 6$，$b\times 6$ 阶。

公式(14)可写成公式(16)。

$$\begin{bmatrix} m_{ii} & m_{ir} \\ m_{ri} & m_{rr} \end{bmatrix}\begin{Bmatrix} x_i \\ x_r \end{Bmatrix} + \begin{bmatrix} k_{ii} & k_{ir} \\ k_{ri} & k_{rr} \end{bmatrix}\begin{Bmatrix} x_i \\ x_r \end{Bmatrix} = \begin{Bmatrix} 0 \\ f_r \end{Bmatrix} \quad \cdots\cdots (16)$$

其中 m_{rr}、m_{ir}、k_{rr}、k_{ir} 和 f_r 分别按公式(17)～公式(21)计算。

$$m_{rr} = T_{jr}^{\mathrm{T}} m_{jj} T_{jr} \quad \cdots\cdots (17)$$

$$m_{ir} = m_{ri}^{\mathrm{T}} = m_{ij} T_{jr} \quad \cdots\cdots (18)$$

$$k_{rr} = T_{jr}^{\mathrm{T}} k_{jj} T_{jr} \quad \cdots\cdots (19)$$

$$k_{ir} = k_{ri}^{\mathrm{T}} = k_{ij} T_{jr} \quad \cdots\cdots (20)$$

$$f_r = T_{jr}^{\mathrm{T}} f_j \quad \cdots\cdots (21)$$

式中：

r ——各分量的下脚标，$r=1,2,\cdots\cdots,6$。

广义出口刚度矩阵 κ 和广义出口质量矩阵 μ 分别按公式(22)和公式(23)计算。

$$\kappa = \begin{bmatrix} \Omega^2 & 0 \\ 0 & 0 \end{bmatrix} \quad \cdots\cdots (22)$$

$$\mu = \begin{bmatrix} I & \mu_{tr} \\ \mu_{tr}^{\mathrm{T}} & \mu_{rr} \end{bmatrix} \quad \cdots\cdots (23)$$

式中：

t ——各分量的下脚标，$t = 1,2,\cdots\cdots,m$。

其中 Ω^2、μ_{tr} 和 μ_{rr} 分别按公式(24)～公式(26)计算。

$$\Omega^2 = \mathrm{diag}(\omega_1^2 \quad \omega_2^2 \qquad \omega_m^2) \quad \cdots\cdots (24)$$

$$\mu_{tr} = \varphi_{it}^{\mathrm{T}} m_{ii} T_{ir} + \varphi_{it}^{\mathrm{T}} m_{ir} \quad \cdots\cdots (25)$$

$$\mu_{rr} = m_{rr} + T_{ir}^{\mathrm{T}} m_{ii} T_{ir} + T_{ir}^{\mathrm{T}} m_{ir} + m_{ri} T_{ir} \quad \cdots\cdots (26)$$

式中：

φ_{it}——模态向量矩阵，$n\times m$ 阶；

T_{ir}——内部自由度相对于界面参考点的刚体位移变换矩阵，$n\times 6$ 阶。

7.2.2 计算要求

在计算航天器界面的广义刚度矩阵和广义质量矩阵时，应选择航天器与运载火箭连接面的中心作为界面参考点。

航天器的模态自由度至少取100 Hz之内的所有模态阶数。

在提供航天器界面的广义刚度矩阵和广义质量矩阵用于航天器与运载火箭耦合载荷分析时，通常需要提供航天器刚体模态检查结果。

附 录 A
（规范性附录）
固定界面模态综合法

模态综合法将整体结构划分为若干个子结构，子结构之间的相互连接处形成界面。固定界面模态综合法(Craig-Bampton 法)采用固定界面的正则化振动模态(所有界面自由度固定时的正则振动模态)和对于界面坐标的约束模态(界面上某一个自由度单位位移，其他界面自由度固定的静平衡模式)构成模态矢量矩阵来描述结构变形。

第一步，将整体结构(系统)分割成若干子结构，使子结构之间的连接界面完全固定，进行子结构模态计算及第一次自由度变换。

对无阻尼系统，系统自由振动时，非界面力为零，子结构的振动方程按照内部自由度 x_i 和界面自由度 x_j 可写为公式(A.1)。

$$\begin{bmatrix} m_{ii} & m_{ij} \\ m_{ji} & m_{jj} \end{bmatrix} \begin{Bmatrix} x_i \\ x_j \end{Bmatrix} + \begin{bmatrix} k_{ii} & k_{ij} \\ k_{ji} & k_{jj} \end{bmatrix} \begin{Bmatrix} x_i \\ x_j \end{Bmatrix} = \begin{Bmatrix} 0 \\ f_j \end{Bmatrix} \qquad \cdots\cdots\cdots\cdots (\text{A.1})$$

对于固定界面，即界面自由度为零($x_j=0$)，于是得到公式(A.2)。

$$m_{ii}x_i + k_{ii}x_i = 0 \qquad \cdots\cdots\cdots\cdots (\text{A.2})$$

由方程(A.2)可以得到正则化模态 $\phi_{it}=[\phi_1 \quad \phi_2 \quad \phi_m]$，$m$ 为截断模态个数。对于截断模态个数，一般要求子结构截断模态的最高频率大于整体最高分析频率。

与公式(A.1)相对应的子结构静力平衡方程见公式(A.3)。

$$\begin{bmatrix} k_{ii} & k_{ij} \\ k_{ji} & k_{jj} \end{bmatrix} \begin{Bmatrix} x_i \\ x_j \end{Bmatrix} = \begin{Bmatrix} 0 \\ f_j \end{Bmatrix} \qquad \cdots\cdots\cdots\cdots (\text{A.3})$$

其中 x_i 可表示为公式(A.4)。

$$x_i = \phi_{ij}x_j \qquad \cdots\cdots\cdots\cdots (\text{A.4})$$

其中 ϕ_{ij} 可表示为公式(A.5)。

$$\phi_{ij} = -k_{ii}^{-1}k_{ij} \qquad \cdots\cdots\cdots\cdots (\text{A.5})$$

做自由度变换，把子结构自由度 x 变换到模态自由度 q 上，见公式(A.6)。

$$\begin{Bmatrix} x_i \\ x_j \end{Bmatrix} = \begin{bmatrix} \phi_{it} & \phi_{ij} \\ 0 & I \end{bmatrix} \begin{Bmatrix} q_t \\ q_j \end{Bmatrix} = \Phi q \qquad \cdots\cdots\cdots\cdots (\text{A.6})$$

式中：

q_t——对应振动模态的模态自由度；

q_j——对应约束模态的模态自由度，$q_j=x_j$，即约束模态自由度就是界面自由度；

Φ——从物理坐标到模态坐标的变换矩阵。

按公式(A.6)将子结构运动方程(A.1)变换到模态自由度 q 上，见公式(A.7)。

$$\overline{m}+q+\overline{k}q=\overline{f} \qquad \cdots\cdots\cdots\cdots (\text{A.7})$$

式中：

$\overline{m}$ ——与模态坐标对应的质量矩阵向量；

$\overline{k}$ ——与模态坐标对应的刚度矩阵向量；

$\overline{f}$ ——与模态坐标对应的力矩阵向量。

其中 $\overline{m}$、$\overline{k}$ 和 $\overline{f}$ 可按公式(A.8)～公式(A.16)计算。

$$\overline{m}=\Phi^{\mathrm{T}}m\Phi \qquad\text{(A. 8)}$$

$$\overline{k}=\Phi^{\mathrm{T}}k\Phi \qquad\text{(A. 9)}$$

$$\overline{f}=\Phi^{\mathrm{T}}f \qquad\text{(A. 10)}$$

$$\overline{m}=\begin{bmatrix} I & \overline{m}_{tj} \\ \overline{m}_{jt} & \overline{m}_{jj} \end{bmatrix} \qquad\text{(A. 11)}$$

$$\overline{k}=\begin{bmatrix} \overline{k}_{tt} & 0 \\ 0 & \overline{k}_{jj} \end{bmatrix} \qquad\text{(A. 12)}$$

$$\overline{m}_{tj}=\overline{m}_{jt}^{\mathrm{T}}=\Phi_{it}^{\mathrm{T}}m_{ii}\Phi_{ij}+\Phi_{it}^{\mathrm{T}}m_{ij} \qquad\text{(A. 13)}$$

$$\overline{m}_{jj}=m_{jj}+\Phi_{ij}^{\mathrm{T}}m_{ii}\Phi_{ij}+\Phi_{ij}^{\mathrm{T}}m_{ij}+m_{ji}\Phi_{ij} \qquad\text{(A. 14)}$$

$$\overline{k}_{tt}=\mathrm{diag}(\omega_1^2 \quad \omega_2^2 \qquad \omega_m^2) \qquad\text{(A. 15)}$$

$$\overline{k}_{jj}=k_{jj}+k_{ji}\Phi_{ij} \qquad\text{(A. 16)}$$

第二步，建立系统方程。不失一般性，考虑有两个子结构的系统。建立两个子结构 A 和 B 在模态自由度下的振动方程，见公式(A. 17)。

$$\begin{bmatrix} \overline{m}_{\mathrm{A}} & 0 \\ 0 & \overline{m}_{\mathrm{B}} \end{bmatrix}\begin{Bmatrix} q_{\mathrm{A}} \\ q_{\mathrm{B}} \end{Bmatrix}+\begin{bmatrix} \overline{k}_{\mathrm{A}} & 0 \\ 0 & \overline{k}_{\mathrm{B}} \end{bmatrix}\begin{Bmatrix} q_{\mathrm{A}} \\ q_{\mathrm{B}} \end{Bmatrix}=\begin{Bmatrix} \overline{f}_{\mathrm{A}} \\ \overline{f}_{\mathrm{B}} \end{Bmatrix} \qquad\text{(A. 17)}$$

式中：

$\overline{m}_{\mathrm{A}}$ ——与 A 子结构相关的质量矩阵；

$\overline{m}_{\mathrm{B}}$ ——与 B 子结构相关的质量矩阵；

q_{A} ——与 A 子结构相关的模态自由度；

q_{B} ——与 B 子结构相关的模态自由度；

$\overline{k}_{\mathrm{A}}$ ——与 A 子结构相关的刚度矩阵；

$\overline{k}_{\mathrm{B}}$ ——与 B 子结构相关的刚度矩阵；

$\overline{f}_{\mathrm{A}}$ ——与 A 子结构相关的力向量；

$\overline{f}_{\mathrm{B}}$ ——与 B 子结构相关的力向量。

在界面上，由界面位移协调条件 $q_{j\mathrm{A}}=q_{j\mathrm{B}}=q_j$。选择系统的广义自由度为 $Q=[q_{i\mathrm{A}} \quad q_{i\mathrm{B}} \quad q_j \quad]^{\mathrm{T}}$，代入公式(A. 17)，得到系统无阻尼自由振动方程，见公式(A. 18)。

$$mQ+kQ=0 \qquad\text{(A. 18)}$$

其中相关系数 m、k 和可分别按公式(A. 19)和公式(A. 20)计算。

$$m=\begin{bmatrix} I_{\mathrm{A}} & 0 & \overline{m}_{tj\mathrm{A}} \\ 0 & I_{\mathrm{B}} & \overline{m}_{tj\mathrm{B}} \\ \overline{m}_{jt\mathrm{A}} & \overline{m}_{jt\mathrm{B}} & \overline{m}_{jj\mathrm{A}}+\overline{m}_{jj\mathrm{B}} \end{bmatrix} \qquad\text{(A. 19)}$$

$$k=\begin{bmatrix} \omega_{\mathrm{A}}^2 & 0 & 0 \\ 0 & \omega_{\mathrm{B}}^2 & 0 \\ 0 & 0 & \overline{k}_{jj\mathrm{A}}+\overline{k}_{jj\mathrm{B}} \end{bmatrix} \qquad\text{(A. 20)}$$

式中：

$\overline{m}_{jt\mathrm{A}}$——与 A 子结构相关的质量矩阵向量分块，$t=1,2,\cdots\cdots,m$；

$\overline{m}_{jt\mathrm{B}}$——与 B 子结构相关的质量矩阵向量分块，$t=1,2,\cdots\cdots,m$；

$\bar{k}_{jj\mathrm{A}}$ ——与 A 子结构相关的刚度矩阵向量分块，$t = 1,2,\cdots\cdots,m$；

$\bar{k}_{jj\mathrm{B}}$ ——与 B 子结构相关的刚度矩阵向量分块，$t = 1,2,\cdots\cdots,m$。

第三步，解公式(A.18)的特征值，可得到模态自由度下的振型，再按公式(A.6)计算结构系统自由度下的振型。

ICS 49.020
V 71

中华人民共和国国家标准

GB/T 29082—2012

卫星贮存要求

Storage requirements for satellite

2012-12-31 发布 2013-07-01 实施

中华人民共和国国家质量监督检验检疫总局
中国国家标准化管理委员会 发布

前言

本标准按照 GB/T 1.1—2009 给出的规则起草。

本标准由中国航天科技集团公司提出。

本标准由全国宇航技术及其应用标准化技术委员会(SAC/TC 425)归口。

本标准起草单位:上海卫星工程研究所。

本标准主要起草人:宗益燕、林小艳、韦锡峰、吴东、俞晓晨。

引　言

本标准属于中国航天国家标准体系。中国航天国家标准体系适用于航天领域国家标准的制修订和管理，覆盖航天管理、航天技术、航天应用与服务三大领域，是指导航天器和运载火箭项目管理、工程研制、航天发射服务、卫星在轨应用等活动的依据。

随着卫星公用平台技术的发展，星上设备、部件，甚至分系统逐步推进产品化工作，部分星上设备的备份观念已从单颗星的一对一备份改变为可以同时面向多颗星甚至多种星的一对多或多对多的备份。同时，由于卫星组网的需要，星上产品正逐渐向小批量生产发展。因此将有越来越多的产品面临着长期贮存的问题。此外，在遇到突发灾难或紧急事件时，需要在最短的时间内将地面贮存的卫星发射入轨以替代、补充或执行相关任务。这种战略贮存的需求迫切需要安全可靠地贮存卫星产品。因此，为了规范、指导卫星产品的地面贮存工作，提高产品在规定的贮存条件下，在规定的时间内，保持产品规定功能的能力，并使卫星产品因贮存不当造成的不利影响（或损失）减至最小，有必要制定卫星贮存要求的规范。

本标准是在梳理、总结国内各卫星型号贮存工作方面的经验、教训及成果的基础上，探索出的一套全面、系统、有效地服务于我国当前及未来型号的卫星贮存技术规范。

由于卫星型号的多样性和复杂性，不鼓励将该标准中的要求原封不动地照搬到型号研制的合同中，而是应根据研制型号的具体特点，对该标准进行剪裁，选用标准中适用的条款并可对这些条款中的要求进行适当的应用，加严或放松这些要求，将它们纳入正式的采办合同或研制文件中，成为必须履行的要求，使之更经济有效地服务于型号。

卫星贮存要求

1 范围

本标准规定了卫星贮存的技术要求和管理要求。

本标准适用于卫星型号研制中整星、一般电子设备、电器设备、光学设备、太阳电池阵、活动部件、多层隔热组件等产品在地面的贮存。

2 术语和定义

下列术语和定义适用于本文件。

2.1

平行贮存件 parallel storage specimen

在光学设备、太阳电池阵、活动部件等产品贮存过程中，为同步掌握产品中对贮存环境、贮存寿命敏感的关键特性参数而与产品同步贮存的试件。

3 一般要求

3.1 产品研制任务提出方应在产品研制任务书中明确产品贮存要求，承制方、使用方需按要求实施产品的贮存。

3.2 整星贮存方式分卫星直接放置在厂房中贮存(简称厂房贮存)和卫星放置在专用包装箱内贮存(简称包装箱贮存)两种。超过三个月贮存期宜使用包装箱贮存。

3.3 设备类产品贮存方式一般有以下四种：

a) 充氮包装箱贮存：产品放置在专用包装箱内贮存，箱内充高纯氮(合格品)，并保持正压；

b) 充氮包装袋贮存：产品用防静电塑料袋包装，用高纯氮(合格品)置换袋内空气，并密封，放置在专用包装箱内；

c) 抽真空贮存：产品用防静电塑料袋包装，抽真空后密封，放置在专用包装箱内；

d) 放置干燥剂贮存：产品用防静电塑料袋包装后放置在专用包装箱内，并按要求放置干燥剂。

设备类产品需按照产品特性选择适当的贮存方式，一般应采用3.3 a)～3.3 c)的贮存方式。

3.4 防静电塑料袋、包装箱内放含水率不大于4%的硅胶或分子筛干燥剂，干燥剂用纱布包裹，在包装袋内使用湿度指示纸，24 h后检查确认包装袋满足相对湿度要求，方可进入贮存程序。

3.5 平行贮存件一般从同批次产品或部组件中选取。平行贮存件在贮存期间的复测要求由产品设计师根据产品特点和环境特点确定。

3.6 针对不同的贮存方式及不同的产品设置环境条件。

3.7 产品贮存期内应按要求完成定期检查和复测工作。

3.8 产品贮存期内应按要求完成相应试验。

3.9 库房、厂房内不应有强电磁场和辐射物质影响，不应有腐蚀性液体和气体。

4 详细要求

4.1 管理要求

4.1.1 产品设计阶段应统筹考虑产品贮存要求及需要配备的工具、设备、器械等。

4.1.2 产品承制单位应根据贮存要求制定贮存方案。

4.1.3 对于易燃、易爆、剧毒、腐蚀性及放射性产品的贮存应采取有效措施,确保安全,防止污染环境。

4.1.4 应建立产品贮存的质量记录和交接管理要求。

4.1.5 产品贮存时应做好标识,包括:贮存起始期、计划贮存期。

4.1.6 应建立库房管理制度,配备经考核合格的保管人员,定期对库房条件进行检查,并作好记录。

4.1.7 按要求定期对贮存的产品进行清点、维护保养、检查、测试,并记录产品贮存的情况。对超过贮存期的产品,应及时隔离。

4.1.8 测试人员应将有电性能要求的产品的通电时间、通电测试结果等情况记入产品质量履历书。

4.1.9 设计师应对测试数据进行分析比对,积累产品的可靠性、稳定性数据。

4.1.10 加强产品贮存过程中的信息交流工作,及时发现和纠正出现的质量问题。

4.1.11 应将产品贮存要求作为产品定型时审查的内容之一。

4.2 整星贮存要求

4.2.1 贮存前准备工作

4.2.1.1 整星贮存前,应根据产品特点制定贮存大纲(或贮存技术要求),规定产品技术状态、贮存环境、贮存期检查和复测、试验及其他要求等。

4.2.1.2 一般情况下,贮能电源、火工装置、太阳电池阵、多层隔热组件以及有特殊要求的光学设备、活动部件等特殊产品应单独贮存,其他产品随整星贮存。

4.2.1.3 一般情况下,随整星贮存的展开机构等活动部件中的关键组件应设置平行贮存件。

4.2.1.4 整星贮存前,分析查找装星产品中可能超期的设备、非金属材料等,并采取相应可靠性保证措施。

4.2.2 贮存环境要求

4.2.2.1 厂房贮存环境要求

除非另有规定,一般要求如下:

a) 温度:15 ℃～25 ℃;

b) 相对湿度:35%～60%;

c) 洁净度:优于8级;

d) 气压:正压。

4.2.2.2 包装箱贮存环境要求

4.2.2.2.1 卫星放置于专用包装箱内贮存,箱内充合格品高纯氮。除非另有规定,整星专用包装箱内环境一般要求如下:

a) 温度:15 ℃～25 ℃;

b) 相对湿度:35%～60%;

c) 气压:控制在当地大气压500 Pa～1 500 Pa正压范围内。当箱内气压降至当地大气压500 Pa正压时应及时补气。

4.2.2.2.2 包装箱放置于专用库房或厂房内，环境要求如下：

a) 温度：15 ℃～25 ℃；

b) 相对湿度不大于75%；

c) 洁净度：清洁。

4.2.3 贮存区要求

贮存区要求如下：

a) 设立贮存区，在贮存位置周围设置隔离栏和警示标语，隔离栏与卫星或整星包装箱距离至少2 m；

b) 整星包装箱贮存时，卫星通过接地线与整星专用包装箱上接地桩连接，整星专用包装箱应通过厂房卫星接地桩接地；

c) 整星厂房贮存时，卫星通过接地线与厂房卫星接地桩接地；

d) 整星厂房贮存时，相关人员进入贮存区前应触摸防静电棒，穿防静电服，并登记进/出时间。

4.2.4 贮存期间检查和复测要求

4.2.4.1 贮存期间，应每日早、晚各检查并记录一次厂房或库房的环境温度及相对湿度、整星专用包装箱上显示的温湿度及气压数据。如发现温湿度及气压数据超过规定要求，应立即报告，并及时处理。

4.2.4.2 贮存期间，应定期对卫星和平行贮存件进行复测。测试时，厂房环境应满足4.2.2.1要求。两次复测间隔时间一般不超过6个月。

4.2.5 贮存后测试和试验要求

贮存期满后，应开展如下工作：

a) 将单独贮存的产品装星；

b) 进行整星电测试；

c) 根据星上产品拆装程度及影响，确定是否进行整星级工艺振动试验，工艺振动试验量级一般为验收级振动试验的1/2或1/4；

d) 宜进行72 h常压常温连续通电老炼试验；

e) 贮存期超过18个月，宜进行验收级热真空试验。

4.3 一般电子、电器设备贮存和复测要求

4.3.1 贮存环境要求

4.3.1.1 对于采用3.3 a)～3.3 c)贮存的产品，贮存期间包装箱所处的库房环境要求如下：

a) 温度：10 ℃～30 ℃；

b) 相对湿度不大于60%；

c) 洁净度：清洁。

4.3.1.2 对于采用3.3 d)贮存的产品，贮存期间包装箱所处的库房环境要求如下：

a) 温度：15 ℃～25 ℃；

b) 相对湿度不大于60%；

c) 洁净度：清洁。

4.3.2 贮存期间复测要求

4.3.2.1 对于采用3.3 a)～3.3 c)贮存的产品，贮存期间每隔6个月宜开箱进行外观检查和通电复

测，一般连续通电时间不小于 24 h。同一机壳内的主、备机应同时通电；对于主、备机不能同时通电的设备，一般主、备机各通电时间不小于 24 h。通电期间对产品的主要性能指标进行检测，检测项目一般应涵盖产品验收要求规定的电性能测试项目。

4.3.2.2 对于采用 3.3 d)贮存的产品，贮存期间每隔 3 个月宜开箱进行外观检查和通电复测，每隔 6 个月宜连续通电测试一次，通电时间及测试要求同 4.3.2.1。

4.3.2.3 除非另有规定，通电复测或连续通电检查时的试验室环境一般要求如下：

a) 温度：15 ℃～25 ℃；

b) 相对湿度：35%～60%；

c) 洁净度：优于 8 级。

4.3.3 贮存期间试验要求

贮存期满 18 个月，宜进行验收级热真空试验。每隔 18 个月宜重复进行验收级热真空试验。

4.4 光学设备贮存要求

4.4.1 贮存方法

4.4.1.1 光学设备一般采用 3.3 a)规定的方式贮存。

4.4.1.2 包装前光学表面一般应进行检查、清洗，清洗后光学表面应按照产品规范采用保护膜或防尘罩进行保护。

4.4.1.3 除非另有规定，清洗、包装均应在洁净度优于 7 级的洁净室内进行。

4.4.2 贮存期间复测要求

贮存期间，每隔 6 个月宜开箱对光电设备和平行贮存件进行外观检查和复测。一般光电设备连续通电时间不小于 24 h。同一机壳内的主、备机应同时通电；对于主、备机不能同时通电的设备，一般主、备机各通电时间不小于 24 h。通电期间对产品的主要性能指标进行检测，检测应按设备贮存方案规定的测试项目进行。

4.4.3 贮存期间试验要求

贮存期满 18 个月，光电设备宜进行验收级热真空试验。每隔 18 个月宜重复进行验收级热真空试验。

4.5 太阳电池阵贮存和复测要求

4.5.1 太阳电池阵一般按 3.3 a)规定的方式贮存，贮存期间包装箱所处的库房环境要求如下：

a) 温度：10 ℃～30 ℃；

b) 相对湿度不大于 75%；

c) 洁净度：清洁。

4.5.2 贮存期间，每隔 6 个月宜开箱对平行贮存件进行外观检查和复测。

4.5.3 太阳电池阵单独贮存超过 1 年，装星前应进行展开性能测试。

4.6 活动部件贮存要求

4.6.1 贮存方案的制定

制定活动部件贮存方案时宜考虑如下内容：

a) 应综合考虑其润滑方式、工作模式、使用材料等各项因素；

b) 应分析贮存期间地面重力对摩擦副的承载作用及其影响，并采取有效措施；
c) 采用固体润滑的产品在贮存期间应防止锈蚀，如采取充氮气贮存等方式保护；
d) 采用脂或油润滑的产品贮存时应考虑所使用润滑材料与摩擦副材料之间的相容性。

4.6.2 贮存方式

活动部件的贮存一般采用3.3 a)～3.3 c)规定的方式。

4.6.3 贮存期间复测要求

4.6.3.1 每隔6个月宜对活动部件进行外观检查，并在常温常压下进行如下的整机性能复测：

a) 进行不少于3次的开关机测试，检查活动部件的启停性能；
b) 进行不小于6 h的连续运转试验，测试检查活动部件的运转情况，并与历次测试、检查情况进行比对。

4.6.3.2 每隔6个月宜对平行贮存件进行外观检查和复测。

4.7 多层隔热组件贮存要求

4.7.1 多层隔热组件若暂不使用时间超过15天，宜按3.3 a)规定的方式贮存；若15天之内使用的，应暂放于塑料袋中，用高纯氮（合格品）置换袋内空气，密封后置于材料架上。

4.7.2 多层隔热组件放置时，一般应保持平整；大件多层隔热组件可以进行一维折叠，但不允许进行二维及二维以上的折叠。

4.7.3 对面膜有导电性能要求的薄膜二次表面镜热控涂层的成品，可以使用大半径（直径不小于100 mm）的卷筒卷装后存放，但不应折叠。

4.8 其他产品贮存要求

4.8.1 火工装置、贮能电源等产品的贮存应按相关标准和国家有关规定及产品专用技术条件执行。

4.8.2 国外引进产品的贮存应按相应技术条件执行。

ICS 49.020
V 09

中华人民共和国国家标准

GB/T 29083—2012

航天器易燃、易爆、有毒物品及放射源的安全性要求

Safety requirement for flammable material, explosive device, toxic gas and radioactive sources in spacecraft

2012-12-31 发布　　2013-07-01 实施

中华人民共和国国家质量监督检验检疫总局
中国国家标准化管理委员会　发布

前　　言

本标准按照 GB/T 1.1—2009 给出的规则起草。

本标准由中国航天科技集团公司提出。

本标准由全国宇航技术及其应用标准化技术委员会(SAC/TC 425)归口。

本标准起草单位:中国空间技术研究院载人航天总体部。

本标准主要起草人:俞进、龙江、石泳、杨宏、高放、李卫、白明生、荣成成、刘敏、张威、郭娟、姚峰、王冉、张宇。

引　言

本标准属于中国航天国家标准体系。中国航天国家标准体系适用于航天领域国家标准的制修订和管理，覆盖航天管理、航天技术、航天应用与服务三大领域，是指导航天器和运载火箭项目管理、工程研制、航天发射服务、卫星在轨应用等活动的依据。

在航天飞行器上，根据任务需要，不可避免使用易燃、易爆、有毒物品及放射源等产品，这将会对航天器带来安全性风险，对航天员带来安全性威胁。为了避免安全隐患的发生，我国对航天器易燃、易爆、有毒物品及放射源提出了设计和使用要求，并在载人飞船和北斗卫星上得到成功试验和应用。该标准将对航天领域易燃、易爆、有毒物品及放射源的使用起到指导和有效控制作用。

航天器易燃、易爆、有毒物品及放射源的安全性要求

1 范围

本标准规定了航天器危险源识别中，对推进剂贮存与输送系统、火工装置、高压容器、气体和液体管路、电气设备、电池、放射源、推进剂地面操作和材料选用等方面的安全性设计和使用要求。

本标准适用于航天器在地面及飞行试验中的全过程。

2 规范性引用文件

下列文件对于本文件的应用是必不可少的。凡是注日期的引用文件，仅注日期的版本适用于本文件，凡是不注日期的引用文件，其最新版本(包括所有的修改单)适用于本文件。

GB 3836.1 爆炸性环境 第1部分：设备 通用要求

GB 14374 航天推进剂水污染排放标准

GB 19517 国家电气设备安全技术规范

GBZ 114 密封放射源及密封γ放射源容器的放射卫生防护标准

3 术语和定义

下列术语和定义适用于本文件。

3.1

密封舱 sealed module

防止气体外漏或使气体泄漏量小于一定限度的舱段。

3.2

易燃物品 flammable material

燃点接近或低于常温的材料。

3.3

易爆物品 explosive device

易燃且燃烧时以爆炸为主的火工装置、高压容器、电池等物品。

3.4

有毒气体 toxic gas

推进剂和材料释放出的对人、其他生物或环境带来潜在危害的气体。

4 一般要求

4.1 在航天器设计中，应重点考虑安全性。对于使用易燃、易爆、有毒物品及放射源的设备和系统，应制定和执行严格的安全性控制与防护措施。

4.2 使用易燃、易爆、有毒物品及放射源的航天器设备及系统的安装、试验、测试、装卸、运输和维修等应制定专门的规程，并配备合适的安全防护设备，采取有效的安全防护措施。

4.3 使用易燃、易爆、有毒物品及放射源的航天器设备及系统的操作，需由考核合格的专业人员来进行。操作人员应配戴相应的防护设备，严格按照安全操作规程操作，实行双岗制，并留有记录备查。

4.4 使用易燃、易爆、有毒物品及放射源的航天器设备及系统应经过规定的地面试验，确认达到安全性指标后才能在航天器上使用。

5 设备及系统的安全性要求

5.1 对安装在密封舱内的危险源设备及系统，应满足密封、耐压、防火等设计安全要求。

5.2 使用有毒工质的气体和液体管路应有足够的承载能力，保证在各种工作载荷条件下不破损，防止因管路系统破损引起有毒工质泄漏，造成污染或火灾。

6 推进剂贮存与输送系统的安全性要求

6.1 推进剂贮存与输送系统应采用有效的防推进剂泄漏的结构设计。在最大设计工作压力下，应满足规定的漏率指标，系统安装后通过检漏试验才能加注推进剂。

6.2 推进剂贮箱和气瓶的爆破压力一般不小于最大工作压力的2倍，其他受压部件的爆破压力一般不小于最大工作压力的4倍。受压部件的检验压力一般为最大工作压力的1.5倍。

6.3 在气瓶、贮箱、减压阀或稳压阀输出部分应安装压力传感器。

6.4 推进剂贮存与输送系统应有足够的强度和刚度，能承受试验、操作、运输、发射、轨道运行、返回环境的应力作用，在规定的条件下，不应出现可能导致泄漏故障的变形。

6.5 推进剂贮箱应有明显的标志或标牌，注明品名和容量。

6.6 推进剂贮箱和管路的焊缝和接头应进行检漏，并记录漏率值。

6.7 航天器推进剂贮存及输送系统应有可控的安全热环境。

6.8 燃烧剂和氧化剂应相互完全独立，以防引起爆炸危险。

6.9 燃烧剂和氧化剂的加注、泄出口应保持安全距离，严格区分并有明显标识。

6.10 在推进系统启用前，推进剂仅贮存在贮箱中，推进剂贮箱出口的隔离阀应靠近贮箱，在系统工作之前隔离阀应保持在关闭状态。

6.11 推进剂从贮箱至发动机的管路中，应安装至少两个串联的、相互独立的阀门。

6.12 推进剂不能与加热元件直接接触，对可能产生火花和静电放电的设备应密封和接地。

6.13 不同类别推进剂的贮存与输送系统管路连接件的接口应采用差异化设计。

6.14 应设有发动机故障或系统故障出现泄漏时的应急隔离措施及处理程序。

7 火工装置的使用安全性要求

7.1 火工装置的故障不应破坏航天器本体的完整性和密封舱的密封性。

7.2 火工电爆装置应防止下列原因引起的偶然引爆：静电积累、雷电和发射地区的电磁干扰等。

7.3 舱内的非电传爆装置应有防误操作装置，防误动作。

7.4 火工装置安装后严禁敲打、切割、打孔等作业。

7.5 火工装置的电起爆器或发火元件的安装应在总装程序最后进行。

7.6 除特殊规定，航天器总装、电测、力学环境试验一般采用火工装置工艺件。

7.7 火工装置的安全性设计应考虑工作后不向密封舱内排放有害气体。

8 高压容器的使用安全性要求

8.1 高压容器应有明显标志或标牌，指出容积、工作压力及流向。

8.2 高压容器在航天器上使用前应进行规定的压力试验及密封检漏。

8.3 高压容器充装的安全性要求按专用文件执行。

8.4 高压容器应有将容器内工质排出舱外的能力，排出技术应防止相互起化学反应的工质混合并造成火灾或爆炸。

8.5 返回式航天器返回舱上的所有高压气瓶应在着陆前排放高压气体至安全限内。

8.6 高压液体容器应采取有效的隔离措施，防止溢出工质损坏相邻设备。

8.7 密封舱内使用加热器等供热设备对高压容器进行加热时，应采取措施保证不向密封舱内释放有毒的气体。加热器应设有热控电路用于监测和控制过热情况，并设有自动关机装置。

8.8 高压容器和管路组成的系统，其操作人员应考核合格，应按照详细的操作步骤和各项安全措施进行高压气路系统的操作和试验。

8.9 高压容器焊缝应进行检漏，并记录漏率值。

8.10 推进剂贮箱的相关内容见第6章。

9 气体、液体管路的使用安全性要求

9.1 管路系统最小爆破压力应不小于最大工作压力的4倍，或使用经逐级批准所确定的安全系数进行设计。

9.2 管路、阀门和接头应牢固固定，并加以保护，避免泄漏危险，且不能作为扶柄使用。

9.3 隔离阀应作为高压容器下游的第一个部件，且应靠近高压容器。

9.4 管路中的液体在静止和正常流动状态下一般不冻结或沸腾；若发生冻结或沸腾，应避免系统发生不可修复的破坏。

9.5 密封舱内流体回路中的液体应选用无毒、无腐蚀性、不易燃的工质。

9.6 热交换器应消除潜在的液体泄漏。

9.7 管路焊缝应进行检漏，并记录漏率值。

9.8 推进剂管路的相关内容见第6章。

9.9 操作人员要求见8.8。

10 电气设备的使用安全性要求

10.1 电气系统或设备不允许产生电火花、火灾、爆炸或温度过高等危险。

10.2 电气系统应有良好的接地/共地。

10.3 有电磁辐射的设备、危险的设备应防止由于短路/断路、静电聚集而造成的危险。

10.4 应设计静电荷泄放通路防止航天器在空间飞行时静电放电。

10.5 应规范接地设计，保证金属外壳是等电位体。

10.6 含有功率输出电连接器的电气设备，特别是输出电压为100 V的设备，应选用座孔形式连接，以防意外短路。

10.7 电气设备在使用过程中不应使用易脱出有害气体的溶剂。若需经过酸洗等工艺操作，应保证在一定时间内，采取通风等措施，确保挥发干净，无残留。

10.8 电气设备的使用安全性要求应符合GB 19517要求。

11 电池的使用安全性要求

11.1 蓄电池上应有明显标识和特殊安全注意事项。

11.2 蓄电池均应封装在容器内。蓄电池的壳体设计应保证在过压、过载及短路情况下都能包容全部电解液。若电池壳体损坏，电解液不应泄漏。

11.3 经验收合格后的电池组，在贮存、运输和安装再调整时，应使其性能在发射前所受的影响减少到最低程度。

11.4 锂电池应在无化学污染的环境中贮存，不得靠近热源；贮存温度为－10 ℃～10 ℃，相对湿度不大于80%。贮存荷电态为50%或由相关详细规范规定。贮存期为2年，每半年应活化一次。

11.5 镉镍电池需在放电状态下，以单体电池形式贮存，并且把单体电池的正负两极短路；贮存温度为－10 ℃～5 ℃。贮存期为3年。

11.6 锌银电池贮存温度为5 ℃～35 ℃，相对湿度不大于80%的库房内。房内应无酸、碱及其他腐蚀性气体和放射性物质。干态贮存期为5年。

11.7 在轨使用应满足以下要求：

a) 电池组的正常充电和应急充电的控制方法及参数应以航天器和电池组研制期间所测得的数据为依据。充电控制以自动控制为主，指令控制为辅。在任何情况下，均应避免高速率的过充电，应设有调整再充电措施。

b) 再充电比一般应控制在1.00～1.20的范围之内。

c) 应根据电池的工作温度、再充电时间和充电电压的容量来调节充电电流。

d) 当电池组的再充电量达到要求时，一般应转涓流充电，并保持涓流充电一直到轨道允许的下一次放电为止。涓流充电的电流应能保持电池组的容量一直是正常充电所达到的容量。

e) 在运行轨道允许的情况下，电池组应周期性的进行在轨再调整。

f) 休止期内，应对电池组进行涓流充电，涓流充电的速率应能足以保持电池的容量。若无法进行涓流充电，时间不应超过96 h。

g) 在轨运行期间，电池组的放电深度和循环寿命应不大于电池组的设计值。

h) 当电池组温度达到安全温度时，保护装置应能自动减少或断开充电。

i) 应定期监测电池组或单体电池的电压和电流参数。

j) 在电池组的充、放电电路中，应设置遥控指令控制的通、断开关。

12 放射源的使用安全性要求

放射源的使用安全性要求应符合GBZ 114。

13 推进剂地面操作的安全性要求

13.1 推进剂操作专业人员应考核合格，熟悉以下事项：

a) 推进剂的理化性能；

b) 推进剂毒性对人体的生理影响；

c) 推进剂毒性的最高允许浓度；

d) 推进剂在空气中的自燃极限；

e) 推进剂与接触材料的相容性；

f) 现场净化方法和净化步骤；

g） 着火和泄漏的预防与控制方法；

h） 有关安全设备的操作和使用方法。

13.2 涉及推进剂的各项工作，应制定和执行详细的安全措施和操作规程。

13.3 推进剂加注、排泄、吹除或排放系统的操作点均应设置在舱体外部，或从外部容易接近操作的部位。

13.4 推进剂加注的安全性要求如下：

a） 加注过程及加注后应在航天器内部及外部环境设置监测点进行安全监测。监测值应及时向现场指挥报告。当监测值超过安全值时，应中断加注工作，排除故障。

b） 操作人员进行操作前应接触地棒或者使用静电消除器，以消除人体静电。

c） 加注操作人员应穿戴经检查合格的防护用品。防护用品包括防静电耐腐蚀的橡胶全封闭工作服（或上、下身工作服）、防静电耐腐蚀胶鞋、防毒面罩或氧气面具。其他操作人员应穿全棉工作服或防静电服、防静电鞋和袜。

d） 整个加注过程通风设备应正常工作，保持良好通风。

13.5 加注后，在静止封闭空间停放 24 h，然后对内部和外部检测点进行检测。

13.6 硝基氧化剂特殊安全要求：当环境温度接近硝基氧化剂相应大气压下的沸点时，不得打开容器盖。

13.7 肼类燃料特殊安全要求：操作过程中，电器设备、通风和照明装置以及电源开关等的选用应符合 GB 3836.1 的要求；偏二甲基肼、无水肼和单推-3 选用Ⅱ类 A 级 T_3 组；甲基肼选用Ⅱ类 A 级 T_4 组。甲基肼加注和增压时，增压气体应使用氦气。

13.8 混胺燃料特殊安全要求：操作过程中，电器设备、通风和照明装置以及电源开关等的选用应符合 GB 3836.1 中的Ⅱ类 A 级 T_2 组。

13.9 推进剂地面操作的废水排放管理应符合 GB 14374 要求。

14 材料选用的安全性要求

14.1 在人体可接触的范围内，不得使用损害人体健康或对环境有污染的金属材料，如锑（Sb）、砷（As）、钡（Ba）、镉（Cd）、铬（Cr）、铅（Pb）、汞（Hg）及硒（Se）等。设备内部为完成特定功能和性能而必须使用上述材料时，应严格控制其用量。在密封舱内应禁止使用铍、铍氧化物、铍合金及汞等有毒金属。

14.2 与推进剂接触的材料在寿命期内应与推进剂一级相容，防止因腐蚀等引起的破坏。吸收性防热材料不能用在推进剂贮存与输送系统。防热材料与推进剂不应发生化学反应。

14.3 非金属材料应通过性能试验的检测，密封舱内的非金属材料应进行阻燃试验和脱出有害气体试验的检测。其他非金属材料应进行真空中材料质量损失和可凝挥发物测试。

14.4 航天器设备应采用热稳定性好的材料制造，在工作温度范围内不应析出易燃、易爆、有毒的物质。

14.5 复合材料一般应在真空脱气后，才能在航天器上使用。

14.6 密封舱内选用的非金属材料应满足以下要求：

a） 航天器密封舱内应选用防火、防静电、阻燃性能好的非金属材料；

b） 材料脱出污染物不应与舱内大气成分产生化学反应生成超出规定范围的有毒物质；

c） 不应存在相互作用形成易燃、易爆、有毒的二次危险化合物；

d） 排出刺激性和特殊气味的气味等级不大于 1.5 级；

e） 脱出一氧化碳不大于 25 μg/g（正常大气环境，101.325 kPa，50 ℃，72 h），脱出总有机物不大于 100 μg/g（戊烷）（正常大气环境，101.325 kPa，50 ℃，72 h）；

f） 总质量损失不大于 1%；

g） 可凝挥发物不大于 0.1%；

h） 闪点、燃点不低于 204 ℃。

14.7 密封舱内禁止使用下列材料：

a） 橡胶类：氯丁橡胶；

b） 胶类：8711 双面镀铝聚酯薄膜压敏胶带、脱出剧毒化合物和刺激性气味的粘合剂；

c） 塑料类：5564 聚氯乙烯泡沫塑料及制品，高压氯乙烯制品和聚氯乙烯制品禁做食品包装；

d） 涂料类：FR-A 型防火漆、降噪阻尼涂料、各种油性漆；

e） 复合材料类：9713 橙黄色涤纶绸；

f） 油类：石油产品（汽油、煤油、柴油等）；

g） 刺激性气味和脱出刺激性气体的非金属材料：如酸、卤素、卤化物、氨、胺、硫酸二甲酯、甲醛、苯酚等化合物；

h） 各种胶合板、压缩板、刨花板及其制品：如保利板、华丽板等；

i） 各种杀虫剂、香烟类材料等。

ICS 49.020
V 71

中华人民共和国国家标准

GB/T 29084—2012

航天器接地要求

Grounding requirements of spacecraft

2012-12-31 发布 2013-07-01 实施

中华人民共和国国家质量监督检验检疫总局
中国国家标准化管理委员会 发布

前　言

本标准按照GB/T 1.1—2009给出的规则起草。

本标准由中国航天科技集团公司提出。

本标准由全国宇航技术及其应用标准化技术委员会(SAC/TC 425)归口。

本标准起草单位:中国空间技术研究院总体部。

本标准主要起草人:许汉成、吴乐群、姜东升。

引　言

本标准属于中国航天国家标准体系。中国航天国家标准体系适用于航天领域国家标准的制修订和管理，覆盖航天管理、航天技术、航天应用与服务三大领域，是指导航天器和运载火箭项目管理、工程研制、航天发射服务、卫星在轨应用等活动的依据。

抗电磁干扰是航天器可靠性设计的重要内容，良好的接地系统是电路稳定工作的保障。接地不仅是航天器电磁兼容性的重要措施，而且是避免火工品和燃料等危险品误爆、误燃，保障人身安全的重要措施。因此，本标准能指导设计师避免走弯路或发生重大事故，对提高航天器的可靠性和安全性起重要作用。

航天器接地要求

1 范围

本标准规定了航天器、设备，以及其对地面测试系统的接地要求。

本标准适用于航天器的接地设计，以及航天器测试、总装、运输等的接地实施。

2 航天器搭接接地要求

2.1 结构搭接要求

结构搭接要求如下：

a) 航天器金属结构件之间应搭接，搭接的直流电阻（以下简称搭接电阻）应小于5 mΩ。

b) 结构部件中的电传导性复合材料（如碳纤维）应与结构搭接，搭接电阻应小于1 kΩ。

c) 安装仪器的碳纤维板之间应搭接，搭接电阻应小于10 mΩ。

d) 舱外设备应与航天器结构良好搭接，搭接电阻应小于10 mΩ。

e) 多舱段航天器的每个舱段对接面的搭接电阻应不大于5 mΩ。

f) 航天器主结构上的接地桩为航天器主接地桩。航天器在地面试验、贮存、运输、转运、加注、起吊等场合，通过专用接地线（总截面积不小于4.7 mm^2 的多股铜线或铜丝编织带）将主接地桩与场地的信号地或技术地的接地桩连接。接地线与接地桩的搭接电阻应小于1 Ω。

2.2 热控材料的搭接要求

2.2.1 多层隔热组件

多层隔热组件搭接要求如下：

a) 接地方式及搭接电阻：将导电风琴叶片镶嵌在多层隔热组件的每一层中，在叶片中心位置打一个 ϕ4 mm 的通孔供铆接用；按要求取一段导线，导线两端各焊一个单向焊片，一个焊片与附近接地桩连接；用空心铜铆钉将另一个焊片与风琴叶片、多层隔热组件铆接在一起，确保搭接电阻小于10 Ω。

b) 搭接点数量：面积小于0.05 m^2 的多层隔热组件至少应有一个接地点，面积大于0.05m^2 的多层隔热组件至少应有两个接地点，对于长条形的多层隔热组件，每隔大约500 mm设置一个接地点。

c) 搭接点位置：接地点距多层边缘约10 mm。

2.2.2 二次表面镜（OSR片）

二次表面镜的金属部分用导电胶与结构连接，二次表面镜的金属部分和结构地之间的直流电阻5 Ω～10 Ω。

3 航天器设备部件的搭接接地要求

3.1 航天器结构对航天器上设备的搭接要求

通过单机接地桩、接地线或安装面和紧固件，与航天器结构搭接，实现设备外壳接地。设备与航天器结构之间搭接电阻应小于10 mΩ。

3.2 一次电源接地要求

一次电源接地要求如下：

a) 一次电源回线应采用单点接地。接地点一般选在配电器或电源控制器，通过接地导线将单点接地点与航天器结构主接地桩搭接。对于有多条一次电源母线的航天器也可采用这种接地方式。

b) 航天器结构的主接地桩应尽量靠近单点接地点。接地线为铜导线，截面积应不小于0.5 mm^2，接地线与接地桩的搭接电阻应小于 10 mΩ。

c) 所有直接由航天器一次电源母线供电的设备，要求一次电源母线回线与设备壳体相隔离，隔离电阻应不小于 1 MΩ。

d) 不应将航天器结构作为用电设备的供电回路。

e) 蓄电池组若需要与航天器结构绝缘安装的，其外壳与航天器结构之间应串联 50 kΩ～100 kΩ 静电泄放电阻；当断开泄放电阻时，蓄电池组外壳与航天器结构间的隔离电阻应大于 1 MΩ。

3.3 电源变换器接地要求

电源变换器接地要求如下：

a) 电源变换器的输入应与输出隔离，隔离电阻应不小于 1 MΩ。

b) 使用 DC/DC 变换器的高频设备，DC/DC 输出回线与设备壳体相连。

c) DC/DC 变换器输出回线的接地方式有三种：

  1) 输出回线与设备壳体相隔离，隔离电阻应不小于 1 MΩ。输出回线统一汇集到主配电器或电源控制装置，统一与航天器主接地桩搭接，实现低频单点接地。

  2) 对于单机结构与主结构搭接电阻小于 10 mΩ 的，输出回线可以通过设备机壳接地桩就近接地。

  3) 对无接地要求的负载(如加热器)，输出回线可以浮地，与航天器地隔离。

3.4 火工装置接地要求

火工装置接地设计要求如下：

a) 火工装置的金属外壳与结构安装面的搭接电阻应不大于 10 mΩ；

b) 火工装置点火供电线应采用双绞屏蔽电缆，屏蔽层两端分别通过电连接器插头尾罩搭接，实现接地；

c) 火工装置供电线的正负端采用继电器触点断开火工品起爆电路，为了防止火工装置的静电积累，应设计 50 kΩ～100 kΩ 的静电泄放电阻。

3.5 高频设备接地要求

高频设备一般采用多点接地，设备内部的电源变换器的一次电源输入端与输出端应隔离。电源变换器的输出回线和信号地都应与设备的机壳搭接，实现接地。

3.6 低频设备接地要求

对于低频设备，若设备内部的一次电源地和信号地都与设备外壳隔离，则其内部 DC/DC 输出接地设计按照 3.3c)1)或 3.3c)2)要求设计。若采用本机就近接地的，接地线可通过插座接点引出，由插头引线与本机接地桩搭接。

3.7 低频微弱信号电缆的屏蔽接地要求

采用屏蔽线传递低频微弱信号的，屏蔽层一般采用单端接地，接地端选在信号源端。电缆插头里的屏蔽线的屏蔽层焊接(压接)导线与插头尾罩出口处紧固螺钉搭接，实现屏蔽层接地。

4 航天器对地面测试系统的接地要求

4.1 测试场地的接地桩要求

测试场地的接地桩设置要求如下：

a) 航天器系统的地面设施应有接地极系统、雷电保护系统、设备故障保护系统(设施地)和信号参考系统(技术地)；

b) 场地的信号地分系统,应设置多个安全可靠的信号地接地桩,以适应多个航天器接地需求；

c) 场地的设备故障保护分系统,应设置相应的接地桩,供地面测试设备接地。

4.2 航天器的测试场地接地

航天器的测试场地接地要求如下：

a) 总装测试厂房应通过专用接地线将航天器的主接地桩与场地的信号接地桩连接;在同一测试场地,若有多个航天器试验时,应彼此分开接地,每一个信号接地桩只能连接一个航天器。

b) 发射场技术区应通过专用接地线将航天器的主接地桩与测试场地的信号接地桩连接。

4.3 测试设备接地

测试设备接地要求如下：

a) 航天器地面测试系统的供电设备接地点应接在测试场地的设施地(保护地)；

b) 测试设备与航天器的信号接口应隔离；

c) 地面电源、激励源、测量仪器、控制设备等电子系统应与机壳绝缘,浮地的设备机壳应接电源“保护地”；

d) 航天器地面电源机壳应与输入、输出电路绝缘,输入与输出电路应隔离,输出电路与地面电源的控制电路应隔离,隔离电阻应大于1 MΩ；

e) 地面高频设备的机壳与内部电源地是相连的,若进行有线测试,应注意保护地和信息地的隔离。

5 航天器装配、试验、贮存、运输、转运、加注、吊装过程中的接地要求

5.1 航天器装配过程中的接地要求

航天器装配过程中,应通过专用地线将航天器主接地桩与总装厂房中的信号地接地桩连接,搭接电阻应小于1 Ω。

5.2 航天器试验和贮存的接地要求

航天器在试验和贮存期间采用专用地线,将航天器主接地桩与试验或贮存厂房的信号地接地桩连接。

5.3 航天器运输接地要求

航天器公路、铁路和飞机运输接地要求如下：

a) 航天器应放置在包装箱内运输。

b) 包装箱的接地要求:金属包装箱的主结构应为等电位体,金属部件之间应搭接,搭接电阻应不

大于 1 Ω；非金属包装箱内外都应有接地搭接桩，用接地线将航天器的接地桩和包装箱的接地桩连接。

c） 包装箱内部应设置接地桩，通过接地线与航天器主接地桩可靠连接。

d） 包装箱与运输工具可靠搭接。

e） 公路运输车与大地应有良好的静电释放通路。

5.4 航天器转运接地要求

航天器转运过程中，航天器应有导电体与大地接触，形成静电泄放通路。

5.5 航天器加注接地要求

航天器加注时，航天器主接地桩应与加注间的信号地接地桩连接，搭接电阻应小于 1 Ω。

5.6 航天器吊装接地要求

航天器吊装时应可靠接地，金属吊钩应采取绝缘措施，防止吊钩漏电。

6 航天器对运载火箭的接地要求

航天器与运载火箭对接时，要求对接面的搭接电阻不大于 10 mΩ。通过对接面实现航天器与运载火箭的等电位接地。对接后应撤除航天器专用接地线。

ICS 49.020
V 70

中华人民共和国国家标准

GB/T 29085—2012

卫星防污染技术要求

Technical requirements for contamination control of satellite

2012-12-31 发布　　2013-07-01 实施

中华人民共和国国家质量监督检验检疫总局
中国国家标准化管理委员会　发布

前　　言

本标准按照 GB/T 1.1—2009 给出的规则起草。

本标准由中国航天科技集团公司提出。

本标准由全国宇航技术及其应用标准化技术委员会(SAC/TC 425)归口。

本标准起草单位:上海卫星工程研究所。

本标准主要起草人:吴东、金历群、宗益燕、沈嵘康、谷涛、陶强、俞晓晨、张国升、李强。

引　言

本标准属于中国航天国家标准体系。中国航天国家标准体系适用于航天领域国家标准的制修订和管理，覆盖航天管理、航天技术、航天应用与服务三大领域，是指导航天器和运载火箭项目管理、工程研制、航天发射服务、卫星在轨应用等活动的依据。

随着卫星研制技术的发展和国防、经济的需要，要求卫星具备更精确和复杂的光学、热控、导航定位控制及更长的使用寿命。而污染是影响卫星产品可靠性、安全性的重要因素，长期的污染累计效应会影响卫星及其有效载荷的性能，甚至会缩短卫星及其有效载荷的寿命。因此在卫星产品研制的各个环节进行污染控制是十分必要的。

卫星防污染技术要求

1 范围

本标准规定了卫星研制全过程所需进行的各项防污染工作项目及其技术要求。

本标准适用于整星的研制,分系统及组件(含设备、部件)也可参照使用。

2 规范性引用文件

下列文件对于本文件的应用是必不可少的。凡是注日期的引用文件,仅注日期的版本适用于本文件。凡是不注日期的引用文件,其最新版本(包括所有的修改单)适用于本文件。

GB 50073—2001 洁净厂房设计规范

ASTM E595—1993 在真空环境中出气作用引起的总质量损失及收集到的可凝挥发物的试验方法(Standard test method for total mass loss and collected volatile condensable materials from outgassing in a vacuum environment)

3 术语和定义

下列术语和定义适用于本文件。

3.1

污染物 contaminant

任何可能对系统、分系统、设备、部件和材料的工作、可靠性和性能造成危害和不可忽略影响的非要求外来物。

3.2

颗粒物 particulate;particulate matter;particle

具有可观测的长度、宽度和厚度,尺寸为 0.001 μm～1 000 μm 的颗粒状固体物质,包括纤维物。

3.3

非挥发性残留物 non-volatile residue;NVR

挥发性液体挥发后留存的可溶性物质,或者用专门分析仪器测定的不可挥发物。通常以单位体积内或单位面积上污染物的毫克数来度量。

3.4

可凝挥发物 volatile condensable material;VCM

在高温、低压、真空条件下,构件、材料或污染源解吸、分离或分解出的可凝结在低温表面上的气体物质。

3.5

收集的可凝挥发物 collected volatile condensable material;CVCM

材料取样在规定的温度和真空条件下,经过给定的温度和时间所收集的表面上可凝挥发物的质量与该取样的初始质量之比。通常以百分比表示。

3.6

总质损 total mass loss;TML

含有可凝挥发物的材料的取样,在规定的温度和真空条件下,给定的时间内损失的总质量与取样的初始质量之比。通常以百分比表示。

3.7

水蒸气回收量　water vapour regained;WVR

在TML和CVCM测试后,样品再次暴露在规定的温度和真空条件下,给定的时间内,通过计算材料取样的质量变化得到材料取样所吸收的水蒸气质量。通常以百分比表示。

3.8

可补偿质损　recovered mass loss;RML

材料取样本身除掉所吸收水汽后的总质量损失(RML=TML-WVR)。通常以百分比表示。

3.9

洁净度等级　cleanliness level

基于检测判据,按单位面积或体积中污染物的尺寸、数量和分布规定的允许最大污染物量划分的等级。

注:按GB 50073—2001规定,洁净室及洁净区空气中悬浮粒子洁净度等级由高到低依次为:1级,2级,3级,4级,5级,6级,7级,8级,9级。

3.10

遮蔽因子　obscuration factor

由颗粒物物质沉降或覆盖的表面面积与总面积之比。

3.11

污染敏感部件或表面　contaminant sensitive part or surface

受到污染会影响产品性能或寿命的部件或表面,包括:太阳电池帆板,热控表面(多层、OSR片等),高洁净度要求的光学或辐射表面、运动机构的高精度活动表面,高导电要求的滑动接触面、触点、接插件等。

3.12

污染敏感度等级　contaminant sensitivity level

根据卫星产品所携带的污染敏感部件或表面对其完成任务目标的影响程度高低所确定的对污染敏感程度的分类,由低到高依次为:低污染敏感度、中污染敏感度和高污染敏感度。

3.13

污染控制　contamination control

为保证产品洁净度而采取的所有防污染措施、组织及协调活动。

4　一般要求

4.1　总则

4.1.1　卫星防污染是一项系统工程,贯穿于卫星及其产品的设计、制造、试验、发射准备及在轨运行等全过程,其核心内容主要包括:

a)　防污染设计;

b)　研制全过程污染检测与控制;

c)　地面阶段污染处理;

d)　在轨运行阶段污染处理。

4.1.2　综合的防污染控制计划要纳入卫星总体设计方案,防污染控制工作应从顶层设计、从概念论证抓起,从系统和源头抓起。

4.1.3　卫星防污染控制工作的关键在于通过严格控制星上材料选用、对污染敏感部件实施屏蔽与保护、对材料和部件适时地进行清洗与烘烤除气处理,并重点对推进系统密封设备、热控多层隔热组件、光学仪器和活动部件等污染敏感产品进行全面的污染控制，以确保整星的污染控制在任务可以接受的范围内。

4.2 星上材料选用

4.2.1 根据卫星污染敏感度等级，选用满足卫星使用要求的材料。

4.2.2 星上材料在选用时应考虑如下因素：

a) 材料的放气率及其随时间、温度和压力的变化特性(如：卫星产品一般应选择低出气率的材料，限制使用纯汞、镉和锌等易挥发的材料)；

b) 轨道空间环境(包括紫外辐照、宇宙尘和微粒污染物、原子氧、电磁辐射和粒子辐射等)对材料的影响；

c) 放气材料或其构件相对于污染敏感件或敏感表面的几何分布(如：非金属材料部件或构件的真空放气通道应尽量避开污染敏感表面)。

4.2.3 星上材料应在型号总体推荐的选用目录中选用，目录外材料在选用前应进行分析和论证，并根据具体部件和系统的实际使用情况确定材料的取舍，具体原则如下：

a) 对于不进入光学或污染敏感部位视场的材料，一般规定在其出气性能指标达到以下要求时方可上星使用，材料出气性能指标均按 ASTM E595—1993 规定的试验方法测试获取。

   1) 一般要求：TML≤1％，CVCM≤0.1％；

   2) 当材料暴露面积不大于 13 cm^2 且满足光学或其他性能要求时，其出气性能指标可放宽为：TML≤3％、CVCM≤1％。

b) 对于进入光学或污染敏感部位视场的材料，一般规定在其出气性能指标达到以下要求时方可上星使用，材料出气性能指标均按 ASTM E595—1993 规定的试验方法测试获取，RML≤0.1％，CVCM≤0.01％。

注 1：以上 b)条对材料出气指标的要求较严，对于绝大多数材料按 ASTM E595—1993 规定所进行的第一轮试验时一般难以达到这样高的要求，可对该材料进行第二轮试验获取并确认其出气性能指标。

注 2：以上 a)、b)条所述及的材料出气性能指标的界限范围仅作为材料选取时筛选、比较的一般标准而非绝对意义上的判别标准，不能保证符合以上规定要求的材料在星上使用一定不会造成污染。

4.2.4 对于出气性能指标低于或不符合 4.2.3 要求的目录外材料，如必须上星使用，应从以下几个方面采取防护措施：

a) 最大限度地减少其使用量；

b) 使材料的使用部位远离污染敏感部件/表面；

c) 对材料采取屏蔽隔离措施；

d) 避免出气物质对相邻部位造成关键性污染(如：“水汽”易对红外探测元件造成关键性污染)；

e) 执行严格的真空烘烤除气程序。

4.2.5 对于出气性能指标高于或符合 4.2.3 要求的目录外材料，在上星使用时，应按材料与敏感面的位置关系估算累积污染效应并在此基础上采取相关措施(参考 4.2.4)以保证材料真空挥发性能满足防污染要求。

4.3 屏蔽与保护

对污染敏感部件，应采取下列屏蔽与保护措施：

a) 污染源与重要表面或敏感部件的直观通路上可根据需要加装挡板；

b) 对于处在非受控外部环境中的污染敏感设备或器件可加装充气保护装置，并维持内部气压比当地气压高 5 Pa 以上。内部气体可分为干燥洁净氮气或其他低凝点惰性气体；

c) 对湿度敏感设备，除采取以上 b)条的措施外，还应采用局部加温措施，使设备温度相对当地露点温度不小于10 ℃；

d) 产品在污染环境中的暴露时间，应根据产品的洁净度要求或清洗的可能性予以限制。

4.4 清洗

4.4.1 清洗的目的是避免外在污染物沉积在污染敏感设备上。

4.4.2 一旦选择好材料、元件并确定了工艺或制造技术，就应选择合适的清洗程序以保证最终产品的污染控制满足规定要求。

4.4.3 清洗方法的选择取决于要清除的污染物类型和清洗对象的物理或化学性质。清洗程序应通过有代表性的样本测试予以验证，或在先前和类似项目中这些程序已经得到验证。

4.4.4 对于无法进行清洗的零件，应对其可能遭受污染的所有阶段采取相关的污染预防与控制措施。

4.4.5 对于更适宜于在其制造过程或工艺处理(如粘结、油漆、真空涂层和焊接)之前进行清洗的部件，其清洗程序应在工艺规范中规定。

4.4.6 用于清洗的辅助设备不得增加被清洗零件的污染物水平，其选用的基本原则如下：

a) 辅助物(如：擦拭棉、纸、布、刷子和泡沫塑料)应不掉毛、不沾纤维屑和灰尘；

b) 用来擦拭极洁净表面的清洗擦拭材料中有机污染物含量应不大于2.0×10^{-8} g/cm^2；

c) 对被清洗表面的损坏(擦伤)应最小。

4.5 烘烤

4.5.1 对星用材料或部件进行烘烤处理的主要目的是去除有机材料及其结构件内部在固化成型和粘接过程中添加的稀释剂、固化剂、溶剂等可挥发性材料的残留成分。为了提高烘烤除气的效率，一般建议在真空状态下进行。

4.5.2 烘烤应用于所有可以被加热的材料和部件，尤其是针对：

a) 多层隔热组件；

b) 碳和玻璃纤维元件；

c) 粘结、涂层或罐装材料；

d) 各类含非金属材料的部件。

4.5.3 在烘烤过程中，应监控如下参数：

a) 真空度：优于10^{-2} Pa。

b) 温度：视出气材料、清洗效果而定。

1) 材料的烘烤温度一般不低于60 ℃。

2) 部件产品的烘烤温度应按下列原则控制：

——所有部件的最低烘烤温度一般应不小于45 ℃；

——含非金属材料的部件的最高温度一般应不大于65 ℃(太阳电池帆板基板最高可到85 ℃)；

——金属部件的最高温度一般应不大于120 ℃。

c) 持续时间：60 h～200 h(一般而言温度越低，持续时间越长)。

d) 材料或部件的出气率。

4.6 特殊产品的防污染控制

4.6.1 推进系统密封设备和仪器

推进系统贮箱、管路、阀门、推力器以及其他含可凝气体成分的密封设备和仪器等往往具有严格的防污染控制要求，其防污染控制工作应包括下列内容：

a) 分析颗粒物和污染气体的成分,尤其是可凝挥发物(VCM)及其对重要表面污染影响的物理化学分析;
b) 测定和计算污染气体源的压力随时间和温度的变化;
c) 测定排气孔的大小及喷气羽流的空间分布,并酌情采取相应的隔离防护措施;
d) 计算或测量对重要表面的累积污染量,并酌情采取相应的隔离保护措施;
e) 根据污染源的污染效应、累积污染量及允许的污染程度确定密封系统的泄漏率。

4.6.2 热控多层隔热组件

4.6.2.1 星上使用的多层隔热组件应设计放气孔,其放气孔总面积一般应占该多层隔热组件面积的0.5%~0.6%。

4.6.2.2 用于对深低温光学探测元件(如:碲镉汞器件)进行冷却的辐射制冷器,其所使用的多层隔热组件在设计布置放气孔时应确保放气孔总面积占该多层隔热组件面积的0.9%~1%,并且在制作该多层隔热组件时应尽可能采取相关工艺确保其边缘部位松散。

4.6.2.3 所有多层隔热组件在装星使用前应贮存在充高纯氮气的密闭容器内进行保护。

4.6.2.4 卫星临射前(卫星整流罩内空调系统断开前),在允许情况下应尽可能对其所处的卫星整流罩内湿度提前进行偏低控制(建议的相对湿度控制范围为:30%~45%),避免热控多层隔热组件携水量过大入轨后污染星上相关产品。

4.6.2.5 卫星入轨初期,应开启星上加热器对整星及星上多层隔热组件进行加热烘烤除气。

4.6.3 光学仪器

4.6.3.1 选用的材料应满足4.2要求。

4.6.3.2 仪器结构设计时采用隔离和屏蔽设计(如:设计防污染罩),减少污染物直接到达光学元件表面,并使挥发物的去向和卫星飞行方向相反。

4.6.3.3 仪器热设计时,在允许条件下进行温度不均衡设计,利用温差使可凝物质冷凝于温度较低的非光学表面,避免光学表面发生冷凝效应。

4.6.3.4 对仪器的污染敏感部件除采取以上措施外,还应考虑:

a) 除真空热试验期间外,辐射制冷器等污染敏感部件一直到卫星发射前都应通高纯氮气进行保护;真空热试验时应在无油真空系统内进行,在不影响整星真空热试验前提下,辐射制冷器等污染敏感部件可用初样产品代替正样产品装星参加真空热试验。
b) 卫星临射前(卫星整流罩内空调系统断开前),考虑断开空调后外界环境条件对卫星的影响,在允许情况下应视外界环境条件尽可能对其所处的卫星整流罩内温度、湿度等环境参数提前进行适当地匹配控制并留有足够的安全余量。
c) 设计加热去污染装置,卫星入轨初期按程序进行加热去污染后方可开机。

4.6.3.5 在仪器的安装部位周围必须布置火工装置时,应采取如下措施:

a) 应尽可能选用无污染火工品;
b) 经严格分析、论证后确定火工品与仪器敏感部位的相对位置;
c) 对火工装置采取严格的密封设计。

4.6.3.6 仪器在地面装配、调试、试验、联试、贮存、转运、临射前等各个阶段,保证温度、湿度和洁净度等环境条件处在有效控制状态,一般要求如下:

a) 温度:20 ℃±5 ℃;
b) 湿度:30%~45%;
c) 洁净度:防污染罩盖上时优于GB 50073—2001规定的8级,防污染罩打开时优于GB 50073—2001规定的7级。

4.6.4 活动部件

4.6.4.1 选用的材料应满足4.2要求。

4.6.4.2 施加润滑材料之前应进行表面清洁(表面清洁不可使润滑作用退化),促使润滑材料在基体表面上的黏结或湿润。

4.6.4.3 油润滑活动部件应采取全密封或迷宫式密封结构,并采取必要措施(如:在组件轴承密封处金属表面涂敷抗爬含氟涂层)防止润滑油在金属表面爬移造成污染。

4.6.4.4 经润滑处理过的非密封活动部件应尽可能在真空环境下或在惰性气体保护下进行试验及性能测试。

4.7 污染控制的质量管理

型号应成立专门的污染控制技术组,负责保证污染控制活动的可核查性、数据完整性和连续性,确保产品满足设计准则和有关技术规范的要求。

5 卫星研制各阶段防污染控制要求

5.1 可行性论证和方案阶段初期

5.1.1 分析卫星所携带的污染敏感部件或材料对卫星完成任务目标影响程度的高低,判定卫星的污染敏感度等级。

5.1.2 高污染敏感度卫星,如:装载扫描辐射计、红外分光计、光谱成像仪等光学仪器的光学遥感卫星,应将防污染控制工程纳入型号工作计划,并确立型号防污染控制项目。

5.1.3 中污染敏感度卫星、低污染敏感度卫星,如:微波遥感卫星、通信卫星,可视具体情况选择是否将防污染控制工程纳入型号工作计划,但在此阶段也应确立型号防污染控制项目。

5.2 设计阶段

5.2.1 确定污染敏感关键分系统(或设备)和潜在污染源关键分系统(或设备),统计和汇总污染敏感部件、污染敏感表面清单。

5.2.2 规定材料的选用要求和目录外材料使用的审批程序。

5.2.3 全面分析卫星产品的工作要求和在生产、试验、发射和飞行各阶段可能遭遇的污染,以及产品因污染可能导致的性能降低的程度,以此为依据分配和规定每个产品(特别是污染敏感部件或表面)所允许的污染量等级。

5.2.4 污染敏感关键分系统(或设备)在设计(或工艺)评审中应包含防污染控制的内容,包括:

a) 防污染控制项目和工作计划;
b) 污染源的分析;
c) 污染敏感部件(或表面)清单,污染的影响和危害度分析,防污染控制措施等;
d) 材料的选用和控制;
e) 材料和机械零件的可清洗性;
f) 密封容器、推力器、火工品等释出气体的组分和特性分析,压力和温度的监测、分析,放气通路的设计和影响分析等。

5.3 制造阶段

5.3.1 在卫星产品上实施焊接、胶接、喷涂、研磨等可能会产生污染的相关作业时,应采取必要的污染防护措施,并在作业完成后及时将各类残留多余物(焊剂、金属碎片、薄片、纤维等)从产品上清除。

5.3.2 工作台要整洁，及时清除油污，清除焊锡、碎屑等废弃物。
5.3.3 镀银件加工后应采用电容纸包装放入干燥器具内防止其氧化、硫化发黑。
5.3.4 液体和气体管路被切开去掉毛刺后，应进行规定的清理操作，并密封好管路底端；安装后和管路运行前，若检查发现管路存在污染，应采取措施进行清除。
5.3.5 在生产操作过程中，对易受污染影响的部(组)件应安装防护盖或罩；除特别的操作外，应确保防护盖或罩始终保持在规定的防护位置上。
5.3.6 非洁净区域或非洁净条件下生产的产品(零件、部件、组件)都是清洁过程的对象，直至达到要求的洁净度等级后，才能进行包装交付。
5.3.7 对于制造后可以被清洁的产品(零件、部件、组件)应按照适宜、有效的程序对其进行清洁，以保证达到要求的洁净度等级；对于制造后不能被清洁的产品(零件、部件、组件)，其制造和加工区域应满足所需的洁净度等级要求。
5.3.8 零(部)件最终加工完成后应及时清除污染，对油封件在进行油封前应先清洗干净。

5.4 装配与总装阶段

5.4.1 洁净室防污染控制

5.4.1.1 产品研制单位，应依据产品要求的温度、湿度、气压、风速、噪声或振动等条件，提出洁净室空气洁净度(空气悬浮颗粒物浓度)、污染气体浓度、表面上的颗粒物沉降量或遮蔽因子，以及有机污染量的控制要求。
5.4.1.2 其他要求参见 GB 50073—2001 的有关规定。

5.4.2 操作过程防污染控制

5.4.2.1 对于任何一个防污染关键装配过程，应制定洁净度控制流程。
5.4.2.2 对关键零件的装配应制定专门的程序。
5.4.2.3 关键元件和敏感元件只有在必要的操作过程中才可以从容器中取出来，并且在用完后要放回其专用容器。
5.4.2.4 暂时不装配的部(组)件应用防尘布盖好，防止灰尘进入产品。
5.4.2.5 在安装和装配部(组)件前，检查生产工具和工作试验台、梯、专用试验设备等，确保其清洁。
5.4.2.6 检查防护装置(如：防尘盖、临时的密封、垫子等)是否正确安装，对脱落或丢失防护装置的产品查明原因，清除污染后重新安装防护装置。
5.4.2.7 当装配前需拆除某些零(部、组)件时，工艺堵头、标牌、标签、装配用的工位器具(如鲤鱼夹等)及辅助材料等应确保清洁，防止污染。
5.4.2.8 在装配过程中尽量减少拆装次数，铝制件和其他软金属装配后不允许多次拆装，以防止铝粉或其他金属粉末落入产品。
5.4.2.9 在装配过程中不允许再进行机械加工，若必须进行补加工，应规定专门的工艺措施及加工场地防止污染。
5.4.2.10 高、中、低频插头插座安装前应清洗干净，焊接后将助焊剂清洗干净；低频插座焊接时应倾斜固定工装防止助焊剂流入插针、插孔中影响电接触，插头应有防护盖防止灰尘进入。
5.4.2.11 凡装配后无法再进行检查的部位，应实行双岗制并有检验人员在场，经共同确认无污染后方可进行装配。
5.4.2.12 在总装期间，应尽量减少可能产生颗粒污染物的操作(如钻孔、切削、拧螺丝等)，不允许可见颗粒或其他污染物在部件上积聚，一旦发现应立即将其清除(采用的方法包括真空烘烤除气、吸尘器吸除、干擦洗和溶剂清洗等)。

5.4.2.13 所有在总装过程中使用的铆钉、螺钉、螺母、垫圈和相关部件都应确保没有油脂，并应满足出气标准的要求。

5.4.2.14 对可以被加热的材料和部件(特别是用于高污染敏感度产品的材料和部件)，应择机安排真空烘烤工序进行除气处理，具体要求按 4.5 要求。

5.4.2.15 产品回厂返修时，应制定返修过程中的污染预防、控制措施及检验要求。

5.5 测试阶段

5.5.1 测试过程中，应限制或禁止产品附近室内操作人员的走动，以及室内设备、工具、产品在测试过程中的拖拉搬运。

5.5.2 测试过程中的环境条件，如温度、湿度和气压等应有持续的监测，悬浮颗粒物和有机污染等按产品洁净度要求进行定期监测。如果环境条件的变化超出规定要求则应中止测试，直到重新恢复控制。

5.5.3 对污染特别敏感的产品，应有针对空气滤清装置、去湿装置、控温装置等发生故障以及停电等紧急情况的各项应急措施。

5.5.4 对工作在超低温条件下的光学部件、光学表面或其他有特殊要求的设备，应采用干燥洁净氮气或高纯氮气进行局部低正压吹气保护，以保持局部环境处于极低相对湿度的氮气保护条件下，避免水汽凝结在这些位置，出现关键部位凝水、结霜、结冰和金属锈蚀，导致产品性能下降或功能失效。

5.5.5 测试过程中的污染性气体、溶剂残留物和颗粒性物质等应及时排放或清除。严禁将污染物驱向清洁的其他产品和测试设备。

5.5.6 产品组装和总装测试完毕，产品包装贮存前或启运发射场地前，根据产品性能、质量要求、产品承受的污染程度和重要表面的可接触性，可按需要再次进行全面或局部清洗。

5.5.7 发射场卫星测试应在受控环境中进行。卫星测试厂房、发射塔架的封闭间和整流罩内的空气洁净度应优于 GB 50073—2001 规定的 8 级，24 h 的有机污染量不大于 1×10^{-6} g/cm^2，温度、湿度等按产品性能要求予以相应控制。

5.6 试验阶段

5.6.1 一般要求

产品在一般试验过程中的防污染控制要求按 5.5.1。

5.6.2 真空热试验防污染控制

5.6.2.1 试验前防污染控制项目包括：

a) 真空罐环境条件(温度、湿度、压力、洁净度、有机污染物)的建立、控制与验收。
b) 严格控制进罐材料，不符合 4.2.3 要求的材料原则上不允许进罐。
c) 对进罐的高出气率材料进行真空烘烤处理(如：多层隔热组件、碳和玻璃纤维元件、粘结、涂层或罐装材料等)。
d) 真空罐空载状态连续运行 24 h 后有机物污染量不大于 1×10^{-7} g/cm^2。空载测试应能代表实际测试(包括测试设备和电缆线等)，并且包括一个抽气和再增压过程。

5.6.2.2 试验中防污染控制项目包括：

a) 进行试验预处理(如：真空解吸与除气等)，减少卫星产品及试验设备中的各种附着物及自生污染物。
b) 按预先确定的工况顺序进行正式试验，试验中应配置必要的污染监测手段，如：使用石英晶体微量天平和四极质谱仪等仪器进行污染总量监测。
c) 必要时，还可利用设置和悬挂的检测片收集试验中沉积的污染，具体要求如下：

1） 检测片一般为镀铝的镜片或其他玻璃片。

2） 试验前擦拭检测片，并经目视检查和光谱仪检测其发射率，确认检测片洁净、可用。

3） 检测片应按如下原则布放：针对污染敏感产品所布放的检测片，其污染收集面应尽可能接近并平行于该产品的污染敏感面；针对星体可能的污染源所布放的检测片，其污染收集面应正对该污染源。

4） 试验结束先用目视检查再用光谱仪检测其发射率（与试验前检测数据进行比对），必要时通过质谱或红外光谱等表面分析手段确定污染的标准成分以辨识并控制污染源。

d） 完成预定的各工况试验后，应严格控制操作程序进行回温复压（如：在热沉升温过程中，要注意保持卫星的外表面温度比热沉温度高 10 ℃～15 ℃，防污染冷板对热沉仍然保持相对低温；在充气复压过程中，注入空气前，应确认注入空气的露点温度低于卫星表面和热沉温度）。

5.6.2.3 试验后防污染控制应包括：

a） 对卫星产品进行污染检测，及时清除产品上的各类污染；

b） 对高污染敏感度产品采取防污染保护措施（如：通高纯氮气保护）。

5.6.3 常压热循环试验防潮控制

5.6.3.1 对于水汽污染高度敏感的产品（如：辐射制冷器、固体润滑活动部件）应尽可能避免此项试验。

5.6.3.2 卫星产品在进行常压热循环试验时，应注意以下容易导致产品受潮的情况：

a） 试验箱内空气处于高温度、高湿度状态（如：温度不小于 30 ℃、相对湿度不小于 60%）；

b） 试验箱内空气的湿度由低到高、温度也由低到高；

c） 试验箱内空气温度由低到高的急剧变化。

5.6.3.3 为避免卫星产品在进行常压热循环试验时受潮，一般应采取以下措施：

a） 在电缆孔等密封、隔热性能差的地方增加隔热材料；

b） 调整空气循环装置及试验产品安置方式以确保试验箱内循环风流动的均匀性和全面性；

c） 试验时宜先采取高温预烘烤等措施以排除试验箱及产品内部腔体中的水汽，然后开始正式试验，试验结束前的最后半个循环宜设置为热循环工况以进一步减少试验箱及产品内部水汽残留；

d） 试验中可不断地向试验箱内充一定压力的干燥空气或氮气，杜绝外界水汽进入试验箱。

5.7 贮存阶段和运输过程

5.7.1 贮存阶段

卫星产品在贮存阶段，防污染措施和要求主要包括：

a） 装箱贮存前，应对卫星产品进行清洁处理；

b） 清洗零件用容器应保持对产品规定的洁净度等级；

c） 贮存区域应在计划贮存期内为包装或产品提供充分的保护；

d） 用于贮存或运输污染敏感部件的容器，应在产品装入前进行充分地内部清洗；

e） 污染敏感部件贮存时，应尽可能将污染敏感表面朝下放置，以最大限度地减小微粒沉积污染；

f） 选用的容器应易于表面清洗和检查，避免任何聚集灰尘的死角；

g） 小件洁净部件在受控清洁区域之外的贮存或运输过程中应装在双层密封袋里；

h） 装载污染敏感件或敏感表面的袋子应充满干燥的高纯氮气，然后进行密封；

i） 静电敏感零件包装、贮存时应使用有金属涂层的薄膜；

j） 在光学设备的包装、贮存时应避免使用聚氯乙烯。

5.7.2 运输过程

卫星产品在运输过程中，防污染措施和要求主要包括：

a） 在运输过程中，特别是运输关键卫星产品，应采取预防措施，承制方应提供运输容器，该运输容器应满足设计要求，以确保被运输卫星产品所处的环境达到要求的洁净度水平；

b） 对高污染敏感度卫星和污染敏感部件，应设计制造专用包装箱，并且在搬运时包装箱本身或者箱内的设备应不产生颗粒脱落、气体和液体的泄漏；

c） 容器和辅助设备应配备有必要的环境控制、监视和警告装置，以确保运输过程不会对卫星产品产生污染、腐蚀或改变其性能；

d） 对水汽敏感的卫星产品，专用包装箱内一般应有内部温度、湿度监测装置，其读数显示（或指示器）应设置在贮存或运输过程中方便观测的部位。

5.8 发射试验阶段

5.8.1 建立完善的发射试验防污染控制工作责任制。

5.8.2 制定全面的发射试验防污染控制技术要求。内容主要包括：

a） 制定卫星发射试验防污染技术流程；

b） 制定卫星运往发射场过程中的防污染技术要求（运输过程及卫星产品卸车）；

c） 制定卫星在技术区的防污染控制技术要求；

d） 制定卫星从技术区至发射区转运过程中的防污染控制技术要求；

e） 制定卫星在发射区的防污染控制技术要求；

f） 制定卫星发射试验防污染故障预案。

5.8.3 与发射场、运载方共同组织并协调发射试验各项防污染工作的措施，并共同监督、检查。内容主要包括：

a） 发射场（技术区、发射区）卫星测试工位环境条件及要求（包括：温度、湿度、洁净度、氮气气源质量与用量等）的确定；

b） 发射场（技术区、发射区）卫星测试工位环境条件（包括：温度、湿度、洁净度、氮气气源质量与用量等）的建立与验收；

c） 整流罩环境条件（包括：温度、湿度、洁净度、非挥发性残留物、风量及风速等）的建立与验收；

d） 发射场（技术区、发射区）卫星测试工位、整流罩等环境条件（包括：温度、湿度、洁净度、氮气气源质量与用量等）的监测与控制；

e） 针对临射前卫星整流罩空调系统断开后外界环境条件对卫星的影响，制定完善的卫星污染控制方案及细则。

5.9 在轨运行阶段

卫星在轨运行阶段，防污染措施和要求主要包括：

a） 入轨初期污染处理：

1） 针对高污染敏感仪器设置合理的操作流程（如：针对辐射制冷器抛罩进行的去污染加热程序）；

2） 整星除气（一般通过开启星上加热器对整星进行加热烘烤除气）；

3） 确定高污染敏感度遥感仪器的开机时机。

b） 在轨长期运行阶段污染处理：

1） 星上污染敏感部件或表面的在轨污染监测和分析；

2） 星上受污染部件的处理（一般通过加热烘烤方式）。

ICS 77.140.65
H 49

中华人民共和国国家标准

GB/T 29086—2012

钢丝绳　安全　使用和维护

Steel wire ropes—Safety—Use and maintenance

2012-12-31 发布　　2013-10-01 实施

中华人民共和国国家质量监督检验检疫总局
中国国家标准化管理委员会　发布

前　言

本标准修改采用 EN 12385-3:2004+A1:2008《钢丝绳　安全　第 3 部分:使用和维护信息》(英文版)。

本标准与 EN 12385-3:2004+A1:2008 主要差异为:

——将标准名称修改为"钢丝绳 安全 使用和维护";

——将规范性引用文件和正文中引用的 EN 标准转换为我国国家标准;

——规范性引用文件中增加了 GB/T 5976《钢丝绳夹》;

——规范性引用文件和"5.2.4.1　钢丝绳的检查和检验"条款中增加了 GB 16424《金属非金属地下矿山安全规程》和《煤矿安全规程》;

——增加了钢丝绳的正确吊装方法及示例图;

——增加了从盘卷中放出钢丝绳的错误方法及示例图;

——明确了缠绕多层钢丝绳时,应施加 1%~2%钢丝绳最小破断拉力的反张力,以保证钢丝绳能够紧密地缠绕在卷筒上;

——增加了人力从轮轴上解开钢丝绳的正确方法及示例图;

——增加了从轮轴上解开钢丝绳的错误方法及示例图;

——增加了钢丝绳切割之前的捆扎准备示例图;

——增加了 5.2.3.5 钢丝绳夹的安装章节;

——增加了钢丝绳冠丝为钢丝绳外圈与滑轮轮槽接触的钢丝的解释;

——将 EN 12385-3 规范性附录 A、附录 B、附录 C 转换为正文;

——增加了"附录 A 电梯钢丝绳报废标准"。

本标准由中国钢铁工业协会提出。

本标准由全国钢标准化技术委员会(SAC/TC 183)归口。

本标准起草单位:国家金属制品质量监督检验中心、广州建峰特纺五金制造有限公司、苏州神王集团、河南省中威金属制品有限公司、冶金工业信息标准研究院、贵州钢绳(集团)有限责任公司、东莞市坚宜佳五金制品有限公司、江苏赛福天钢绳有限公司、山东舒博特钢丝绳有限公司。

本标准主要起草人:张平萍、刘桂森、洪涛、苏伟良、王玲君、黄建明、杨程、侯培政、过惠成、任翠英、朱红斌、刘运丽。

钢丝绳　安全　使用和维护

1　范围

本标准规定了应由钢丝绳制造商提供的钢丝绳使用和维护信息的种类;或者当钢丝绳为机器、设备或装置的一部分时,制造商的使用手册中应包含钢丝绳使用和维护信息的种类。

本标准不适用于钢丝绳吊索以及本标准发布之前制造的钢丝绳。

2　规范性引用文件

下列文件对于本文件的应用是必不可少的。凡是注日期的引用文件,仅注日期的版本适用于本文件。凡是不注日期的引用文件,其最新版本(包括所有的修改单)适用于本文件。

GB/T 5972　起重机　钢丝绳　保养、维护、安装、检验和报废(GB/T 5972—2009,ISO 4309:2004,IDT)

GB/T 5976　钢丝绳夹

GB/T 8706　钢丝绳　术语、标记及分类(GB/T 8706—2006,ISO 17893:2004,IDT)

GB/T 9075　索道用钢丝绳检验和报废规范

GB/T 15706.1　机械安全　基本概念与设计通则　第1部分:基本术语和方法(GB/T 15706.1—2006,ISO 12100-1:2003,IDT)

GB/T 15706.2　机械安全　基本概念与设计通则　第2部分:技术原则(GB/T 15706.2—2006,ISO 12100-2:2003,IDT)

GB 16424　金属非金属地下矿山安全规程

GB/T 16856.1　机械安全　风险评价　第1部分:原则(GB/T 16856.1—2006,ISO 14121:2007,IDT)

《煤矿安全规程》(国家安全生产监督管理总局令第37号)

3　术语和定义

GB/T 8706、GB/T 15706.1中界定的以及下列术语和定义适用于本文件。

3.1

检查　inspection

目测检查钢丝绳的外观,识别可能影响钢丝绳使用的明显损伤和性能退化。

3.2

全面检验　through examination

由主管人员(经过培训并且有实践经验的人员)实施目测检验。必要时,可以补充其他方法,如测量或电磁法无损检测,以发现可能影响钢丝绳使用的损伤和性能退化。

4　重大危险及相关要求

表1列出了本标准所涉及的经风险评价识别的所有重大危险、危险状态和危险事件,要求采取有效

措施以消除危险或减少风险。

表 1 重大危险及相关要求

GB/T 16856.1 附录 A 中认定的危险	GB/T 15706.2 附录 A 中的相关条款	本标准的相关条款
对钢丝绳使用者或机器制造者指导不充分	1.7.4,4.4.1	5

5 安全说明及使用和维护信息

5.1 一般要求

钢丝绳制造商应提供 5.2～5.4 条所列信息。

5.2 使用和维护

5.2.1 使用和维护信息

使用和维护信息应包括不利环境条件下使用的限制(温度、特别危险工况下使用),钢丝绳首次使用之前的检查(钢丝绳和文件的检查、钢丝绳的储存、与钢丝绳相关的机器、设备或装置的部件条件的检查),钢丝绳的解卷和安装(以盘卷供货的钢丝绳、以轮轴供货的钢丝绳、钢丝绳的切割、新钢丝绳的磨合),钢丝绳的维护(钢丝绳的检查和检验、使用中钢丝绳的涂油)相应的内容。

5.2.2 不利环境条件下的使用限制

5.2.2.1 温度

a) 碳素钢丝制造的钢丝绳

应考虑钢丝绳使用中可能达到的最高温度,如果过低地估计使用中钢丝绳所处的环境温度则可能造成险情。

纤维股芯或纤维绳芯多股钢丝绳系使用中能够承受的最高温度为 100 ℃。一般当温度超过 60 ℃时,会加速钢丝绳油脂的流失,降低钢丝绳的使用寿命。

钢芯多股钢丝绳系和单捻钢丝绳系(如单股绳和密封钢丝绳)使用中能够承受的最高温度可以达到 200 ℃。在此状态下应减少额定工作载荷(WLL),但是该值的确定主要还是取决于钢丝绳在高温中暴露时间的长短和钢丝直径的大小。钢丝绳在 100 ℃～200 ℃温度范围内工作时,据估计其强度损失可达 10%。

如果钢丝绳的工作温度超过 200 ℃,则需要使用特殊的润滑剂,并且需要考虑比上述强度损失更大的强度损失。用户应征询钢丝绳或设备制造商的建议。

在－40 ℃环境温度下工作时,钢丝绳的强度将不会受到不利影响,因此可以不考虑减少钢丝绳的额定工作载荷。但是,钢丝绳的其他性能可能降低,这主要取决于钢丝绳润滑剂在低温条件下的有效性。

当钢丝绳装配有终端固接装置时,温度限制参考 5.2.2.1b)。

b) 终端固接装置

除上述所列限制,以及钢丝绳制造商或者机器、设备或装置制造商另有规定之外,钢丝绳终端固接装置的工作温度不得超过下列规定:

铝合金套管压制索具:150 ℃;

钢制套管压制索具:200 ℃;

铅基合金浇灌固接索具：80 ℃；

锌或锌基合金浇铸固接索具：120 ℃；

树脂浇灌固接索具——参考树脂浇铸固接法设计者的作业指导书。

5.2.2.2 特别危险工况下使用

如果钢丝绳在特别危险工况，如海上作业、载人电梯以及诸如熔融金属、腐蚀性介质、放射性物质等潜在危险载荷下使用，则应进行风险评价并依此选择或调整相应的额定工作载荷。

5.2.3 钢丝绳首次投入使用之前的维护

5.2.3.1 钢丝绳和文件的检查

钢丝绳交付后，用户应及时打开包装进行检查，以确认钢丝绳实物的状态、与文件的一致性，并保证钢丝绳及其终端固接能够与其配套使用的机器或设备相匹配。

如果钢丝绳及其包装明显损坏，则应在交货单中予以记录。

制造商提供的钢丝绳产品质量证明书应妥善保存，应与设备使用手册等存放在一起，以便日后对使用中钢丝绳进行定期全面检查时查阅。

如果在用户的资料中没有钢丝绳产品质量证明书，则钢丝绳不得用于提升用途。

5.2.3.2 钢丝绳的储存

钢丝绳运搬时应谨慎小心，盘卷或轮轴既不允许坠落，也不允许用金属吊钩或叉车的货叉直接插入钢丝绳，以免对钢丝绳造成任何意外损伤。

钢丝绳应储存在清洁、通风良好、干燥、无灰尘、有遮挡的场所。如果不能储存在室内，则钢丝绳应用防水材料覆盖以免湿气导致锈蚀。

钢丝绳在储存期间或出入库搬运时，其储存和搬运方式、防护措施均不得对钢丝绳造成任何意外损坏。

钢丝绳不允许储存在易受化学烟雾、蒸汽或其他腐蚀性介质侵袭的场所。

如果钢丝绳以轮轴包装供货，长期（特别是在炎热的环境中）存放时，则应定期转动轮轴，以防止钢丝绳中的油脂流失。

钢丝绳经受高温会影响其性能，极端情况下钢丝绳原制造状态下的破断拉力会大幅度降低，以致不能满足安全使用要求，因此钢丝绳不得储存在易经受高温影响的场所。

钢丝绳不得与地面有任何直接接触，轮轴的放置应保证其底部空气流通。

注：如果上述要求得不到保证，则可能造成钢丝绳受到外界物质的污染，甚至在钢丝绳投入使用前就开始发生腐蚀。

轮轴最好用一个能够安全支撑起钢丝绳等全部重量的支架或托架支起。

储存的钢丝绳应定期进行检查。需要时，应用合适的与钢丝绳制造润滑脂相容的材料涂覆。

如果钢丝绳的包装材料潮湿，则应立即去掉。

应检查钢丝绳标志，确保标志上的字迹清晰，而且与产品质量证明书相符。

储存的钢丝绳出库时，应遵循“先进先出”的原则。

5.2.3.3 与钢丝绳相关的机器、设备或装置部件状态检查

新的钢丝绳安装之前，应检查并确认与钢丝绳相关的部件如卷筒、滑轮、绳夹的状况和尺寸，在设备制造商规定的额定工作载荷。除相关标准、规范、规程等有规定的钢丝绳安全系数外，最低的钢丝绳安全系数应不小于钢丝绳最小破断拉力的 3 倍。

对于起重机用钢丝绳，其绳槽的有效直径应控制在钢丝绳公称直径的 5％～10％范围内，绳槽直径

应用滑轮量规或半径规(*R* 规)进行检查并确认符合要求。如图 1 所示。

图 1a)给出的是绳槽半径最小的滑轮;图 1b)给出的是绳槽半径偏小的绳槽,应当更换或返修。

a) 正常

b) 不正常

图 1 用量规或半径规(*R* 规)检查滑轮绳槽直径

还应检查所有滑轮,并确保滑轮自由转动。

不允许钢丝绳的实际直径大于卷筒的节距。对于多层缠绕的情况,则应对钢丝绳实际直径与卷筒绳槽节距的关系进行评价。

如果绳槽出现过度磨损,还可以对其重新进行机械加工。但是加工之前,应对滑轮或卷筒进行检查,以确认经过加工后的绳槽底部支撑钢丝绳的材料是否还有足够的强度。

由于绳槽磨损后,钢丝绳在绳槽内受到挤压,绳股或钢丝的运动受到限制,钢丝绳的弯曲能力降低,因而影响钢丝绳的性能。

若用钢丝绳直接吊运有尖锐棱边角等货物时,则应在钢丝绳与尖锐棱边角接触处加衬保护物品,以免钢丝绳受异常损伤和损坏。

5.2.4 钢丝绳的解卷和安装

5.2.4.1 一般要求

钢丝绳的安装步骤应按照钢丝绳使用者制定的作业指导书进行。

应检查确认钢丝绳在卸货和运输至储存场所时没有遭到损坏。在这些操作过程中,钢丝绳本身不得与提升装置的任何部位如起重机的钓钩或叉式起重车的叉斗直接接触,采用编织吊带吊装钢丝绳可以避免这类损伤。钢丝绳的正确吊装方法见图 2。

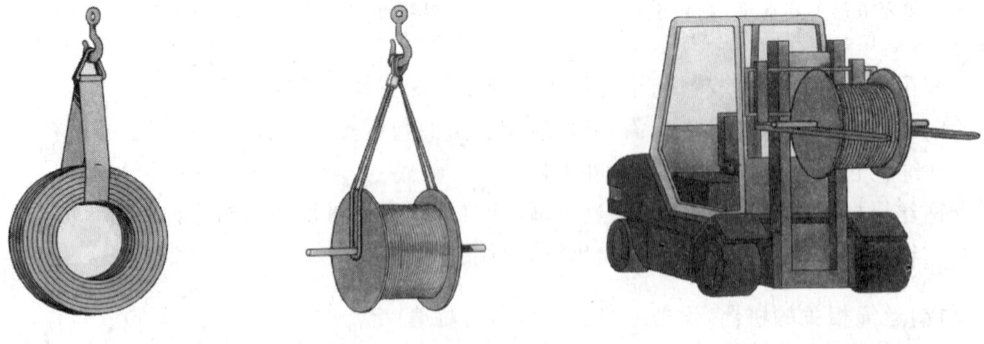

图 2 钢丝绳的正确吊装方法

5.2.4.2 以盘卷供货的钢丝绳

解卷时，应将钢丝绳盘卷放在洁净的地面上沿着直线滚动展开，不得在地面上拖曳以防磨损损伤和损坏，并保证不被尘土、砂石、雨水或其他有害物质污染。

禁止采用将钢丝绳从静止不动的盘卷中直接拉出的解卷方法，因为这样操作会将钢丝绳卷进盘卷中并形成扭结。从盘卷中放出钢丝绳的错误方法见图 3。

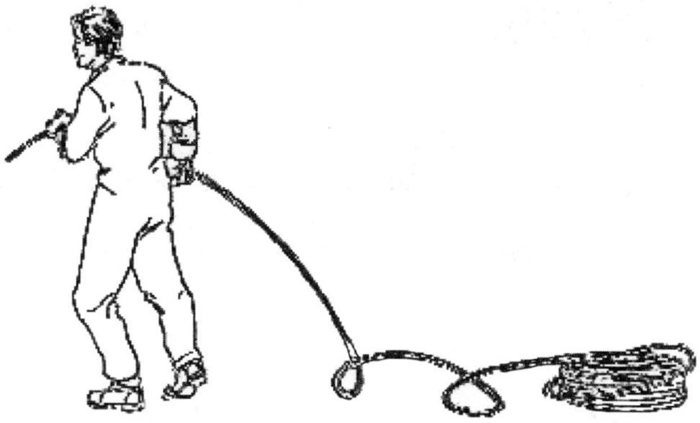

图 3 从盘卷上解开钢丝绳的错误方法

如果钢丝绳盘卷过大而用人力转不动时，则需要将钢丝绳放置在一个可以自由转动的线架上，然后牵引钢丝绳盘卷的末端就可以把钢丝绳放出。从盘卷中放出钢丝绳的正确方法见图 4。

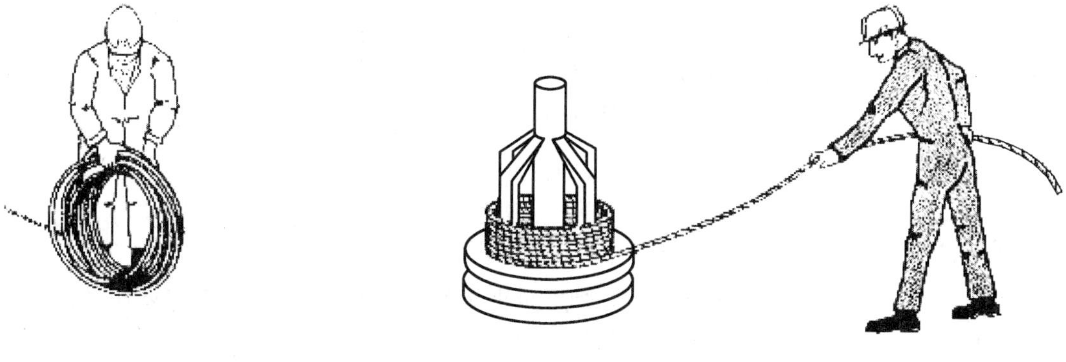

图 4 从盘卷上解开钢丝绳的正确方法

5.2.4.3 以轮轴供货的钢丝绳

应在轮轴中心孔中穿上一根具有足够强度的轴，把轮轴放在可以转动并带制动装置的合适支架上，制动装置可以防止安装过程中轮轴过度旋转。

当钢丝绳需要在卷筒上缠绕多层时，应将轮轴放置在一个能够给钢丝绳提供 1%～2%钢丝绳最小破断拉力的反张力的装置上，这样反张力就可以从轮轴传递到卷筒上，从而保证卷筒上的下伏圈钢丝绳、尤其是最低层的钢丝绳能够紧密地缠绕在卷筒上。

供绳轮轴应放置在合适的位置，以保证钢丝绳安装过程中偏角最小。

如果安装过程中钢丝绳上出现环形圈，则应将轮轴吊起沿环形圈反向转动加以消除，不允许直接将钢丝绳拉紧，以免钢丝绳形成扭结。

轮轴支架的安装应保证解卷穿绳过程钢丝绳不产生反向弯曲。即如果卷筒上的钢丝绳是下卷式，则供绳轮轴上的钢丝绳也应从其底部牵引出来。其正确的解卷钢丝绳方法见图 5。

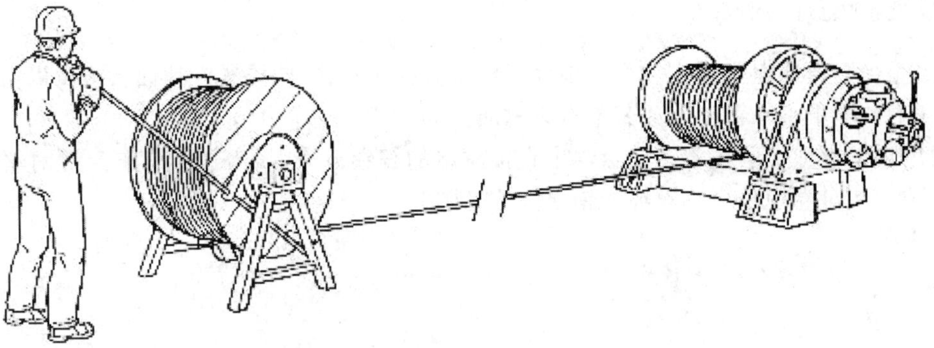

图 5　带张紧装置的钢丝绳从轮轴缠绕到卷筒上—从轮轴底部到卷筒底部

当用人力从轮轴上放出钢丝绳时，则应将轮轴放置在一个可以自由转动且受控的支架上，牵引钢丝绳的末端就可以把钢丝绳放出。其正确的解开钢丝绳方法见图 6。

图 6　人力从轮轴上解开钢丝绳的正确方法

禁止采用在地面上滚动轮轴或从立放的轮轴中将钢丝绳放出的解卷方法，因为这样操作会造成钢丝绳表面损伤或扭结。从盘卷中放出钢丝绳的错误方法见图 7。

图 7　从轮轴上解开钢丝绳的错误方法

从供绳轮轴或盘卷解开钢丝绳外侧的末端固定时，应特别加以控制。当解开约束或末端固定时，钢丝绳会自动弹直,如果不加以控制,钢丝绳会猛烈弹开,可能造成人员伤害。

安装过程中应保持钢丝绳的制造状态。

如果借助旧绳安装新绳,新绳和旧绳的捻向应相同,一种安装方法是在新绳和旧绳的末端分别装上一个绳套,绳套的开口端应用被覆物或合适的夹子牢固地贴敷在钢丝绳上,钢丝绳的两端应用一根足够强度的纤维绳连接,以免旋转从旧绳传递到新绳上。如果使用钢丝绳连接,则应选用阻旋转型钢丝绳或具有相同捻制类型和捻制方向的新的钢丝绳。作为替换,也可以将一根具有足够强度的纤维绳或钢绳穿入系统中作为控制线或吊线绳使用。安装钢丝绳的过程中不得采用旋转接头。

在钢丝绳穿入系统的过程中应仔细监控,以确保钢丝绳不被结构或机构的任何部分所阻碍,否则将会损伤钢丝绳并失去控制。

5.2.4.4 钢丝绳的切割

如果需要切断钢丝绳,则应在切割标记的两侧将钢丝绳捆扎牢固,对于多股钢丝绳每个捆扎的长度至少应等于钢丝绳直径的两倍(见图 8)。

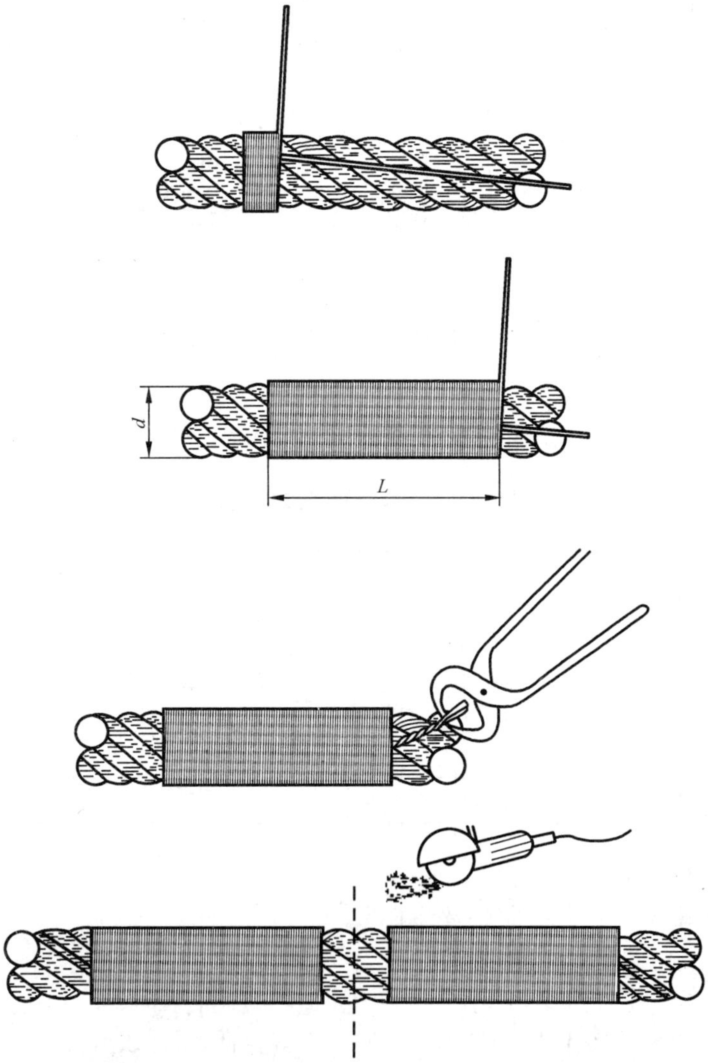

$L \geqslant 2d$

图 8　钢丝绳切割之前的捆扎准备

对于预变形钢丝绳，通常切割标记的两侧各一个捆扎就足够了；对于非预变形钢丝绳、阻旋转钢丝绳和平行捻密实钢丝绳，切割标记两侧最少各有两个捆扎；对于多丝单股绳、粗直径钢丝绳、同向捻钢丝绳，切割标记两侧最少各有三个捆扎，且 $L \geqslant 3d$。

切割钢丝绳时最好应采用高速砂轮切割机，也可以使用其他合适的机械或液压剪切设备。但当钢丝绳的末端采用电焊或铜焊时不推荐采用此切割方法。切割钢丝绳时要保证通风良好，以避免任何来自钢丝绳及其组件的烟气的聚集，见 5.4。

注 1：一些特殊的钢丝绳含有合成材料，当加热温度高于正常生产加工温度时，这些合成材料就会分解并释放有毒气体。

注 2：碳素钢丝制成的钢丝绳，在装运过程中不会对健康产生危害。但在切割、焊接、磨削、清洗过程产生的灰尘和气体中，可能含有影响暴露在该环境中人员健康的元素。

如果钢丝绳末端固定不正确，钢丝绳切断之后，很可能造成钢丝绳结构松弛或畸变。

另一个可供选择的切割方法是锥形熔断，这种设计工艺可以防止钢丝和股松散。

5.2.4.5 钢丝绳夹的安装

a) 钢丝绳夹的布置

钢丝绳夹应按图 9 所示把夹座扣在钢丝绳的工作段上，U 形螺栓扣在钢丝绳的尾股上。钢丝绳夹不得在钢丝绳上交替布置。

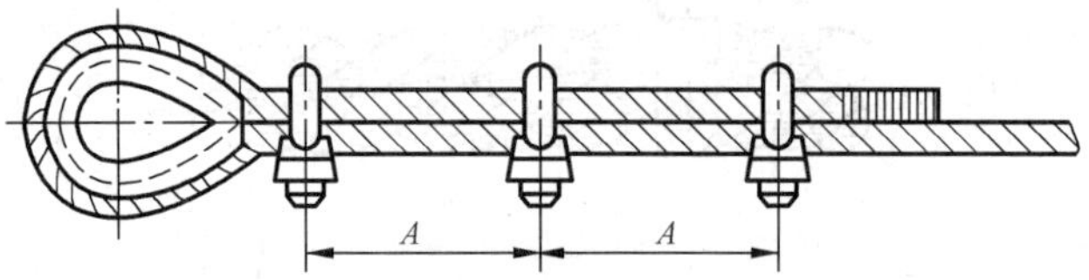

图 9 钢丝绳夹的正确布置方法

b) 钢丝绳夹的数量

对于符合 GB/T 5976 规定的适用场合，每一连接处所需钢丝绳夹的最少数量，推荐如表 2。

表 2 钢丝绳夹的数量

绳夹规格(钢丝绳公称直径)d/mm	钢丝绳夹的最小数量/组
≤18	3
>18～26	4
>26～36	5
>36～44	6
>44～60	7

c) 钢丝绳夹间的距离

钢丝绳夹间的距离 A 等于 6～7 倍钢丝绳直径。

5.2.4.6 新钢丝绳的“磨合”

如果可能，新钢丝绳在设备上投入使用之前，设备最好在低速、低载荷(约 10％额定工作载荷)条件下，对新钢丝绳循环运转一定次数进行“磨合”，确保新钢丝绳及其附件调整到适应实际工作状态。但是不允许在满载荷或超载荷条件下对钢丝绳进行“磨合”。

应仔细检查，确保钢丝绳正确缠绕到卷筒上，钢丝绳在卷筒上无松弛或交叉重叠现象发生。

注：不规则的缠绕必将导致钢丝绳表面严重磨损和结构畸变。

5.2.5 钢丝绳的维护

5.2.5.1 钢丝绳的检查和检验

钢丝绳的日常检查、定期全面检验及报废应执行下列标准或规程：

起重机用钢丝绳——GB/T 5972《起重机 钢丝绳 保养、维护、安装、检验和报废》；

架空索道用钢丝绳——GB/T 9075《索道用钢丝绳检验和报废规范》；

矿井提升用钢丝绳——《煤矿安全规程》、GB 16424《金属非金属地下矿山安全规程》；

电梯用钢丝绳——本标准附录A。

不符合规范或规程的钢丝绳应立即进行更换。

5.2.5.2 使用中钢丝绳的涂油

正常情况下，钢丝绳制造过程中所涂油脂，对运输、存储和使用前期的腐蚀损坏可以提供足够的保护作用；但是，为了获得最佳的使用性能和使用寿命，大多数钢丝绳将受益于维护油脂的应用。油脂种类的选择主要取决于钢丝绳的使用工况和环境条件。

使用期间所涂维护油脂应与制造过程中采用的油脂一致或相容，对于牵引驱动(摩擦提升)钢丝绳所涂油脂则不得削弱其摩擦性能。所涂油脂应征询钢丝绳制造商或原设备制造商的建议。

典型的维护油脂涂覆方法有刷子涂油、点滴涂油、便携式压力喷射涂油或高压喷射涂油。高压喷射涂油是在高压下将维护油脂强力喷入钢丝绳中，同时可以对钢丝绳进行清洗，除去钢丝绳中的湿气、残余油垢和其他污物。

如果使用期间钢丝绳不涂维护油脂，则可能导致钢丝绳性能降低，严重时会造成无法检测到的钢丝绳内部腐蚀。

涂油过多或油脂类型错误可能导致钢丝绳表面聚集碎屑，进而对钢丝绳、滑轮、支撑辊和卷筒造成磨损损坏，还会对钢丝绳是否达到报废标准的真实条件的评估带来困难。

5.3 钢丝绳的选择

5.3.1 钢丝绳选择信息

对于多股钢丝绳，该类信息应包括与摩擦磨损有关的钢丝绳结构、与卷筒上钢丝绳挤压有关的绳芯类型、与腐蚀有关的钢丝表面状态、与缠绕方向有关的捻制方向和类型、与旋转接头应用和钢丝绳偏角效应有关的旋转特性等选择指导。

5.3.2 与摩擦磨损有关的结构

当钢丝绳与其他物体接触时，例如当钢丝绳通过滑轮或绕过滚轮、在卷筒上缠绕、或在耐磨材料上拖拽通过时，都会产生摩擦磨损。钢丝绳经受摩擦磨损后，会逐渐地变得脆弱。

如果已知磨损是钢丝绳损坏的主要形式，则不仅应考虑选择外层钢丝直径尽可能大的钢丝绳，而且还应考虑为了满足弯曲疲劳性能是否有其他附加要求。

在摩擦条件下，选用同向捻钢丝绳(通过固定钢丝绳的两端以阻止钢丝绳旋转)和压实股钢丝绳是有利的。

注：尽管我们希望磨损主要发生在钢丝绳的冠丝(钢丝绳外层与滑轮轮槽接触的钢丝)上，但是磨损也可能发生在钢丝绳的股芯和各股之间。

5.3.3 与卷筒上钢丝绳挤压有关的绳芯类型

钢丝绳发生挤压有多种原因，但最有可能发生在卷筒上多层缠绕的钢丝绳段。同样钢丝绳与光面卷筒或平面卷筒间产生的径向压力比带绳槽的卷筒大得多。

纤维芯多股钢丝绳不得用在多层缠绕的装置上。

钢芯钢丝绳和压实股钢丝绳具有更强的抗挤压和抗变形能力。

5.3.4 与腐蚀有关的钢丝表面状态。

如果预期或已知腐蚀是钢丝绳损坏的主要形式，则推荐使用镀锌（或 Zn95/A15 合金镀层）钢丝绳或其他具有良好防腐性能的钢丝绳。

应考虑选择钢丝直径尽可能大的钢丝绳，同时还应考虑为满足弯曲疲劳性能是否有其他附加要求。

由大量细直径钢丝制造的钢丝绳比由少量粗直径钢丝制造的钢丝绳耐腐蚀性能差。

5.3.5 捻制方向和类型

5.3.5.1 钢丝绳串联或并联工作

如果需要将一根钢丝绳与另一根钢丝绳连接（即串联），无论是在安装期间还是在使用中，钢丝绳都应具有相同的捻制方向和类型，例如右交互捻（sZ）与右交互捻（sZ）连接。

注：如果将“左”捻钢丝绳与“右”捻钢丝绳连接在一起，钢丝绳承受载荷时将会出现旋转或股松捻现象。如果钢丝绳采用手工编接，则编接接头将会散开或拉开。

有些使用场合，例如抓斗式或容器起重机、多个卷筒联合工作的起重设备，要求采用左捻钢丝绳和右捻钢丝绳并排工作（即并联），以抵消两根钢丝绳的旋转作用。

5.3.5.2 缠绕方向

除非设备制造商的使用说明书中另有规定，钢丝绳在卷筒上的缠绕方向应符合图 10 规定。

图 10 中的缠绕方向一般适用于光面卷筒和带绳槽卷筒。

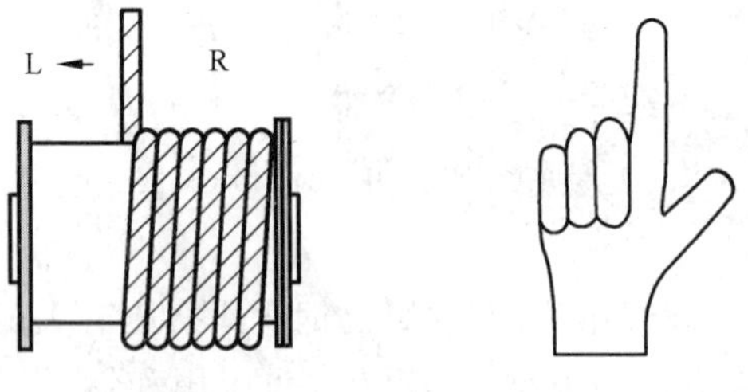

右捻钢丝绳从右侧法兰盘开始右手缠绕

a） 右捻钢丝绳-下卷

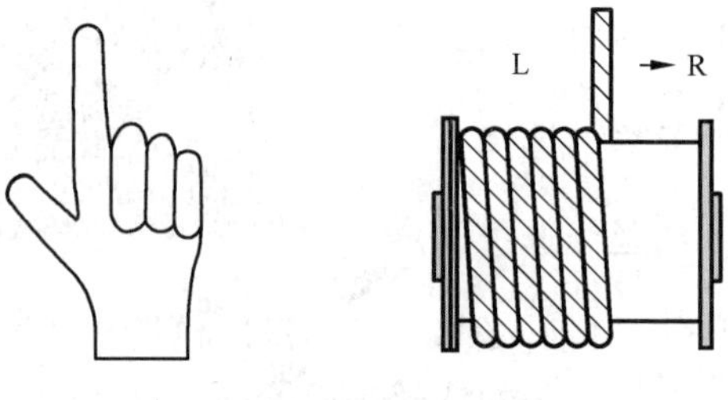

左捻钢丝绳从左侧法兰盘开始左手缠绕

b） 左捻钢丝绳-下卷

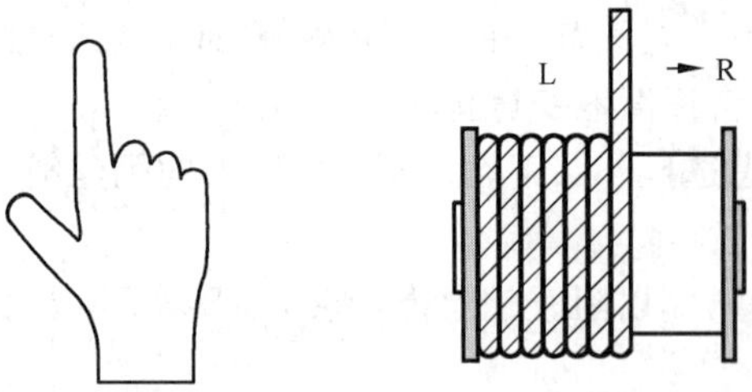

右捻钢丝绳从左侧法兰盘开始右手缠绕

c） 右捻钢丝绳-上卷

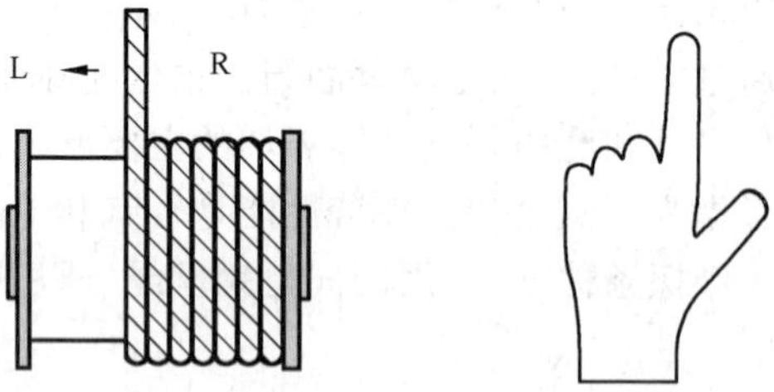

左捻钢丝绳从右侧法兰盘开始左手缠绕

d） 左捻钢丝绳-上卷

图 10 缠绕方向

5.3.6 旋转特性和旋转接头的应用

如果所选择的钢丝绳对指定起升高度、钢丝绳间距和起升载荷的扭转性能低劣，提升钢丝绳在多部件缠绕系统布置，由于旋转受到阻碍，就会出现“卷缆柱”。此时起升将受到严重限制甚至不能作业，该条件下高扬程起升作业钢丝绳就特别容易损坏。

注：“卷缆柱”是指在辘绳缠绕系统中，钢丝绳自身缠绕在一起，辘绳变得混乱的状态。

对于给定的缠绕系统，如果考虑了钢丝绳的扭转性能，则产生卷缆柱的可能性是可以评估的。具体可以向钢丝绳或原设备制造商咨询。

由于阻旋转钢丝绳外层股的捻制方向一般与内层股的捻制方向相反，因此当钢丝绳的两端固定或不能旋转时在载荷作用下产生的扭矩，或当钢丝绳的一端可以自由旋转时在载荷作用下产生的旋转，将远远小于单层股钢丝绳。

为了限制提升作业过程中旋转载荷造成的危害，确保在提升作业区内人员的安全，最好选择承载时旋转度很小的阻旋转钢丝绳，见下述 a)情形。当采用这种钢丝绳时，旋转接头的应用能消除由于钢丝绳在滑轮或卷筒上角度偏转而产生的旋转。

对于承载时阻抗旋转作用较小的其他阻旋转钢丝绳，见下述 b)情形，可能需要借助旋转接头来产生旋转，将可能产生的危害减至最小。然而，在这种情况下，应认识到钢丝绳过度地旋转对钢丝绳的性能可能造成负面影响，同时还会降低钢丝绳的破断拉力，其量值取决于所选用钢丝绳的旋转特性和起升载荷的大小。

根据钢丝绳的旋转特性，给出下列旋转接头应用指导：

a) 当提升载荷相当于 20% F_{min}时，旋转特性小于或等于 1 转/1 000d——可采用旋转接头；

b) 当提升载荷相当于 20% F_{min}时，旋转特性大于 1 转/1 000d 但不大于 4 圈/1 000d——则应得到钢丝绳制造商的建议和/或主管人员的批准后，才可采用旋转接头；

c) 当提升载荷相当于 20%F_{min}时，旋转特性大于 4 转/1 000d——不宜采用旋转接头。

其中：1 转＝360°；

d＝钢丝绳公称直径；

F_{min}＝钢丝绳最小破断拉力。

5.3.7 钢丝绳偏角

图 11 表示一个螺旋绳槽倾角为 α 的长卷筒与一个偏转滑轮的组合。当钢丝绳向卷筒两侧的法兰盘缠绕时，钢丝绳与滑轮形成一个偏角 β_l 或 β_r。在卷筒上，钢丝绳相对绳槽形成一个偏角($\beta_l+\alpha$)或($\beta_r-\alpha$)。

当钢丝绳绕入滑轮时，由于存在钢丝绳偏角，钢丝绳最先与滑轮轮槽边缘接触。当钢丝绳继续在滑轮上通过时，钢丝绳将沿轮槽边缘运动到滑轮轮槽的底部。在这个运动过程中钢丝绳将一边滚动一边滑动，见图 12。滚动的结果是随着钢丝绳在滑轮中绕入或绕出，钢丝绳出现绕其自身轴线旋转和捻距时而缩短或时而伸长的现象，最终导致钢丝绳疲劳性能降低，严重时出现“鸟笼”状或绳芯挤出的结构破坏。随着钢丝绳偏角的增加，钢丝绳旋转的圈数也将增加。

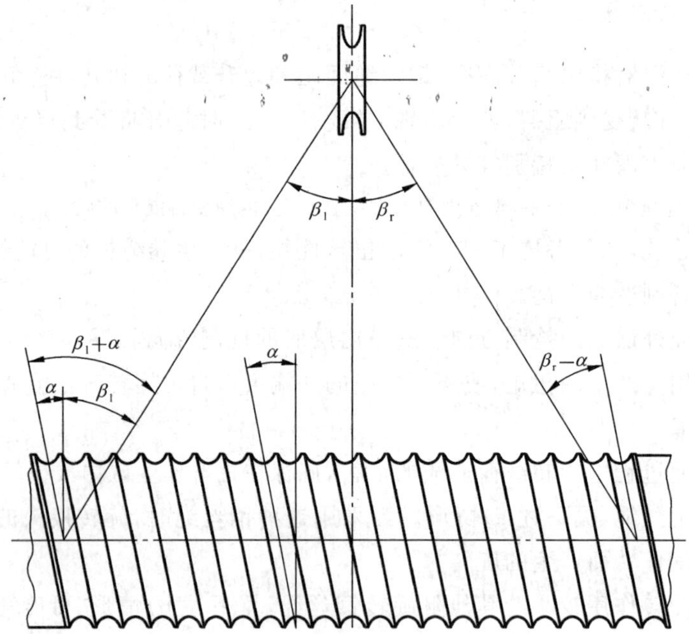

图解：l：左；r：右。

图 11 钢丝绳偏角与绳槽倾角

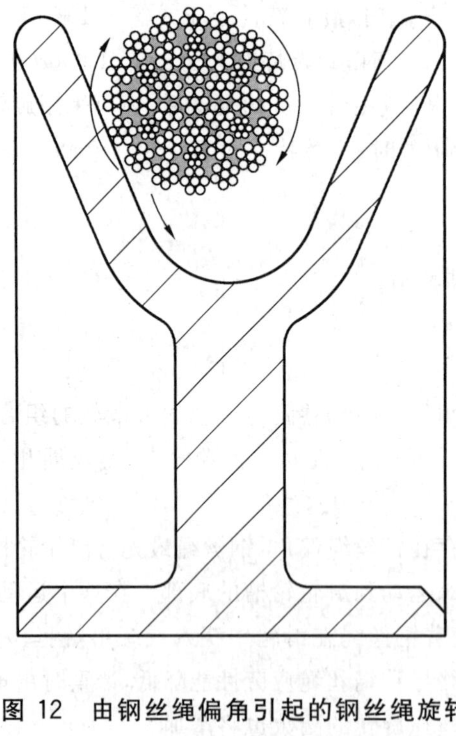

图 12 由钢丝绳偏角引起的钢丝绳旋转

对于阻旋转钢丝绳，钢丝绳偏角应不大于 2°；对于单层股钢丝绳，钢丝绳偏角应不大于 4°。

注：由于实际原因，一些起重机或卷扬机的设计可能不能满足上述推荐值。这时钢丝绳的使用寿命会受到影响，并且需要对钢丝绳进行更加频繁地检查。

可以通过下列方式减小钢丝绳偏角：

a） 减小卷筒长度和/或增大卷筒直径；

b) 增大滑轮与卷筒之间的距离。

将钢丝绳缠绕在卷筒上时,通常推荐的钢丝绳偏角应控制在0.5°～2.5°范围内。如果钢丝绳偏角太小,如小于0.5°,钢丝绳会在卷筒的法兰盘处堆积,而不能从卷筒的两端沿着相反的方向折回。如果遇到这种问题,可以通过安装排线装置、或通过滑轮或缠绕机构导向增大钢丝绳偏角来解决。

如果钢丝绳出现堆积,运行中产生的冲击荷载会导致堆积的钢丝绳突然从法兰盘处滚落下来。

过大的钢丝绳偏角将导致钢丝绳过早地从卷筒端折回,造成靠近卷筒法兰盘处的钢丝绳缠绕圈之间出现缝隙,同时在交叉位置加大对钢丝绳的压力。

即使卷筒上有螺旋轮槽,大的钢丝绳偏角也会由于钢丝之间的互相"拉扯"不可避免地造成局部机械损伤,通常称之为"咬绳"。但是如果缠绕系统允许选用平行捻或压实股钢丝绳,则可以减轻这类机械损伤程度。

5.4 钢丝绳及其组件材料的健康安全

5.4.1 钢丝绳及其组件材料健康安全信息

该类信息应包括构成成品钢丝绳组件的各种材料的详细资料和有关职业保护措施、紧急医疗措施、安全(包括火灾和爆炸危害)和处置的一般信息。

5.4.2 材料

5.4.2.1 一般要求

钢丝绳是一种复合材料,它取决于所包含的单个材料的类型。下面列出了可能构成成品钢丝绳组件的各种材料的详细资料。

a) 交货合同、发货单或产品质量证明书上载明的钢丝绳使用说明书和/或标记可以证实这些组件。

b) 钢丝绳的主要组件是碳素钢丝,在某些情况下,还可能包括锌或Zn95/A15合金镀层。

c) 碳素钢丝、镀层钢丝或不锈钢丝制成的钢丝绳供货状态下不产生健康危害。但是在切割、焊接、研磨和清洗任一加工过程中,都可能产生含有影响暴露在该环境中人员健康的元素的粉尘和烟气。

d) 钢丝绳的其他三种组件是绳芯、润滑脂、填充和包覆材料。绳芯可采用与外层股同种类型的钢芯,或采用天然纤维或合成纤维作为绳芯。

5.4.2.2 纤维芯

多股钢丝绳的纤维芯通常采用天然纤维或合成纤维制成,处置时不会产生健康危害,即使将外层股剥开(如进行钢丝绳插接时),绳芯材料不会对使用者产生危害。除非在用钢丝绳缺少维护油脂补充或繁忙作业引起绳芯内部摩擦磨损的情况下,绳芯可能磨损成可能被吸入的纤维粉尘,不过这种现象几乎不可能发生。

纤维芯的主要危害是通过吸入由于加热产生的烟气,如用砂轮切割机切割钢丝绳时,天然纤维很可能产生二氧化碳、水蒸气和灰尘,而合成材料很可能产生有毒烟气。

天然纤维的处理,如经防腐处理,燃烧时也会产生有毒烟气。

与其他主要材料如钢丝和钢丝绳制造中的润滑脂通过加热产生的有毒烟气相比,绳芯产生的有毒烟气的浓度几乎可以忽略不计。

最常用的合成纤维芯材料为聚丙烯,其他聚合物如聚乙烯和尼龙偶尔也使用。

5.4.2.3 填充和包覆材料

供货状态下处置钢丝绳的过程中，填充和包覆材料不会对健康产生危害。其主要危害是用砂轮切割机切割钢丝绳时吸入有害烟气。

5.4.2.4 制造钢丝绳的润滑脂

钢丝绳制造过程中所涂的润滑脂，供货状态下对使用者产生的危害一般很小，但是使用者应注意保护皮肤和眼睛最低限度地接触，同时还应避免吸入其产生的蒸汽和雾气。

钢丝绳制造过程中使用的润滑脂包含多种化合物，这些化合物主要由石油、石蜡、沥青、树脂、胶凝剂和低浓度的腐蚀抑制剂、氧化稳定剂和胶粘添加剂等组成。

室温下这些化合物大多数为固态，如果保证皮肤不接触其液态的前提下，正常使用过程中不会产生危害。

为了防止皮肤出现异常反应，应避免反复、长时间接触无机或合成碳氢化合物，所有接触这类产品的人员应保持良好的个人卫生。

操作者应：

a) 使用不渗油手套；

b) 穿防护服避免与油脂接触；

c) 对于任何伤害，即使很轻，应在第一时间得到治疗；

d) 饭前、上卫生间前和工作后彻底洗手；

e) 如果条件允许，洗手后使用护肤霜。

操作者不应：

f) 将带油的抹布或工具放入口袋，特别是裤袋；

g) 使用脏的或坏的抹布擦拭皮肤上油脂；

h) 穿油脂浸透的衣服；

i) 使用溶剂如煤油、汽油等去除皮肤上的油脂。

5.4.3 一般信息

5.4.3.1 职业防护措施

a) 呼吸防护

应使用总体和局部换气扇，以保证空气中的粉尘和烟气浓度低于规定的职业防护标准（OES's）。

如果空气中的粉尘和烟气浓度超过 OES's 规定，操作者应佩带经鉴定合格的防粉尘和防烟气呼吸器（OES's 规定粉尘总量为 10 mg/m^3，可吸入粉尘含量为 5 mg/m^3）。

b) 防护装备

当操作可能对眼睛产生危害时，操作者应佩戴防护眼镜；在进行焊接或气割时应佩戴焊接头罩；必要时，应佩带防护手套和其他防护装备。

c) 其他

养成良好的个人卫生习惯，下班时或吃饭前应更换工作服，不在工作场所吃食物。

5.4.3.2 紧急医疗措施

a) 呼吸

转移到新鲜空气中；请求医疗救助。

b) 皮肤

用肥皂和水充分清洗。

c） 眼睛

用流动的水充分清洗颗粒；请求医疗救助。

d） 吞下

不太可能发生的事件，如吞下大量钢丝绳或其组件，请求医疗救助。

5.4.3.3 安全信息——火灾或爆炸危险

固态下，钢丝绳的钢组件不会产生火灾或爆炸危险，而有机物组件如润滑脂、天然或合成纤维绳芯、其他天然或合成填充或包覆材料是易燃物品。

附 录 A
（规范性附录）
电梯钢丝绳报废标准

A.1 一般要求

通常情况下电梯绳报废都是因为断丝和磨损。但是其他因素诸如直径减小、腐蚀或过度伸长等也会导致电梯绳报废。

由主管人员对钢丝绳进行全面检查并决定整套钢丝绳是继续使用还是报废时应考虑上述所有因素。

即使只有一根钢丝绳达到报废标准，整套钢丝绳也应更换。除非钢丝绳是在投入提升服役之前的安装或验收试验期间被损坏的特殊情况（见 A.6）。

在没有规程或规章的情况下，下列条款是电梯绳报废的通用指南。

对于不是在铸铁或铸钢滑轮中运行的钢丝绳，主管人员应清楚这种情况下发生早期内部损坏的可能性比外部发生明显可见地损坏的可能性更大。

A.2 断裂钢丝

表 A.1 给出了设备中运行的纤维芯钢丝绳更换或在规定期限内进行下一次检查的最坏的一个捻距内的可见断丝数，以及立即更换钢丝绳的最坏的一个捻距内的可见断丝数。表中的值适用于悬挂、限速器和补偿用钢丝绳。

对于其他类型的钢丝绳，可见断丝数应由钢丝绳制造商提供。

表 A.1 铸铁或铸钢滑轮中运行的纤维芯单层股钢丝绳可见断丝数

条件	更换钢丝绳或由有资格的专业人员在规定期限内检查钢丝绳		立即报废钢丝绳	
	6×19+FC 类	8×19+FC 类	6×19+FC 类	8×19+FC 类
断丝在外层股中随机分布	每个捻距内多于 12 根[a]	每个捻距内多于 15 根[a]	每个捻距内多于 24 根[a]	每个捻距内多于 30 根[a]
断丝集中在一个或二个外层股中	每个捻距内多于 6 根[a]	每个捻距内多于 8 根[a]	每个捻距内多于 8 根[a]	每个捻距内多于 10 根[a]
在一个外层股中的相邻断丝	4 根	4 根	多于 4 根[a]	多于 4 根[a]
股谷断丝	每个捻距内 1 根[a]	每个捻距内 1 根[a]	每个捻距内多于 1 根[a]	每个捻距内多于 1 根[a]

[a] 一个捻距长度近似等于 $6 \times d$（其中 d 钢丝绳公称直径）。

A.3 直径减小

如果钢丝绳的直径相对钢丝绳公称直径减小6%,则应更换钢丝绳。

A.4 异常特征

如果有明显的异常特征表明钢丝绳有早期内部损坏的可能,则应更换钢丝绳。

例1:磨损腐蚀:在钢丝绳的股和/或丝之间渗出红色粉末或铁粉。

例2:直径局部减小。

A.5 使用期限

悬挂绳的使用期限没有明确的指导性规范。但是对服役时间超过五年的钢丝绳应特别当心。

A.6 特殊情况

当一套悬挂或补偿钢丝绳中的某一根钢丝绳在电梯投入运行前的安装或验收试验期间遭到破坏时,如果下列条件得到满足,则允许用一根新的钢丝绳代替遭到破坏的钢丝绳:

a) 用于更换的钢丝绳的技术参数应与原整套钢丝绳产品质量证明书中所载明的技术参数相符合;
b) 上述的那套钢丝绳不得自原装备上截短;
c) 新更换钢丝绳安装后应进行张力检验并进行必要的调整,时间间隔为半个月,期限不少于二个月。如果六个月后钢丝绳不能保持适当的张力平衡,则整套悬挂钢丝绳应更换;
d) 更换的钢丝绳应采用与其他悬挂钢丝绳末端固接相同类型的方法;
e) 在张力作用下,更换的钢丝绳相对于原钢丝绳的直径变化不得超过公称直径的0.5%。

ICS 77.140.60
H 44

中华人民共和国国家标准

GB/T 29087—2012

非调质冷镦钢热轧盘条

Non-quenched and tempered steel wire rod for cold heading

2012-12-31 发布 2013-10-01 实施

中华人民共和国国家质量监督检验检疫总局
中国国家标准化管理委员会 发布

前　言

本标准按照 GB/T 1.1—2009 给出的规则起草。

本标准由中国钢铁协会提出。

本标准由全国钢标准化技术委员会(SAC/TC 183)归口。

本标准主要起草单位:马钢(集团)控股有限公司、冶金工业标准信息研究院、湖南华菱湘潭钢铁有限公司、邢台钢铁有限责任公司、首钢总公司。

本标准主要起草人:孙维、于同仁、王玲君、宋强、汪开忠、陈卫金、刘振民、王丽萍、朱红斌、任翠英、方拓野。

非调质冷镦钢热轧盘条

1 范围

本标准规定了非调质冷镦钢热轧盘条的牌号表示方法和符号、订货内容、尺寸、外形、重量及允许偏差、技术要求、试验方法、检验规则、包装、标志及质量证明书等。

本标准适用于公称直径为 5 mm～20 mm 的制造螺栓、螺钉和螺柱等紧固件及冷镦钢丝用的非调质冷镦钢热轧盘条,超出本规格范围的由供需双方参照本标准协商解决。

2 规范性引用文件

下列文件对于本文件的应用是必不可少的。凡是注日期的引用文件,仅注日期的版本适用于本文件。凡是不注日期的引用文件,其最新版本(包括所有的修改单)适用于本文件。

GB/T 222 钢的成品化学成分允许偏差

GB/T 223.5 钢铁 酸溶硅和全硅含量的测定 还原型硅酸盐分光光度法

GB/T 223.9 钢铁及合金 铝含量的测定 铬天青 S 分光光度法

GB/T 223.10 钢铁及合金化学分析方法 铜铁试剂分离-铬天青 S 光度法测定铝量

GB/T 223.11 钢铁及合金 铬含量的测定 可视滴定或电位滴定法

GB/T 223.12 钢铁及合金化学分析方法 碳酸钠分离-二苯碳酰二肼光度法测定铬量

GB/T 223.13 钢铁及合金化学分析方法 硫酸亚铁铵滴定法测定钒含量

GB/T 223.14 钢铁及合金化学分析方法 钽试剂萃取光度法测定钒含量

GB/T 223.16 钢铁及合金化学分析方法 变色酸光度法测定钛量

GB/T 223.18 钢铁及合金化学分析方法 硫代硫酸钠分离-碘量法测定铜量

GB/T 223.19 钢铁及合金化学分析方法 新亚铜灵-三氯甲烷萃取光度法测定铜量

GB/T 223.23 钢铁及合金 镍含量的测定 丁二酮肟分光光度法

GB/T 223.24 钢铁及合金化学分析方法 萃取分离-丁二酮肟分光光度法测定镍量

GB/T 223.37 钢铁及合金化学分析方法 蒸馏分离-靛酚蓝光度法测定氮量

GB/T 223.40 钢铁及合金 铌含量的测定 氯磺酚 S 分光光度法

GB/T 223.53 钢铁及合金化学分析方法 火焰原子吸收分光光度法测定铜量

GB/T 223.54 钢铁及合金化学分析方法 火焰原子吸收分光光度法测定镍量

GB/T 223.58 钢铁及合金化学分析方法 亚砷酸钠-亚硝酸钠滴定法测定锰量

GB/T 223.59 钢铁及合金 磷含量的测定 铋磷钼蓝分光光度法和锑磷钼蓝光度法

GB/T 223.60 钢铁及合金化学分析方法 高氯酸脱水重量法测定硅含量

GB/T 223.61 钢铁及合金化学分析方法 磷钼酸铵容量法测定磷量

GB/T 223.62 钢铁及合金化学分析方法 乙酸丁酯萃取光度法测定磷量

GB/T 223.63 钢铁及合金化学分析方法 高碘酸钠(钾)光度法测定锰量

GB/T 223.67 钢铁及合金 硫含量的测定 次甲基蓝分光光度法

GB/T 223.68 钢铁及合金化学分析方法 管式炉内燃烧后碘酸钾滴定法测定硫含量

GB/T 223.69 钢铁及合金 碳含量的测定 管式炉内燃烧后气体容量法

GB/T 223.71 钢铁及合金化学分析方法 管式炉内燃烧后重量法测定碳含量

GB/T 223.72 钢铁及合金化学分析方法 氧化铝色层分离-硫酸钡重量法测定硫量
GB/T 223.74 钢铁及合金化学分析方法 非化合碳含量的测定
GB/T 223.75 钢铁及合金化学分析方法 甲醇蒸馏-姜黄素光度法测定硼量
GB/T 223.76 钢铁及合金化学分析方法 火焰原子吸收光谱法测定钒量
GB/T 223.78 钢铁及合金化学分析方法 姜黄素直接光度法测定硼含量
GB/T 224 钢的脱碳层深度测定法
GB/T 228.1 金属材料 室温拉伸试验方法 第1部分:室温试验方法
GB/T 2101 型钢验收、包装、标志和质量证明书的一般规定
GB/T 2975 钢及钢产品 力学性能试验取样位置及试样的制备
GB/T 4336 碳素钢和中低合金钢 火花源原子发射光谱分析方法(常规法)
GB/T 6394 金属平均晶粒度测定方法
GB/T 10561 钢中非金属夹杂物含量的测定标准评级图显微检验法
GB/T 13298 金属显微组织检验方法
GB/T 13299 钢的显微组织评定方法
GB/T 14981—2009 热轧圆盘条尺寸、外形、重量及允许偏差
GB/T 20066 钢和铁 化学成分测定用试样的取样和制样方法
GB/T 20123 钢铁 总碳硫含量的测定 高频感应红外吸收法
YB/T 081 冶金技术标准的数值修约与检测数据的判定原则
YB/T 5293 金属材料 顶锻试验方法

3 牌号表示方法和符号

3.1 牌号表示方法

钢的牌号由代表“铆螺”和“非调质”的汉语拼音字母(大写)、紧固件强度级别数字组成。例如:MFT8、MFT10。

3.2 符号

M ——“铆螺”的汉语拼音字头;
FT ——“非调质”的汉语拼音字头;
8、9、10——紧固件强度级别第一个数字。

4 订货内容

按照本标准订货的合同应包括下列内容:

a) 本标准号;
b) 产品名称;
c) 牌号;
d) 规格;
e) 尺寸、外形的精度级别;
f) 重量;
g) 包装方式及标识要求(未明确时,按供方提供的包装方式及标识);
h) 特殊要求。

5 尺寸、外形、重量及允许偏差

5.1 盘条的尺寸、外形及允许偏差应不低于 GB/T 14981—2009 的 B 级精度的规定。若有特殊要求，应在合同中注明。

5.2 盘条的重量应符合 GB/T 14981—2009 的要求。

6 技术要求

6.1 牌号及熔炼化学成分

6.1.1 钢的牌号和化学成分(熔炼分析)应符合表 1 的规定。

表 1 钢的牌号和化学成分

序号	牌号	化学成分(质量分数)/%						
		C	Si	Mn	P	S	Nb	V
1	MFT8	0.16～0.26	≤0.30	1.20～1.60	≤0.025	≤0.015	≤0.10	≤0.08
2	MFT9	0.18～0.26	≤0.30	1.25～1.60	≤0.025	≤0.015	≤0.10	≤0.08
3	MFT10	0.08～0.14	0.20～0.35	1.90～2.30	≤0.025	≤0.015	≤0.20	≤0.10

注：1)根据不同强度级别和不同规格需求，可添加 Cr、B 等其他元素。
2)钢中残余镍和铜的含量各不大于 0.20%，N 含量不大于 0.008%。

6.1.2 钢成品的化学成分允许偏差应符合 GB/T 222 的规定。

6.2 冶炼方法

钢由转炉或电炉冶炼＋炉外精炼。

6.3 交货状态

盘条以热轧状态交货。

6.4 晶粒度

钢材的铁素体晶粒度按 GB/T 6394 评级，应大于等于 11 级。供方工艺保证，无特殊要求，不做检验。

6.5 力学性能

力学性能应符合表 2 的规定。经供需双方协议可对 R_m 进行控制。

表 2 力学性能

牌号	抗拉强度 R_m/MPa	断后伸长率 A/%	断面收缩率 Z/%
MFT8	630～700	≥20	≥52
MFT9	680～750	≥18	≥50
MFT10	≥800	≥16	≥48

6.6 冷顶锻

冷镦钢热轧盘条应进行 1/2 普通级冷顶锻试验。冷顶锻试验不得出现裂纹。根据试样冷顶锻后与冷顶锻前的高度之比，钢材的冷顶锻性能分为：

高　级……1/4；

较高级……1/3；

普通级……1/2。

需方要求较高级或高级冷顶锻性能时，应在合同中注明。

6.7 脱碳层

盘条一边全脱碳层和总脱碳层（铁素体层＋过渡层）深度应符合表 3 的规定。

表 3 脱碳层

单位为毫米

盘条公称直径	全脱碳层深度	总脱碳层深度
＜7.0	≤0.01	≤0.10
7.0～15.0	≤0.02	≤0.15
＞15～20.0	≤0.03	≤0.20

6.8 非金属夹杂物

根据需方要求，经供需双方协议，并在合同中注明，钢材可进行非金属夹杂物检验，合格级别由供需双方协商确定。

6.9 表面质量

6.9.1 盘条应将头尾有害缺陷切除，其截面不应有缩孔和夹杂。

6.9.2 盘条表面应光滑，不应有裂缝、折叠、耳子、结疤、夹杂及其他有害缺陷。允许有压痕及局部的凸块、凹坑、划痕、麻面，但其深度或高度不应大于 0.10 mm。

7 试验方法

钢材的检验项目、取样数量、取样方法及试验方法应符合表 4 的规定。对取样数量及方法有其他要求，可由供需双方协议确定。

表 4　检验项目、取样数量、取样方法和试验方法

检验项目	取样数量	取样方法	试验方法
化学成分	1 个/炉	GB/T 20066	GB/T 223 GB/T 4336 GB/T 20123
拉伸试验	3 个/批	GB/T 2975	GB/T 228.1
冷顶锻	3 个/批	切尽盘条头部和尾部有缺陷的部分及不冷段部分后，任意盘的任意一端上切取 1 个试样，每盘只需切取一个试样。取样顺序：按轧制顺序，在该批的前段、中段和后段各取一盘作为取样盘。	YB/T 5293
非金属夹杂物	2 个/批	不同根盘条	GB/T 10561
晶粒度	2 个/批	任一根盘条	GB/T 6394
脱碳层	2 个/批	不同根盘条	GB/T 224
表面质量	逐盘	—	目测
尺寸	逐盘	—	千分尺、游标卡尺
注：化学成分仲裁分析采用 GB/T 223 规定的分析方法。			

8　检验规则

8.1　检查和验收

盘条的质量检查验收由供方技术质量监督部门进行。

8.2　组批规则

盘条应成批检验和验收，每批由同一炉号、同一牌号、同一尺寸的盘条组成。

8.3　复验与判定

盘条的复验与判定应符合 GB/T 2101 的规定。

8.4　数值修约

盘条各项检验及检查测量值的数值修约应符合 YB/T 081 的规定。

9　包装、标志和质量证明书

盘条的包装、标志和质量证明书应符合 GB/T 2101 的规定。

ICS 77.060
H 25

中华人民共和国国家标准

GB/T 29088—2012

金属和合金的腐蚀 双环电化学动电位再活化测量方法

Corrosion of metals and alloys—Electrochemical potentiokinetic reactivation measurement using the double loop method

[ISO 12732:2006, Corrosion of metals and alloys—Electrochemical potentiokinetic reactivation measurement using the double loop method (based on Cihal's method), MOD]

2012-12-31 发布　　　　2013-10-01 实施

中华人民共和国国家质量监督检验检疫总局
中国国家标准化管理委员会 发布

前　言

本标准按照 GB/T 1.1—2009 给出的规则起草。

本标准使用重新起草法修改采用 ISO 12732:2006《金属和合金腐蚀　双环电化学动电位再活化测量方法》。

本标准与 ISO 12732:2006 的技术性差异及其原因如下：

——关于规范性引用文件，本标准做了具有技术性差异的调整，以适应我国的技术条件，调整的情况集中反应在第 2 章"规范性引用文件"中，具体调整如下：

- 用修改采用 ASTM E 112:1996 的 GB/T 6394—2002 代替 ISO 643—2003(见第 10 章，D.2)。其中 ASTM E112—1996 与 ISO 643—2003 标准有一定差异，但本标准引用内容在上述两个标准中不存在技术差异。
- 用等效采用国际标准的 GB/T 10123—2001 代替 ISO 8044:1999(见第 3 章)。

——用钢铁及合金产品牌号统一数字代号(ISC)代替金属和合金统一数字编号系统(UNS)(见第 11 章)。

本标准做了下列编辑性修改：

——删除国际标准目次、前言和引言；

——删除第 1 章中对于附录 C 的说明；

——删除附录 D 中参考文献 ASTM G108 的引用，直接引用 ASTM G108—1994 的 9.2 作为 D.2 的注。

本标准由中国钢铁工业协会提出。

本标准由全国钢标准化技术委员会(SAC/TC 183)归口。

本标准起草单位：宝山钢铁股份有限公司、冶金工业信息标准研究院。

本标准主要起草人：赵艳亮、胡凡、侯捷、陈红星、刘宝石、吴玮巍。

金属和合金的腐蚀 双环电化学动电位再活化测量方法

1 范围

本标准规定了使用双环电化学动电位再活化(DL-EPR)试验评定不锈钢和镍基合金敏化程度(DOS)的方法。

本标准适用于定量测量晶界或基体中由有害热效应影响所形成的合金元素贫乏区域。

因为沿融合线的敏化区分布可能是非均匀的,在测试焊缝热影响区时宜格外注意。

该试验结果可作为判断不锈钢和镍基合金晶间腐蚀、点蚀和晶间应力腐蚀开裂的潜在敏感性指标,但在进行腐蚀类型的预测时还需要进行特定的补充试验。

2 规范性引用文件

下列文件对于本文件的应用是必不可少的。凡是注日期的引用文件,仅注日期的版本适用于本文件。凡是不注日期的引用文件,其最新版本(包括所有的修改单)适用于本文件。

GB/T 6394—2002 金属平均晶粒测定法

GB/T 10123—2001 金属和合金的腐蚀 基本术语和定义(eqv ISO 8044:1999)

3 术语和定义

GB/T 10123—2001 界定的以及下列术语和定义适用于本文件。

3.1

电量 electric quantity

Q

钝化过程中的电量(Q_p)和再活化过程中的电量(Q_r),是分别通过计算曲线上钝化峰和再活化峰电流对时间的积分得出的。

4 原理

对耐蚀合金进行热处理(包括焊接)会出现微小颗粒物析出,如304不锈钢中的碳化铬或双相不锈钢中的σ相(FeCrMo)。基体中合金元素扩散程度是由温度决定的,在微小颗粒物形成时若得不到基体中合金元素的扩散补充,会使其邻近区域中合金元素贫乏。通常将这一过程称为敏化。合金元素贫乏区域耐腐蚀性能差,也容易产生应力腐蚀开裂,这种破坏机制的扩展程度取决于合金元素的贫乏程度和合金元素贫乏区域的密度。因此,需要一种简单的试验方法来快速判定不锈钢和镍基合金中潜在的有害热效应。电化学动电位再活化试验(EPR)就是以此为目的开发的。目前,实验室中应用的两种电化学动电位再活化试验方法分别是单环法和双环法。单环法尽管已包括了从钝化状态到活化状态的极化扫描,但存在对表面光洁程度过于敏感的缺点。在对电解池和装配方式进行适当改进后,电化学动电位再活化试验(EPR)也适用于现场试验。

双环法是电化学动电位再活化试验方法的首选。这种试验方法是将试样浸泡在一种酸性溶液中，用阳极极化方法使其进入钝化区。浸泡初期随着在活性腐蚀条件下材料表面的溶解，表面处理可能引起的影响逐渐减小。从钝化状态开始，试样以一定的扫描速率进行阴极极化(见图1)。随着电位向负方向移动，缺乏有效合金元素的贫乏区的钝化膜逐渐变得不稳定并开始溶解(比如还原溶解)。由于溶解速率小，同时受到扫描速率的制约，阳极电流不能大幅增长，因此只能检测到有限的阳极峰值电流。阴极极化扫描时阳极溶解的过程就是再活化。当钝化电流小于对应电位下的阴极电流时，电位下降过程中会出现瞬间的阴极电流。

由于合金元素贫乏区的存在，局部钝化膜的保护性下降更容易被还原。因此，当相邻区域有钝化膜覆盖时，合金元素贫乏区更容易发生活化溶解。电流的逐渐增大反映了活性区域的扩展情况，这与合金元素贫乏程度和相应的钝化膜性能(某些区域在较高的电位下还原，某些区域在较低的电位下还原)相关联。随着活性区在整个试样表面逐渐建立，由于塔菲尔效应造成的活性区域电位降低与电流减小相互抵消，从而可以观察到再活化峰。电流密度的峰值和与此峰相关的电量，主要取决于合金元素贫化的程度。

再活化峰值与活化峰值的比值，或者再活化峰电量与活化峰电量的比值与固溶退火试样的测试结果相比较时，得出敏化指数。但是，对于敏化的晶界，这些数值应该用晶粒尺寸来进行归一化处理。测试结束后，为确定其局部腐蚀特性，要对试样进行检查。

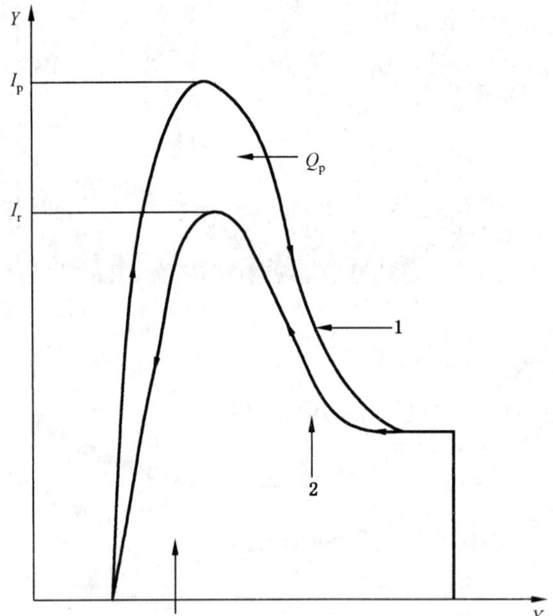

说明：

X 轴——电位；

Y 轴——电流密度对数；

1 ——阳极扫描；

2 ——再活化扫描。

图1 双环 EPR 试验方法极化曲线示意图

5 试验装置

获取 EPR 数据必需的实验装置由电子设备和一个试验电解池组成。电子设备可以是集成的成套设备也可以是分离的部件单元。

5.1 恒电位扫描仪

恒电位扫描仪对电位的控制精度应在±1 mV 以内，其电位和电流范围满足 EPR 测量要求。恒电位扫描仪的电压范围应从－2 000 mV～＋2 000 mV，电流范围从 1 μA～1 A。

5.2 电极电位测试装置

在测量过程中，为了尽量减小测量过程中的电流损耗，电极电位的测试电路应该具备 10^{11} Ω～10^{14} Ω 数量级的高输入阻抗。大部分恒电位扫描仪都可以满足此要求。设备应该具备足够的灵敏度和精度，以便可以从－2 000 mV～＋2 000 mV 范围内检测出 1.0 mV 的电位变化。

5.3 电流测试装置

电路中的电流值是通过测量已知电阻器两端的电位降求得的。在许多恒电位扫描仪中，电流测量由其内部电路完成，但也可以将一个电阻器连接在辅助电极和恒电位扫描仪辅助连接点之间实现外部电流测量。在 EPR 试验过程中的电流密度一般在 1 $\mu A \cdot cm^{-2}$～100 $mA \cdot cm^{-2}$的范围内。对于表面积约为 1.0 cm^2～5.0 cm^2 的试样，推荐使用当电流密度测量范围由 1 $\mu A \cdot cm^{-2}$～105 $\mu A \cdot cm^{-2}$时，电流测量仪器精度为测量电流绝对值的 1%以内。

5.4 EPR 试验电解池

EPR 试验电解池宜包括工作电极、参比电极和辅助电极。为避免试验溶液的污染，电解池应使用不会被侵蚀、退化的材料制作。推荐采用硼硅酸盐玻璃和聚四氟乙烯材料。

辅助电极应放置于合适的位置，使试样表面电流分布均匀。

参比电极可直接插入主电解池中。为避免相互污染，可使用双结参比电极或者将参比电极置于一个单独的容器内用盐桥将其与主电解池连接。为了尽量减小参比电极与工作电极之间的电位降，宜使用鲁金毛细管。鲁金毛细管尖端与工作电极表面的最小距离应为毛细管尖端直径的两倍。

试验电解池中的溶液体积应该达到使溶液化学性质随反应过程的变化降到可以忽略的程度。工作电极最少需要 100 $mL \cdot cm^{-2}$的溶液量，一般推荐使用 250 $mL \cdot cm^{-2}$。

5.4.1 电极架

工作电极应使用对测量没有影响的电极架和安装材料(参见图 A.2)。对于有保护性氧化膜的金属，在电极架上安置的试样有时会在界面上出现缝隙腐蚀。使用冲洗式电解池或冲洗式电极架(参见附录 A)可防止缝隙腐蚀。

5.4.2 工作电极材料

工作电极的形态通常为棒状或板状。具体制备方法见第 7 章。

5.4.3 参比电极

参比电极的类型根据实际应用进行选择。通常所用的参比电极包括饱和甘汞电极和银/氯化银电极。25 ℃时，这些电极的电位与标准氢电极的电位换算关系参见附录 B。

注：若无特殊说明，本标准所用电极电位均相对于饱和甘汞电极。

5.4.4 辅助电极的制备

制备辅助电极的材料不应污染试验溶液,一般使用高纯铂金,也可使用其他惰性材料。对于铂金电极,通常在浓盐酸中浸泡后用去离子水冲洗。辅助电极的表面积宜不小于工作电极表面积。

注:石墨可以作为辅助电极,但应避免污染。石墨电极使用之前应对表面残留物进行脱附处理。定期更换石墨电极也可避免污染。

6 试验溶液

6.1 试验溶液常用分析纯的硫酸(H_2SO_4)和硫氰酸钾(KSCN)两种试剂,由蒸馏水混合配制而成(该溶液可在室温下储存 1 mon)。试验材料决定试验溶液的组分构成,H_2SO_4 的变化范围为 0.5 mol·L^{-1}～2.5 mol·L^{-1},KSCN 的变化范围为 0.001 mol·L^{-1}～0.05 mol·L^{-1}。

注:硫氰酸钾易潮解。超级双相不锈钢可使用 3.0 mol·L^{-1}盐酸(HCl)试验溶液。

6.2 试验溶液不应重复使用。

7 试样的制备

试样在进行双环电化学动电位再活化(DL-EPR)试验前宜按附录 C 中的步骤进行敏化处理。

试样的制备应避免产生缝隙腐蚀,不能有尖锐边缘。在加工和研磨的过程中应避免试样过热。

试样制备应达到规定的表面粗糙度(如 Ra 小于 0.25 μm)。试样在蒸馏水中进行超声波清洗,再用酒精清洗,最后用丙酮冲洗。研磨后的试样在空气中暴露时间过长会影响活化状态溶解速度,暴露时间不宜超过 1 h。研磨后应将试样放在干燥器中储藏。

新电解池在现场应用中的性能、仪器和试剂的质量由已知敏化程度的标样确定。

8 实验步骤

将试样、辅助电极、盐桥探头以及其他相关部件放置于试验电解池中。加入溶液,确认鲁金毛细管中注满试验溶液且没有气泡,尤其是其尖端区域无气泡。

1 min～2 min 后记录测试试样的开路(静止或腐蚀)电位。如果所测开路电位与被测合金的正常值偏差较大(如 Cr18Ni9 型不锈钢的开路电位相对于饱和甘汞电极为－350 mV～－450 mV),应对试样进行阴极极化去除表面氧化膜。

首先将试样在自腐蚀电位下浸泡 5 min,然后在一定的扫描速率下阳极极化至钝化区。典型的钝化电位范围一般为 200 mV～600 mV。达到钝化电位后,反向以相同的扫描速率将电位降至初始的自腐蚀电位(E_{corr})。扫描速率以使活化过程与再活化过程的差别更加显著为原则,从而得出合金的敏化性。宜通过开展预试验确定最佳扫描速率。典型的扫描速率范围为 2 000 mV·h^{-1}～15 000 mV·h^{-1}。连续极化过程宜执行至少三次。

对于 304,321 和 347 不锈钢,应采用如下试验条件:

——试验溶液组成:0.5 mol·L^{-1} H_2SO_4＋0.01 mol·L^{-1} KSCN;

——扫描速率:6 V·h^{-1};

——极化范围从自腐蚀电位 E_{corr}(约－400 mV)～＋300 mV;

——试验温度:25 ℃(**注:**根据经验调整现场应用时的温度范围)。

9 金相检验

试验完成后，应对试样表面进行金相检验，以确定没有其他可能影响试验结果的因素(如点蚀等)。

当测量的数据需要进行归一化时，需测量晶粒尺寸。晶粒尺寸数值的测量，首先将测量网格放在试样的金相图片上，得出试样晶粒尺寸的数值；再将测量数值除以试样单位面积上的晶界面积或晶界长度。对比核实标准后确定。

10 结果评价

测量再活化扫描峰值电流(I_r)和相对应的活化扫描峰值电流(I_p)得出两者比值。同样也可用再活化过程的电量(Q_r)和活化过程的电量(Q_p)来求出比值。该比值与固溶后退火处理试样的测试结果相比较，可得出合金元素贫乏程度指数。当贫化区均匀存在时，这一指数可作为对不同敏化处理影响程度的评判标准。

敏化晶界，可用活化峰值电流(或活化过程的电量)除以试样面积，或用再活化峰值电流(或再活化过程的电量)除以晶界面积。本标准假设再活化峰仅与晶界敏化相关，晶粒基体中没有贫化区或其他活性腐蚀区。其关系式是：

$$(I_r/I_p)_{GBA}=\frac{I_r}{S_{GBA}}\Big/\frac{I_p}{A_S}=\frac{I_r}{S_A A_S}\Big/\frac{I_p}{A_S}=\frac{I_r}{S_A I_p}=\frac{I_r}{I_p 10^{-3}\sqrt{2^{G+5}}} \quad \cdots\cdots(1)$$

$$(Q_r/Q_p)_{GBA}=\frac{Q_r}{S_{GBA}}\Big/\frac{Q_p}{A_s}=\frac{Q_r}{S_A A_S}\Big/\frac{Q_p}{A_S}=\frac{Q_r}{S_A I_p}=\frac{Q_r}{Q_p 10^{-3}\sqrt{2^{G+5}}} \quad \cdots\cdots(2)$$

式中：

Q_r ——再活化电位扫描过程中的电量，单位为库仑(Q)；

Q_p ——活化电位扫描过程中的电量，单位为库仑(Q)；

I_r ——再活化电位扫描过程中的最大电流，单位为微安每平方厘米($\mu A \cdot cm^{-2}$)；

I_p ——活化电位扫描过程中的最大电流，单位为微安每平方厘米($\mu A \cdot cm^{-2}$)；

S_A ——单位试样面积上的晶界面积；

$$S_A=4\times10^{-3}\sqrt{2^{G+1}}$$

A_S ——试样面积，单位为平方厘米(cm^2)；

S_{GBA}——晶界面积，单位为平方厘米(cm^2)；

$$S_{GBA}=S_A\times A_S$$

G ——晶粒尺寸(见 GB/T 6394—2002)。

为方便起见，$(I_r/I_p)_{GBA}$和$(Q_r/Q_p)_{GBA}$比值可用百分数来表示。

另一种方法是将再活化电流或电量与晶界长度进行归一化处理，给出尺寸比：

$$(I_r/I_p)_{GBL}=\frac{I_r}{L_{GBA}}\Big/\frac{I_p}{A_s}=\frac{I_r}{10L_A A_S}\Big/\frac{I_p}{A_S}=\frac{I_r}{10L_A I_p}=\frac{I_r}{I_p 10\sqrt{2^{G+5}}}(cm) \quad \cdots\cdots(3)$$

$$(Q_r/Q_p)_{GBL}=\frac{Q_r}{L_{GBL}}\Big/\frac{Q_p}{A_s}=\frac{Q_r}{10L_A A_S}\Big/\frac{Q_p}{A_S}=\frac{Q_r}{10L_A Q_p}=\frac{Q_r}{Q_p 10\sqrt{2^{G+5}}}(cm) \quad \cdots\cdots(4)$$

式中：

L_A——单位试样面积晶界的长度，单位为每毫米(mm^{-1})；

$$L_A = \sqrt{2^{G+5}}$$

A_S ——试样面积，单位为平方厘米(cm^2)；

L_{GBL}——晶界长度，单位为厘米(cm)。

$$L_{GBL} = 10 \times L_A \times A_S$$

比值作为相对指数比较不同敏化处理对敏化程度的影响。敏化程度的确定应进行补充试验，附录D可作为初步指南。

11 试验报告

试验报告应包括如下信息：

a) 试验样品材料的完整描述，包括钢铁及合金产品牌号统一数字代号(ISC)、成分、热处理方法、产品型号；
b) 试样的加工方法和表面处理的细节；
c) 重复实验的次数和每次试验之后是否重新处理样品表面；
d) 溶液的组成，pH值，体积和温度，以及随时间变化的情况；
e) 试样在试验溶液中裸露的面积；
f) 所用电解池和电极；
g) 极化前的浸泡时间；
h) 扫描前的开路电位，及其是否稳定；
i) 电位应参照标准氢电极；
j) 电位扫描的全部细节，包括扫描速率，起始电位和最终电位；
k) 极化扫描典型实例；
l) 分别给出试样和固溶退火处理试样的再活化电流峰值、活化电流峰值及两者比值，同时要给出晶粒尺寸和表征晶界敏化特征标准化参数的详细资料；
m) 分别给出试样和固溶退火处理试样的再活化电量值、活化电量值及两者比值，还有晶界敏化的标准化数值；
n) 金相观察结果。

附 录 A
（资料性附录）
冲洗式电解池与冲洗式电极架

A.1 冲洗式电解池

冲洗式电解池（见图 A.1），由一个便于通过外部热循环池加热的圆形双层玻璃样品室和用于连接测温部件、电极以及气体吹扫的各种入口所组成。

电解池底部与样品架合并在一起。样品被固定在电解池外。通过不断地向样品与电解池端口的接触区域输送少量高纯水的方法消除样品与电解池接触点缝隙腐蚀。

样品与电解池端口被一层或多层滤纸环隔开，由此产生一个纯水、样品和试验溶液之间的扩散屏障。输入此区域的高纯水取代了原本在缝隙区域的所有电解质溶液。对于 1 cm^2 的开口，水流量通常在 4 mL·h^{-1}～5 mL·h^{-1}范围内。电解池应足够大以保证有充足的试验溶液，可以将测试时间范围内试验溶液被高纯水的稀释作用减至最小。根据需要，应对试验溶液进行补偿。

高纯水与试验溶液的密度差异使其向试验溶液中扩散，因此高纯水并没有把暴露在电解质中的测试区域与电解质溶液隔开。同时，搅拌会促进溶液有效的混合。

因为样品固定在电解池的外部，在升温条件下做试验时电解质和样品之间可能会存在温度差。用搅拌、绝热和减小体积的方法使温度差异减到最小。

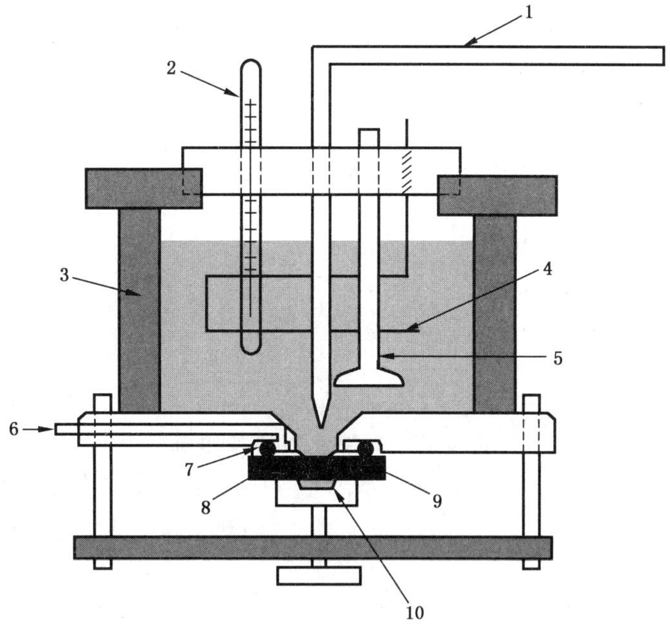

说明：

1——鲁金毛细管（与参比电极相连）；
2——温度计；
3——双壁玻璃容器（双壁结构的容器可以很好的对温度进行控制）；
4——辅助电极；
5——气体导入器；
6——蒸馏水；
7——O 型圈；
8——试样；
9——滤纸；
10——固定试样的安装螺钉。

图 A.1 多功能冲洗式电解池示例

A.2 冲洗式电极架

蒸馏水通过一根安装在底部的用O型圈密封在聚四氟乙烯塑料架上的玻璃管注入(见图A.2)。水沿着样品上的滤纸分布。用涂有油漆的不锈钢连接杆固定样品以避免与蒸馏水的电接触。对一个10 mm直径的圆柱形试样来说,通常流速约为1.5 mL·h^{-1}。

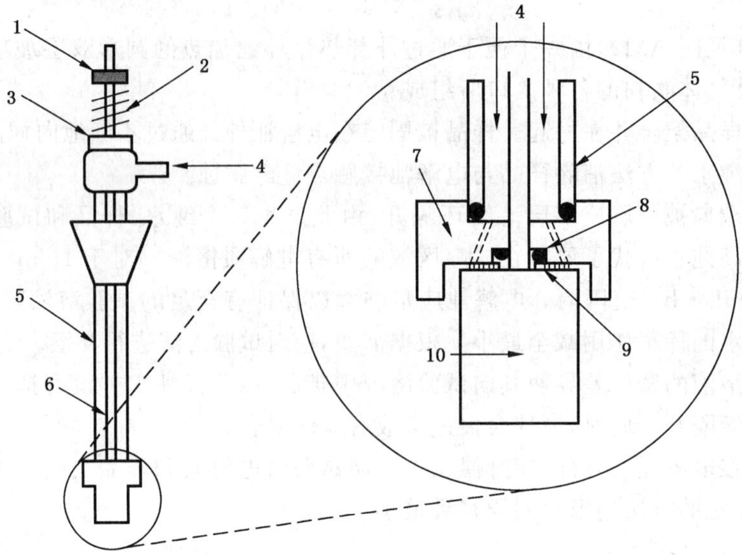

说明:

1——螺丝;

2——弹簧;

3——聚四氟乙烯盘和O型圈;

4——蒸馏水;

5——玻璃管;

6——涂漆的连接杆;

7——聚四氟乙烯盘;

8——O型圈;

9——滤纸;

10——圆柱形试样。

图 A.2 冲洗式电极架实例

附 录 B
（资料性附录）
供选择的参比电极在 25 ℃时相对于标准氢电极(SHE)的电位

B.1 供选择的参比电极在 25 ℃时相对于标准氢电极(SHE)的电位见表 B.1

表 B.1

参比电极	相对于标准氢电极的电位/V
饱和甘汞电极	0.241
在 1 $mol \cdot L^{-1}$氯化钾溶液中的银/氯化银电极	0.222
在 0.1 $mol \cdot L^{-1}$氯化钾溶液中的银/氯化银电极	0.281

附 录 C
（资料性附录）
推荐的试样敏化处理试验方法

试样在进行电化学动电位再活化(EPR)试验之前应进行敏化处理，敏化处理之前应对含碳物质进行清洗，因为渗碳会导致试验结果无效。试样表面经过轻微的研磨或酸洗后利用不含氯化物的溶剂进行冲洗，可获得一个清洁的表面。试验样品在暴露于自然环境前宜进行酸洗处理。

在 EPR 试验前，对合金试样进行敏化处理，首先将试样放入加热炉中通过热电偶的控制使试样在给定温度下保温一定时间，然后取出进行水淬。敏化处理工艺由供需双方协商确定。

未进行敏化处理的合金试样，应模拟最终使用条件进行试验。对需要焊接或热处理的材料，应采用与材料制作过程或服役期间受热方式相同的焊接或热处理。特殊处理方法由供需双方协商确定。

附 录 D
(资料性附录)
I_r/I_p 与晶界敏化程度,P_a,Q_{GBA}和 Q_{GBL}的相关性

由于 UNS S30400,UNS 321 和 UNS3 不锈钢的广泛应用,EPR 试验的验收条件应由供需双方协商确定。下面给出的相关性可以作为解释 EPR 试验结果的通用指南。

D.1 I_r/I_p 与敏化程度的相关性

表 D.1

I_r/I_p 值	敏化程度
<0.010	未敏化
0.010~0.05	轻微敏化(可能通过 Streicher,Strauss 和 Huey 试验)
>0.05	敏化(不能通过 Streicher,Strauss 和 Huey 试验)

D.2 I_r/I_p 与 P_a,Q_{GBA}和 Q_{GBL}的相关性(在晶粒尺寸数 G=5 时)

表 D.2

I_r/I_p 值	P_a 值	Q_{GBA}值	Q_{GBL}值
<0.010	<5	<5	$<5\times10^{-4}$
0.010~0.05	5~20	5~20	$5\times10^{-4}\sim20\times10^{-4}$
>0.05	>20	>20	$>20\times10^{-4}$

$$P_a = Q_r/X \qquad \cdots\cdots(D.1)$$

式中:

P_a ——表示归一化的再活化过程晶界区域单位面积电量,单位为库仑每平方厘米(Q/cm²);

Q_r ——再活化电位扫描时的电量,单位为库仑(Q);

$$X = A_S[5.1\times10^{-3}e^{0.35G}]$$

A_S ——试样面积,单位为平方厘米(cm²);

G ——晶粒尺寸(见 GB/T 6394—2002)。

ICS 77.150.60
H 71

中华人民共和国国家标准

GB/T 29089—2012

球形焊锡粉

Spherical tin-solder powder

2012-12-31 发布　　　　2013-10-01 实施

中华人民共和国国家质量监督检验检疫总局
中国国家标准化管理委员会　发布

前　言

本标准按照GB/T 1.1—2009给出的规则起草。

本标准参照采用EN 61190-1-3:2007《电子组装用连接材料　第1—3部分　电子铅焊设备用电子级焊料合金及有焊剂和无焊剂的固体焊料用要求》、J-STD-005:1995《焊接膏的要求》中的尺寸分布及类型。

本标准与参照的标准主要差异如下：

——本标准球形焊锡粉的类型分为1～6型，最大颗粒尺寸1～4型焊锡粉与EN 61190-1-3、J-STD-005相同，5、6型焊锡粉与J-STD-005相同；

——<1wt%的颗粒尺寸与EN 61190-1-3、J-STD-005相同；

——1～3型焊锡粉≥85wt%的颗粒尺寸与EN 61190-1-3、J-STD-005相同，4～6型焊锡粉≥85wt%的颗粒尺寸与J-STD-005相同；

——≤10wt%的颗粒尺寸与EN 61190-1-3、J-STD-005相同。

本标准由中国有色金属工业协会提出。

本标准由全国有色金属标准化技术委员会(SAC/TC 243)归口。

本标准起草单位：云南锡业集团(控股)有限责任公司。

本标准主要起草人：白健、曹靖、李天敏、刘宝权、刘庆富、段雪霖。

球形焊锡粉

1 范围

本标准规定了球形焊锡粉的要求、试验方法、检验规则、标志、包装、运输和贮存、质量证明书及合同(或订货单)内容。

本标准适用于以铸造锡铅焊料、无铅锡基焊料为原料，经加工而得到的球形焊锡粉。

2 规范性引用文件

下列文件对于本文件的应用是必不可少的。凡是注日期的引用文件，仅注日期的版本适用于本文件。凡是不注日期的引用文件，其最新版本(包括所有的修改单)适用于本文件。

GB/T 5314 粉末冶金用粉末 取样方法

GB/T 8012 铸造锡铅焊料

GB/T 8170 数值修约规则与极限数值的表示和判定

GB/T 10574(所有部分) 锡铅焊料化学分析方法

YS/T 746(所有部分) 无铅锡基焊料化学分析方法

3 术语和定义

下列术语和定义适用于本文件。

批 batch

质量指标相同的产品总和。

4 要求

4.1 球形焊锡粉分类

球形焊锡粉分为有铅球形焊锡粉和无铅球形焊锡粉两类。

4.2 焊锡粉的牌号规定

HF ××××× - ××

- ×× —— 焊锡粉粒度分布类型(见表 1)
- ××××× —— 焊锡粉合金成分(见 4.3.1)
- HF —— 焊锡粉中“焊粉”汉语拼音的第一个字母组合

示例 1：

如某一焊锡粉的合金成分为 Sn63Pb37，焊锡粉颗粒尺寸分布类型为 1 型，其牌号为：HFSn63Pb37-1 。

示例 2：

如某一焊锡粉的合金牌号为 SnAg0.3Cu0.7，焊锡粉颗粒尺寸分布类型为 4 型，其牌号为：HFSnAg 0.3Cu0.7-4。

4.3 化学成分

4.3.1 球形焊锡粉的化学成分应符合 GB/T 8012、YS/T 746 中对应牌号之规定。

4.3.2 需方若对产品质量指标有特殊要求时，由供需双方商定。

4.4 粒度分布及形状

4.4.1 粒度分布

球形焊锡粉的粒度分布应符合表1的规定。

表1 球形焊锡粉的粒度分布

焊锡粉类型	最大颗粒尺寸 μm	<1wt%的颗粒尺寸 μm	≥85wt%的颗粒尺寸 μm	≤10wt%的颗粒尺寸 μm	≥90wt%颗粒长短轴比小于
1	160	>150	150～75	<20	1.5
2	80	>75	75～45	<20	1.5
3	50	>45	45～25	<20	1.5
4	40	>38	38～20	<20	1.2
5	30	>25	25～15	<15	1.2
6	20	>15	15～5	<5	1.2
注：经供需双方同意，也可供其他尺寸(粒径)分布的焊锡粉。					

4.4.2 形状

球形焊锡粉形状应是球形，但允许长轴与短轴的最大比是1.5(对于1、2、3型焊锡粉)或1.2(对于4、5、6型焊锡粉)的近球形粉末。

当按5.2试验方法确定球形焊锡粉形状时，对于1、2、3型焊锡粉，如果90%以上的焊锡粉是球形的和长轴与短轴比小于1.5的近球形，则归类为球形；而对于4、5、6型焊锡粉，如果90%以上的焊锡粉是球形的和长轴与短轴比小于1.2的近球形，则归类为球形。

4.5 氧含量

根据不同的球形焊锡粉类型，球形焊锡粉的氧含量应符合表2的要求，如用户与供应商达成协议，此要求可按协商结果执行。

表2 球形焊锡粉的氧含量

焊锡粉类型	焊锡粉氧含量/10^{-6}
1	<80
2	<100
3	<120
4	<150
5	<180
6	<200

4.6 外观要求

表面光滑、光泽均匀，无附着油渍或异物。

5 试验方法

5.1 化学成分

5.1.1 化学成分仲裁分析方法按 GB/T 10574 和 YS/T 746 进行。
5.1.2 需方若有特殊要求时，由供需双方确定适宜的分析方法。

5.2 尺寸分布和类型

5.2.1 尺寸分布

对表 1 中 1、2、3 型尺寸分布采用附录 A 方法测定；对表 1 中 4、5、6 型尺寸分布可采用激光粒度分析法或图像分析法测定。

5.2.2 类型

表 1 中 1～6 焊锡粉类型采用显微镜测量法，详见附录 B。

5.3 氧含量

氧含量采用脉冲加热，红外检测法。详见附录 C。

5.4 外观质量采用目视法。

6 检验规则

6.1 检查和验收

6.1.1 产品由供方质量技术监督部门进行检验，保证产品质量符合本标准或合同(或订货单)的规定，并填写质量证明书。
6.1.2 需方对收到产品按本标准进行检验验收，如检验结果与本标准或合同(或订货单)的规定不符合时，应在收到产品之日起 30 d 内向供方提出，由供需双方协商解决。如需仲裁，由供需双方共同在需方采集仲裁样品。

6.2 组批

产品应成批提交检验，每批产品由同一牌号、同一化学成分及同一粒径和类型的球形焊锡粉组成。每批质量不大于 1 000 kg。

6.3 检验项目

按 4.3、4.4、4.5、4.6 的规定，对每批产品的化学成分、尺寸(粒径)分布及类型、氧含量、外观进行逐批检验，并确认产品各项检验项目的指标值。

6.4 取样和制样

6.4.1 产品的取样和制样

产品的取样和制样应符合表 3 的规定。

表 3 球形焊锡粉的取样和制样

检验项目	取样和制样方法	要求的章条号	试验方法的章条号
化学成分	6.4.2	4.3	5.1
尺寸(粒径)分布及类型	6.4.2	4.4	5.2
氧含量	6.4.2	4.5	5.3
外观	逐袋或逐桶	4.6	5.4

6.4.2 化学成分、尺寸(粒径)分布、氧含量的仲裁取样和制样

6.4.2.1 取样数和试样量

按 GB/T 5314 规定随机抽取样品，试样量不小于 1 000 g。

6.4.2.2 试样的制备

化学成分、尺寸(粒径)分布的试样制备。将所取试样合并迅速充分混匀，用混合缩分至 2 份，每份试样量约 250 g，经供需双方签封分别作为化学成分、尺寸(粒径)分布试样和仲裁试样。

氧含量的试样采取随机抽样的方式抽取 3 袋，交供需双方认可的第三方检测机构，采用即开即取的方式测定其氧含量。

6.4.2.3 每份样品应立即装入干燥、密封容器中，贴上标签。标签需注明生产企业名称、产品名称、样品编号、产品批号、检验项目、取样日期等，并在样品容器的封口处粘贴封条，封条应供需双方签章认可待检。

6.5 检验结果的判定

6.5.1 检测结果的修约和判定按 GB/T 8170 规定执行。

6.5.2 化学成分仲裁分析结果与 4.3 及合同(或订货单)不符时，按批判为不合格。

6.5.3 检验尺寸(粒径)分布、氧含量试验结果与 4.4、4.5 及合同(或订货单)不符时，应从该批产品中重新取双倍数量的试样进行重复试验，重复试验结果全部合格，则判整批产品合格。若重复试验结果仍有试样不合格，则判该批产品不合格。

6.5.4 外观不符合 4.6 或合同(或订货单)时，则按袋或桶判为不合格。

7 标志、包装、储存、运输及质量证明书

7.1 标志

产品包装物上应注明：

a) 生产企业名称、地址、商标、联系电话；

b) 产品名称、牌号和规格；

c) 批号及执行标准；

d) 质量、生产日期；

e) 防潮标志。

7.2 包装、运输和储存

7.2.1 球形焊锡粉用塑料铝膜复合袋包装，每袋 1 kg，每桶(箱)质量 25 kg。经供需双方协商可供其

他质量的产品。质量允许偏差应符合《定量包装商品计量监督管理办法》的规定。经检验合格后，应粘贴合格标识。

7.2.2 产品运输时要防雨淋、日晒，防潮湿，防止接触化学药剂。

7.2.3 产品应贮存于常温、干燥、无腐蚀的库房内。

7.3 质量证明书

每批产品应附有质量证明书，其上注明：

a） 生产企业名称和商标、地址、电话、传真；

b） 质量技术监督部门印记；

c） 产品名称、牌号和类型；

d） 产品批号、质量和件数；

e） 分析检验结果；

f） 本标准编号。

8 合同（或订货单）内容

本标准所列产品的合同（或订货单）应包括下列内容：

a） 产品名称；

b） 执行标准；

c） 牌号、尺寸（粒径）和类型；

d） 质量及包装方式；

e） 本标准编号；

f） 其他。

附 录 A
（规范性附录）
焊锡粉粒度分布测定 筛析法

A.1 试料

约 100 g 球形焊锡粉。

A.2 设备、仪器和材料

该方法需要的设备、仪器和材料有：

a) 顶击式标准筛振筛机；

b) GB/T 1480 规定的振筛法，标准筛筛孔名义尺寸为 150 μm、75 μm、45 μm、25 μm 和 20 μm 的试验筛，软毛刷；

c) 精确度为 0.1 mg 的天平。

A.3 试验

A.3.1 根据球形焊锡粉类型选择试验筛，常用的试验筛筛孔名义尺寸的选择见表 A.1。

表 A.1 筛孔名义尺寸

焊锡粉类型	筛孔名义尺寸/μm				
1	150	75			20
2		75	45		20
3			45	25	20

A.3.2 称量试验筛质量。

A.3.3 将试验筛按其筛孔名义尺寸从小到大的顺序依次安放于震筛机上，并在底端实验筛的下面装上底盘。

A.3.4 把已称重的球形焊锡粉(约 100 g)放到顶端的试验筛中。

A.3.5 启动震筛机震动约 15 min。

A.3.6 对各试验筛上和底盘上的焊锡粉称重。

A.3.7 将试验结果记入表 A.2。

表 A.2 球形焊锡粉尺寸分布试验结果

焊锡粉类型	实验结果					
1	+150 μm ——	+75 μm ——			+20 μm ——	−20 μm ——
2		+75 μm ——	+45 μm ——		+20 μm ——	−20 μm ——
3			+45 μm ——	+25 μm ——	+20 μm ——	−20 μm ——
注：“——”记录该尺寸焊锡粉的质量及其占试样总质量百分比。						

附 录 B
（规范性附录）
焊锡粉形状测定 显微镜测量法

B.1 试样

约 1 g 的球形焊锡粉。

B.2 设备、仪器和材料

该方法需要的设备、仪器和材料有：

a) 显微镜(放大倍数为 100 倍)；

b) 数码相机(500 万像素)；

c) 精度为 0.1 mg 的天平。

B.3 测定步骤

B.3.1 称取约 4 g 的分散剂放入干净的量杯中，并加入约 1 g 的球形焊锡粉。

B.3.2 用超声分散器分散球形焊锡粉，使其与分散剂成为均匀的混合物。

B.3.3 在干净的显微镜载物片上滴一小滴(约 0.05 mL)混合物。

B.3.4 在小滴混合物上盖上一个干净的盖玻片，然后再轻轻按压使混合物在两片之间铺展。

B.3.5 用显微镜观察视野范围内焊锡粉颗粒(大于 100 个)，并测量它们的长轴与短轴，计算其质量和长短轴比，并计算各尺寸范围内粉末颗粒所占总粉的质量百分比和长短轴比小于 1.2 或 1.5 的粉末所占总粉的质量百分比；或拍照使用图像分析软件进行图像分析自动计算。

B.3.6 将测量粉末尺寸分布结果记入表 B.1，并判断焊锡粉颗粒尺寸分布是否符合该型号球形焊锡粉分布以及球形焊锡粉颗粒的形状是否为球形。

表 B.1 焊锡粉尺寸分布试验结果(显微镜测量法)

焊锡粉类型	实验结果						
1	+180 μm ——	+150 μm ——	+75 μm ——			+20 μm ——	−20 μm ——
2	+90 μm ——	+75 μm ——	+45 μm ——		+20 μm ——	−20 μm ——	
3	+53 μm ——	+45 μm ——	+25 μm ——	+20 μm ——	−20 μm ——		
4	+45 μm ——	+38 μm ——	+25 μm ——	+20 μm ——	−20 μm ——		
5	+32 μm ——	+25 μm ——	+15 μm ——	−15 μm ——			
6	+25 μm ——	+15 μm ——	+5 μm ——	−5 μm ——			
注：“——”记录该尺寸焊锡粉的质量及其占试样总质量百分比。							

附　录　C
（规范性附录）
焊锡粉氧含量测定　红外检测法

C.1　取样

称取约 1 g 的球形焊锡粉。

C.2　设备、仪器和材料

该方法需要的设备、仪器和材料有：

a）　测氧仪；

b）　校正标样；

c）　锡囊；

d）　分析天平（精确到 0.1 mg）；

e）　样品勺。

C.3　分析步骤

C.3.1　启动仪器，预热不少于 1 h。

C.3.2　打开动力气和载气，根据仪器环境图表显示，作动力压力调整和载气流量校准。

C.3.3　分析与试样氧含量相近的标样，做仪器校准（标样标定仪器）。

C.3.4　分析空白并扣减空白。

C.3.5　分析试样，测试样氧含量，其允许误差见表 C.1。

C.3.6　重复上述实验至少 2 次，取平均值并记录结果。

表 C.1　氧含量测定的允许误差

分析元素	分析范围/10^{-6}	允许差/10^{-6}
O	＜50	8
O	≥50～100	15
O	＞100～300	25
O	＞300～600	35

ICS 77.120
H 68

中华人民共和国国家标准

GB/T 29090—2012

电池废料的取样方法

Sampling method of battery scraps

2012-12-31 发布　　2013-10-01 实施

中华人民共和国国家质量监督检验检疫总局
中国国家标准化管理委员会　发布

前　言

本标准按照 GB/T 1.1—2009 给出的规则起草。

本标准由全国有色金属标准化技术委员会(SAC/TC 243)归口。

本标准起草单位:深圳市格林美高新技术股份有限公司、佛山市邦普循环科技有限公司、湖北金洋冶金股份有限公司、荆门市格林美新材料有限公司、江西格林美资源循环有限公司、武汉格林美资源循环有限公司。

本标准主要起草人:闫梨、李长东、李富元、余海军、王喜安、张翔、许开华、黎俊茂、杨雪娟、常银甫、袁杰。

电池废料的取样方法

1 范围

本标准规定了电池废料取样的术语和定义、取样工具、取样数和份样量、取样、混样与缩分步骤、样品的标签、取样报告。

本标准适用于各生产工序、使用过程及流通领域产生的电池废料的取样。

2 规范性引用文件

下列文件对于本文件的应用是必不可少的。凡是注日期的引用文件,仅注日期的版本适用于本文件。凡是不注日期的引用文件,其最新版本(包括所有的修改单)适用于本文件。

GB/T 26724 一次电池废料

GB/T 26932 充电电池废料废件

3 术语和定义

下列术语和定义适用于本文件。

3.1

电池废料 battery scraps

指废旧的电池及其废元(器)件、废零(部)件和废原材料。包括工业生产过程中产生的报废电池、报废的半成品、废元(器)件、零(部)件和废原材料,以及日常生活或者流通领域中产生的失去使用价值的电池。

3.2

批 lot

汇集在一起的一定数量的同种电池废料。其中,同种电池废料是指按照GB/T 26724、GB/T 26932规定的同一类别、同一组别、同一级别的电池废料。

3.3

份样 increment sample

从一批电池废料中一次所取出的废料。

3.4

混合样 composite sample

经过混合的全部份样。

3.5

试样 test sample

为了测定某项性能从混合样中取出的废料。通常采用缩分混合样取得。

4 取样工具

4.1 一般要求

取样工具的选择应符合以下要求:

a) 所用材质不能和待取样电池废料有任何反应，不能使待取样电池废料污染和损失；

b) 取样工具应清洁、干燥，且便于使用、清洗、保养、检查和维修；

c) 任何取样工具在正式使用前均应做可行性试验，掌握偏差情况。

4.2 取样工具的选择

4.2.1 粉末、碎屑、泥状电池废料

取样器由两个塑料管及手柄组成，内外管均有一组凹槽，用于不同部位取样（见图1）。槽宽至少为所采物料的最大直径的3倍。取样器直径以20 mm～40 mm为宜，高度以800 mm～1 000 mm为宜，取样窗口直径以20 mm为宜。

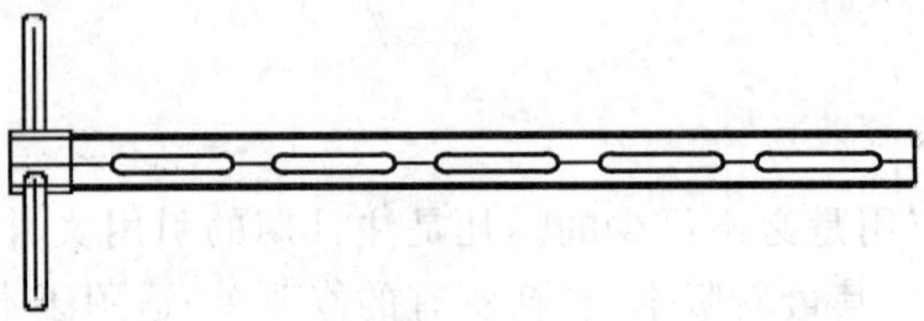

图1 取样器示意图

4.2.2 条状、块状电池废料

以塑料取样勺或铲为宜，根据样品的尺寸大小选择合适的勺或铲（见图2）。对于有序、均匀排列的样品，可以通过直接抽取的方式取样，而不需要使用常规取样工具。

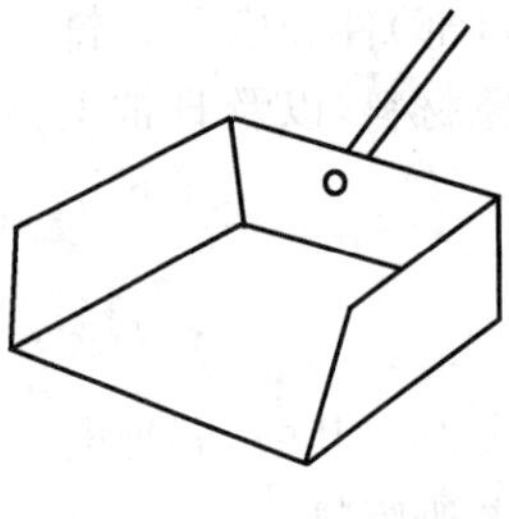

图2 取样铲示意图

5 取样数和份样量

5.1 取样数

5.1.1 包装电池废料取样数

每批包装电池废料取样件数按照表1规定，随机选取。包装内为粉末、碎屑、泥状电池废料时，使用图1所示的取样器或类似的其他取样工具随机选3个部位插入容器采取份样。包装内为条状、块状电池废料时，使用图2所示的取样铲或类似的其他取样工具取样或直接抽取，选随机分布于该包装内的5个部位采取份样。

表 1　选取件数的规定

每批电池废料的件数	最少件数
1～10	全部单元
11～49	11
50～64	12
65～81	13
82～101	14
102～125	15
126～151	16
152～181	17
182～216	18
217～254	29
255～296	20
297～343	21
344～394	22
395～450	23
451～500	24
>500	$3\times\sqrt[3]{N}$（N 为总体的件数，遇有小数时进为整数）

5.1.2　散装电池废料取样数

每批散装电池废料应取的最少份样数遵照表 2 的规定。取样点根据该批废料应取的份样数随机分布于该批废料，从上到下采取份样，避免从表层或局部采取。

表 2　散装电池废料选取份样数的规定

批重/t	选取的最少份样数
≤2.5	7
2.5～80	$\sqrt{批重(t)\times 20}$，计算到整数
≥80	40

5.2 份样量

5.2.1 粉末状废料的份样量不小于 100 g。

5.2.2 颗粒状废料按切乔特公式。计算份样量，见式(1)：

$$Q \geqslant Kd^{a} \qquad (1)$$

式中：

Q——采集份样的最低量；

d——物料中最大颗粒的直径，单位为毫米(mm)；

K——代表物料的不均匀程度，越不均匀，K 越大；

a——经验常数，随物料的均匀程度和易破碎程度而定。经验常数推荐值：$K=0.02\sim0.1$，$a=1.8\sim2.5$。

5.2.3 碎屑、泥状、条状废料的份样量不小于 200 g。

5.2.4 块状电池废料的份样量不少于 2 只。

6 取样、混样与缩分步骤

6.1 粉末、碎屑、泥状电池废料的取样及混样步骤

粉末、碎屑、泥状电池废料应用图 1 所示的取样器或类似的其他取样工具取样，所得份样直接混合均匀形成混合样。

6.2 条状、块状电池废料的取样及混样步骤

条状、块状电池废料应用图 2 所示的取样铲或类似的其他取样工具取样或直接抽取。取得的份样混合均匀形成混合样。对于需要破碎或需要部分单元检测信息的份样，可采取剪切、拆解、分解、破碎等手段预处理，再处理形成混合样。

6.3 缩分

混合样需要缩分时，可采用锥形四等分均匀缩样法缩分得到试样。缩分过程应遵循以下要求：

a) 样品缩分技术和装置在样品缩分过程中应不破坏样品代表性；

b) 在检验允许的前提下，为了不加大取样误差，应在缩减样品的同时缩减粒度；

c) 样品缩分应根据具体情况一次或多次重复操作，直至获得最终试样。

7 样品的标签

每个样品应贴标签，其上注明：

a) 样品名称及样品编号；

b) 总体电池废料批号及数量；

c) 样品来源；

d) 样品量；

e) 取样日期；

f) 取样者姓名。

8 取样报告

取样时应记录被取电池废料的状况，根据记录填写取样报告。对例行的常规取样，可以简化为下述的规定：

a) 电池废料的名称；

b) 电池废料的来源、数量；

c) 包装情况；

d) 存放环境；

e) 所取的样品数和样品量；

f) 取样日期；

g) 取样者姓名等。

ICS 77.150.30
H 62

中华人民共和国国家标准

GB/T 29091—2012

铜及铜合金牌号和代号表示方法

Copper and copper alloy designation and code system

2012-12-31 发布 2013-10-01 实施

中华人民共和国国家质量监督检验检疫总局
中国国家标准化管理委员会 发布

前　言

本标准按照 GB/T 1.1—2009 给出的规则起草。

本标准代号参考美国 ASTM E527:2007《金属及合金编号规定(UNS)》制定。

本标准由全国有色金属标准化技术委员会(SAC/TC 243)归口。

本标准负责起草单位:中铝洛阳铜业有限公司、中铝沈阳有色金属加工有限公司、浙江海亮股份有限公司、宁波博威合金材料股份有限公司、中国有色金属工业标准计量质量研究所。

本标准参加起草单位:中铝上海铜业有限公司、深圳市格林美高新技术股份有限公司。

本标准主要起草人:孟惠娟、赵万花、杨丽娟、朱迎利、王艳杰、曹建国、蔡洎华、陈伟文、魏连运、张翔、赵宝洪、王云松、谭翠丽。

铜及铜合金牌号和代号表示方法

1 范围

本标准规定了铜及铜合金的牌号和代号表示方法。

本标准适用于铜及铜合金加工、铸造和再生产品。

2 规范性引用文件

下列文件对于本文件的应用是必不可少的。凡是注日期的引用文件，仅注日期的版本适用于本文件。凡是不注日期的引用文件，其最新版本(包括所有的修改单)适用于本文件。

GB/T 11086 铜及铜合金术语

3 术语

GB/T 11086 的界定的以及下列术语和定义适用于本文件。

3.1

高铜合金 high copper alloys

加工高铜合金，是指以铜为基体金属，在铜中加入一种或几种微量元素以获得某些预定特性的合金。一般铜含量在 96.0%～<99.3%的范围内，用于冷、热压力加工。

铸造高铜合金，是指以铜为基体金属，一般铜含量大于 94%，用于铸造加工。为了获得某种特殊的性能，此类合金可添加银。

3.2

再生铜及铜合金 recycling copper and copper alloys

直接利用含铜废料生产出的铜及铜合金合格产品。

4 牌号的命名方法

4.1 加工铜及铜合金牌号的命名方法

4.1.1 铜和高铜合金的命名方法及示例

4.1.1.1 铜以“T＋顺序号”或“T＋第一主添加元素化学符号＋各添加元素含量(数字间以“-”隔开)”命名。

示例 1：

铜含量(含银)≥99.90%的二号纯铜，示例为：

T2

└──顺序号

示例 2：

银含量为 0.06％～0.12％的银铜，示例为：

TAg 0.1

- 0.1 —— 添加元素(银)的名义含量，％
- TAg —— 添加元素(银)的化学符号

示例 3：

银含量为 0.08％～0.12％、磷含量为 0.004％～0.012％的银铜，示例为：

TAg 0.1-0.01

- 0.01 —— 第二主添加元素(磷)的名义含量，％
- 0.1 —— 第一主添加元素(银)的名义含量，％
- TAg —— 第一主添加元素(银)的化学符号

4.1.1.2 无氧铜以“TU＋顺序号”或“TU＋添加元素的化学符号＋各添加元素含量”命名。

示例 4：

氧含量≤0.002％的一号无氧铜，示例为：

TU1

- 1 —— 顺序号

示例 5：

银含量为 0.15％～0.25％、氧含量≤0.003％的无氧银铜，示例为：

TUAg 0.2

- 0.2 —— 添加元素(银)的名义含量，％
- TUAg —— 添加元素(银)的化学符号

4.1.1.3 磷脱氧铜以“TP＋顺序号”命名。

示例 6：

磷含量为 0.015％～0.040％的二号磷脱氧铜，示例为：

TP2

- 2 —— 顺序号

4.1.1.4 高铜合金以“T＋第一主添加元素化学符号＋各添加元素含量(数字间以“-”隔开)”命名。

示例 7：

铬含量为 0.50％～1.5％、锆含量为 0.05％～0.25％的高铜，示例为：

TCr 1-0.15

- 0.15 —— 第二主添加元素(锆)的名义含量，％
- 1 —— 第一主添加元素(铬)的名义含量，％
- TCr —— 第一主添加元素(铬)的化学符号

注：铜和高铜合金中不体现铜的含量。

4.1.2 黄铜的命名方法及示例

4.1.2.1 普通黄铜以“H＋铜含量”命名。

示例 8：

含量为铜 63.5%～68.0%的普通黄铜，示例为：

H65

——铜的名义含量，%

4.1.2.2　复杂黄铜以“H＋第二主添加元素化学符号＋铜含量＋除锌以外的各添加元素含量（数字间以“-”隔开）”命名。

示例 9：

铅含量为 0.8%～1.9%、铜含量为 57.0%～60.0%的铅黄铜，示例为：

HPb 59-1

——第二主添加元素（铅）的名义含量，%

——基本元素（铜）的名义含量，%

——第二主添加元素（铅）的化学符号

注：黄铜中锌为第一主添加元素，但牌号中不体现锌的含量。

4.1.3　青铜的命名方法

青铜以“Q＋第一主添加元素化学符号＋各添加元素含量（数字间以“-”隔开）”命名。

示例 10：

铝含量为 4.0%～6.0%的铝青铜，示例为：

QAl 5

——添加元素（铝）的名义含量，%

——添加元素（铝）的化学符号

示例 11：

含锡 6.0%～7.0%、磷 0.10%～0.25%的锡磷青铜，示例为：

QSn 6.5-0.1

——第二主添加元素（磷）的名义含量，%

——第一主添加元素（锡）的名义含量，%

——第一主添加元素（锡）的化学符号

4.1.4　白铜的命名方法

4.1.4.1　普通白铜

普通白铜以“B＋镍含量”命名。

示例 12：

镍（含钴）含量为 29%～33%的白铜，示例为：

B30

——镍的名义含量，%

4.1.4.2 复杂白铜

4.1.4.2.1 铜为余量的复杂白铜,以“B+第二主添加元素化学符号+镍含量+各添加元素含量(数字间以“-”隔开)”命名。

示例 13:

镍含量为 9.0%~11.0%、铁含量为 1.0%~1.5%、锰含量为 0.5%~1.0%的铁白铜,示例为:

BFe 10-1-1

- 1 —— 第三主添加元素(锰)的名义含量,%
- 1 —— 第二主添加元素(铁)的名义含量,%
- 10 —— 第一主添加元素(镍)的名义含量,%
- Fe —— 第二主添加元素(铁)的化学符号

4.1.4.2.2 锌为余量的锌白铜,以“B+Zn 元素化学符号+第一主添加元素(镍)含量+第二主添加元素(锌)含量+第三主添加元素含量(数字间以“-”隔开)”命名。

示例 14:

铜含量为 60.0%~63.0%、镍含量为 14.0%~16.0%、铅含量为 1.5%~2.0%、锌为余量的含铅锌白铜,示例为:

BZn 15-21-1.8

- 1.8 —— 第三主添加元素(铅)含量,%
- 21 —— 第二主添加元素(锌)含量,%
- 15 —— 第一主添加元素(镍)含量,%
- Zn —— Zn 元素化学符号

4.2 铸造铜及铜合金牌号的命名方法

在加工铜及铜合金牌号的命名方法的基础上,牌号的最前端冠以“铸造”一词汉语拼音的第一个大写字母“Z”。

4.3 再生铜及铜合金牌号的命名方法

在加工铜及铜合金牌号的命名方法的基础上,牌号的最前端冠以“再生”英文单词 recycling 的第一个大写字母“R”。

5 代号的编排原则

铜及铜合金的代号由“铜”的汉语拼音第一个大写字母“T”或英文第一个大写字母“C”和五位阿拉伯数字组成。

加工铜及铜合金的代号数字范围为“10 000~79 999”,铸造铜及铜合金的代号数字范围为“80 000~99 999”。在同一分类中,按铜含量由高到低排序;铜含量相同时,按第一主添加元素含量由高到低排序。

5.1 加工铜及铜合金代号编排方法

加工铜及铜合金代号的编排见表 1 的规定。

表 1 加工铜及铜合金代号数字系列

分类	代号数字系列
铜	10 000～15 999
高铜合金	16 000～19 999
铜-锌合金(普通黄铜)	20 000～29 999
铜-锌-铅合金(铅黄铜)	30 000～39 999
铜-锌-锡合金和铜-锌-锡-铋合金(锡黄铜和铋黄铜)	40 000～49 999
铜-锡-磷合金(磷青铜)	50 000～52 999
铜-锡-铅-磷合金(含铅磷青铜)	53 000～54 999
铜-磷合金、铜-银-磷合金和铜-银-锌合金(铜焊合金)	55 000～59 999
铜-铬合金(铬青铜)	60 000～60 299
铜-锰合金(锰青铜)	60 300～60 799
铜-铝合金(铝青铜)	60 800～64 699
铜-硅合金(硅青铜和硅黄铜)	64 700～66 199
其他铜-锌合金(其他复杂黄铜)	66 200～69 999
铜-镍合金(白铜)	70 000～73 499
铜-镍-锌合金(锌白铜)	73 500～79 999

5.2 铸造铜及铜合金代号编排方法

铸造铜及铜合金代号的编排见表 2 的规定。

表 2 铸造铜及铜合金代号数字系列

分类	代号数字系列
铜	80 000～81 399
高铜合金	81 400～83 299
铜-锡-锌和铜-锡-锌-铅合金 (红黄铜、铅红黄铜)	83 300～83 999
铜-锡-锌和铜-锡-锌-铅合金 (半红黄铜、含铅半红黄铜)	84 000～84 900
铜-锌合金 (普通黄铜)	85 000～85 999
锰青铜和含铅锰青铜合金	86 000～86 999
铜-硅合金(硅青铜和硅黄铜)	87 000～87 999
铜-铋合金和铜-铋-硒合金	88 800～89 999
铜-锡合金(锡青铜)	90 000～91 999
铜-锡-铅合金(含铅锡青铜)	92 000～92 900
铜-锡-铅合金(高铅锡青铜)	93 000～94 500

表 2（续）

分类	代号数字系列
铜-锡-镍合金(镍锡青铜)	94 600～94 999
铜-铝-铁合金和铜-铝-铁-镍合金(铝青铜)	95 000～95 999
铜-镍-铁合金(铜镍)	96 000～96 999
铜-镍-锌合金(镍银)	97 000～97 999
铜-铅合金	98 000～98 999
特殊合金	99 000～99 999

ICS 77.120.20
H 61

中华人民共和国国家标准

GB/T 29092—2012

镁及镁合金压铸缺陷术语

Magnesium and magnesium alloy terms and definitions of die-castings defects

2012-12-31 发布　　　　2013-10-01 实施

中华人民共和国国家质量监督检验检疫总局
中国国家标准化管理委员会　发布

前　言

本标准按照 GB/T 1.1—2009 给出的规则起草。

本标准由全国有色金属标准化技术委员会(SAC/TC 243)和全国铸造标准化技术委员会(SAC/TC 54)归口。

本标准起草单位:国家镁合金材料工程技术研究中心、重庆博奥镁铝金属制造有限公司、力劲集团深圳领威科技有限公司、上海方科汽车部件有限公司、宁波力劲科技有限公司。

本标准主要起草人:潘复生、龙思远、张静、廖正陶、向冬霞、曹建勇、刘相尚、王新良、郭进、蔡恒志、张汉国。

镁及镁合金压铸缺陷术语

1 范围

本标准规定了镁及镁合金压铸产品中常见缺陷的定义、特征。

本标准适用于镁及镁合金压铸缺陷的分析与判定。

2 缺陷定义和特征

2.1

变形 distortion

因外力等原因造成压铸件的形状尺寸发生整体或局部变形，与要求不相符(如图1)。

图1 变形

2.2

尺寸超差 dimension beyond the specification

指外形尺寸超过公差允许范围。

2.3

错型 shift

压铸件在压铸成型过程中，由于定模和动模在分型面处相互错开，发生了相对的位移。

2.4

型芯移位 core shift

由于型芯在压铸型腔中的位置与设计要求位置不符合形成的移位。

2.5

多肉 metallic projection

因模具型腔内壁凹陷导致压铸件表面形状不规则的突出部分(如图2)。

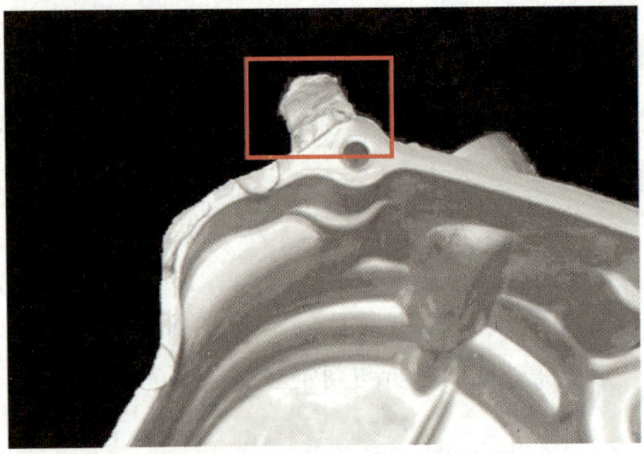

图 2 多肉

2.6

掉肉 misrun

除去浇注系统及溢流槽时导致的压铸件外形不完整(如图 3)。

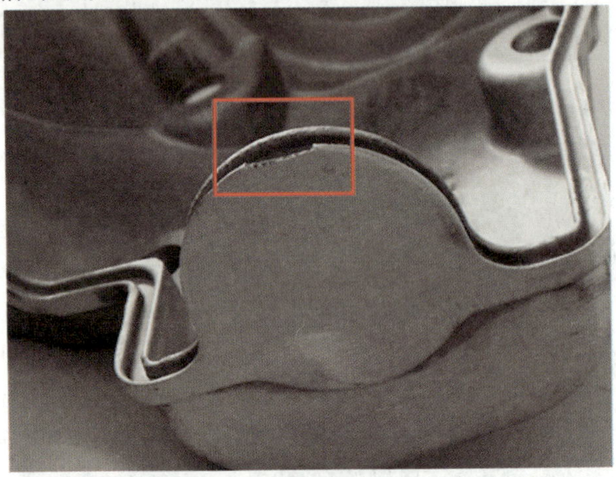

图 3 掉肉

2.7

欠铸 poured short

金属液未完全充填型腔,在压铸件边缘和表面出现的凹痕或局部缺料(如图 4)。

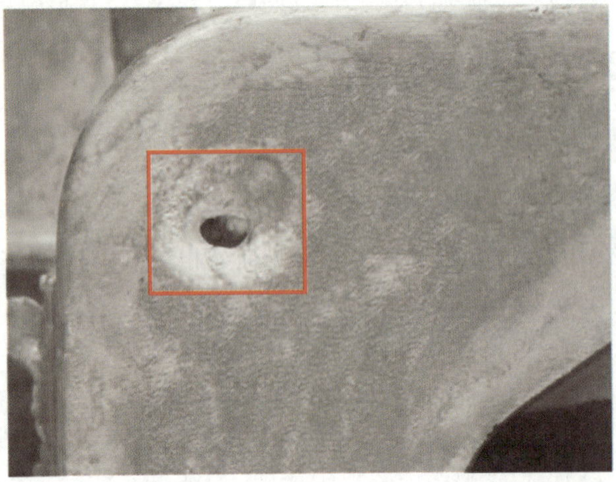

图 4 欠铸

2.8

冷隔 cold shut

在充型金属流相互对接或搭接处，因未完全熔合而在压铸件表面形成的明显的穿透性或不穿透的线性纹路，或出现的细微的缝隙，边缘呈圆角状（如图 5）。

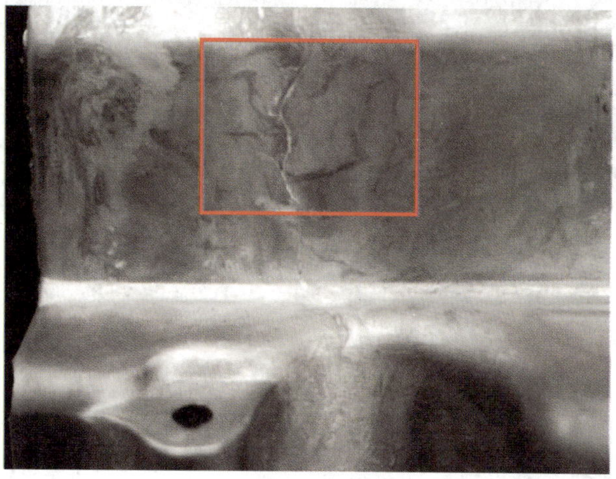

图 5 冷隔

2.9

花纹 pattern

压铸件表面上呈现的光滑无方向性的条纹，肉眼可见，但用手感觉不出、颜色不同于基体金属的纹路（如图 6）。

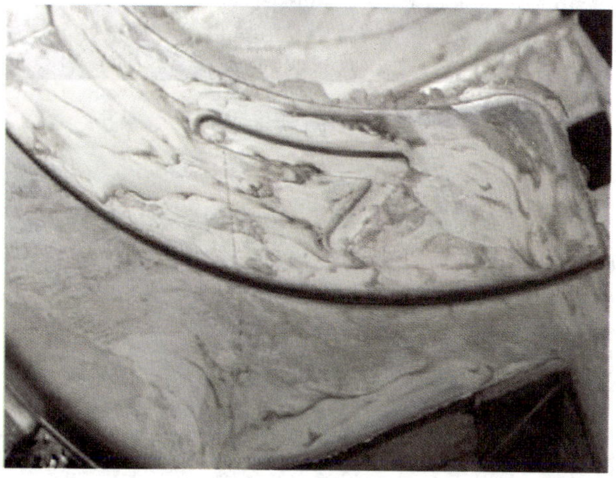

图 6 花纹

2.10

流痕 flow line

压铸件表面出现的与金属液流动方向一致、用手感觉得出的局部下陷光滑纹路。

2.11

气泡 blister

气体聚集到压铸件表面未排出而导致的表面局部凸出（如图 7）。

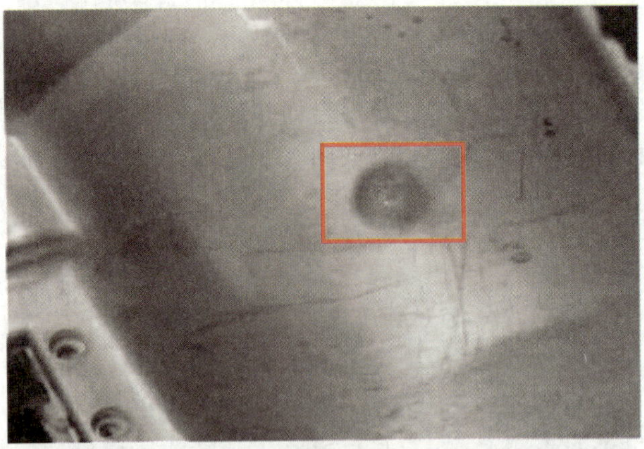

图 7 气泡

2.12

网状毛刺 veining

模具型腔表面龟裂导致压铸件表面形成的网状凸出物(如图 8)。

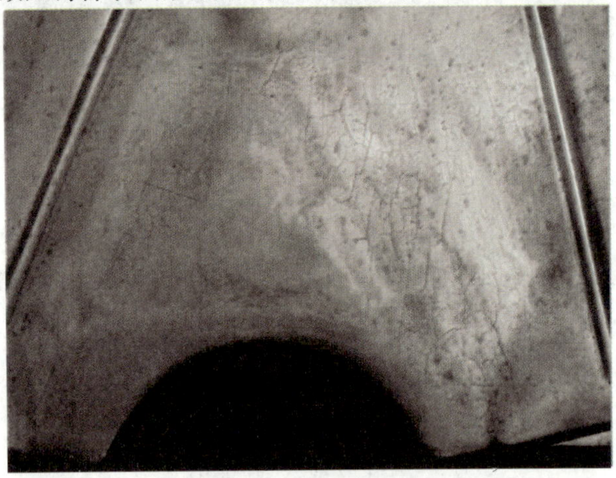

图 8 网状毛刺

2.13

毛刺 veining

压铸件去除浇口、渣包后,残留在压铸件上的突出部分(如图 9)

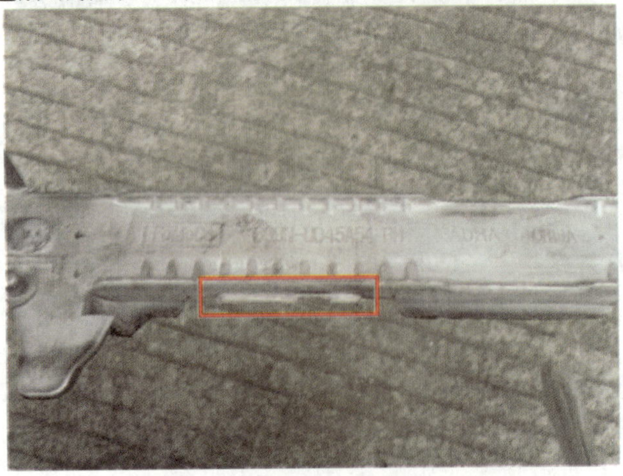

图 9 毛刺

2.14

飞边　joint flash

压铸件在分型面边缘上突出的金属薄片(如图 10)。

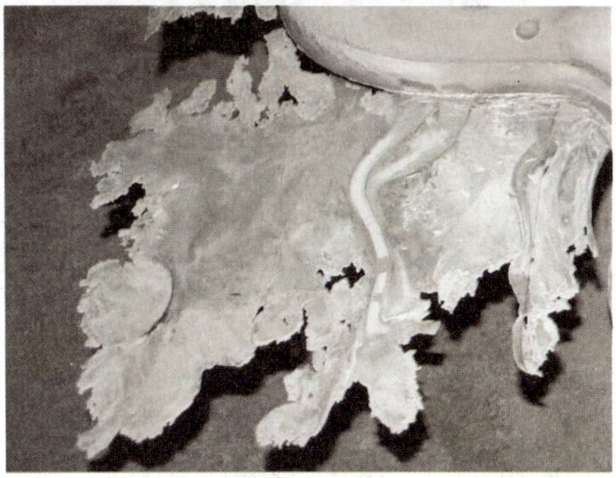

图 10　飞边

2.15

顶杆痕迹　mandrel mark

压铸件表面与压铸顶杆接触所留下的凸、凹痕迹(如图 11)。

图 11　顶杆痕迹

2.16

凹陷　depression

由于收缩、压铸模损伤或憋气引起,在压铸件厚大部分的表面上形成的平滑的凹痕。

2.17

粘附物痕迹　adhesive residue mark

压铸模型腔存在金属残留物而导致在压铸件同一部位产生的凹痕(如图 12)。

图 12　粘附物痕迹

2.18

机械拉伤　mechanical scratch

开模时由于模具型芯或拔模斜度不够导致的铸件损伤(如图 13)。

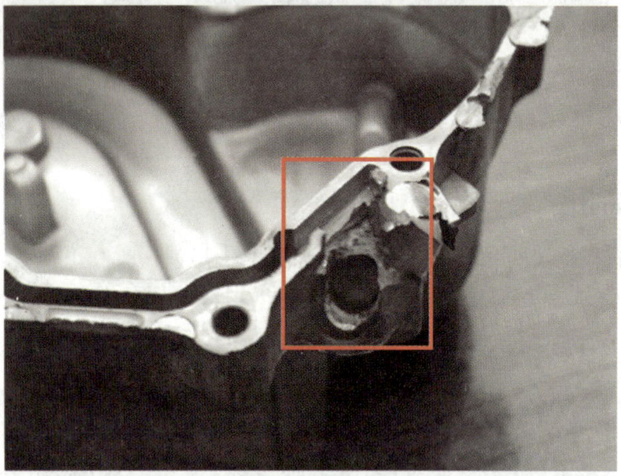

图 13　机械拉伤

2.19

粘模拉伤　tearing scratch

压铸件与铸模型腔壁粘连产生的拉伤痕迹(如图 14)。

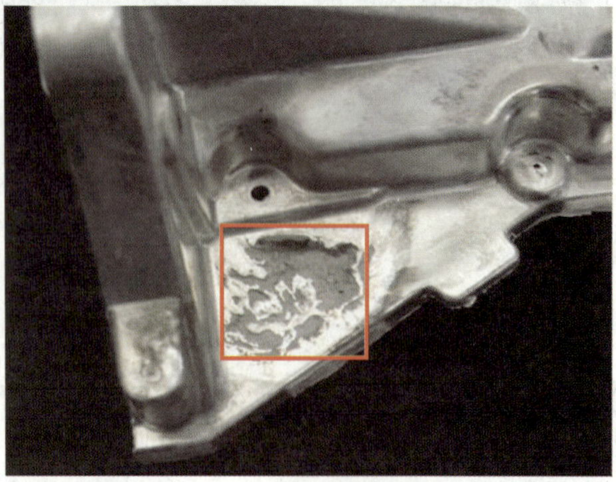

图 14　粘模拉伤

2.20

碰伤 damage

在加工储运过程因碰撞和摩擦产生的凹陷和擦痕(如图 15)。

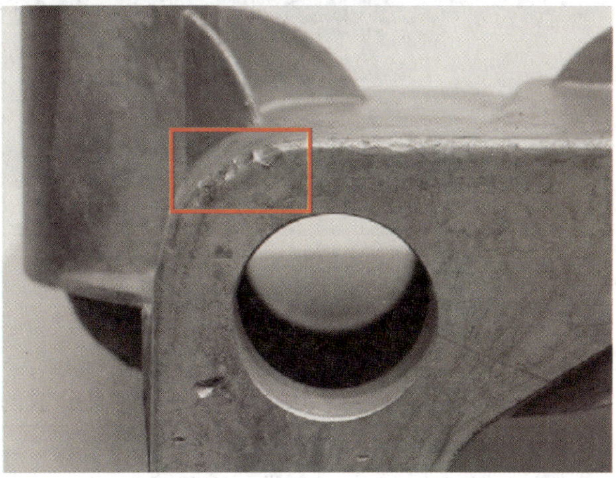

图 15 碰伤

2.21

气孔 gas porosity

金属液充型时,未排出的残余气体在金属凝固后被保留下来,在压铸件内部形成的表面光滑的孔洞(如图 16)。

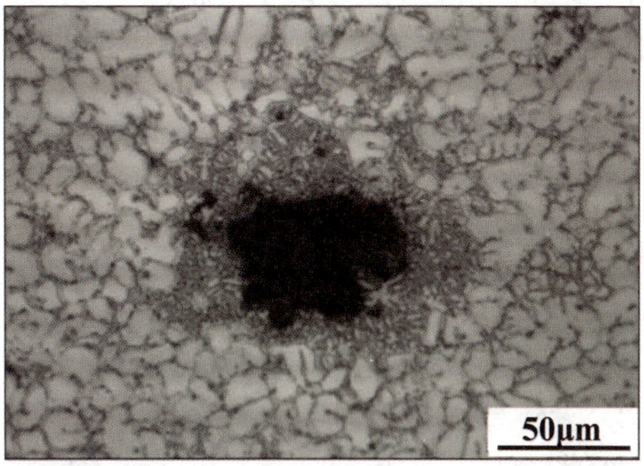

图 16 气孔

2.22

缩孔 shrinkage cavity

金属液在凝固时,由于体积收缩而液体金属补缩不足,在压铸件最后凝固的部位形成的表面粗糙、形状不规则的暗色孔洞(如图 17)。

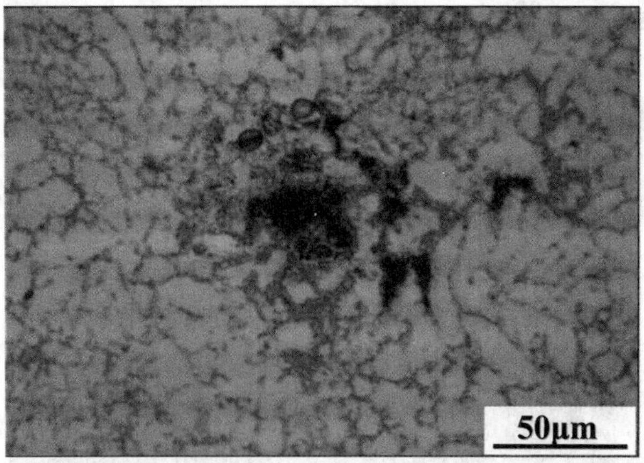

图 17　缩孔

2.23

疏松　microshrinkage

金属液补缩不足在晶界及枝晶网络间等地方产生的尺寸细小而且分散的微孔(如图 18)。

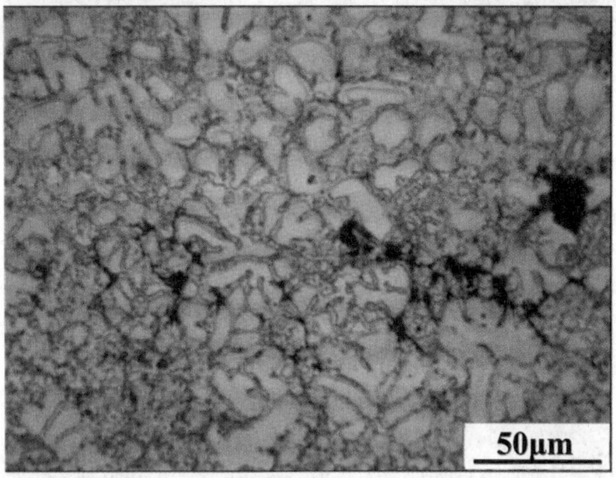

图 18　疏松

2.24

非金属夹杂物　non-metallic inclusion

混入金属液中的熔渣或熔炼过程引起的其他非金属夹杂在压铸过程中进入到压铸件之中(如图 19)。

图 19　夹杂

2.25

热裂纹　hot tearing

压铸件上不规则的曲折隙缝，纹路狭小而长。多发生在压铸件尖角处的内侧厚薄断面交接处及浇冒口与压铸件连接的热节区。裂纹处的断面被严重氧化呈深灰色或黑色，无金属光泽。其显微组织特征为沿晶开裂(如图20)。

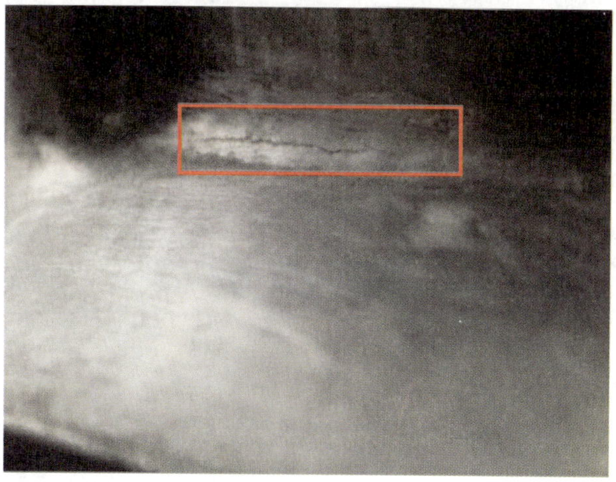

图20　热裂纹

2.26

冷裂纹　cold cracking

外观呈平直折线状的裂纹。裂纹处的断面洁净，具有金属光泽，裂纹处的金属表面没有氧化或轻微氧化。其显微组织特征为穿晶开裂(如图21)。

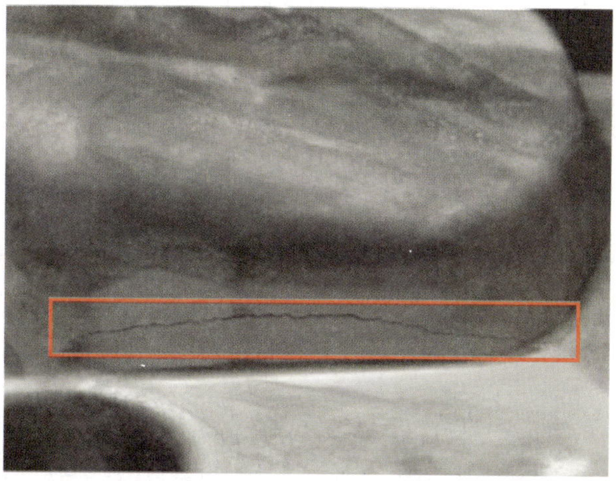

图21　冷裂纹

ICS 77.150.30
H 62

中华人民共和国国家标准

GB/T 29093—2012

地下杆式抽油泵用无缝铜合金管

Seamless copper alloy tubes for subsurface sucker rod pumps

2012-12-31 发布　　2013-10-01 实施

中华人民共和国国家质量监督检验检疫总局
中国国家标准化管理委员会　发布

前言

本标准按照 GB/T 1.1—2009 给出的规则起草。

本标准是根据陆地石油开采机械行业对地下杆式抽油泵筒用无缝铜合金管的要求而制定的,包含的材料等同于 ASTM B135—2010《无缝黄铜管》标准中的 C44300 材料。

本标准参照采用 ASTM B135—2010 标准,主要对管材的力学性能和尺寸允许偏差进行了规定;对涡流探伤试验也作了相应的规定。

本标准由全国有色金属标准化技术委员会(SAC/TC 243)归口。

本标准起草单位:中铝上海铜业有限公司、浙江海亮股份有限公司、桂林漓佳金属有限公司。

本标准主要起草人:黎晓桃、赵学龙、王晓岩、黄国平、魏连运、秦丽云、许桃元、何晓明、苏己友。

地下杆式抽油泵用无缝铜合金管

1 范围

本标准规定了地下杆式抽油泵用无缝铜合金管的要求、试验方法、检验规则、标志、包装、运输、贮存、质量证明书及合同(或订货单)内容。

本标准适用于陆地石油开采杆式抽油泵用无缝铜合金管材。

2 规范性引用文件

下列文件对于本文件的应用是必不可少的。凡是注日期的引用文件，仅注日期的版本适用于本文件。凡是不注日期的引用文件，其最新版本(包括所有的修改单)适用于本文件。

GB/T 228.1—2010 金属材料 拉伸试验 第1部分:室温试验方法

GB/T 230.1 金属材料 洛氏硬度试验 第1部分:试验方法

GB/T 5121(所有部分) 铜及铜合金化学分析方法

GB/T 5248 铜及铜合金无缝管涡流探伤方法

GB/T 8888 重有色金属加工产品的包装、标志、运输和贮存

GB/T 10567.1 铜及铜合金加工材残余应力检验方法 硝酸亚汞试验法

GB/T 10567.2 铜及铜合金加工材残余应力检验方法 氨熏试验法

GB/T 26303.1 铜及铜合金加工材外形尺寸检测方法 第1部分:管材

YS/T 482 铜及铜合金分析方法 光电发射光谱法

YS/T 483 铜及铜合金分析方法 X射线荧光光谱法(波长色散型)

3 要求

3.1 产品分类

3.1.1 牌号、状态、规格

管材的牌号、代号、状态、规格应符合表1的规定。

表1 管材的牌号、代号、状态、规格

牌号	代号	状态	规格/mm			
			外径	内径	壁厚	长度
HSn72-1	C44300	HO4	20～180	16～150	2.0～15.5	1 500～15 000
注：经供需双方协商，可供应其他牌号或规格的管材。						

3.1.2 标记示例

产品标记按产品名称、标准编号、牌号、状态和规格的顺序表示。标记示例如下：

示例1:用C44300制造的、硬态、外径为108 mm、壁厚为6.35 mm、长度为6 096 mm的管材标记为：

管 GB/T 29093-C44300 H04-ϕ108×6.35×6096 或

管 GB/T 29093-C44300 H04-OD108×WT6.35×6096

示例 2:用 C44300 制造的、硬态、外径为 57.15 mm、内径为 39.70 mm、长度为 6 147 mm 的管材标记为:

管 GB/T 29093-C44300 H04-ϕ57.15×ϕ 内 39.70×6147 或

管 GB/T 29093-C44300 H04-OD57.15×ID39.70×6147

示例 3:用 C44300 制造的、硬态、内径为 69.72 mm、壁厚为 6.35 mm、长度为 6 096 mm 的管材标记为:

管 GB/T 29093-C44300 H04-ϕ 内 69.72×6.35×6096 或

管 GB/T 29093-C44300 H04-ID69.72×WT6.35×6096

注:标识中:ID——管材内径;OD——管材外径;WT——管材壁厚。

3.2 化学成分

管材的化学成分应符合表 2 的规定。

表 2 管材的化学成分

牌号	代号	化学成分[a](质量分数)/%					
		Cu	Sn	As	Pb	Fe	Zn
HSn72-1	C44300	70.0～73.0	0.9～1.2	0.02～0.06	≤0.07	≤0.06	余量
[a]铜+所列元素应不小于 99.6%。							

3.3 外形尺寸及其允许偏差

3.3.1 外径、内径、壁厚及其允许偏差

管材可以按内径和外径、内径和壁厚、外径和壁厚订货;各种订货方式的管材尺寸允许偏差应符合表 3 的规定。

表 3 管材尺寸允许偏差

单位为毫米

按外径和内径订货[a]		按内径和壁厚订货		按外径和壁厚订货	
允许偏差					
外径[b]	内径[b]	内径[b]	壁厚	外径[b]	壁厚
+0.25 −0	−0 +0.25	−0 +0.25	±6%公称壁厚	+0.25 −0	±6%公称壁厚
[a]按外径和内径订货时,其最大壁厚与最小壁厚之差不大于平均壁厚的 12%。 [b] 内径、外径允许偏差包括圆度允许偏差。					

3.3.2 长度及其允许偏差

管材的定尺长度及其允许偏差应符合表 4 的规定。

表 4 管材长度及其允许偏差

单位为毫米

管材长度	允许偏差
1 500～4 300	+6
>4 300～15 000	+12

3.3.3 直度

管材的直度每米应不大于 2.0 mm，全长最大弧深应不大于 12 mm。

3.3.4 切斜度

管材端部应锯切平整，切口在不使管材长度超出允许偏差的条件下，管材的切斜度应不大于公称外径的 1.6%。

3.4 力学性能

管材的室温力学性能应符合表 5 的规定。

表 5 管材的室温力学性能

牌 号	数字代号	状 态	室温拉伸试验结果			洛氏硬度
			抗拉强度 R_m MPa	屈服强度 $R_{p0.2}$ MPa	伸长率 A %	HRB
HSn72-1	C44300	H04	515～620	415～550	≥10	82～100

3.5 残余应力检验

管材应进行消除残余应力退火处理。消除残余应力后的管材应进行残余应力试验，试验后，管材不应有肉眼可见的裂纹。

3.6 无损检测

当有要求时，管材应进行涡流探伤试验，标准样管人工缺陷为圆形通孔，壁厚不大于 6 mm 管材的标准样管人工缺陷的孔径尺寸按 GB/T 5248 的规定进行，壁厚大于 6 mm 管材的钻孔直径为 ϕ1.3 mm。

3.7 表面质量

内外表面应光滑、清洁，不应存在影响使用的有害缺陷。

4 试验方法

4.1 化学成分分析方法

管材的化学成分的分析按 GB/T 5121、YS/T 482 或 YS/T 483 的规定进行，仲裁时锌含量按 YS/T 483、其余按 GB/T 5121 的规定进行。

4.2 外形尺寸测量方法

管材的外形尺寸测量按 GB/T 26303.1 的规定进行。

4.3 力学性能检验方法

4.3.1 管材的拉伸试验按 GB/T 228.1 的规定进行。试验用试样应符合 GB/T 228.1 的规定，试样的选取见表 6。

表 6 试样的选取

外径/mm	壁厚/mm	GB/T 228.1 中的附录	GB/T 228.1 中的表	GB/T 228.1 中的试样号
<30	≤8	E	E2	S7
30～50	<8	E	E1	S1
>50～70	<8	E	E1	S2
>70～100	<8	E	E1	S3
>100	<8	E	E1	S5
≥30	8～13	E	E3	R7
≥30	>13～15.5	E	E3	R5

4.3.2 管材的洛氏硬度试验按 GB/T 230.1 的规定进行。

4.4 残余应力试验方法

管材的残余应力试验方法按 GB/T 10567.1 或 GB/T 10567.2 的规定进行。

4.5 无损检验方法

管材的涡流探伤试验按 GB/T 5248 的规定进行。

4.6 表面质量检测方法

管材的表面质量应用目视进行检验。

5 检验规则

5.1 检查和验收

5.1.1 管材应由供方技术监督部门进行检验，保证产品质量符合本标准及合同(或订货单)的规定，并填写质量证明书。

5.1.2 需方对收到的产品应按本标准及合同(或订货单)的规定进行复验，如检验结果与本标准及合同(或订货单)规定不符时，应以书面形式向供方提出，由供需双方协商解决。异议应在收到产品之日起三个月内提出。如需仲裁，仲裁取样应由供需双方共同进行。

5.2 组批

管材应成批提交验收，每批应由同一牌号、状态、规格的管材组成。每批重量应不大于 5 000 kg。对于有特殊要求的，应在合同或订货单中说明。

5.3 检验项目

5.3.1 每批管材应进行化学成分、外形尺寸、力学性能、表面质量和残余应力的检验。

5.3.2 用户有要求时，管材应逐根进行涡流探伤检验。

5.4 取样

5.4.1 管材的检验取样应符合表 7 的规定。

表 7 取样

检验项目	取样规定	要求的章条号	试验方法的章条号
化学成分	1 个试样/熔次(供方);1 个试样/批(需方)	3.2	4.1
外形尺寸及其允许偏差	逐根检验	3.3	4.2
力学性能	任取 2 支/批、1 个试样/根	3.4	4.3
残余应力	任取 2 支/批、1 个试样/根	3.5	4.4
无损检验	逐根检验	3.6	4.5
表面质量	逐根检验	3.7	4.6

5.5 检测结果的判定

5.5.1 化学成分不合格时,判该批管材不合格。

5.5.2 管材的外形尺寸、表面质量和无损检测不合格时,判该根管材不合格。

5.5.3 当力学性能、残余应力的试验结果中有试样不合格时,应从该批管材另取双倍数量的试样进行重复试验,重复试验全部合格,则判该整批管材合格。若重复试验结果仍有试样不合格,则判该整批管材不合格。

5.5.4 当出现其他缺陷时,该批管材由供需双方协商解决。

6 标志、包装、运输、贮存和质量证明书

6.1 标志

如有要求时,应在检验合格的每根管材上进行如下标记:

a) 牌号;

b) 规格;

c) 产品批号;

d) 订单号;

e) 客户的其他要求。

6.2 包装、运输、贮存和质量证明书

管材的其他标志及包装、运输、贮存和质量证明书应符合 GB/T 8888 的规定。

7 合同(或订货单)内容

本标准所列管材的合同(或订货单)内应包括下列内容:

a) 产品名称;

b) 牌号;

c) 供货状态;

d) 规格;

e) 数量(重量或根数);

f) 无损检测(有要求时);

g) 本标准编号;

h) 其他要求。

ICS 77.150.30
H 62

中华人民共和国国家标准

GB/T 29094—2012

铜及铜合金状态表示方法

Temper designations for copper and copper alloys

2012-12-31 发布　　2013-10-01 实施

中华人民共和国国家质量监督检验检疫总局
中国国家标准化管理委员会 发布

前 言

本标准按照 GB/T 1.1—2009 给出的规则起草。

本标准是修改采用美国 ASTM B601—2009《加工和铸造铜及铜合金状态表示方法》而进行制定的。

本标准与美国 ASTM B601—2009《加工和铸造铜及铜合金状态表示方法》的不同之处如下：

——在 M（铸造）状态中，本标准比 ASTM 标准多了 M08（低压铸造）状态。

——在 OS（有晶粒度要求的退火）状态中，本标准比 ASTM 标准多了 OS030（公称平均晶粒尺寸为0.030 mm）状态。

——在 TD（固溶热处理＋冷加工）状态中，本标准比 ASTM 标准多了 TD08（固溶热处理和冷加工至弹性）状态。

——在 TH（固溶热处理＋冷加工＋沉淀硬化）状态中，本标准比 ASTM 标准多了 TH08（弹性和沉淀硬化）状态。

本标准由全国有色金属标准化技术委员会（SAC/TC 243）归口。

本标准负责起草单位：浙江海亮股份有限公司、中铝洛阳铜业有限公司、中铝沈阳有色金属加工有限公司、宁波博威合金材料股份有限公司、中国有色金属工业标准计量质量研究所。

本标准参加起草单位：中铝上海铜业有限公司、深圳市格林美高新技术股份有限公司。

本标准主要起草人：曹建国、杨丽娟、魏连运、赵万花、王艳杰、蔡洎华、闫梨、邵胜忠、刘永、朱迎利、赵宝洪、王云松、曹卉。

铜及铜合金状态表示方法

1 范围

本标准规定了铜及铜合金状态表示的基本原则和方法。

本标准适用于铜及铜合金产品。

2 基本原则

2.1 铜及铜合金状态表示方法分三级表示。

2.2 一级状态用一个大写的英文字母表示，代表产品的基本生产方式。

2.3 在一级状态后加一位阿拉伯数字或一个大写英文字母表示二级状态，代表产品功能或具体生产工艺。

2.4 在二级状态后加1～3位阿拉伯数字表示三级状态，代表产品的最终成型方式。

3 状态表示方法

3.1 一级状态表示方法

3.1.1 M——制造状态(as-manufactured tempers)

适用于通过铸造或热加工的初级制造而得到的状态。

3.1.2 H——冷加工状态(cold-worked tempers)

适用于通过不同冷加工方法及控制变形量而得到的状态。

3.1.3 O——退火状态(annealed tempers)

适用于通过退火来改变产品力学性能或晶粒度要求而得到的状态。

3.1.4 T——热处理状态(heat-treated tempers)

适用于固溶热处理或者固溶热处理后再冷加工或热处理而得到的状态。

3.1.5 W——焊接管状态(tempers of welded tube)

适用于由各种状态的带材焊接加工成管材而得到的状态。

3.2 二、三级状态表示方法

3.2.1 制造状态(M)的二、三级状态表示方法

制造状态(M)的二、三级状态表示方法应符合表1的规定。

表 1　制造状态(M)的二、三级状态表示方法

二级状态代号	状态名称	三级状态代号	状态名称
M0	铸造态	M01	砂型铸造
		M02	离心铸造
		M03	石膏型铸造
		M04	压力铸造
		M05	金属型铸造(永久型铸造)
		M06	熔型铸造
		M07	连续铸造
		M08	低压铸造
M1	热锻	M10	热锻-空冷
		M11	热锻-淬火
M2	热轧	M20	热轧
		M25	热轧+再轧
M3	热挤压	M30	热挤压
M4	热穿孔	M40	热穿孔
		M45	热穿孔+再轧
注1：以制造状态供货的主要是铸件和热加工产品，一般不需要进一步的热处理。 注2：M后的第一个数字是随材料变形程度的加大而递增的。			

3.2.2　冷加工状态(H)的二、三级状态表示方法

3.2.2.1　一般冷加工的二、三级状态

一般冷加工的二、三级状态又分为以冷变形量为基础的冷加工状态和以强度水平为基础的冷加工状态两种表示方法。以冷变形量满足标准要求为基础的冷加工(冷轧和冷拉)二、三级状态表示方法应符合表2的规定。以适应特殊产品满足标准要求为基础的冷加工二、三级状态表示方法应符合表3的规定。

表 2　以冷变形量满足标准要求为基础的冷加工二、三级状态表示方法

二级状态代号	状态名称	三级状态代号	状态名称
H0	硬、弹	H00	1/8 硬
		H01	1/4 硬
		H02	1/2 硬
		H03	3/4 硬
		H04	硬
		H06	特硬
		H08	弹性

表 2（续）

二级状态代号	状态名称	三级状态代号	状态名称
H1	高弹	H10	高弹性
		H12	特殊弹性
		H13	更高弹性
		H14	超高弹性
注：该类状态适用于板、带、棒、线材等产品类型。			

表 3　以适应特殊产品满足标准要求为基础的冷加工二、三级状态表示方法

二级状态代号	状态名称	三级状态代号	状态名称
H5	拉拔	H50	热挤压＋拉拔
		H52	热穿孔＋拉拔
		H55	轻拉，轻冷加工
		H58	常规拉拔
H6	冷成型	H60	冷锻
		H63	铆接
		H64	旋压
		H66	冲压
H7	冷弯	H70	冷弯
H8	硬态拉拔	H80	拉拔（硬）
		H85	拉拔电线（1/2 硬）
		H86	拉拔电线（硬）
H9	异型冷加工	H90	翅片成形
注 1：以上状态供货的产品，一般不需要进一步的热处理。 **注 2**：H 后的第一个数字是随材料变形程度的加大而递增的。			

3.2.2.2　冷加工后进行热处理的二、三级状态

冷加工后进行热处理的二、三级状态表示方法应符合表 4 的规定。

表 4　冷加工后进行热处理的二、三级状态表示方法

二级状态代号	状态名称	三级状态代号	状态名称
HR	冷加工＋消除应力	HR01	1/4 硬＋应力消除
		HR02	半硬＋和应力消除
		HR04	硬＋和应力消除
		HR06	特硬＋和应力消除

表 4（续）

二级状态代号	状态名称	三级状态代号	状态名称
HR	冷加工＋消除应力	HR08	弹性＋和应力消除
		HR10	高弹性＋和应力消除
		HR12	特殊弹性＋和应力消除
		HR50	拉拔＋应力消除
		HR90	翅片成形＋应力消除
HT	冷加工＋有序强化	HT04	硬＋有序强化
		HT08	弹性＋有序强化
HE	冷加工＋端部退火	HE80	硬态拉拔＋端部退火

3.2.3 退火状态(O)的二、三级状态表示方法

退火状态(O)的二、三级状态分为满足公称平均晶粒尺寸的退火和为满足力学性能的退火两种表示方法。

3.2.3.1 为满足公称平均晶粒尺寸的退火二、三级表示方法应符合表 5 的规定。

表 5 为满足公称平均晶粒尺寸的退火二、三级状态表示方法

二级状态代号	状态名称	三级状态代号	公称平均晶粒尺寸 mm
OS	有晶粒尺寸要求的退火	OS005	0.005
		OS010	0.010
		OS015	0.015
		OS025	0.025
		OS030	0.030
		OS035	0.035
		OS045	0.045
		OS050	0.050
		OS060	0.060
		OS065	0.065
		OS070	0.070
		OS100	0.100
		OS120	0.120
		OS150	0.150
		OS200	0.200

3.2.3.2 为满足力学性能的二、三级具体状态表示方法应符合表 6 的规定。

表 6　为满足力学性能的退火二、三级状态表示方法

二级状态代号	状态名称	三级状态代号	状态名称
O1	铸造态＋热处理	O10	铸造＋退火(均匀化)
		O11	铸造＋沉淀热处理
O2	热锻轧＋热处理	O20	热锻＋退火
		O25	热轧＋退火
O3	热挤压＋热处理	O30	热挤压＋退火
		O31	热挤压＋沉淀热处理
O4	热穿孔＋热处理	O40	热穿孔＋退火
O5	调质退火	O50	轻退火
O6	退火	O60	软化退火
		O61	退火
		O65	拉伸退火
		O68	深拉退火
O7	完全软化退火	O70	完全软化退火
O8	退火到特定性能	O80	退火到 1/8 硬
		O81	退火到 1/4 硬
		O82	退火到 1/2 硬

3.2.4　热处理状态(T)的二、三级状态表示方法

热处理状态(T)的二、三级状态表示方法应符合表 7 的规定。

表 7　热处理状态(T)的二、三级状态表示方法

二级状态代号	状态名称	三级状态代号	状态名称
TQ	淬火硬化	TQ00	淬火硬化
		TQ30	淬火硬化＋退火
		TQ50	淬火硬化＋调质退火
		TQ55	淬火硬化＋调质退火＋冷拉＋应力消除
		TQ75	中间淬火
TB	固溶热处理	TB00	固溶热处理
TF	固溶热处理＋沉淀热处理	TF00	固溶热处理＋沉淀热处理
		TF01	沉淀热处理板－低硬化
		TF02	沉淀热处理板－高硬化
TX	固溶热处理＋亚稳分解热处理	TX00	亚稳分解硬化

表 7（续）

二级状态代号	状态名称	三级状态代号	状态名称
TD	固溶热处理+冷加工	TD00	固溶热处理+冷加工(1/8 硬)
		TD01	固溶热处理+冷加工(1/4 硬)
		TD02	固溶热处理+冷加工(1/2 硬)
		TD03	固溶热处理+冷加工(3/4 硬)
		TD04	固溶热处理+冷加工(硬)
		TD08	固溶热处理+冷加工(弹性)
TH	固溶热处理+冷加工+沉淀热处理	TH01	固溶热处理+冷加工(1/4 硬)+沉淀热处理
		TH02	固溶热处理+冷加工(1/2 硬)+沉淀热处理
		TH03	固溶热处理+冷加工(3/4 硬)+沉淀热处理
		TH04	固溶热处理+冷加工(硬)+沉淀热处理
		TH08	固溶热处理+冷加工(弹性)+沉淀热处理
TS	冷加工+亚稳分解热处理	TS00	冷加工(1/8 硬)+亚稳分解硬化
		TS01	冷加工(1/4 硬)+亚稳分解硬化
		TS02	冷加工(1/2 硬)+亚稳分解硬化
		TS03	冷加工(3/4 硬)+亚稳分解硬化
		TS04	冷加工(硬)+亚稳分解硬化
		TS06	冷加工(特硬)+亚稳分解硬化
		TS08	冷加工(弹性)+亚稳分解硬化
		TS10	冷加工(高弹性)+亚稳分解硬化
		TS12	冷加工(特殊弹性)+亚稳分解硬化
		TS13	冷加工(更高弹性)+亚稳分解硬化
		TS14	冷加工(超高弹性)+亚稳分解硬化
TL	沉淀热处理或亚稳分解热处理+冷加工	TL00	沉淀热处理或亚稳分解热处理+冷加工(1/8 硬)
		TL01	沉淀热处理或亚稳分解热处理+冷加工(1/4 硬)
		TL02	沉淀热处理或亚稳分解热处理+冷加工(1/2 硬)
		TL04	沉淀热处理或亚稳分解热处理+冷加工(硬)
		TL08	沉淀热处理或亚稳分解热处理+冷加工(弹性)
		TL10	沉淀热处理或亚稳分解热处理+冷加工(高弹性)
TR	沉淀热处理或亚稳分解热处理+冷加工+应力消除	TR01	沉淀热处理或亚稳分解热处理+冷加工(1/4 硬)+应力消除
		TR02	沉淀热处理或亚稳分解热处理+冷加工(1/2 硬)+应力消除
		TR04	沉淀热处理或亚稳分解热处理+冷加工(硬)+应力消除

表 7（续）

二级状态代号	状态名称	三级状态代号	状态名称
TM	加工余热淬火硬化	TM00	加工余热淬火＋冷加工(1/8 硬)
		TM01	加工余热淬火＋冷加工(1/4 硬)
		TM02	加工余热淬火＋冷加工(1/2 硬)
		TM03	加工余热淬火＋冷加工(3/4 硬)
		TM04	加工余热淬火＋冷加工(硬)
		TM06	加工余热淬火＋冷加工(特硬)
		TM08	加工余热淬火＋冷加工(弹性)

3.2.5 焊接管状态(W)的二、三级状态表示方法

焊接管状态(W)的二、三级状态表示方法应符合表 8 的规定。其中焊接后进行精制加工(再次退火、再次冷加工)处理后，焊接区已变成加工结构，并可采用一般的状态代号。此类状态表示方法根据精整后的具体情况分别以 O、OS、H 为代号。

表 8 焊接管状态(W)的具体状态表示方法

二级状态代号	状态名称	三级状态代号	状态名称
WM	焊接状态	WM50	由退火带材焊接
		WM00	由 1/8 硬带材焊接
		WM01	由 1/4 硬带材焊接
		WM02	由 1/2 硬带材焊接
		WM03	由 3/4 硬带材焊接
		WM04	由硬带材焊接
		WM06	由特硬带材焊接
		WM08	由弹性带材焊接
		WM10	由高弹性带材焊接
		WM15	由退火带材焊接＋消除应力
		WM20	由 1/8 硬带焊接＋消除应力
		WM21	由 1/4 硬带焊接＋消除应力
		WM22	由 1/2 硬带焊接＋消除应力
		WM24	由 3/4 硬带焊接＋消除应力
WO	焊接后退火状态	WO50	焊接＋轻退火
		WO60	焊接＋软退火
		WO61	焊接＋退火

表 8（续）

二级状态代号	状态名称	三级状态代号	状态名称
WC	焊接后轻冷加工	WC55	焊接＋轻冷加工
WH	焊接后冷拉状态	WH00	焊接＋拉拔(1/8 硬)
		WH01	焊接＋拉拔(1/4 硬)
		WH02	焊接＋拉拔(1/2 硬)
		WH03	焊接＋拉拔(3/4 硬)
		WH04	焊接＋拉拔(硬)
		WH06	焊接＋拉拔(特硬)
		WH55	焊接＋冷轧或轻拉
		WH58	焊接＋冷轧或常规拉拔
		WH80	焊接＋冷轧或硬拉
WR	焊接管＋冷拉＋应力消除	WR00	由 1/8 硬带焊接＋拉拔＋应力消除
		WR01	由 1/4 硬带焊接＋拉拔＋应力消除
		WR02	由 1/2 硬带焊接＋拉拔＋应力消除
		WR03	由 3/4 硬带焊接＋拉拔＋应力消除
		WR04	由硬带焊接＋拉拔＋应力消除
		WR06	由特硬带焊接＋拉拔＋应力消除

附 录 A
（资料性附录）
新旧状态代号对照

表 A.1 新、旧状态代号对照表

旧代号	旧状态名称	新代号	新状态名称
R	热加工	M1～M4	热加工
M	退火(焖火)	O60	软化退火
M_2	轻软	O50	轻软退火
C	淬火	TQ00	淬火硬化
CY	淬火后冷轧(冷作硬化)	TQ55	淬火硬化与调质退火、冷拉与应力消除
CZ	淬火(自然时效)	TF00	沉淀热处理
CS	淬火(人工时效)		
CYS	淬火后冷轧、人工时效	TH04	固溶热处理+冷加工(硬)+沉淀热处理
CY_2S	淬火后冷轧(1/2 硬)、人工时效	TH02	固溶热处理+冷加工(1/2 硬)+沉淀硬化
CY_4S	淬火后冷轧(1/4 硬)、人工时效	TH01	固溶热处理+冷加工(1/4 硬)+沉淀硬化
CSY	淬火、人工时效、冷作硬化	TL00～TL10	沉淀热处理或亚稳分解热处理+冷加工
CZY	淬火、自然时效、冷作硬化		
Y	硬	H04、H80	硬、拉拔(硬)
Y_1	3/4 硬	H03	3/4 硬
Y_2	1/2 硬	H02、H55	1/2 硬
Y_4	1/4 硬	H01	1/4 硬
T	特硬	H06	特硬
TY	弹硬	H08	弹性